教育部高等学校地矿学科
教学指导委员会采矿工程专业规划教材

金属矿床地下开采技术

UNDERGROUND MINING TECHNICS OF METALLIC ORE DEPOSITS

主　编　张钦礼　王新民

副主编　饶运章　郑怀昌　黄仁东

参编单位　中南大学

江西理工大学

山东理工大学

中南大学出版社
www.csupress.com.cn

内 容 简 介 ......

　　《金属矿床地下开采技术》是非煤固体矿产采矿工程专业(含采矿与岩土工程专业、矿物资源工程专业)的核心骨干课程教材,全书分为绪论和4篇13章,包括矿产资源开发基本概念、采矿方法、开拓系统与总图布置、特殊矿床开采等。

　　本教材以采矿工艺过程为主线统领各章节先后顺序,强调各章节之间的逻辑关系;以典型金属、非金属固体矿床传统、常规开采技术为重点,兼顾特殊矿床("三下"矿床、露天转地下矿床、露天境界外驻留矿床、残矿)开采技术;取消了以往教材中出现的、当前已经弃用或较少使用的开拓方法和采矿方法,增加了近年来涌现的新工艺和新方法;增加了矿山实例,使教材内容更紧密结合生产实际;增加了现代化采矿设备与先进管理知识,引导学生在未来的专业工作中,自觉地运用新设备、新工艺。

　　本教材是普通高校采矿工程专业必修课教材,也可作为非采矿专业矿业学科的选修课教材、国情教育教材和矿山企业在职人员培训教材,以及其他有关人员参考书目。

教育部高等学校地矿学科教学指导委员会
采矿工程专业规划教材

编 审 委 员 会

序 ······

　　站在 21 世纪全球发展战略的高度来审视世界矿业，可以清楚地看到，矿业作为国民经济的基础产业，与其他传统产业一样，在现代科学技术突飞猛进的推动下，也正逐步走向现代化。就金属矿床开采领域而言，现今的采矿工程科学技术与 20 世纪 90 年代以前的相比，已经不可同日而语。为了适应矿业快速发展的形势，国家需要大批具有现代采矿知识的专业人才，因此，作为优秀专业人才培养的重要基础建设之一的教材建设就显得至关重要。

　　在 2006—2010 年地矿学科教学指导委员会（以下简称地矿学科教指委）的成立大会上，委员们一致认为，抓教材建设是本届教学指导委员会的重要任务之一，特别是金属矿采矿工程专业的教材，现在多是 20 世纪 90 年代出版的，教材更新迫在眉睫。2006 年 10 月 18—20 日在中南大学召开了第一次地矿学科教指委全体会议，会上委员们就开始酝酿采矿工程专业系列教材的编写拟题；之后，中南大学出版社主动承担该系列教材的出版工作，并积极协助地矿学科教指委于 2007 年 6 月 22—24 日在中南大学召开了"全国采矿工程专业学科发展与教材建设研讨会"，来自全国 17 所院校的金属、非金属矿床采矿工程专业和部分煤矿开采专业的领导及骨干教师代表参加了会议，会议拟定了采矿工程专业系列教材的选题和主编单位；从那以后，地矿学科教指委和中南大学出版社又分别在昆明和长沙召开了两次采矿工程专业系列教材编写大纲的审定工作会议。

　　本次新规划出版的采矿工程专业系列教材侧重于金属矿床开采领域。编审委员会通过充分的沟通和研讨，在总结以往教学和教材编撰经验的基础上，以推动新世纪采矿工程专业教学改革和教材建设为宗旨，提出了采矿工程专业系列教材的编写原则和要求：①教材的体系、知识层次和结构要合理，要遵循教学规律，既要有利于组织教学又要有利于学生学习；②教材内容要体现科学性、系统性、新颖性和实用性，并做到几者有机结合；③要重视基础，又要强调采矿工程专业的实践性和针对性；④要体现时代特性和创新精神，反映采矿工程学科的新技术、新方法、新规范、新标准等。

采矿科学技术在不断发展，采矿工程专业的教材需要不断完善和更新。希望全国参与采矿工程专业教材编写的专家们共同努力，写出更多、更好的采矿工程专业新教材。我们相信，本系列教材的出版对我国采矿工程专业高级人才的培养和采矿工程专业教育事业的发展将起到十分积极的推进作用，对我国矿山安全、经济、高效开采，保障我国矿业持续、健康、快速发展也有着十分重要的意义。

中南大学教授

中国工程院院士

教育部地矿学科教指委主任

2008 年 8 月

前　言

　　矿产资源开发是国民经济的重要基础产业。根据我国当前发展水平，在未来相当长的一段时期内，社会对矿产资源的需求仍将保持较高的增长速度。因此，矿产资源开发，尤其是金属矿床资源开发产业链(地质、采矿、选矿、冶炼、加工等)前端的采矿行业，并不会像有人预料的那样将成为一个夕阳产业。相反，由于采矿行业的特殊性(作业空间有限、作业条件艰苦、作业对象不确定性大)，采矿总体技术水平仍有较大提升空间。系统学习采矿工程基础理论、专业知识，利用现代技术改造传统采矿工业，提高采矿行业整体技术水平、装备水平是采矿工程专业学生义不容辞的责任。

　　遵循上述培养目标，作者编著了《金属矿床地下开采技术》这本非煤固体矿床采矿工程专业(含采矿与岩土工程专业、矿物资源工程专业)核心骨干课程教材。教材除重点介绍金属、非金属固体矿床开采基本概念，常用开拓系统、采矿方法及开采工艺外，还根据当前及未来矿业发展趋势，介绍了深井矿床、"三下"矿床、露天转地下矿床、露天境界外驻留矿床、残矿等特殊矿床开采技术，并根据学生反映的情况增加了主要采掘设备表。为保证内容的全面性和系统性，本教材简单介绍了矿山主要生产系统、充填理论与技术、放矿理论等内容。各学校可根据本校培养目标、培养计划和课程体系设置，有选择性地讲解。

　　本书在编写过程中，参考了许多教材、专著、论文和研究报告，虽然部分资料在参考文献中已经列出，但仍可能有遗漏之处，在此谨向各位参考教材、专著、论文和研究报告的作者表示衷心感谢。

　　由于编者水平所限，书中可能还存在不妥、甚至错误之处，敬请读者批评指正。

张钦礼

2015 年 10 月 20 日于中南大学

~   ~

目 录

第二篇　矿床开拓与矿山总图布置

第三篇　采矿方法

第四篇　深部矿床与特殊矿床开采

0 绪论

0.1 采矿发展简史

中国采矿历史悠久,原始人类已能采集石料,打磨成生产工具,采集陶土制造陶器,这些就是最早采矿的萌芽。从湖北大冶铜绿山古铜矿遗址出土有用于采掘、装载、提升、排水、照明等的铜、铁、木、竹、石制的多种生产工具及陶器、铜锭、铜兵器等物,证明春秋时期已经使用了立井、斜井、平巷联合开拓,初步形成了地下开采系统。至西汉时期,开采系统已相当完善。在此时期,河北、山东、湖北等地的铁、铜、煤、砂金等矿都已开始开采。战国末期秦国蜀太守李冰在今四川省双流县境内开凿盐井,汲卤煮盐。明代以前主要有铁、铜、锡、铅、银、金、汞、锌的生产。17世纪初,欧洲人将中国传入的黑火药用于采矿,用凿岩爆破代替人工挖掘,这是采矿技术发展的一个里程碑。19世纪末20世纪初,相继发明了矿用炸药、雷管、导爆索和凿岩设备,形成了近代爆破技术;电动机械铲、电机车和电力提升、通信、排水等设备的使用,形成了近代装运技术。20世纪上半叶开始,采矿技术迅速发展,出现了硝酸铵炸药,使用了地下深孔爆破技术,各种矿山设备不断完善和大型化,逐步形成了适用于不同矿床条件的机械化采矿工艺;提出了矿山设计、矿床评价和矿山计划管理的科学方法,使采矿从生产技艺向工程科学发展。20世纪50年代后,由于使用了潜孔钻机、牙轮钻机、自行凿岩台车等新型设备,实现了采掘设备大型化、运输提升设备自动化,出现了无人驾驶机车。电子计算机技术用于矿山生产管理、规划设计和科学计算,开始用系统科学研究采矿问题,诞生了系统采矿工程学。矿山生产开始建立自动控制系统,利用现代试验设备、测试技术和电子计算机,预测和解算某些实际问题。

0.2 矿产资源开发行业在国民经济中的地位

现代文明有三大支柱,即能源、材料和信息,而矿产资源则构成了能源和材料两大支柱的主体。矿产资源的勘探、开发和利用是国民经济重要基础产业之一。据统计,我国95%以上的一次能源、80%的工业原材料、70%以上的农业生产资料都来自于矿产资源。

我国矿产资源开发经过60多年的发展,已经形成了较完整的工业体系,奠定了雄厚的物质基础,相关的学科得到了很大的发展。

目前,我国已发现矿产171种,其中已探明储量的矿产有159种、矿产地2万多处,铅、锌、钨、锡、锑、稀土、菱镁矿、石膏、石墨、重晶石等储量居世界第1位。我国已探明矿产资源总量居世界前列,矿产资源开采总量居世界第二位,已成为世界矿产资源大国之一。

我国已成为矿产资源生产大国,主要矿产品产量位居世界前列。自2002年起我国十种有色金属(铜、铝、铅、锌、镍、锡、锑、汞、镁、钛)产量突破1000万t,成为世界有色金属第一生产大国。2012 年上述十种有色金属的全国产量甚至达到 3691 万 t，比 2011 年增长 9.3%，11 年间产量增长 3.6 倍多，2014 年更是达到 4417 万 t。钢铁产量增长速度更是惊人，根据世界钢铁协会 2013 年 1 月 22 日发布的 2012 年全球钢铁生产统计数据，国内 2012 年粗钢产量 7.16 亿 t，占全球钢产量的 46.3%。仅河北一省，2012 年产钢 1.64 亿 t 以上，比全球钢产量第二的日本多 5000 万 t 以上，是美国钢产量的 1.8 倍，印度的 2.1 倍，俄罗斯的 2.33 倍，德国的 3.85 倍，与欧盟 27 国的钢产量总和相当。虽然国家一再强调淘汰落后产能，但 2014 年粗钢产量仍然攀升至 8.23 亿 t。2014 年中国黄金产量达到 451.8 t，连续 8 年位居世界第一。

我国不仅是矿产资源生产大国，同时也是世界主要矿产资源消耗大国。如 2002 年中国铜、锌消费量分别为 268 万 t 和 168 万 t，分别以 18% 和 19% 的占有率位居世界第一位，自此以后，消费量和占比逐年提高。2014 年铜、锌消费量分别为 1135.2 万 t 和 642 万 t，占全球消费量的比重分别高达 49% 和 46%。其他矿产资源的消耗量也位居世界前列。

矿产资源开发是国民经济基础产业，随着国民经济快速发展，矿业自身也得到极大发展。截至 1999 年底，我国共有各类矿山企业 16.5 万个，其中大型矿山 503 个，中型矿山 1836 个，小型及小型以下矿山 16.3 万个，原矿产量达 46.31 亿 t（不含煤成气、天然气和二氧化碳气），煤成气 0.989 亿 m^3。全国矿业从业人数达 1061.4 万人。2002—2011 年我国矿业总产值由 4567 亿元增加到 30288 亿元，10 年间产值扩大了 6.63 倍。除此之外矿产资源还为我国提供和创造出大量延伸、附加的就业机会和社会财富，矿产资源已是我国社会经济发展和居民生活的重要组成部分。

工业化是一个国家、地区经济社会发展水平的综合体现，也是社会文明进步的重要标志。18 世纪末的工业革命使人类开始步入工业文明，也揭开了人类大规模开发、利用矿产资源的新纪元。工业革命以来短短 200 年，科学技术的飞速进步、生产力的大幅度提高和人类财富的快速积累，均是以矿产资源的大规模开采和创造性利用为基础的。国民经济的发展和人类生活水平的提高与矿产资源的开发和利用有着密切的正比关系，人均矿产品消耗水平已成为衡量一个国家发达程度及其居民生活水平的重要指标。发达国家经济发展的历程表明，工业化初期一般要消耗大量能源和各种矿物原料，这与工业化初期阶段对矿产品的大量需求同经济结构的转换有关：一是国民经济由农业为主转向以工业生产为主，即由以农业生产和以农产品原料加工制造为主转向以工业为主和以矿物原料的加工制造为主；二是在工业结构中一般以冶金、采矿等重工业为主，这些部门都要消耗大量的能源和矿物原料，要求矿业有较快的发展以支持经济的持续增长。

一般而言，矿产资源对经济发展具有重要的推动作用，其消费强度和消费特征取决于一个国家所处的工业化阶段和社会经济发展水平。根据矿产资源消费生命周期理论，在工业化初期（人均 GDP < 1500 美元）和中期（人均 GDP 在 1500 ~ 5500 美元），矿产资源消耗强度快速增长；在工业化后期（人均 GDP 在 5500 ~ 13000 美元），矿产资源的消费强度进入平稳阶段；在后工业化时期（人均 GDP > 13000 美元），矿产资源消耗强度呈下降趋势。这种由增长到成熟再到衰落的过程形成了矿产资源消费生命周期的倒 "U" 字形曲线（见图 0 - 1）。

就世界总体而言，能源、钢铁与有色金属已经度过了使用强度的增长期和平稳期，处于明显的下降阶段，而化工产品（硫、磷、钾）则处于增长期，一些稀有、稀土金属及新兴非金属则刚刚处于演化周期的起点。矿产品使用周期的演变与工业化程度密切相关，因此，发达国家在矿产品使用强度的演化周期中所处的地位明显超前于发展中国家。

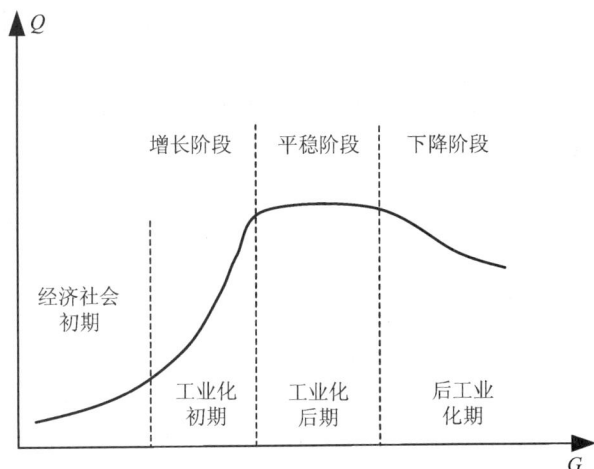

图 0-1　矿产品使用强度周期及相应的经济发展阶段示意图

Q—矿产品使用强度；G—经济发展阶段

按照我国长远发展规划目标，在 21 世纪中叶将达到中等发达国家的水平。根据矿产资源消耗生命周期理论，在未来的 50 年中，我国社会与经济发展对矿产资源的消耗强度将是各个发展时期最高的，而且在达到消耗强度高峰后，降到较低的水平是一个相对漫长的过程。因此，矿产资源仍然是我国重要的工业原料之一。保证矿产资源的充足供给，在未来相当长的一个时期仍是国民经济持续发展的重要条件之一。

0.3　矿产资源开发面对的环境问题

矿产资源开发对矿区及其流域的水土环境造成严重污染并诱发多种严重的地质灾害，严重破坏了地质环境、水土环境和生态环境。主要表现在如下四个方面。

（1）侵占和破坏土地，固废成灾，地质灾害日益频发

据统计，截止到 2000 年，全国因采矿直接引起的地表塌陷面积达 1150 km²，采矿破坏和废渣堆存侵占的土地总面积达 14000~20000 km²，并以 200~300 km²/a 的速度增加，土地复垦率不足 10%；堆存的废石、尾矿等矿业固废渣总量达 60 亿 t，并以废石 2 亿 t/a、尾矿 3 亿 t/a 的速度增加，固废渣利用率不足 30%，尾矿利用率仅 6.66%。

矿山开采和固废渣堆存不仅直接侵占和破坏大量土地，而且导致严重的崩塌、滑坡、泥石流等多种地质灾害。据报道，仅 2000 年全国发生采矿塌陷 180 多处，塌陷坑 1600 多个，发生塌陷灾害的城市 30 多座，造成严重破坏的 25 座，塌陷造成的直接经济损失超过 4 亿元；2008 年 9 月 8 日，山西省临汾市襄汾县新塔矿业公司发生的特别重大溃坝事故，造成 271 人遇难，是迄今为止全世界最大的尾矿库事故；河南秦岭西峪沟金矿（全国最大黄金产地之一）将数万 m³ 矿渣堆存沟底，1994 年 7 月一场暴雨引发泥石流造成 51 人丧生，并严重破坏道路和生产、生活设施；贵州开阳 500 多个采矿点将大量固废渣堆存洋水河河道，1995 年一场特大洪水引发泥石流造成开磷集团直接损失 1 亿元，尚需 5000 万元资金治理河道。

采矿还将导致严重的地表沉陷、岩体开裂、山体滑坡等地质环境灾害。煤矿的壁式采矿法、金属和非金属矿的崩落采矿法都会直接引起大面积地面塌陷，使房屋开裂、道路下沉、土地失耕；高应力、大体积空场采矿法残留空区，如果地压失衡，也会直接导致矿柱垮塌、顶板冒落、采空区失稳，诱发冲击地压、地表沉陷、岩体开裂、山体滑坡等地质环境灾害。如江西(素有钨都之称)盘古山钨矿、画眉坳钨矿、小龙钨矿都因残存大体积采空区发生大范围岩层移动，其中1967年盘古山钨矿424 m标高以上6个中段373个矿块空区(占总数56.7%)一夜垮塌，海拔1100 m山脊折断，地表破坏范围100000 m²，其下4个开采中段、七大工艺系统全部毁坏。

(2)疏干和破坏水体，酸水漫流，水土污染日益严重

据统计，我国矿山矿坑水排放量超过40亿 t/a(仅煤矿达22亿 t/a)，选矿废水排放量超过36亿 t/a，而矿坑水、尾矿库废水、废石场淋浸水(统称酸性矿山废水)的综合处理率只有4.23%，其余大量未经处理、富含固体悬浮物和[H⁺]、CN⁻及重金属元素的酸性矿山废水直接排入江河湖海，严重污染了矿区及流域水土环境。据对全国5省10个矿山进行的调研或取样分析，无一例外地造成矿区及流域水土的严重污染，如对江西3座钨矿附近地区土壤取样化验，土壤中Cu、Cd、Co、Fe平均含量分别为38.4 mg/kg、3.1 mg/kg、72.3 mg/kg、165.5 mg/kg。

此外，采矿过程中的疏干排水，导致区域地下水位急剧下降并出现大面积疏干漏斗，破坏了地表水和地下水动态平衡，以致水源枯竭或者河溪断流。近年来，因采矿造成缺水的地区不断增加，某些地方地下水位下降数十米甚至上百米，出现了大面积的地下水漏斗，致使河水断流、泉水干枯。煤炭大省山西就因此减少井泉3000多眼，造成18个县共26万人用水困难，30多万亩水田变成了旱地。

(3)破坏植被，土地沙化，生态环境日益恶化

由于无序的采矿活动以及开采后土地复垦程度低，致使很多矿区的生态环境遭到严重破坏。如南方离子型稀土矿床，由于无序私采乱挖，使矿体平均厚度6 m的山体植被、腐殖土层及红色黏土层被全部破坏；冶炼后产生的大量尾渣，更是不作任何处理就随意堆排。至1999年底累计生产20万 t离子型稀土，植被表土破坏面积达32 km²，产出尾渣2.4亿 m³，矿区土地已失去原有的生态平衡，几乎再也不可能恢复到原来的生态环境。再如神府东胜矿区，由于气候和采矿影响，已使该区生态环境遭到破坏，土地沙化、荒漠化面积超过41700 km²，超过全区面积的86%。

近十年来，我国矿山虽然开始逐渐重视土地复垦工作，但总体而言，仍是局部性或零星地恢复利用，目前矿山土地复垦率仅4%，与全国生态环境保护纲要提出的"矿产资源开发的生态破坏恢复治理率达到30%以上"相差甚远。

矿产资源与水土、林草、动植物、海洋资源紧密相连。矿产勘探开发本身就是对上述自然资源和生态环境的直接破坏，加之全国矿山星罗棋布，采矿造成的生态破坏和环境污染具有点多、面广、量大的特点，环境治理欠账多、治理速度慢，所以对环境破坏表现为广泛性，是大范围的污染源，全国矿山环境恶化趋势至今没有得到有效遏制。

(4)污染和破坏空气，酸雨频降，大气环境日益污浊

采矿场排放的(炮)烟(粉)尘、固废渣场的扬尘、矿岩氧化释放的有害气体，是矿区空气主要污染源。一些有色金属矿山因废渣、尾矿对大气的污染，致使生活福利区空气中的粉尘

含量超标十至几十倍。内蒙古乌达地区由于小煤矿滥采乱挖，造成煤炭自燃，从 20 世纪 80 年代就形成了一条地下火龙，烟雾弥漫，今天还仍在燃烧；煤炭自燃过程中产生的大量有害气体，从旗盘井镇到海勃湾，经伊克昭盟的鄂克托旗到乌海市，沿途到处是煤堆、洗煤厂排放的煤泥、焦化厂及土焦厂的油烟等，黑烟冲天，尘沙弥漫，空气污浊，对周围的人畜健康造成严重危害。

综上所述，矿山开采过程对尾矿、废石、酸性矿山废水、采矿场的管理和处理不当，已对矿区及其流域的地质、水土、大气、生态环境造成了严重破坏和灾难性危害，甚至直接危及人类身心健康与生命财产安全。虽然早在 1979 年和 1981 年我国就分别开始推行"三同时"制度和"环境影响评价"制度，之后又出台了一系列法律法规，2002 年更颁布《环境影响评价法》来强制和规范建设项目环境影响评价，尤其是新环境保护法颁布以来，全国加大了矿山地质环境保护与环境污染综合治理力度，但矿山环境安全问题仍不断发生，环境治理速度仍赶不上破坏速度，全国矿山环境形势依然非常严峻。

0.4 矿床开采基本模式

矿床开采模式是运用一定采矿工程和作业方法进行矿床开采的总称。根据矿床赋存条件，矿床开采方式分为地下开采、露天开采和地下与露天联合开采三类。合理开采方式的确定是矿山总体设计中的重要问题，取决于许多因素，如矿体埋藏深度、规模、产状、空间分布、地形、地貌以及施工技术水平和采掘机械设备等。

1）露天开采

露天开采是从地表直接采出有用矿物的矿床开采方式，有机械开采和水力开采两种基本形式。水力开采主要用于松散的砂矿床开采，借水枪喷出的高压水流冲采砂矿，通过砂泵输送砂浆，或用采砂船直接采掘；机械开采是用一定的采掘运输设备，在敞开的空间里从事的开采作业。图 0 - 2 为露天矿场全貌。

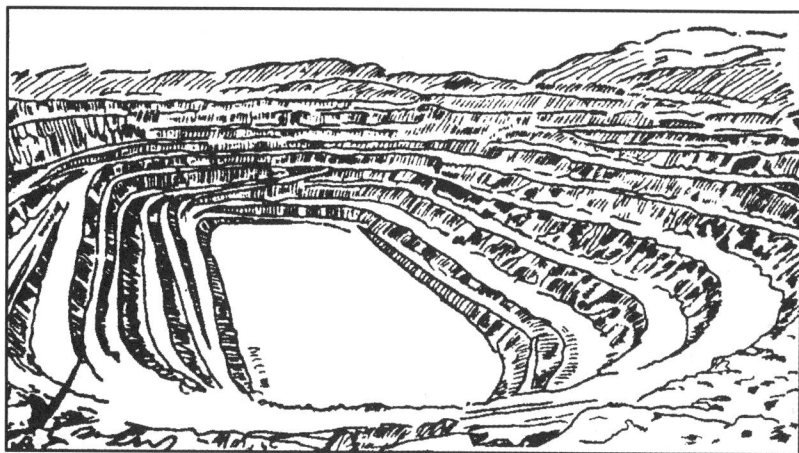

图 0 - 2 露天矿场全貌

露天开采是历史悠久的古老采矿方法，20 世纪以后，随着机械制造业的飞速发展，各种高效率的采掘设备和运输设备等不断问世，露天开采矿山技术面貌发生了根本变化；同时，由于冶金工业发展迅速，对冶金原料的需求急剧增长，不得不要求大量开采低品位矿石，以解决原料供需间的矛盾。从技术经济角度考虑，露天开采最适合担此重任，因此，露天开采获得了空前迅速的发展。露天开采鼎盛时期，70% ~90% 的黑色金属、50% 以上的有色金属、70% 以上的化工原料均采用露天开采，而建筑材料几乎全部采用露天开采。

随着矿产资源开采强度的不断加大，浅部资源逐渐消耗殆尽，为满足国民经济快速发展对矿产资源的需求，矿产资源开采不得不向深部发展。近些年来，随开采深度的加大，露天开采成本越来越高，致使露天开采比重呈现不断下降趋势。

在条件允许的情况下，优先选用露天开采是因为与地下开采相比，露天开采具有如下突出的优点：

(1)受开采空间限制较小，可采用大型机械化设备，有利于实现自动化，从而可大大提高开采强度，增加矿石产量。

如国外大型露天矿基本采用了牙轮钻机进行穿孔作业，孔径一般为 250 ~380 mm，最大达 559 mm，我国牙轮钻机直径也达 250 ~310 mm，穿孔效率最高超过 50000 m/(台·年)；国外挖掘设备斗容超过 20 m³，我国南芬铁矿、大孤山铁矿、德兴铜矿和水厂铁矿使用的挖掘机斗容也已分别达到 11.5 m³、12 m³、13 m³ 和 16.8 m³；载重量 135 ~154 t 的电动轮汽车已广泛应用于露天矿运输，最大电动轮汽车载重量甚至超过 300 t，我国一些大型露天矿也采用了108 t 和 154 t 的电动轮汽车。大型设备的广泛使用，使露天矿生产能力大幅度提高，年产量超过千万吨的露天矿山已为数不少。

(2)劳动生产率高。露天开采的劳动生产率是地下开采的 5 ~10 倍以上。

(3)开采成本低，因而有利于大规模开采低品位矿石。

(4)矿石损失贫化小，可充分回收宝贵的矿产资源。

(5)基建时间短，基建投资少。

(6)劳动条件好，工作安全。

但是，露天开采也带来了一系列问题：

(1)在开采过程中，穿孔、爆破、采装、运输、卸载及排土时粉尘较大；汽车运输时排入大气中的有毒有害气体多；排土场的有害成分流入江河湖泊和农田等，对大气、水和土壤造成污染。

(2)露天坑破坏了地表地貌。

(3)排土场占用大量土地资源。

(4)易受气候条件影响。

2)地下开采

对于埋藏深度较大的矿床，经济上不允许从地表直接采掘矿石，而只能从地表掘进一系列的井巷工程通达矿体，在地下空间内采用合适的采矿工艺进行采矿工作，采下的矿石通过提升、运输等手段提出地表。这种主要采掘作业在地下空间内完成的采矿方式，称为矿床地下开采(见图 0 -3)。随着浅部资源的逐渐消耗，开采深度越来越大，因此，矿床地下开采已成为固体矿产资源主要的采矿方式。

本书主要介绍非煤固体矿床地下开采的基本技术。

3）露天地下联合开采与露天转地下开采

露天地下联合开采是上部或浅部用露天开采，深部用地下开采的联合开采方式（见图0-4）。对一些矿体延伸较深、覆盖层不厚的中厚或厚大的急倾斜矿床，由于采用露天开采具有投产快、初期建设投资少、贫损指标优等优点，早期一般采用露天开采方式进行采矿。但随着露天开采深度不断加大，岩石剥离工作量逐渐增大，当剥采比大于经济合理剥采比后，从经济上就不再适用露天开采，而应适时转入地下开采，此即露天转地下开采。

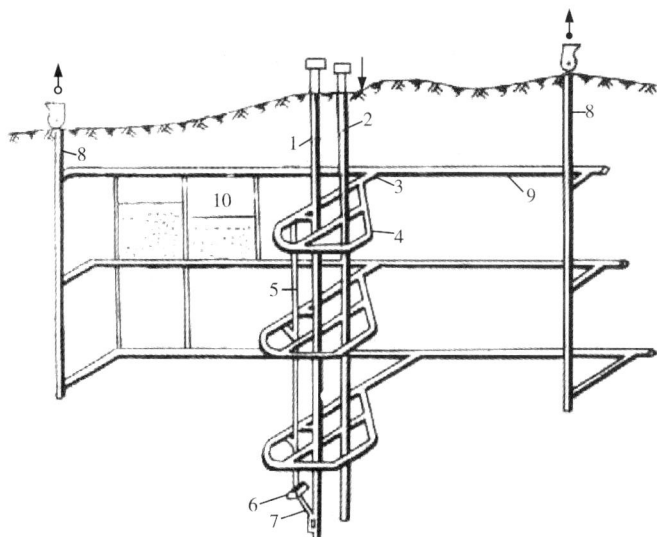

图0-3 地下开采示意图

1—主井；2—副井；3—石门；4—井底车场；5—阶段溜矿井；
6—破碎硐室；7—矿仓；8—回风井；9—阶段平巷；10—矿块

4）特殊开采

露天开采和地下开采是固体矿床最基本的开采方式，但随着易采、易选矿产资源的不断减少，矿山基建费用和生产成本在不断上涨，以及采矿、加工过程中的环境问题日益引起人们的关注，如果一律沿用常规方法开采某些特定条件下的矿床，如低品位矿石、海洋矿床，不仅技术难度大、安全生产和环境保护受到威胁，而且会造成资源的巨大浪费。针对这些非常规矿床必须采用特殊采矿方法。特殊采矿方法包括溶浸采矿和化学采矿、海洋采矿（如开采锰结核或锰结壳），以及溶解开采（如钾盐、芒硝矿的开采）、熔融开采（如自然硫开采）等。

溶浸采矿是根据某些矿物的物理化学特性，将工作剂注入矿层（堆），通过化学浸出、质量传递、热力和水动力等作用，将地下矿床或地表矿石中某些有用矿物，从固态转化为液态或气态，然后回收，以达到以低成本开采矿床的目的。

某些微生物及其代谢产物，能对金属矿物产生氧化、还原、溶解、吸附、吸收等作用，使矿石中的不溶性金属矿物变为可溶性盐类，转入水溶液中，为进一步提取这些金属元素创造了条件。利用微生物的这一生物化学特性进行溶浸采矿，是近几十年迅速发展起来的一种新的采矿方法。目前世界各国微生物浸矿已成功地应用于工业化生产，主要矿物有铀、铜和金、银等金属矿物，且正在向锰、钴、镍、钒、镓、钼、锌、铝、钛、铊和铯等金属矿物发展。浸出方式由池（槽）浸、地表堆浸逐步扩展到了地下就地破碎浸出，并有向地下原地钻孔浸出发展的趋势。一般说来，微生物浸矿主要是针对贫矿、含矿废石和复杂难选的金属矿石。

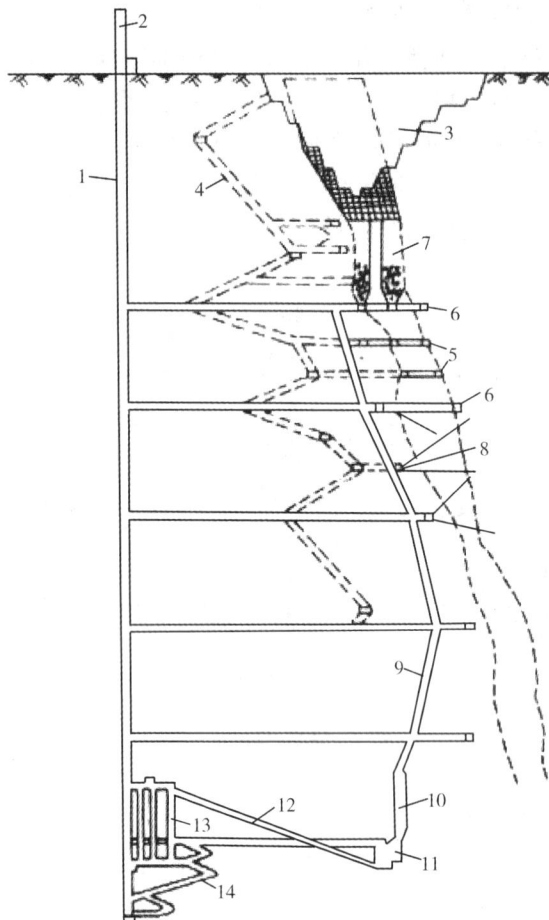

图 0 - 4　露天地下联合开采示意图

1—主井；2—井塔；3—露天矿；4—辅助斜坡道；5—分段巷道；6—上盘回风平巷；7—采场；8—探矿钻孔；
9—阶段溜矿井；10—粗矿仓；11—破碎硐室；12—皮带输送机；13—细矿仓；14—粉矿回收斜巷

在浩瀚辽阔的海洋中蕴藏着极其丰富的海洋生物资源、取之不尽用之不竭的海洋动力资源，以及储量巨大、可重复再生的矿产资源和种类繁多、数量惊人的海水化学资源。海洋采矿与陆地采矿在工艺、设备上均有本质区别。

0.5　中国金属矿产资源开发面临的形势和未来发展趋势

1）金属矿产资源开发面临的形势

（1）一大批金属矿山，经过长期大规模开发，已探明的浅部矿产逐渐枯竭，开采条件大大恶化。大型露天矿在逐年减少，不少矿山已开采到临界深度，面临关闭或转向地下开采；占矿山总数 90% 的地下矿山，有 2/5 ~ 3/5 正陆续向深部开采过渡。矿山是否进入深部开采，有专家提议以岩爆发生频率明显增加来界定，也有专家建议以岩石应力达到某一高度值来界定，但是，在实际工程中很难明确界定，因为"深部"是综合因素影响下的特殊开采环境。到目前为止还没有一个能为大家所认同的界定"深部"的科学方法，普遍采用的还是经验认同的方法，约定开采深度大于 800 m 时才算进入深部开采。红透山铜矿的开采深度达

900~1100 m，冬瓜山铜矿开拓深度达 1300 m，弓长岭铁矿开拓深度 1000 m，湘西金矿开采深度超过 850 m。此外，寿王坟铜矿、凡口铅锌矿、金川镍矿、乳山金矿、高峰锡矿等许多矿山，都正在步入深部开采期。

（2）开采品位下降，采掘工程量急剧上升，废弃物处理量大幅度增加。以铜矿为例，1950 年我国铜矿石平均开采品位为 1.87%，而今已下降到 0.76%；每生产 1 t 铜，平均要开采 130 t 矿石，尾矿量成倍增加；生产 1 万 t 矿石，一般要掘进 350~400 m，掘进废石大量增加，严重影响矿山经济效益和环境效益。

（3）机械化装备水平及配套程度不高，严重制约矿山生产规模和劳动生产率的提高。

（4）安全与环保压力增大。主要体现在回采过程中的顶板安全控制措施不足；潜水大的矿山缺乏超前探水工作，存在突水隐患；尾矿库维护不当，隐患较大；大量采空区未进行处理；露天坑复垦力度较小等。

（5）资源综合利用率不高。我国大多数金属矿山除主产元素外，还伴生和共生许多有用元素，受选矿技术水平限制，不能得到充分回收。

2）金属矿床开发未来发展趋势

（1）大规模开发深部矿床和边远矿床、零星矿体、残留矿体。

（2）引进大型无轨设备和智能化设备，提高企业装备水平和应对未来市场变化的能力：单斗挖掘机，斗容已超过 40 m³；露天穿孔牙轮钻机直径已达 310~380 mm；地下铲运机载重已达 25 t(Toro2500E 型)；井下运输瑞典已开始用 120 t 的七轴大型卡车；井下钻机向大型化发展，配有水力潜孔冲击式凿岩机的自动遥控台车(SimbaW 型)正取代原有台车。

（3）采用高效率、低成本的采矿方法和回采工艺：三大类采矿法(空场法、充填法、崩落法)朝高阶段(120~200 m)、大采场、一步骤回采和采准、切割合二为一的方向发展；深井降温、井下选厂、矿井水力提升、上行开采将引起人们更多的关注；无废害采矿(清洁采矿)最大限度地减少废料的产出、排放，提高资源综合利用率，减轻或杜绝采矿带来的负面影响；非爆破开采以连续切割矿岩设备取代传统工艺，实现连续采矿(见图 0-5)；自动化遥控铲运机、凿岩机、无人驾驶汽车和装载机器人技术及全球卫星定位系统(GPS)技术已日趋成熟，

图 0-5　美国 Joy 公司生产的世界最大的 12HM36 型连续采矿机

促进矿山遥控、智能化；随着计算机技术、信息技术、通信技术、自动控制技术、3S(GIS、GPS、RS)技术、网络技术的发展，矿山数字化技术也得到广泛应用。

(4)提高资源综合利用水平。

(5)加大安全投入。

(6)在设计、生产各个环节，注重环境保护，实现矿山清洁生产，创建绿色矿山。

第一篇　矿产资源开发基本概念

第 1 章 金属矿床工业特征

1.1 矿产资源定义与分类

1.1.1 定义

矿产资源是指经过地质成矿作用,埋藏于地下或出露于地表,并具有开发利用价值的矿物或有用元素的集合体。它们以元素或化合物的集合体形式产出,绝大多数为固态,少数为液态或气态,习惯上称之为矿产。

根据美国地质调查局(U. S. Geological Survey)1976 年的定义,矿产资源(mineral resources)是指天然赋存于地球表面或地壳中,由地质作用所形成,呈固态(如各种金属矿物)、液态(如石油)或气态(如天然气)具有当时经济价值或潜在经济价值的富集物。从地质研究程度来说,矿产资源不仅包括已发现的经工程控制的矿产,还包括目前虽然未被发现,但经预测(或推断)可能存在的矿产;从技术经济条件来说,矿产资源不仅包括在当前经济技术条件下可以利用的矿物质,还包括根据技术进步和经济发展,在可预见的未来能够利用的矿物质。

矿产资源定义中,应注意区分以下几个概念:

(1)矿物

矿物是天然的无机物质,有一定的化学成分,在通常情况下,因各种矿物内部分子构造不同,形成各种不同的几何外形,并具有不同的物理化学性质。矿物有单体者,如金刚石、石墨、自然金等,但大部分矿物都是由两种或两种以上元素组成,如石英、黄铁矿、方铅矿、闪锌矿、辉铜矿等。

(2)矿石、矿体与矿床

凡是地壳中的矿物集合体,在当前技术经济水平条件下,能以工业规模从中提取国民经济所必需的金属或矿物产品的,称为矿石。矿石的聚集体叫矿体,而矿床是矿体的总称。对某一矿床而言,它可由一个矿体或若干个矿体所组成。

(3)围岩

矿体周围的岩石称围岩。根据围岩与矿体的相对位置,有上盘与下盘围岩和顶板与底板围岩之分。凡位于倾斜至急倾斜矿体上方和下方的围岩,分别称之为上盘围岩和下盘围岩;凡位于水平或缓倾斜矿体顶部和底部的围岩,分别称之为顶板围岩和底板围岩。矿体周围的岩石,以及夹在矿体中的岩石(称之为夹石),不含有用成分或有用成分含量过少、当前不具备开采条件的,统称为废石。

1.1.2　矿石与废石的界定

矿石和废石的概念是相对的,是随国民经济发展、矿山开采和矿石加工技术水平提高、矿产品市场变化而变化的。一般而言,划分矿石和废石的界限取决于以下因素:①国家产业政策(政治需求、产业转型等);②矿床开采技术条件;③采矿和矿石加工技术水平;④市场变化;⑤地区技术经济水平等。

有开采利用价值的矿产资源,其品位必须高于边界品位和最低工业品位(在当前技术经济条件下,矿物原来的采收价值等于全部成本,即采矿利润率为零时的品位),而且有害成分含量必须低于有害杂质最大允许含量(对产品质量和加工过程起不良影响的组分允许的最大平均含量)。

矿石和废石一般用边界品位来界定。边界品位是圈定矿体时对单个样品有用组分含量的最低要求,是区分矿体与围岩(或夹石)的品位界限。边界品位下限不得低于选矿后尾矿中的含量,一般应比选矿后尾矿含矿品位高1~2倍。边界品位是圈定矿体的主要依据,其高低直接影响矿体形态、矿体平均品位和储量,其确定受市场条件和技术条件所限制,一般根据矿床的规模、开采加工技术(可选性)条件、矿石品位、伴生元素含量等因素确定。在国外,没有工业品位要求,边界品位是圈定矿体的唯一品位依据。

在我国,边界品位是由国土资源部门根据当时市场、经济、技术条件分矿种确定的。在国外,一般根据盈亏平衡法计算确定。实际上,随着已探明资源的逐渐枯竭,采、选、冶技术水平的提高和矿产品市场的持续走强,许多矿产边界品位已低于表1-1给出的参考值,这对于最大限度地利用宝贵的、不可再生的矿产资源,实现国民经济快速、可持续发展具有重要意义。如许多矿山根据市场变化,将矿石边界品位降低重新圈定矿体,使保有储量大大增加,延长了矿山服务年限。

表1-1　矿产资源边界品位参考指标

矿产种类	矿床条件	边界品位
Fe	磁铁矿	20%
	赤铁矿	25%
	菱铁矿	20%
	褐铁矿	25%
Cu	地采硫化矿	0.2%~0.3%
	露采硫化矿	0.2%
	难选氧化矿	0.5%
Pb	硫化矿	0.3%~0.5%
	混合矿	0.5%~0.7%
	氧化矿	0.5%~1.0%
Zn	硫化矿	0.5%~1.0%
	混合矿	0.8%~1.5%
	氧化矿	1.5%~2.0%

续表1-1

矿产种类	矿床条件	边界品位
W	石英大脉型	WO_3：0.08%~0.10%
	石英细脉型	WO_3：0.10%
	石英细脉浸染型	WO_3：0.10%
	矽卡岩型	WO_3：0.08%~0.1%
	层控型	WO_3：0.10%
Sn	原生矿	0.1%~0.2%
	砂锡矿：化验法测定品位	0.02%
	砂锡矿：淘洗法测定品位	100~150 g/m^3
Mo	硫化矿：地采	0.03%~0.05%
	硫化矿：露采	0.03%
Ni	硫化矿	0.2%~0.3%
	氧化矿	0.7%
	氧化镍-硅酸镍矿	0.5%
Co	硫化钴、砷化钴	≥0.02%
	钴土矿	≥0.3%
Mn		15%~20%
Sb	大型似层状、小型脉状	0.7%
Hg	原生矿	0.04%
Au	脉金（包括蚀变型金矿）	1.0 g/t
	砂金	0.05~0.07 g/m^3
Ag	单一银矿床	40~50 g/t
Ta、Nb	花岗伟晶岩型矿床	$(Ta、Nb)_2O_5$：0.012%~0.015%
		Ta_2O_5：0.007%~0.008%
	钠长石花岗岩型矿床	$(Ta、Nb)_2O_5$：0.015%~0.018%
		Ta_2O_5：0.008%~0.010%
	风化壳型矿床（褐钇铌矿或铌铁矿）	重砂：80~100 g/m^3
	河流沉积砂矿床	重砂：40 g/m^3
Be	气成热液型矿床、机选	BeO：0.04%~0.06%
	花岗伟晶岩矿床，手选绿柱石	绿柱石：0.05%~0.1%
	钠长石花岗岩型矿床，机选	BeO：0.05%~0.07%
	坡积砂矿床，手选	绿柱石：0.6 kg/m^3
Li	花岗伟晶岩矿床，机选	Li_2O：0.4%~0.6%
	钠长石花岗岩型矿床，机选	Li_2O：0.5%~0.7%
Zr	原生矿床	ZrO_2：3%
	风化壳型矿床	ZrO_2：0.3%
	海滨砂矿床	ZrO_2：0.04%~0.06%；锆英石：1.0~1.5 kg/m^3
稀土金属	含碳铈矿、独居石原生矿	Ce_2O_3或R_2O_3：1.0%
	独居石砂矿及风化壳矿床	独居石：100~200 g/m^3
	磷钇矿砂矿及风化壳矿床	磷钇矿：30 g/m^3
B	硼镁石矿	B_2O_3：3%
	盐湖硼矿	B_2O_3：1.5%
	液体硼矿（含硼卤水及晶间卤水）	B_2O_3：400 mg/L

续表 1－1

矿产种类	矿床条件	边界品位
P	磷块岩矿床	P_2O_5：>12%
	磷灰岩或磷灰石矿	P_2O_5：≥5%
石膏		$CaSO_4 \cdot 2H_2O + CaSO_4 > 45\%$
重晶石		30%
S	黄铁矿、白铁矿、磁黄铁矿、自然硫	≥8%
K	固体矿	KCl：2%
	卤水	KCl：1%

在我国还有一个更重要的指标确定矿石是否具有开发利用价值，即最低工业品位。最低工业品位，简称工业品位或边际品位，是指单个工程中单矿层或储量估算的既定块段中，有工业意义的有用组分平均含量的最低要求。最低工业品位实际上是最低可采品位或经济平衡品位，是在当前经济技术条件下，以工业规模开采该类矿产时技术上可行、经济上合理的品位。从成本－利润角度考虑，最低工业品位是矿物原料采收价值恰好补偿开采成本、采矿利润率为零时的品位。只有矿石品位高于或等于最低工业品位的矿床才具有当前开发利用价值。

我国矿产资源最低工业品位一般是由矿产资源主管部门根据矿产资源供需市场变化及国家矿产资源政策、全国矿产资源开发利用领域技术条件而确定的。由于最低工业品位不是一个单纯的技术指标，而是根据经济发展水平而变动的技术经济指标，因时、因地、因条件的不同而不同，所以不能把不同矿山、不同时期、不同条件下制定的最低工业品位指标看成是一成不变的。表 1－2 所示的最低工业品位指标只能作为参考。实际上，随着已探明资源的逐渐枯竭，采、选、冶技术水平的提高和矿产品市场的持续走强，许多矿山实际开采利用品位已经低于表 1－2 给出的参考值。

表 1－2 矿产资源最低工业品位参考指标

矿产种类	矿床条件	最低工业品位
Fe	磁铁矿	25%
	赤铁矿	28%～30%
	菱铁矿	25%
	褐铁矿	30%
Pb	硫化矿	0.7%～1.0%
	混合矿	1.0%～1.5%
	氧化矿	1.5%～2.0%
Zn	硫化矿	1.0%～2.0%
	混合矿	2.0%～3.0%
	氧化矿	3.0%～4.0%
W	石英大脉型	WO_3：0.12%～0.18%
	石英细脉型	WO_3：0.15%～0.20%
	石英细脉浸染型	WO_3：0.15%～0.20%
	矽卡岩型	WO_3：0.15%～0.20%
	层控型	WO_3：0.15%～0.20%
Cu	地采硫化矿	0.40%～0.55%
	露采硫化矿	0.40%
	难选氧化矿	0.70%

续表 1-2

矿产种类	矿床条件	最低工业品位
Sn	原生矿	0.2% ~0.4%
	砂锡矿：化验法测定品位	0.04%
	砂锡矿：淘洗法测定品位	200 ~300 g/m³
Mo	硫化矿：地采	0.06% ~0.08%
	硫化矿：露采	0.06%
Ni	硫化矿	0.3% ~0.5%，含 Ni >3% 可直接冶炼
	氧化矿	1.0%
	氧化镍－硅酸镍矿	1.0%（单工程单矿体计）
Bi	单独作为铋矿时	0.5%
Co	硫化钴、砷化钴	0.03% ~0.06%
	钴土矿	0.5%
	沉积型钴矿	0.08%
Mn		25%
Sb	大型似层状、小型脉状	1.5%
Hg	原生矿	0.08% ~0.1%
	砂矿	辰砂矿物 100.0 g/m³
Mg	菱镁矿	MgO：45.5% ~46.0%
	白云石	MgO：19.0%
	海水含镁	Mg^{2+}：1.0 kg/m³
Al	一水硬铝石：沉积型	Al_2O_3：≥50%；铝硅比≥3.2
	一水硬铝石：堆积型	Al_2O_3：≥55%；铝硅比≥3.8
	三水铝石：红土型	Al_2O_3：≥48%；铝硅比≥6.0
Au	脉金（包括蚀变型金矿）	4.0 ~5.5 g/t
	砂金	0.16 ~0.18 g/m³
Ag	单一银矿床	100 ~120 g/t
铂族元素（Pt、Pd、Ru、Rh、Os、Ir）的总和	超基性岩型单一铂矿	≥0.5%
	松散沉积物中砂铂矿	>1.0 g/m³
Ta、Nb	花岗伟晶岩型矿床	（Ta、Nb）$_2O_5$：0.022% ~0.026%
		Ta_2O_5：0.012% ~0.014%
	钠长石花岗岩型矿床	（Ta、Nb）$_2O_5$：0.024% ~0.028%
		Ta_2O_5：0.012% ~0.015%
	风化壳型矿床（褐钇铌矿或铌铁矿）	重砂：250 ~280 g/m³
	河流沉积砂矿床	重砂≥250 g/m³
Be	气成热液型矿床、机选	BeO：0.08% ~0.12%
	花岗伟晶岩矿床，手选绿柱石	绿柱石：0.2% ~0.7%
	钠长石花岗岩型矿床，机选	BeO：0.10% ~0.14%
	坡积砂矿床，手选	绿柱石：2.0 ~2.5 kg/m³

续表 1 – 2

矿产种类	矿床条件	最低工业品位
Li	花岗伟晶岩矿床，机选	Li_2O：0.8% ~ 1.1%
	手选锂辉石	锂辉石：5.0% ~ 8.0%
	钠长石花岗岩型矿床，机选	Li_2O：0.9% ~ 1.2%
	盐湖锂矿（盐湖卤水型矿），机选	Li_2O：1.0 g/m^3
Zr	原生矿床	ZrO_2：8.0%
	风化壳型矿床	ZrO_2：0.8%
	海滨砂矿床	ZrO_2：0.16% ~ 0.24%；锆英石：4.0 ~ 6.0 kg/m^3
稀土金属	含碳铈矿、独居石原生矿	Ce_2O_3 或 R_2O_3：2.0%
	磷钇矿、硅铍钇矿等伟晶岩和碳酸盐矿床	Y_2O_3 或 R_2O_3：0.05% ~ 0.1%
	独居石砂矿及风化壳矿床	独居石：300 ~ 500 g/m^3
	磷钇矿砂矿及风化壳矿床	磷钇矿：50 ~ 70 g/m^3
B	硼镁石矿	B_2O_3：5%
	盐湖硼矿	B_2O_3：2%
	液体硼矿（含硼卤水及晶间卤水）	B_2O_3：1000 mg/L
P	磷块岩矿床	P_2O_5：15% ~ 18%
	磷灰岩或磷灰石矿	P_2O_5：9% ~ 11%
石膏		$CaSO_4 \cdot 2H_2O + CaSO_4 > 65\%$
重晶石		50%
S	黄铁矿、白铁矿、磁黄铁矿、自然硫	12%
K	固体矿	KCl：6%
	卤水	KCl：2%
	湖水钾盐	KCl：1%

1.1.3　分类

按资源的可利用成分及其用途，矿产资源可分为金属、非金属和能源三大类。

1）金属矿产资源

金属矿产是国民经济、国民日常生活及国防工业，尖端技术和高科技产业必不可缺少的基础材料和重要的战略物资。钢铁和有色金属的产量往往被认为是一个国家国力的体现。随着国民经济快速发展，我国已成为金属资源生产和消费主要国家之一。

（1）根据金属元素特性和稀缺程度分类

①黑色金属：铁、锰、铬、钒、钛。

②有色轻金属：铝、镁、钾、钠、钙、锶、钡。

③有色重金属：铜、铅、锌、镍、钴、锡、镉、铋、汞、锑。

④贵金属：金、银、铂、钯、铱、铑、钌、锇。

⑤稀有轻金属：铍、铷、锂、铯。

⑥轻稀土金属：镧、铈、镨、钕、钷、钐、铕。

⑦重稀土金属：钆、铽、镝、钬、铒、铥、镱、镥、钇、钪。

⑧稀有分散金属：锗、镓、铟、铊。

⑨稀有难熔金属：钛、锆、铪、钒、铌、钽、钨、钼、铼。

⑩其他有色金属：硅、硼、硒、碲、砷、钍。

（2）按其所含金属矿物性质、矿物组成和化学成分类

①自然金属矿石。

金属以单一元素存在于矿床中的矿石，称为自然金属矿石，如金、银、铂等。

②氧化矿石。矿物成分为氧化物、碳酸盐及硫酸盐的矿石称为氧化矿石，如赤铁矿（Fe_2O_3）、红锌矿（ZnO）、软锰矿（MnO_2）、赤铜矿（Cu_2O）、白铅矿（$PbCO_3$）等。一般而言，氧化矿石因选别性能差，故利用率较低。

③硫化矿石。矿物成分为硫化物的矿石称为硫化矿石，如黄铜矿（$CuFeS_2$）、闪锌矿（ZnS）、方铅矿（PbS）、辉钼矿（MoS_2）等。

④混合矿石。

含有上述 3 种矿物中两种以上的矿石称为混合矿石。

（3）按金属成分数目分类

①单一金属矿石，即含一种金属成分的金属矿石，如金矿、银矿；

②多金属矿石，即含多种金属成分的金属矿石，我国大多数金属矿山均属多金属矿床。

（4）按矿石品位（有用元素含量）高低分类

①富矿；

②贫矿。

2）非金属矿产资源

非金属矿产资源系指那些除燃料矿产、金属矿产外，在当前技术经济条件下，可供工业提取非金属化学元素、化合物或可直接利用的岩石与矿物。此类矿产少数是利用化学元素、化合物，多数则是以其特有的物理化学技术性能利用整体矿物或岩石。由此，一些国家又称非金属矿产资源为"工业矿物与岩石"。

目前世界已工业利用的非金属矿产资源约 250 种；年开采非金属矿产资源量在 250 亿 t 以上。非金属矿物原料年总产值已达 2 000 亿美元，大大超过金属矿产值，非金属矿产资源的开发利用水平已成为衡量一个国家经济综合发展水平的重要标志之一。中国是世界上已知非金属矿产资源品种比较齐全、资源比较丰富、质量比较优良的少数国家之一。迄今，中国已发现非金属矿产品 102 种，其中已探明储量的矿产有 88 种。非金属矿产品与制品如水泥、萤石、重晶石、滑石、菱镁矿、石墨等的产量多年来居世界之冠。

3）能源类矿产资源

能源类矿产资源主要包括煤、石油、天然气、泥炭和油页岩等由地球历史上的有机物堆积转化而成的"化石燃料"。能源类矿产资源是国民经济和人民生活水平的重要保障，能源安全直接关系到一个国家的生存和发展。

1.2　矿产资源基本特征

矿产资源种类众多，如我国通过大量地质勘查工作，已发现矿产 171 种，有探明储量的 155 种，其中金属矿产 54 种，非金属矿产 90 种，能源及水气矿产 11 种。虽然不同矿种化学

组成、开采技术条件、用途等各不相同，但都具有以下共同特性：

（1）有效性

矿产资源具有使用价值，能够产生社会效益和经济效益。

（2）有限性和非再生性

矿产资源是在地球的几十亿年漫长历史过程中，经过各种地质作用后富集起来的，一旦被开采后，相对短暂的人类历史，绝大多数是不可再生的。换言之，矿产资源只能越用越少，特别是那些优质、易探、易采的矿床，其保有量已日渐减少。为保证矿业可持续发展，必须"开源与节流"并重，把节约放在首位，走资源节约型可持续发展之路。"开源"即扩大矿物原料来源，包括加大深部、边部靶区的勘探力度；提高资源开发技术水平，回收低品位的矿量；寻找替代资源等。"节流"即千方百计地提高利用矿产资源的技术水平，使有限的矿产资源得到最大限度的充分合理利用：包括改进、改革采矿方法，提高选矿、冶炼的工艺技术水平，努力探索综合回收、综合利用的新方法、新工艺、新技术以及变废为宝、物尽其用的各种途径，搞好尾矿的综合利用，使矿产资源非正常人为损失减少至最低限度，以适应现代化建设对矿产品日益增长的需求。

（3）时空分布不均匀性

矿产资源分布的不均衡性是地质成矿规律造成的。某一地区可能富集某一种或某几种矿产，但其他矿种相对缺乏，甚至缺失。例如，29种金属矿产中，有19种矿产的75%储量集中在5个国家；石油主要集中在海湾地区；煤炭储量大国主要是中国、美国和苏联地区；中国的钨、锑储量占世界总储量的一半以上，而稀土资源占世界总储量的90%以上。

（4）投资高风险性

矿产资源赋存隐蔽，成分复杂多变。在自然界中，绝无雷同的矿床，因而矿产资源勘探过程中，必然伴随着不断地探索、研究，并总有不同程度的投资风险存在。另一方面，矿产资源的开发需要一个较长的周期，从矿山设计、基建、投产至达到设计能力，一般都需要几年的时间。在此过程中，矿产品价格的变化，可能使原预测投资回报率受到影响。

（5）环境破坏性

矿产资源是地球自然环境系统中的组成部分，矿产资源的开发必然导致对环境的破坏，造成影响范围内的地表下沉、地下水位下降、土地资源破坏、森林资源锐减、生物资源减少。而矿产资源开发过程中排出的废水、废气、废料，也会造成不同程度的环境污染。因此，矿产资源评估过程中，应充分考虑到这一因素。

（6）资源储量的动态性

矿产资源储量是一个动态变化的经济和技术概念。从技术层面而言，勘探力度的加强、勘探技术的提高、综合利用水平的进步，会使资源储量增加，而资源开发利用会消耗储量；从经济层面而言，开采成本的降低和矿产品价格的升高，会使原来被认为无开采价值的储量，逐渐变成可供人类作为工业规模开发利用的储量。

（7）多组分共生性

由于不少成矿元素地球化学性质的近似性和地壳构造运动与成矿活动的复杂多期性，自然界中单一组分的矿床很少，绝大多数矿床具有多种可利用组分共生和伴生在一起的特点。例如我国最大的铜镍矿山——金川矿区，除主产金属镍和铜外，还综合回收伴生的钴、硫以及金、银、铂、钯、锇、铱、钌、铑等多种有用元素。

（8）质量差异性

同一矿种不同矿山，甚至同一矿山不同矿体之间，矿石品位高低不一，资源质量差异巨大。影响资源质量的因素众多，主要包括：

①地质因素：包括矿床地质特征、成矿环境、矿体空间形态、产状、厚度及结构特征等；

②地质工作程度：尤其是生产勘探程度、矿石取样化验及研究程度等；

③开采技术因素：主要指矿床开采方式、采矿方法、机械化水平、管理水平等；

④矿石加工因素：主要指矿石进入选厂后的破碎和选矿工艺流程的技术水平。

1.3　中国矿产资源特点

与世界金属矿产资源相比，中国金属矿产资源有以下几个明显的特点：

（1）用量大宗的矿产数量相对不足，用量小的稀有、稀土金属矿产资源丰富。

我国用量大宗的矿产，如铁、锰、铝土矿、铬、铜等，储量相对较少，在世界上的排名比较靠后；而稀有、稀土金属资源丰富，在世界上占有绝对的优势，如钨矿保有储量是国外钨矿总储量的 3 倍左右，锑矿保有储量占世界锑矿总储量的 40% 以上。稀土金属资源更是丰富，仅内蒙古白云鄂博一个矿床的储量就相当于国外稀土总储量的 4 倍。

（2）富矿少，贫矿多。

我国铁矿石保有储量中，贫铁矿石占了 97.5%，含铁平均品位在 55% 左右能直接入炉的富铁矿储量只占 2.5%，而形成一定开采规模、能单独开采的富铁矿就更少了。锰矿储量中，富锰矿（氧化锰矿含锰大于 30%，碳酸锰矿含锰大于 25%）储量只占 6.4%。中国铜矿平均品位只有 0.87%，品位大于 1% 的铜储量仅占全国铜矿储量的 36%。我国铝土矿的质量也比较差，加工困难、耗能大的一水硬铝石型矿石占全国总储量的 98% 以上。全国钼矿石平均含钼量大于 0.2% 的仅占总储量的 3%。金矿出矿品位更是远低于世界平均水平。

（3）多金属矿多，单一金属矿少。

我国独特的地质环境导致形成大量多组分共、伴生的综合性矿床。例如，具伴、共生有益组分的铁矿石储量，约占全国储量的 1/3，伴、共生有益组分有：钒、钛、铜、铅、锌、锡、钨、钼、钴、镍、锑、金、银、镉、镓、铀、钍、硼、锗、硫、铬、稀土、铌、萤石、石膏、石灰石和煤等 30 余种。铅锌矿床大多数普遍共、伴生有铜、铁、硫、银、金、锡、锑、钼、钨、汞、钴、镉、铟、镓、锗、硒、碲、铊等元素，尤其伴生银，许多矿床为铅锌银矿或银铅锌矿，其储量占全国银总储量的 60% 以上。73% 的铜矿床为多金属矿。金矿总储量中，伴生金储量占了 28%。钒储量 92% 以上赋存于共生矿和伴生矿中，其产量几乎全部来自钒钛磁铁矿和石煤伴生钒。钼作为单一矿产的矿床，其储量只占全国总储量的 14%，钼作为主矿产还伴生有其他有用组分的矿床，其储量占全国总储量的 64%，与铜、钨、锡等金属共、伴生的钼储量占全国总储量的 22%。

（4）大型、超大型矿床少，中小型矿床多。

虽然我国有一些世界有名的大型和超大型矿床，如内蒙古白云鄂博稀土－铁－铌矿是世界上最大的稀土矿、湖南柿竹园多金属矿是世界上最大的钨－锑矿、广西大厂锡矿是世界上最大的锡矿、辽宁海成锑矿是世界上最大的单一锑矿，但总体而言，世界水平的大型、超大型矿床比较缺乏，更多的为储量和生产能力有限的中小型矿床。

（5）储量向大型矿床集中。

虽然我国大型矿床比例不大，但其保有储量占全国总保有储量的比例较高。换言之，我国金属矿产储量向大型矿床集中,大中型矿山在我国矿业开发中占有突出的地位。

(6)生成时代集中。

(7)矿床分布有明显的地域性。

我国金属矿床具有明显的地域分布特性,形成了许多重要的金属成矿带和成矿区。这一地域性分布特点对于地质勘探非常重要。

1.4 固体矿床工业性质

对某一具体矿床进行评估时,首先应了解该矿床的工业性质,以对该矿床的开发利用难易程度做出科学的判断。

1.4.1 物理力学性质

(1)硬度

硬度,即矿岩的坚硬程度,也就是抵抗工具侵入的能力,主要取决于矿岩的组成,如颗粒硬度、形状、大小、晶体结构以及颗粒间的胶结物性质等。硬度愈大,凿岩愈困难。矿岩的硬度,不仅影响矿岩的破碎方法和凿岩设备的选择,而且会影响开采成本等经济指标。

(2)坚固性

坚固性也是一种抵抗外力的能力,但它所指的外力是机械破碎、爆破等综合作用下的一种合力。坚固性的大小一般用相当于普氏硬度系数的矿岩坚固系数(f)表示,该系数实际表示矿岩极限抗压强度、凿岩速度、炸药消耗量等值的平均值,但由于各参数量纲的不同,因此求其平均值难度较大,一般采用下式来简化求取:

$$f = \frac{R}{10} \tag{1-1}$$

式中:R 为矿岩极限抗压强度,MPa。

(3)稳固性

稳固性,即矿岩允许暴露面积的大小和暴露时间的长短。影响矿岩稳固性的因素十分复杂,不仅与矿岩本身地质条件(包括工程地质和水文地质)有关,而且与开采工艺和工程布置关系密切。稳固性是影响开采技术经济指标和作业安全性的重要因素。矿床一般按稳固程度分为:

①极不稳固的:不允许有任何暴露面积,矿床一经揭露,即行垮落;

②不稳固的:允许有较小的不支护暴露面积,一般在50m²以内;

③中等稳固的:允许不支护暴露面积为 50 ~ 200m²;

④稳固的:不支护暴露面积为 200 ~ 800m²;

⑤极稳固的:不支护暴露面积 800m²以上。

由于矿岩稳固性不仅取决于暴露面积,而且与暴露空间形状、暴露时间有关,因此,上述分类中允许不支护暴露面积仅是一个参考值。

(4)结块性

高硫矿石、黏土类矿石崩落后,在遇水和受压并经过一段时间,可能会重新黏结在一起,这一性质称为结块性。矿石的结块性,会对采下矿石的放矿、运输和提升造成困难。

（5）氧化性

高硫矿石（含硫18% ~20%或以上）在水和空气的作用下，发生氧化反应转变为氧化矿石的性质，称为氧化性。矿石氧化会降低选矿回收指标。

（6）自燃性

煤、硫化矿石、含炭矸石等在适合的环境中，与空气接触发生氧化而产生热，当产生的热量大于向周围介质散发的热量时，该物质的温度自行升高。升高的温度反过来又加快了氧化速度，如此循环，当物质的温度达到其燃点后，就引起矿石着火自燃。矿石自燃不仅造成了资源的浪费，而且恶化了工作环境。

（7）含水性

矿岩吸收和保持水分的性能称含水性。含水性会影响矿石的放矿、运输和提升作业。

（8）碎胀性

矿岩破碎后，碎块之间的大量孔隙使其体积增大的现象，称为碎胀性。破碎后体积与原矿岩体积之比，称为碎胀系数（或称松散系数）。

1.4.2 埋藏要素

矿床埋藏要素是指矿床在地壳中的走向长度、埋藏深度、延伸深度、形状、倾角、厚度等几何因素。矿床埋藏要素对矿床开拓和采矿方法选择有直接影响。为便于相互交流，一般按矿体形状、倾角、厚度3个因素对矿床进行分类。

（1）埋藏深度和延伸深度

矿体埋藏深度是从地表至矿体上部边界的垂直距离，而延伸深度是指矿体上下边界之间的垂直距离（见图1-1）。

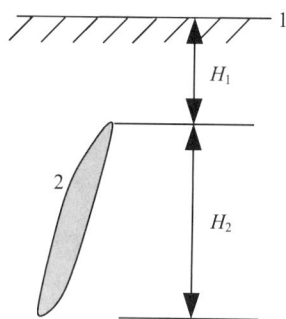

图1-1 矿体的埋藏深度和延伸深度
1—地表；2—矿体；H_1—埋藏深度；H_2—延伸深度

（2）矿体形状及分类

由于成矿环境和成矿作用的不同，矿体形状千差万别，主要有层状、脉状、块状、透镜状、网状、巢状等（见图1-2）。

层状矿床多为沉积或变质矿床。其特点是矿床规模大，赋存条件（厚度、倾角、品位）稳定，多为非金属矿床和黑色金属矿床。

脉状（包括网状）矿床主要是由于热液和气化作用，成矿物质充填于地壳裂隙中生成的。其特点是矿床与围岩接触处有蚀变现象，矿床赋存条件不稳定，有用成分含量不均匀。有色轻金属、有色重金属、稀有金属及贵重金属矿床多属于此类。

块状（包括透镜状、巢状）矿床主要是充填、接触交代、分离和气化作用形成的矿床。其特点是矿体大小不一，矿体与围岩界限不明显。

由于脉状、块状矿床形态不稳定，在地质勘查过程中受勘探网度限制，控制程度不高，矿体揭露后，形态会发生较大变化，因此在开采过程中应加大生产勘探力度，提高储量级别，提高开采效率，充分回收矿产资源。

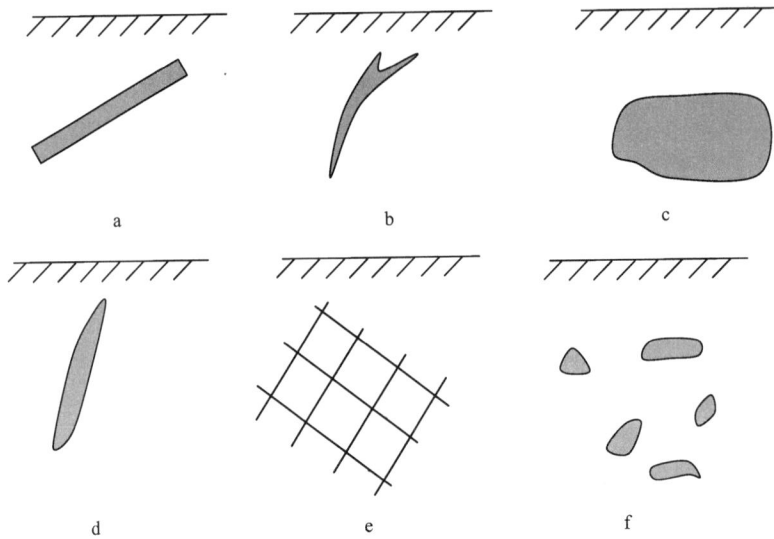

图 1 - 2 矿体形状分类

a—层状矿床；b—脉状矿床；c—块状矿床；d—透镜状矿床；e—网状矿床；f—巢状矿床

（3）矿体倾角分类

根据矿体倾角，矿体可分为以下几类：

①水平和微倾斜矿体：矿体倾角在5°以下；

②缓倾斜矿体：矿体倾角为5°~30°；

③倾斜矿体：矿体倾角为30°~55°；

④急倾斜矿体：矿体倾角大于55°。

矿体倾角与采场运搬方式密切相关。开采水平和微倾斜矿床时，各种有轨或无轨设备可直接进入采场作业；缓倾斜矿床则可采用电耙、输送机等装运设备；倾斜矿床可借助溜槽、溜板或爆力抛掷等实现崩落矿石的运搬；急倾斜矿床可利用矿石自重实现重力放矿运搬。

应该指出的是，随着无轨设备和其他机械设备的推广应用，按矿体倾角分类的界限，必然发生相应的变化。因此，这种分类方法只是相对的。同时，在能利用矿石自重实现重力运搬的条件下，为提高效率，也开始普遍应用大型机械设备（如铲运机等）装运矿石。

矿体倾角对开拓系统选择也有重要影响。

（4）矿体厚度

矿体厚度是指矿体上下盘之间的垂直距离或水平距离，前者称为垂直厚度或真厚度，后者称为水平厚度。除急倾斜矿体常用水平厚度来表示外，其他矿体多采用垂直厚度。由于矿体形状不规则，因此厚度又有最大厚度、最小厚度和平均厚度之分。垂直厚度与水平厚度和矿体倾角有如下关系（见图1-3）：

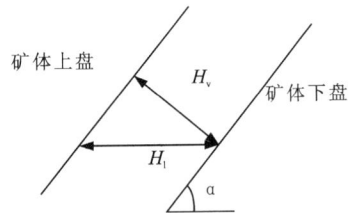

图 1 - 3 矿体厚度

$$H_v = H_1 \sin\alpha \qquad (1-2)$$

式中：H_v 为矿体垂直厚度；H_1 为矿体水平厚度；α 为矿体倾角。

矿体按厚度可分为5类：

①极薄矿体：矿体平均厚度小于 0.8 m；

②薄矿体：矿体厚度为 0.8 ~ 5.0 m；

③中厚矿体：矿体厚度为 5.0 ~ 15.0 m；

④厚矿体：矿体厚度为 15.0 ~ 50.0 m；

⑤极厚矿体：矿体厚度大于 50.0 m。

矿体厚度对开拓系统和采矿方法选择影响较大，薄矿体只能采用浅孔落矿，中厚及厚大矿体则适宜选用中深孔或深孔崩矿，以便提高开采效率。如同倾角分类界限只能作为参考一样，厚度的分类界限也不是固定不变的，上述界限标准仅供参考。

1.5　矿产资源储量及矿床工业指标

1.5.1　资源储量

矿产资源领域有两个非常重要的概念，即资源与储量。由于矿产资源/储量分类是定量评价矿产资源的基本准则：既是矿产资源/储量估算、资源预测和国家资源统计、交易与管理的统一标准，又是国家制定经济和资源政策及矿山设计和编制建设及生产计划的依据，因此各国都对矿产资源/储量分类给予了高度重视。

虽然各国都是基于地质可靠性和经济可能性对资源与储量进行定义和区分的，但具体分类标准各不相同。我国于 1999 年 12 月 1 日起实施的《固体矿产资源/储量分类》国家标准（GB/T177766—1999）是我国固体矿产第一个可与国际接轨的真正统一的分类标准。

1）分类依据

（1）根据地质可靠程度将固体矿产资源/储量分为探明的、控制的、推断的和预测的，分别对应于勘探、详查、普查和预查 4 个勘查阶段。

①探明的：矿床的地质特征、赋存规律（矿体的形态、产状、规模、矿石质量、品位及开采技术条件）、矿体连续性依照勘探精度要求已经确定，可信度高；

②控制的：矿床的地质特征、赋存规律（矿体的形态、产状、规模、矿石质量、品位及开采技术条件）、矿体连续性依照详查精度要求已基本确定，可信度较高；

③推断的：对普查区按照普查的精度要求，大致查明了矿产的地质特征以及矿体（点）的展布特征、品位、质量，也包括那些地质可靠程度较高的基础储量或资源量外推部分，矿体（点）的连续性是推断的，可信度低。

④预测的：对具有较大矿化潜力地区经过预查得出的结果，可信度最低。

（2）根据可行性评价分为概略研究、预可行性研究和可行性研究三个阶段。

（3）根据经济意义将固体矿产资源/储量分为经济的（数量和质量是依据符合市场价格的生产指标计算的）、边际经济的（接近盈亏边界）、次边际经济的（当前是不经济的，但随技术进步、矿产品价格提高、生产成本降低，可变为经济的）、内蕴经济的（无法区分是经济的、边际经济的还是次边际经济的）、经济意义未定的（仅指预查后预测的资源量，属于潜在矿产资源）。

2）分类及编码

依据矿产勘查阶段和可行性评价及其结果、地质可靠程度和经济意义，并参考美国等西方国家及联合国分类标准，中国将矿产资源分为 3 大类（储量、基础储量、资源量）16 种类型。

储量是指基础储量中的经济可采部分，用扣除设计、采矿损失的实际开采数量表述。

基础储量是查明矿产资源的一部分，是经详查、勘探所控制的、探明的并通过可行性研究、预可行性研究认为属于经济的、边际经济的部分，用未扣除设计、采矿损失的数量表达。

资源量是查明矿产资源的一部分和潜在的矿产资源，包括经可行性研究或预可行性研究证实为次边际经济的矿产资源、经过勘查而未进行可行性研究或预可行性研究的内蕴经济的矿产资源以及经过预查后预测的矿产资源。

将资源/储量 16 种类型、编码及其含义列入表 1-3。

表 1-3　中国固体矿产资源分类与编码表

大类	类型	编码	含义
储量	可采储量	111	探明的经可行性研究的经济的基础储量的可采部分
	探明的预可采储量	121	探明的经预可行性研究的经济的基础储量的可采部分
	控制的预可采储量	122	控制的经预可行性研究的经济的基础储量的可采部分
基础储量	探明的（可研）经济基础储量	111b	探明的经可行性研究的经济的基础储量
	探明的（预可研）经济基础储量	121b	探明的经预可行性研究的经济的基础储量
	控制的经济基础储量	122b	控制的经预可行性研究的经济的基础储量
	探明的（可研）边际经济基础储量	2M11	探明的经可行性研究的边际经济的基础储量
	探明的（预可研）边际经济基础储量	2M21	探明的经预可行性研究的边际经济的基础储量
	控制的边际经济基础储量	2M22	控制的经预可行性研究的边际经济的基础储量
资源量	探明的（可研）次边际经济资源量	2S11	探明的经可行性研究的次边际经济的资源量
	探明的（预可研）次边际经济资源量	2S21	探明的经预可行性研究的次边际经济的资源量
	控制的次边际经济资源量	2S22	控制的经预可行性研究的次边际经济的资源量
	探明的内蕴经济资源量	331	探明的经概略（可行性）研究的内蕴经济的资源量
	控制的内蕴经济资源量	332	控制的经概略（可行性）研究的内蕴经济的资源量
	推断的内蕴经济资源量	333	推断的经概略（可行性）研究的内蕴经济的资源量
	预测资源量	334?	潜在矿产资源

注：表中编码，第 1 位表示经济意义，即 1＝经济的，2M＝边际经济的，2S＝次边际经济的，3＝内蕴经济的；第 2 位表示可行性评价阶段，即 1＝可行性研究，2＝预可行性研究，3＝概略研究；第 3 位表示地质可靠程度，即 1＝探明的，2＝控制的，3＝推断的，4＝预测的。其他符号：？＝经济意义未定的；b＝未扣除设计、采矿损失的可采储量。

1.5.2　矿床工业指标

用以衡量某种地质体是否可以作为矿床、矿体或矿石的指标，或用以划分矿石类型及品级的指标，均称为矿床工业指标。常用的矿床工业指标包括：

（1）矿石品位

金属和大部分非金属矿石品级（industrial ore sorting），一般用矿石品位来表征。品位是指矿石中有用成分的含量，一般用质量百分数（％）表示，贵重金属则用 g/t 表示。

有开采利用价值的矿产资源，其品位必须高于边界品位和最低工业品位，而且有害成分含量必须低于有害杂质最大允许含量。

（2）最小可采厚度

最小可采厚度是在技术可行和经济合理的前提下，为最大限度利用矿产资源，根据矿体赋存条件和采矿工艺的技术水平而决定的一项工业指标，亦称可采厚度或最小可采厚度，用真厚度衡量。

（3）夹石剔除厚度

夹石剔除厚度亦称最大允许夹石厚度，是开采时难以剔除，圈定矿体时允许夹在矿体中间合并开采的非工业矿石（夹石）的最大真厚度或应予剔除的最小厚度。厚度大于或等于夹石剔除厚度的夹石，应予剔除，反之，则合并于矿体中连续采样估算储量。

（4）最低工业米百分值

对一些厚度小于最低可采厚度，但品位较富的矿体或块段，可采用最低工业品位与最低可采厚度的乘积，即最低工业米百分值（或米克/吨值）作为衡量矿体在单工程及其所代表地段是否具有工业开采价值的指标。最低工业米百分值，简称米百分值或米百分率、米克/吨值。高于这个指标的单层矿体，其储量仍列为目前能利用（表内）储量。最低工业米百分值指标实际上是利用矿体开采时高贫化率为代价，换取资源的最大化回收利用。

第2章 矿床回采单元划分及开采步骤

矿体或矿床是规模较大的矿石聚集体,储量动辄数十万吨甚至数亿吨,延展规模小则数百米,大则数公里。为实现矿产资源的有序、合理化开采,必须首先将矿体(床)划分为不同的开采单元,并根据合理的开采顺序,逐单元进行回采作业。

2.1 矿床开采单元

2.1.1 矿田和井田

划归一个矿山企业开采的全部或部分矿床的范围,称矿田。在一个矿山企业中,划归一组矿井或坑口(根据矿山安全开采规程要求,一个矿山至少要有2个以上独立的出口,除了有负责矿石提升的主井外,还需要有负责人员、材料上下的副井及相应的通风井)开采的全部矿床或其一部分称井田。矿田有时等于井田,有时也包括几个井田(见图2-1)。

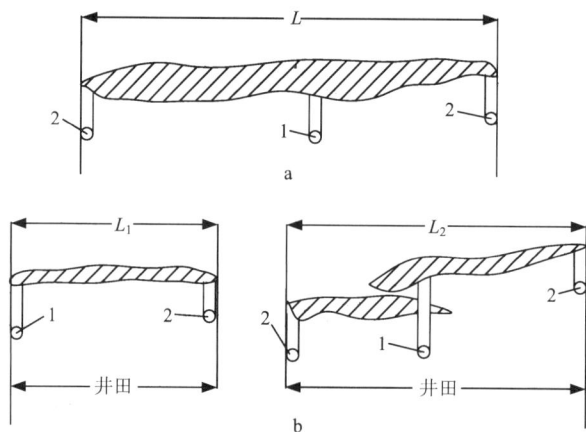

图2-1 矿田和井田

a—矿田=井田;b—矿田包括2个井田

1—主井;2—风井;L、L_1、L_2—井田长度

井田的大小是矿床开采中的重要参数。倾斜和急倾斜矿床中,井田尺寸一般用沿走向长度 L 和沿倾斜长度或垂直深度 H 来表示(见图2-2);在水平和微倾斜矿床中,则用长度 L 和宽度 B 来表示。

如果矿床范围不大,尤其是沿走向长度不大时,为便于生产管理,可采用1个井田开采,目前大多数中小型矿山和部分大型矿山均采用单井田开采。相反,如果矿床范围较大,沿走向较长，矿体分散，若采用单井田开采全部矿床，则所需开掘的巷道工程量大，生产地点分散，经济上不合理，此时应划分为几个井田开采。

井田的划分及其范围的确定是矿山可行性研究及初步设计阶段必须确定的重大问题，只有井田范围确定后，井田内的开拓工程、地表工业场地布置等总图设计才能进行，井田划分应考虑如下因素：

(1)企业及外围环境因素

一般而言，大井田基建时间长，所需设备数量多且能力大，基建投资高，但生产管理方便。小井田则相反。因此，应根据企业自身资金状况，当地材料、设备和施工技术队伍条件，确定合适的井田范围。

(2)矿床勘查程度

矿床勘查包括预查、普查、详查和勘探4个阶段，每个阶段对矿床的控制程度不同。企业为了以矿养矿、滚动发展，一般采取先在勘探程度相对较高区域进行开发，再利用获得的开发利润加快周围靶区勘查力度，逐步扩大规模的开发策略。在根据首先开发区域矿体赋存条件确定井田范围时，应充分考虑未来矿体规模扩大可能性，确定主要井筒位置，为未来开采范围扩大和产能提高留有空间。

(3)矿床赋存特征

矿体数目、规模及其厚度、沿走向长度，有无大的地质构造破坏(如大的断层)，矿体间有无规模较大的无矿带等矿床赋存特征是井田范围确定的主要影响因素。如果矿床走向长度不大，矿体集中，则适宜单井田开采。相反，如果矿体沿走向较长，矿体分散，或者矿体之间存在规模较大的无矿带，为降低采运成本，则宜考虑采用多井田开采。

(4)地表地形条件

如果地表存在大的湖泊、河流、铁(公)路主干线、稠密村镇，需留设大量保安矿柱时，可以考虑以这些重要地表建(构)筑物为界分井田开采。

(5)矿山生产能力

如果矿山生产能力特别巨大，单井田提升能力受到限制无法满足产能要求时，也多采用多井田开采。如河北钢铁集团矿业公司下属的司家营铁矿，设计生产能力2000万t/a，就需要几对矿井(即几个井田)同时生产。

(6)矿产品价格及未来趋势预测

矿产品价格及其未来趋势变化也是影响井田范围确定的一个重要因素。如果矿产品价格在可预见的未来一段时间内维持较高水平，为实现利益最大化，可考虑采用小井田开采方式，以加快基建进度，尽快投产、达产。

2.1.2 阶段(中段)和矿块

阶段、矿块是在开采缓倾斜、倾斜和急倾斜矿体时，将井田进一步划分的开采单元。

1)阶段和阶段高度

在井田中，每隔一定的垂直距离，掘进与矿体走向(矿体延展方向)一致的主要运输巷道，把井田在垂直方向上划分为若干矿段，这些矿段即为阶段(或中段)，其范围是：沿走向以井田边界为界，沿倾斜以相邻上下两个阶段运输平巷为界(见图2-2)。

上下两个阶段运输平巷之间的垂直距离称为阶段高度或中段高度，阶段(中段)高度一般

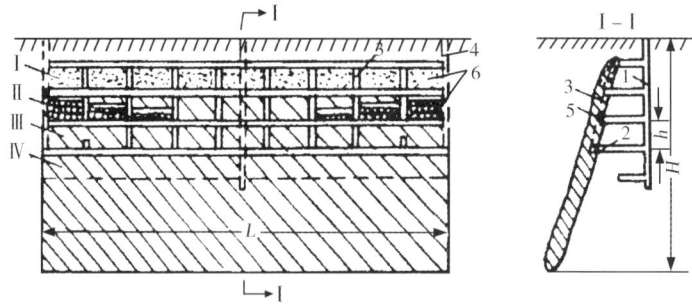

图 2 - 2　阶段和矿块

Ⅰ—采完阶段；Ⅱ—回采阶段；Ⅲ—采准阶段；Ⅳ—开拓阶段；H—矿体赋存深度；h—阶段高度；
L—矿体走向长度；1—主井；2—石门；3—天井；4—风井；5—阶段平巷；6—矿块

用所在水平标高表示，如 - 1200 m 中段（水平、阶段）。上下两个相邻阶段运输巷道沿矿体的倾斜距离，称阶段斜长。倾斜和急倾斜矿床一般均采用阶段高度；只有开采缓倾斜矿床时，才偶尔采用阶段斜长概念。

（1）影响阶段高度确定的因素

阶段高度是影响矿山开采水平和经济效益的重要经济技术指标：增加阶段高度可降低开拓采准工程量，延长阶段回采时间，为新阶段的准备赢得时间；但阶段高度太大会造成采矿技术条件恶化，天井、溜井掘进困难，增大矿石的损失与贫化。相反，小的阶段高度采矿较易控制，矿石回采率高，但开拓采准工程量增多，掘进成本增加。

在确定阶段高度时，应考虑如下因素：

①矿体厚度、倾角、沿走向长度等矿床赋存特征。一般情况下，倾角越缓，阶段斜长越大，为便于生产作业，阶段高度应相应降低。

②矿岩物理力学性质，尤其是矿岩稳固性。矿岩稳固条件下，可尽量增大阶段高度，以减少中段数目，降低开拓成本。

③所采用的开拓方法和采矿方法。

④阶段矿柱的回采条件。对大多数采矿方法而言，阶段间均留有阶段矿柱，由于阶段矿柱回采难度较大，损失和贫化严重，应根据矿柱回采条件合理确定阶段高度。因为阶段高度越大，阶段矿柱所占比重越低，资源综合回采率越高。

⑤矿床勘探程度及矿体形态变化程度。如果矿体勘探程度不高，或矿体形态变化较大，不宜采用大的阶段高度。因为阶段高度过大，容易造成生产被动。

⑥基建投资、运行成本等经济指标。不同阶段高度所需的基建投资与基建时间以及提升、排水、回采等成本不同，所获得经济效果差别较大，应综合考虑经济、技术因素合理确定。

综合国内非煤矿山采用的阶段高度情况，缓倾斜矿床阶段高度一般为 20 ~ 30 m；倾斜至急倾斜矿床开采时，阶段高度一般为 40 ~ 60 m。随着采矿技术水平的提高、大规模采矿机械的推广应用以及矿山生产能力的增大，阶段高度有逐步增大的趋势，部分矿山阶段高度甚者达到 120 m（见表 2 - 1）。

表 2 - 1　国内部分矿山采用的阶段高度

矿山名称	开采技术条件		采矿方法	阶段高度/m
	倾角/(°)	厚度/m		
安全铜矿	40 ~ 80	84	阶段空场嗣后充填采矿法	120
罗河铁矿	10	200	阶段空场嗣后充填采矿法	120
丰山铜矿	45 ~ 80	14 ~ 27	无底柱分段崩落法	50
红透山铜矿	72 ~ 85	3 ~ 35	上向水平分层充填法	40 ~ 60
黄沙坪铅锌矿	40 ~ 60	中厚	上向水平分层充填法	36
新桥硫铁矿	12	23	上向水平分层充填法	30 ~ 50
金川公司龙首矿	70	20 ~ 60	下向进路充填法	60
凡口铅锌矿	40 ~ 68	5 ~ 10	上向水平分层充填法	40 ~ 50
凤凰山铜矿	60 ~ 90	3 ~ 20	上向水平分层充填法	100
向山硫铁矿	30	150 ~ 20	无底柱分段崩落法	20 ~ 45
焦家金矿	25 ~ 45	3 ~ 16	上向进路充填法	40
姑山矿业和睦山铁矿	50	10 ~ 30	上向进路充填法	50
锡矿山锑矿	10 ~ 25	2 ~ 3	房柱法	20 ~ 40
梅山铁矿	急倾斜	147	无底柱分段崩落法	120

（2）阶段高度的选择

在矿山年产量一定的条件下，阶段中的矿石储量开采时间应能保证下一阶段的开拓和采准的完成，并且开采阶段的回采时间，应留有必要的超前系数，依此来确定最小阶段高度 $H_{\min}$ ：

$$H_{\min} = \frac{A \overline{\omega} t (1 - \rho)}{S \gamma \eta} \qquad (2 - 1)$$

式中：A 为矿山年生产能力，t/a；$\overline{\omega}$ 为开拓和采准对回采的超前系数；t 为下一阶段开拓、采准所需时间，a；ρ 为矿石贫化率，%；S 为矿床水平面积，m²；γ 为矿石体积质量，t/m³；η 为矿石回采率，%。

2）矿块

在阶段中按一定尺寸将阶段划分为若干独立的回采单元，称为矿块。显然，矿块是阶段的一部分。矿块是缓倾斜、倾斜和急倾斜矿体最基本的回采单元，以后将要研究的采矿方法，就是在这样的基本回采单元中将矿石有效地回采出来所需要的采矿方法。

矿块划分、结构、参数与采矿方法密切相关。

根据矿体厚度，矿块有两种布置方式：矿体厚度 $H \leqslant H_0$（$H_0 = 10 ~ 15$ m），沿矿体走向布置（矿块长轴方向与矿体走向一致，见图 2 - 3a）；矿体厚度 $H \geqslant H_0$ 时，一般垂直走向布置矿块（矿块长轴方向与矿体走向垂直，见图 2 - 3b）。

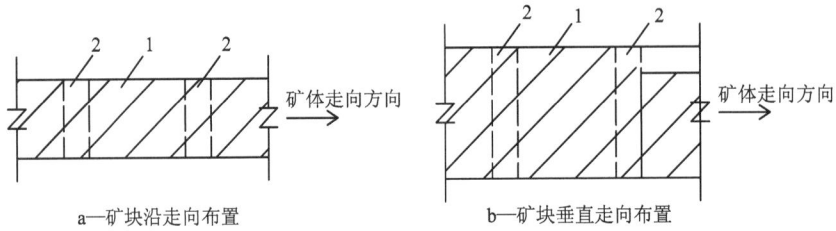

a—矿块沿走向布置   b—矿块垂直走向布置

图 2-3　矿块布置方式

1—矿房；2—矿柱

2.1.3　盘区和采区(矿壁)

盘区、采区(矿壁)是在开采水平和微缓倾斜矿体时，将井田进一步划分的开采单元。

开采水平和微缓倾斜矿体时，在井田内一般不划分阶段，而是用盘区运输巷道将井田划分为若干个长方形的矿段，称为盘区。盘区的范围是以井田的边界为其长边 L，以相邻的两个盘区运输巷道之间的距离为其宽边 B 所围限的单元(见图 2-4)。

采区是盘区的一部分。在盘区中按一定尺寸将盘区划分为若干独立的回采单元，称为采区，亦称矿壁。采区是水平和微缓倾斜矿体最基本的回采单元。

采区划分、结构、参数与采矿方法密切相关。

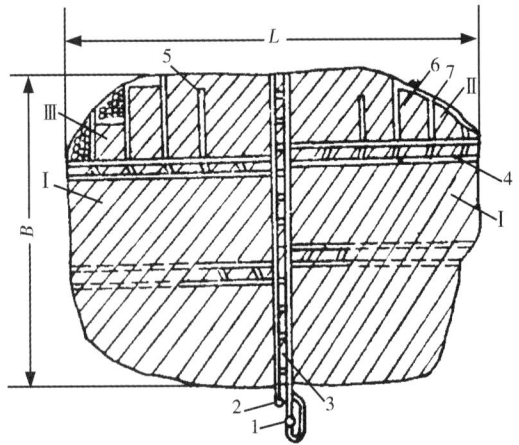

图 2-4　盘区和采区

Ⅰ—开拓盘区；Ⅱ—采准切割盘区；Ⅲ—回采盘区；
1—副井；2—主井；3—主要运输平巷；4—盘区平巷；
5—回采平巷；6—矿壁(采区)；7—切割巷道

2.2　矿床开采顺序

2.2.1　井田开采顺序

当矿田由几个井田组成时，井田间的开采顺序，应根据矿山生产能力安排、井田基建进度、地表工业场地完备情况确定，一般无特殊要求。

2.2.2　阶段开采顺序

井田中阶段的开采顺序有下行式和上行式两种。下行式开采顺序是先采上部阶段，后采下部阶段，由上而下逐阶段(或几个阶段同时开采，但上部阶段超前下部阶段)开采的方式。上行式则相反。

生产实践中，一般多采用下行式开采顺序。因为下行式开采具有初期投资小、基建时间短、投产快、在逐步下采过程中能进一步探清深部矿体赋存状况、避免工程浪费、生产安全条件好、对采矿方法适应性强等优点。

但当存在以下因素时，也可考虑采用上行式开采顺序：

（1）上部水文地质条件复杂，下部水文地质条件相对简单时，可以采用上行式开采顺序，以便为上部水文地质调查和研究赢得时间，并提供第一手实际资料。

（2）采用充填采矿法时，也可采用上行式开采顺序，上部开拓阶段产生的废石可以充入下阶段采空区，尽量做到废石不出井，节省废石提升费用，减轻废石地面堆放压力。

（3）露天转地下开采时，为避免过渡阶段露天、地下生产相互干扰，也可采用上行式开采顺序。

2.2.3 矿块开采顺序

按回采工作对主要开拓井巷（主井、主平硐）的位置关系，阶段中矿块的开采顺序可分为以下3种：

（1）前进式开采：当阶段运输平巷掘进一定距离后，从靠近主要开拓井巷的矿块开始回采，向井田边界依次推进（见图2-5中Ⅰ）。该开采顺序的优点是基建时间短、投产快；缺点是巷道维护费用高。

（2）后退式开采：在阶段运输平巷掘进到井田边界后，从井田边界的矿块开始，向主要开拓井巷方向依次回采（见图2-5中Ⅱ）。该开采顺序的优缺点与前进式基本相反。

（3）混合式开采：即初期用前进式开采，待阶段运输平巷掘进到井田边界后，再改用后退式。该开采顺序虽利用了上述两种开采顺序的优点，但生产管理复杂。

在生产实际中，一般采用后退式开采顺序。只有当矿床埋藏条件简单、矿岩稳固、要求加快投产时，才考虑采用前进式开采顺序。

双翼回采（见图2-5中a）因可以形成较长的回采工作线，可同时回采矿块数多，有利于缩短阶段回采时间，在生产中使用最为广泛。单翼回采（见图2-5中b）应用较少。侧翼回采（见图2-5中c）只有在受地形限制、矿体走向长度不大等情况下才使用。

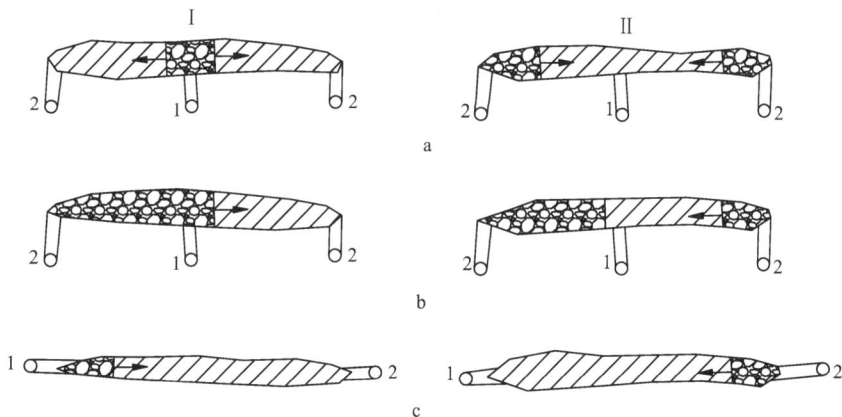

图2-5 阶段中矿块的开采顺序平面图

Ⅰ—前进式开采；Ⅱ—后退式开采

a—双翼回采；b—单翼回采；c—侧翼回采

1—主井；2—回风井

2.2.4 矿体间开采顺序

如果存在多条矿体(脉),必须合理确定各矿体(脉)之间的开采顺序,避免因开采顺序不合理加大其他矿体(脉)开采难度。

如果矿体(脉)间无矿带厚度较小,几条矿体(脉)合并开采时出矿品位满足要求时,优先考虑混采。

如果矿体(脉)不能混采,但矿体(脉)间无矿带(夹层)厚度适中,相邻矿体(脉)可以作为一个采场开采时,可将中间夹层作为采场间矿柱处理(见图2-6)。

如果矿体(脉)不能混采,且矿体(脉)间无矿带(夹层)厚度较大,相邻矿体(脉)不能作为一个采场开采时,相邻矿体(脉)应按如下原则分别回采:

(1)矿体倾角小于或等于围岩的移动角时,应采取从上盘往下盘推进的开采顺序(见图2-7a)。先采上部矿体(脉)Ⅱ,其采空区下盘围岩的移动,不会影响下盘矿体(脉)Ⅰ的开采。如果采取相反的开采顺序,将使矿体(脉)Ⅱ处于矿体(脉)Ⅰ采空区的上盘移动带之内,影响矿体(脉)Ⅱ的开采(见图2-7b)。

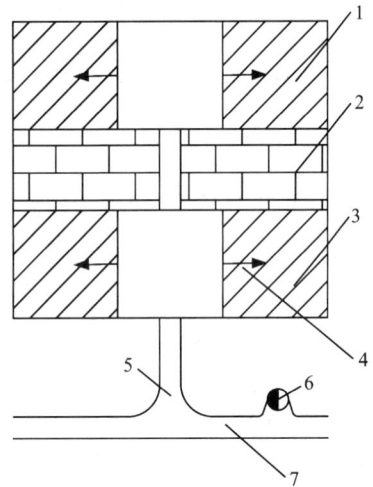

图2-6 夹石层作为矿柱、相邻矿体
作为一个采场回采平面图
1、3—相邻两条矿体;2—夹石层;4—回采方向;
5—联络道;6—溜矿井;7—分层巷道

(2)矿体倾角大于围岩的移动角,两矿体又相近时,无论先采哪个矿体,都会因采空区围岩移动而相互影响(图2-7c)。此时相邻矿体的开采顺序,应根据矿体之间夹石层的厚度、矿岩稳固性及所采用的采矿方法和技术措施而定。一般先采上盘矿体后采下盘矿体。若采用充填法开采,也可采用由下盘向上盘的开采顺序。

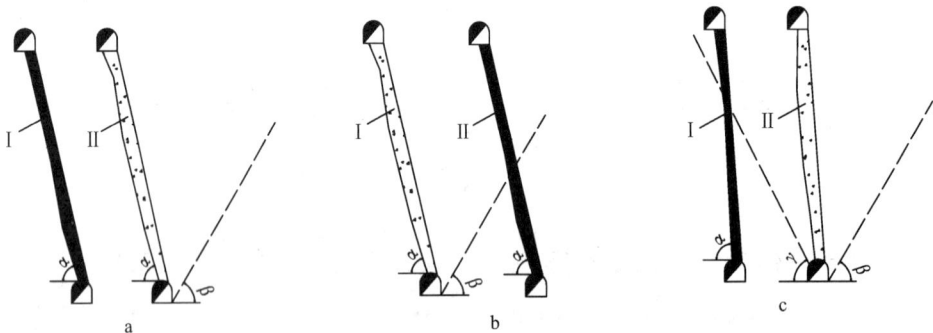

图2-7 相邻矿体的开采顺序
a、b—矿体倾角小于或等于围岩移动角;c—矿体倾角大于围岩移动角
α—矿体倾角;γ—下盘围岩移动角;β—上盘围岩移动角;Ⅰ、Ⅱ—相邻两条矿脉

必须指出的是，不同矿体往往品位、厚度、大小及开采技术条件差异较大，在确定矿体间开采顺序时，应贯彻"贫富兼采、难易兼采、厚薄兼采、大小兼采"的原则。否则容易造成资源损失。

2.3 矿床开采步骤

井田开采分3个步骤进行，即开拓、采准切割和回采。这3个步骤反映了井田开采的基本生产过程(见图2-2、图2-4)。

(1)开拓

井田开拓是从地表掘进一系列的井巷工程通达矿体，使地面与井下构成完整的提升、运输、通风、排水、供水、供电、供气(压气动力)、充填系统(俗称矿山八大系统)，以便把人员、材料、设备、充填料、动力和新鲜空气送到井下，并将井下的矿石、废石、废水和污浊空气等提运和排除到地表。为此目的而掘进的巷道称为开拓巷道或基本巷道，包括主要开拓巷道和辅助开拓巷道。前者是指起主要提升运输(矿石)作用的开拓井硐，如主井、主平硐、主斜坡道；后者是指起其他辅助提升运输(人员、材料、设备和废石)、通风、排水、充填等作用的开拓井硐与其他开拓巷道，如石门(连接井筒和主要运输巷道的平巷)、主充填井、主溜矿井、井底车场、专用硐室和主要运输巷道等。

(2)采准切割

在已完成开拓工作的矿体中，掘进必要的井巷工程，划分回采单元，并解决回采单元的人行、通风、运输、充填等问题的工作称为采准；在完成采准工作的回采单元中，掘进切割天井(两端都有出口的井下垂直或倾斜井筒)和切割巷道，并形成必要的回采空间的工作称为切割。采准和切割与所采用的采矿方法密切相关，以后将结合各种采矿方法作详细介绍。

衡量采准切割工作量的大小，常用采准切割比来表示，简称采切比。采切比 K 是指每采出 1000 t(或 10000 t)矿石所需掘进的采准切割巷道的工程量，又称千吨采切比或万吨采切比，其单位有 m/kt、m^3/kt、m/万 t、m^3/万 t，表达式为：

$$K = \frac{\sum L}{T} \qquad (2-2)$$

式中：$\sum L$ 为回采单元中采准切割巷道的总工程量，m 或 m^3；T 为回采单元中采出矿石的总量，kt 或万 t。

由于各种巷道断面规格不同，如用采切巷道长度计算采切比时，为便于比较，有时将各种巷道折算为 2 m×2 m 标准断面求出其当量长度，称为标准米长度。相应地，求出的采切比单位为标准 m/kt 或标准 m/万 t。

(3)回采

在完成采切工作的回采单元中，进行大量采矿作业的过程称为回采，包括凿岩、爆破、通风、矿石运搬、地压管理等工序。采矿方法不同，回采工艺内容也不完全一样。

凿岩爆破合称落矿，一般根据矿床赋存条件、所采用的采矿方法及凿岩设备，选用浅孔、中深孔、深孔及药室等落矿方式。

爆破后，需借助机械通风系统，将采场内的炮烟排出，为后续作业创造良好的作业环境，这一过程称为通风。

矿石运搬是指在矿块内崩落下的矿石，通过运搬设备（如电耙、铲运机等）运出采场，并装入矿车等运输设备，由电机车（或汽车、胶带运输机）运至主溜破系统（或直接运出地表）的回采工序。

地压管理包括采场地压管理和采空区地压管理两部分：

狭义的采场地压管理是指矿石崩落后，在炮烟排出的条件下，人员进入工作面，进行顶板浮石清除（俗称撬毛）或顶板支护（锚杆支护、喷浆支护、喷锚支护、喷锚网支护等），为后续作业创造安全工作环境的安全管理工作。广义的采场地区管理还包括充填（如分层充填法）和崩落围岩（如削壁充填法）。

矿石采出后在地下形成的采空区如不及时处理，经过一段时间后，矿柱和上盘（顶板）围岩会发生变形、破坏、移动等地压现象，为保证开采工作的安全，针对这种地压现象所采取的必要技术措施（如封闭、崩落或充填）是采空区地压管理的主要内容。

2.4　三级矿量

根据对矿床开采的准备程度，矿石储量分为 3 级，即开拓矿量、采准矿量和备采矿量，称为三级矿量。

（1）开拓矿量：在井田中已形成了完整的开拓系统所圈定的矿量。

（2）采准矿量：开拓矿量的一部分。凡完成了采矿方法所必需的采准工作量的回采单元中的矿量，叫采准矿量。

（3）备采矿量：采准矿量的一部分。凡完成了采矿方法所要求的切割工作，可进行正常回采作业的回采单元中的矿量，称为备采矿量。

2.5　开采步骤之间的关系

开拓、采准切割和回采三者之间的正常关系，应该是以保证矿山持续、均衡生产，避免出现生产停顿、产量下降等现象为原则。矿山在基建时期，上述三个步骤是依次进行的；在投产后的正常生产时期，应贯彻"采掘并举、掘进先行"的方针，保证开拓超前于采准切割、采准切割超前于回采，使矿山达到持续、稳定生产的目的。超前的值，一般用保有的三级矿量指标来保证。根据我国现有的规定，三级矿量的保有量按年产量计为：开拓矿量 3 年以上，采准矿量 1 年以上，备采矿量半年以上。

在生产实际过程中，由于开拓与采准不能像回采作业一样，产生直接产量指标和经济效益，因此容易被忽视。尤其是开拓工作，周期长、投资大，如果不能保持足够的超前量，极易造成进度落后于采矿要求，出现不得不降低产量、甚至无工作面可采的被动局面，影响矿山连续而均匀的生产，必须引起足够的重视。

第3章 矿山生产能力与矿石损失和贫化

3.1 矿床开采强度

矿床开采强度是指矿床开采的快慢程度。当矿床范围及埋藏条件一定时,矿床的开采强度取决于所采用的采矿方法及确定的矿山生产能力。

矿床开采强度必须与矿体储量相适应。因为储量一定的条件下,开采强度越大,矿山服务年限就越短,投资回收期也越短,反之亦然。

一般采用回采工作年下降速度和开采系数来衡量矿床开采强度。

1)年下降速度

年下降速度是一个抽象概念,表示矿床在垂直方向上的消耗速度,不代表下降深度的具体位置。该指标可由矿山测量人员按年初和年末测定的数据、采出矿石量、矿石体积质量、矿体水平面积推算确定。

矿井年下降速度也可按下式计算:

$$h = \frac{A(1-\rho)}{S\gamma\eta} K_h K_q E \qquad (3-1)$$

式中:h 为年下降深度,m/a;A 为矿井年生产能力,t/a;ρ 为矿石贫化率,%;S 为矿体水平面积,m^2;γ 为矿石体积质量,t/m^3;η 为矿石回采率,%;E 为地质影响系数,0.7~1.0;K_h、K_q 分别为厚度和倾角影响系数,取值原则见表 3-1。

表3-1 矿床开采年下降速度按矿体厚度和倾角的修正系数

矿体厚度/m	<5	5~15	15~25	>25
厚度修正系数 K_h	1.25	1.0	0.8	0.6
矿体倾角/(°)	90	60	45	30
倾角修正系数 K_q	1.2	1.0	0.9	0.8

不同采矿方法适宜的综合年下降速度如表 3-2 所示。一般单阶段回采时适宜的年下降速度为 10~15 m/a,但当采用大能力采矿方法时,其下降速度甚至可以达到 15~20 m/a。而且适宜的下降速度还取决于矿山所处环境,如果环境恶劣,如沙漠缺水地区等,可以加大下降速度,在相对较短时间内结束开采作业。因此,表 3-2 推荐的下降速度仅作为一个参考值。

表 3 – 2　地下金属矿山矿床开采年下降速度参考值(m/a)

采矿方法	长度：<600 m 或 面积:1000~2000 m²		600~1000 m 2000~6000 m²		1000~1500 m 6000~10000 m²		>1500 m 10000~20000 m² 以上	
	多阶段	<3 阶段	多阶段	<3 阶段	多阶段	<3 阶段	多阶段	<3 阶段
浅孔留矿法	15	15~25	21	6~15				
无底柱分段崩落法		20~32		15~25		8~12		5~8
分层充填法		6~8	10	6~9	15	5~7		4~6
分段空场法	40	20~30	30~40	15~20	30	12~18	20.8	10~15

年下降速度可用于长远规划阶段以估算矿山生产能力。在可行性研究报告、初步设计等阶段，可作为验证矿山生产能力的方法之一。一般按单阶段生产时平均年下降速度来验证所确定的生产能力是否合适。开采强度还可衡量近水平矿体的推进速度。

2)开采系数

在某些情况下，也用单位水平面积每年(或月)采出矿石量来评价矿床的开采强度，该指标称开采系数 C_k，其表达式为：

$$C_k = \frac{A}{S} \tag{3-2}$$

式中：A 为矿井(或矿块)生产能力，t/a 或 t/月；S 为矿体(或矿块)水平面积，m²。

3.2　矿山工作制度

受地域因素、矿山规模等因素影响，各矿山工作制度并不相同。如在高海拔、寒冷地区，部分中小型矿山冬季可能并不生产，而在内地许多大中型矿山，则可能采取全年无休(矿山生产不间断，但职工轮休)的工作制度。

一般矿山多采取年生产 330 d、3 班/d、8 h/班的矿山工作制度。职工多采取 4 班 3 运转方式进行轮休。

矿山不同工种之间工作制度也不相同，如行政管理部门可能采取 330 d、1 班/d、8 h/班的工作制度，而排水等工序则必须全年无休。

3.3　矿井生产能力与服务年限

生产能力是指矿山企业在正常生产情况下，在一定时间内所能开采或处理矿石的能力，一般用万 t/a 或 t/a 来表示。有时，也用日采出矿石量计算，称矿山日生产能力，单位 t/d。矿田等于井田时，矿山生产能力亦即矿井生产能力，因此，后续论述中，有时采用矿山生产能力，有时也采用矿井生产能力。

3.3.1　影响生产能力确定的因素

矿井生产能力是矿床开采的重要技术经济指标之一，决定着矿山企业的基建工程、基建投资、主要设备类型和数量、技术建筑物和其他建筑物的规模与类型、辅助车间和选冶车间的规模、人员数量和配置等。

矿井生产能力的确定主要取决于以下因素：

(1) 矿种紧缺程度和市场状况。如果所开采矿种属国内紧缺资源，自给率低，严重依赖进口，则该资源价格相对较高，会刺激企业扩大生产规模。如铁矿、铜矿等，自给率不足30%，使国内铁矿、铜矿企业生产能力普遍增大，如河北钢铁司家营铁矿、江西铜业等。

(2) 矿床储量和资源前景。矿井生产能力必须与矿床储量相匹配，如果储量少，而又采用较大生产能力，则矿井服务年限短，固定资产折旧大，经济效益差。如果探明储量虽然不大，但预测资源前景较好，也可采用较大生产能力。

(3) 矿床勘查程度。如果矿床勘查程度不高，则不宜贸然采用较大生产能力。为稳妥起见，可先以小产能生产，待储量探明后，再根据探明储量情况，对产能进行调整。

(4) 基建时间和基建投资。产能越大，基建投资越大，基建时间越长，应根据企业资金情况，合理确定生产规模，以控制基建时间和基建投资。

(5) 生产成本和利润等经济指标。一般而言，产能越大，投资越大，但成本越低，应通过技术经济分析，确定合理的生产能力，实现资源开采利益最大化。

(6) 国家政策要求。为实现规模化开采，提高矿山企业安全生产能力，国家对部分矿种生产能力有最低要求，必须满足。

(7) 施工单位及生产单位技术水平。产能越大，系统越复杂，对基建施工单位技术水平要求越高。而且产能越大，所采用的设备越多、越大，开采技术越复杂，对开采企业技术要求也越高。因此，必须综合考虑施工单位及生产单位技术水平，确定合理的矿山生产能力。

3.3.2　生产能力不匹配带来的问题

如上所述，矿山企业在可行性研究和初步设计阶段，必须综合考虑经济、技术、政策、安全等各种因素，确定合理的生产能力，既不能过小，也不能超能力开采。

1) 生产能力过小带来的问题

(1) 安全投入不足，容易忽视安全。生产能力过小的企业一般资金、技术实力有限，为节约成本，安全投入普遍不足，容易产生安全隐患。

(2) 资源综合利用率低。因为企业规模有限，可能采用工艺简单、但回采率低的采矿技术，且容易采大丢小、采富丢贫、采易丢难，造成资源损失。

(3) 企业规模小，分散，同一个矿田可能出现多个小矿山同时强采的现象，无序开采不仅造成资源损失，而且容易引发安全事故。

2) 超能力开采带来的问题

矿产品市场活跃、价格高时，容易刺激矿山企业加大生产规模，出现超能力开采现象。超能力开采容易带来如下问题：

(1) 容易出现重回采、轻掘进的现象，造成采掘不平衡，三级矿量难以保障，产能波动大，矿山可持续发展能力降低。

(2) 超能力开采，提升、运输、通风、排水等系统超负荷工作，系统可靠度降低。

(3) 同时工作面增多，安全压力增大，容易出现安全事故。

(4) 扰乱市场秩序，造成市场价格波动加剧。

3.3.3　生产规模划分

根据国土资源部《国土资发[2004]208 号》文,按照矿山生产能力可划分为大型、中型和小型矿山,如表 3 - 3 所示。

表 3 - 3　矿山建设规模分类一览表

序号	矿种名称	计算单位（每年）	开采规模级别			最低生产建设规模
			大型	中型	小型	
1	煤：地下开采	原煤/万 t	≥120	45 ~ 120	<45	注1
	露天开采	原煤/万 t	≥400	100 ~ 400	<100	注1
2	油页岩	矿石/万 t	≥200	50 ~ 200	<50	
3	石油	原油/万 t	≥50	10 ~ 50	<10	
4	烃类天然气	亿 m³	≥5	1 ~ 4.9	<1	
5	二氧化碳气	亿 m³	≥5	1 ~ 4.9	<1	
6	煤成（层）气	亿 m³	≥5	1 ~ 4.9	<1	
7	地热（热水）	万 m³	≥20	10 ~ 20	<10	
8	地热（热气）	万 m³	≥10	5 ~ 10	<5	
9	放射性矿产	矿石/万 t	≥10	5 ~ 10	<5	
10	金：岩金	矿石/万 t	≥16	6 ~ 15	<6	1.5 万 t/a
	砂金船采	矿石/万 m³	≥210	60 ~ 210	<60	10 万 m³/a
	砂金机采	矿石/万 m³	≥80	20 ~ 80	<20	10 万 m³/a
11	银	矿石/万 t	≥30	20 ~ 30	<20	
12	其他贵金属	矿石/万 t	≥10	5 ~ 10	<5	
13	铁：地下开采	矿石/万 t	≥100	30 ~ 100	<30	3 万 t/a
	露天开采	矿石/万 t	≥200	60 ~ 200	<60	5 万 t/a
14	锰	矿石/万 t	≥10	5 ~ 10	<5	2 万 t/a
15	铬、钛、钒	矿石/万 t	≥10	5 ~ 10	<5	
16	铜	矿石/万 t	≥100	30 ~ 100	<30	3 万 t/a
17	铅	矿石/万 t	≥100	30 ~ 100	<30	3 万 t/a
18	锌	矿石/万 t	≥100	30 ~ 100	<30	3 万 t/a
19	钨	矿石/万 t	≥100	30 ~ 100	<30	3 万 t/a
20	锡	矿石/万 t	≥100	30 ~ 100	<30	3 万 t/a
21	锑	矿石/万 t	≥100	30 ~ 100	<30	3 万 t/a
22	铝土矿	矿石/万 t	≥100	30 ~ 100	<30	6 万 t/a
23	钼	矿石/万 t	≥100	30 ~ 100	<30	3 万 t/a
24	镍	矿石/万 t	≥100	30 ~ 100	<30	3 万 t/a
25	钴	矿石/万 t	≥100	30 ~ 100	<30	
26	镁	矿石/万 t	≥100	30 ~ 100	<30	
27	铋	矿石/万 t	≥100	30 ~ 100	<30	
28	汞	矿石/万 t	≥100	30 ~ 100	<30	

续表 3-3

序号	矿种名称	计算单位（每年）	开采规模级别			最低生产建设规模
			大型	中型	小型	
29	稀土、稀有金属	矿石/万 t	≥100	30~100	<30	6 万 t/a
30	石灰岩	矿石/万 t	≥100	50~100	<50	
31	硅石	矿石/万 t	≥20	10~20	<10	
32	白云岩	矿石/万 t	≥50	30~50	<30	
33	耐火黏土	矿石/万 t	≥20	10~20	<10	
34	萤石	矿石/万 t	≥10	5~10	<5	
35	硫铁矿	矿石/万 t	≥50	20~50	<20	5 万 t/a
36	自然硫	矿石/万 t	≥30	10~30	<10	
37	磷矿	矿石/万 t	≥100	30~100	<30	10 万 t/a
38	蛇纹岩	矿石/万 t	≥30	10~30	<10	
39	硼矿	矿石/万 t	≥10	5~10	<5	
40	岩盐、井盐	矿石/万 t	≥20	10~20	<10	
41	湖盐	矿石/万 t	≥20	10~20	<10	
42	钾盐	矿石/万 t	≥30	5~30	<5	
43	芒硝	矿石/万 t	≥50	10~50	<10	
44	碘	矿石/万 t	按小型矿山归类			
45	砷、雌黄、雄黄、毒砂	矿石/万 t	按小型矿山归类			
46	金刚石	万克拉	≥10	3~10	<3	
47	宝石	矿石/t	发证权限按中型、建设规模按小型矿山归类			
48	云母	工业云母/万 t	按小型矿山归类			
49	石棉	矿石/万 t	≥2	1~2	<1	
50	重晶石	矿石/万 t	≥10	5~10	<5	
51	石膏	矿石/万 t	≥30	10~30	<10	
52	滑石	矿石/万 t	≥10	5~10	<5	
53	长石	矿石/万 t	≥20	10~20	<10	
54	高岭土、瓷土等	矿石/万 t	≥10	5~10	<5	
55	膨润土	矿石/万 t	≥10	5~10	<5	
56	叶腊石	矿石/万 t	≥10	5~10	<5	
57	沸石	矿石/万 t	≥30	10~30	<10	
58	石墨	石墨万 t	≥1	0.3~1	<0.3	
59	玻璃用砂、砂岩	矿石/万 t	≥30	10~30	<10	
60	水泥用砂岩	矿石/万 t	≥60	20~60	<20	
61	建筑石料	万 m³	≥10	5~10	<5	
62	建筑用砂、砖瓦黏土	矿石/万 t	≥30	6~30	<6	
63	页岩	矿石/万 t	≥30	6~30	<6	
64	矿泉水	万 t	≥10	5~10	<5	

　　注1：富煤地区山西、内蒙古、陕西为15万t/a；北京、河北、辽宁、吉林、黑龙江、山东、安徽、甘肃、青海、宁夏、新疆为9万t/a；云南、贵州、四川为6万t/a；湖北、湖南、浙江、广东、广西、福建、江西等缺煤地区为3万t/a。

3.3.4 服务年限

矿山服务年限是矿山维持正常生产状态的时间，在矿山生产能力、矿床储量、采矿损失率和回采率等因素确定后，也即相应确定。

矿山生产能力和服务年限密切相关，为在保证矿山合理经济效益的同时，保持可持续发展水平，矿山企业必须具有一定的服务年限，因此矿山生产能力既不能过小，也不能无限扩大，应与矿山合适的服务年限相适应。

矿山服务年限、生产能力与矿床工业储量之间存在如下关系：

$$A = \frac{Q\eta}{T(1-\rho)} \qquad (3-3)$$

式中：A 为矿井年生产能力，t/a；T 为矿井服务年限，a；Q 为矿床工业储量，t；ρ 为矿石综合贫化率，%；η 为矿石综合回采率，%。

确定矿山服务年限时应注意如下几点：

(1)由于矿山生产一般要经过投产、达产、稳产、减产四个阶段，因此，矿山实际经营期限一般高于计算值；

(2)矿山在生产过程中，由于以下原因可采储量可能会出现增减现象，从而使矿山服务年限发生变化：

①开采过程实际就是一个可采储量再确认的过程，因此，开拓、采准、切割工程揭露矿体后，可能发现地质报告提交的矿体形状、开采技术条件、矿石储量等出现变化；

②由于突发事件，如采空区塌陷、突水等，会造成部分矿石永久性损失；

③生产勘探增加了可采储量。

(3)采矿权设立登记时，采矿许可证有效期限与计算服务年限会有差异，因此应根据矿山实际服务年限，及时延续采矿权。

3.3.5 生产能力验证

如前所述，矿山生产能力一般由矿山企业根据矿床工业储量、矿产品市场状况、开采技术条件和环境条件等因素自主确定，但在可行性研究及初步设计中，应对确定的生产能力进行验证。

(1)根据矿山工业储量及服务年限验证

根据式(3-3)计算的矿山服务年限，是稳产生产阶段时间，加上基建期，并考虑达产期和后期减产期，矿山实际服务年限一般大于计算值。矿山实际服务年限应尽量满足表3-4所示的参考值。

一般情况下，达到设计规模的年限(稳产年限)要超过服务总年限的2/3以上。

表 3-4 矿山合理服务年限参考值

矿山规模类型	特大型	大型	中型	小型
金属矿山服务年限/年	≥30	≥25	≥20	≥10

（2）根据矿山开采年下降速度验证

根据式（3-1）计算矿山年开采下降速度，并尽量满足表 3-2 所示的参考值。

（3）按中段可布有效矿块数验证

根据拟定的采场结构参数确定中段可布矿块，并计算每中段可能达到的生产能力：

$$A_z = \sum N_i \cdot q_i \cdot K_i \qquad (3-4)$$

式中：A_z 为中段生产能力，t/d；N_i 为中段同时回采可布矿块数，个；q_i 为矿块生产能力，t/d；K_i 为矿块利用系数，与矿体赋存状况及所采用的采矿方法有关，一般为 0.2~0.5。

根据计算得出的每个中段可能达到的生产能力，如果单中段不能满足要求，可考虑多中段同时生产，但同时生产中段数一般不应超过 3 个。

（4）按新水平（中段）提前准备时间验证

根据实际采用的机械水平和掘进工作条件以及技术管理水平等情况计算开拓一个新水平所需的时间。新水平准备时间应超前前一阶段的回采时间，以维持三级矿量平衡。新水平准备时间按下式计算：

$$T_z = \frac{Q_z \eta E}{A_z (1-\rho) k} \qquad (3-5)$$

式中：T_z 为新水平准备时间，a；Q_z 为回采阶段地质储量，t；A_z 为回采阶段年产量，t；E 为地质影响系数，0.7~1.0；k 为超前系数，1.2~1.5；其他符号同式（3-3）。

3.4　矿石损失和贫化

3.4.1　矿石损失和贫化的概念

矿床开采过程中由于各种因素（如地质构造、开采技术条件、采矿方法及生产管理等）的综合影响，难免会造成部分工业矿石损失在地下。在开采过程中造成矿石在数量上减少的现象叫做矿石损失。采矿过程中损失的矿石量与计算范围内工业矿石量的百分比称为矿石损失率，而实际采出并进入选矿流程的矿石量与计算范围内工业矿石量的百分比则称为矿石回采率。损失率和回采率均用百分数（%）表示。很明显，矿石回采率（%）= 100% - 矿石损失率（%）。

由于采矿、运输过程中，围岩和夹石的混入或富矿的丢失，使采出矿石品位低于计算范围内工业矿石品位的现象称为矿石贫化。矿石贫化有两种表示方法：混入采出矿石中的废石量与采出矿石量之比，称为废石混入率；因废石混入或高品位粉矿流失而造成工业矿石品位降低的百分数（矿石工业品位与采出矿石品位之差对工业品位之比）称为矿石贫化率。

3.4.2　矿石损失和贫化产生的原因

1）矿石损失产生的原因

矿石损失的原因很多，可分为开采损失和非开采损失两大类：

（1）开采损失

①采下损失。

a.遗留在采场内无法运出的矿石；

b.矿石渗入采场充填料中而无法运出；

c.运输途中的矿石损失；

d.硫化矿石自燃损失；

e.崩落法因废石过多混入提前达到放矿截止品位而造成的矿石损失。

②未采下损失。

a.留设的各种顶柱、底柱、间柱、点柱等，由于开采技术条件复杂无法全部采出造成的矿石损失；

b.爆破参数不合理等技术原因造成的应采而未采下的矿石损失；

c.回采顺序不合理造成相邻矿房开采难度加大而造成的矿石损失；

d.采矿方法选择不合理造成的矿石损失。

（2）非开采损失

①由于地质条件而产生的矿石损失。

a.矿体边缘复杂（如三角矿带），无法全部采出造成的矿石损失；

b.受断层、破碎带影响无法全部采出造成的矿石损失；

c.由于地下水大量涌入，致使个别矿体或其中一部分不能采出所造成的矿石损失；

d.个别独立小矿体因无法规模化开采而造成的矿石损失。

②永久矿柱损失。

a. 为保护地表、地物（铁路、公路、村庄、井筒等）或河流而留设的保安矿柱；

b.露天转地下境界顶柱。

2）矿石贫化产生的原因

矿石贫化是在矿床开采过程中产生的，分合理性贫化和非合理性贫化两种情况：

（1）合理性贫化原因

①极薄矿脉开采过程中，为开辟必要的工作空间，必须采下部分围岩，造成贫化，如许多黄金矿山开采极薄矿脉时，贫化率达到80%以上；

②存在小于最大夹石剔除厚度的小型夹石时，为提高回采效率，不将夹石剔除，采用混采造成的贫化；

③任何一种采矿方法都存在废石混入的问题，换言之，贫化是不可避免的，但不同采矿方法、不同回采顺序、不同回采工艺贫化率差别较大。

（2）非合理性贫化原因

①采矿方法、结构参数、回采顺序、回采工艺不合理造成贫化加大；

②井下开采作业外包时，如管理不当，外包单位可能将废石掺入矿石中，以追求产量；

③没有专用废石溜井，废石通过溜矿井下放时，废石残留在溜矿井中，造成矿石贫化；

④分层充填体表面强度不够，铲装时易破坏充填体表面，充填料混入造成矿石贫化；

⑤高品位矿石的损失和有用成分的折出。

3.4.3　降低矿石损失和贫化的意义

矿石损失与贫化是评价矿床开采效果的主要技术经济指标，分别表示地下资源的利用水平和采出矿石的质量。降低矿石损失与贫化意义重大。

1）降低矿石损失的意义

（1）矿山建设周期长、投资大，在基建投资和开拓投资已经投入的情况下，提高资源回采率，可以充分回收矿产资源，提高矿山经济效益。如地质储量 1 亿 t，矿石损失率由 15% 降低到 10%，即可多回收 500 万 t 矿石，显著降低吨矿基建投资和开采成本。

（2）延长矿山服务年限，提高企业可持续发展水平。

（3）有利于井下环境保护。采下矿石不能运出，容易污染井下水环境。

2）降低矿石贫化的意义

（1）降低矿石贫化，可减少废石混入量，降低提升、运输成本；

（2）降低贫化，可提高入选品位，提高选矿指标，降低选矿成本；

（3）减轻废石地面堆放带来的用地、环境、安全压力。

3.4.4　损失率和贫化率的计算

1）采矿量与品位之间的关系

设：T——采出矿石总量（包括废石混入量），t；

$\quad$ Q——计算范围内工业矿石量，t；

$\quad$ Q_0——开采过程中损失的工业储量，t；

$\quad$ Q_1——采出工业矿石量，t；

$\quad$ R——混入废石量，t；

$\quad$ ρ——矿石贫化率，%；

$\quad$ α——矿石损失率，%；

$\quad$ η——矿石回采率，%；

$\quad$ r——废石混入率，%；

$\quad$ a——采场工业矿石品位，%；

$\quad$ a'——采场采出矿石（包括混入的废石）品位，%；

$\quad$ a''——围岩含矿品位，%。

根据矿体（矿块）开采结果，上述各参数之间存在如下关系：

矿石量：$\qquad\qquad T = Q_1 + R = Q - Q_0 + R$ $\qquad\qquad$ （3 - 6）

金属量：$\qquad\qquad Ta' = Q_1 a + Ra'' = (Q - Q_0)a + Ra''$ $\qquad$ （3 - 7）

由于混入废石量一般难以统计，故由式（3 - 6）变形得 $R = T - Q + Q_0$，将其代入式（3 - 7），得：

$$Ta' = (Q - Q_0)a + (T - Q + Q_0)a''$$

或

$$\frac{Q_0}{Q} = \left(1 - \frac{T}{Q} \cdot \frac{a' - a''}{a - a''} \right) 100\%$$ $\qquad$ （3 - 8）

2）损失率和贫化率计算

根据上述关系式，按照损失率、回采率、贫化率、废石混入率的定义，可计算相应的矿石贫化和损失指标。

（1）矿石贫化率 ρ 计算

矿石贫化率的计算可用直接法（混入采出矿石中的废石量与采出矿石量之比），即：

$$\rho = \frac{R}{Q_1 + R} \cdot 100\% \tag{3-9}$$

也可用间接法(矿石工业品位与采出矿石品位之差对工业品位之比)计算,即:

$$\rho = \frac{a - a'}{a} \cdot 100\% \tag{3-10}$$

(2)矿石损失率 α 计算

矿石损失率的计算可用直接法,即:

$$\alpha = \frac{Q - Q_1}{Q} \cdot 100\% = \frac{Q_0}{Q} \cdot 100\% \tag{3-11}$$

也可采用如下间接法计算:

$$\alpha = \left(1 - \frac{T}{Q} \cdot \frac{a' - a''}{a - a''}\right) \cdot 100\% \quad (围岩含矿) \tag{3-12}$$

或

$$\alpha = \left(1 - \frac{Ta'}{Qa}\right) \cdot 100\% \quad (围岩不含矿) \tag{3-13}$$

(3)回采率 η 计算

$$\eta = (100 - \alpha)\% \tag{3-14}$$

(4)废石混入率 r 计算

废石混入率的计算可用直接法,即:

$$r = \frac{R}{T} \cdot 100\% \quad (直接法) \tag{3-15}$$

也可采用如下间接法计算:

将 $Q_0 = Q + R - T$ 代入式(3-7),并整理后得:

$$\frac{R}{T} = \frac{a - a'}{a - a''} \cdot 100\%$$

因此,

$$r = \frac{a - a'}{a - a''} \cdot 100\% \quad (废石含矿,间接法) \tag{3-16}$$

$$r = \frac{a - a'}{a} \cdot 100\% \quad (废石不含矿,间接法) \tag{3-17}$$

从废石混入率计算公式和矿石贫化率计算公式可以看出,当围岩不含品位($a'' = 0$)时,两者在数值上是相等的,即 $\rho = r$,但这仅仅是在数值上相等,而在概念上是不同的。废石混入率是反映回采过程中废石混入的程度;而矿石贫化率是反映回采过程中矿石品位降低的程度,故矿石贫化率又可称为矿石品位降低率。当混入废石含有品位时,$\rho < r$。

3)根据损失率和贫化率计算采出矿石量和采出矿石品位

(1)采出矿石总量

$$T = \frac{(1 - \alpha)Q}{1 - \rho} \tag{3-18}$$

(2)废石混入量

$$R = rT \tag{3-19}$$

（3）采出工业矿石量

$$Q_1 = T - R \qquad\qquad (3-20)$$

（4）采出矿石品位

$$围岩不含矿时，a' = (1-\rho)a \qquad\qquad (3-21)$$

$$围岩含矿时，a' = (1-\rho)a + \rho a'' \qquad\qquad (3-22)$$

4）举例

计算某铜矿贫化损失指标。已知条件：

矿块工业储量 Q：10 万 t；

矿块地质品位 a：1.2%；

采出矿石量 T：9.2 万 t；

采出矿石品位 a'：1.0%；

混入废石品位 a''：0.25%。

解：

（1）废石混入率

由式（3-16），得废石混入率为：

$$r = \frac{a - a'}{a - a''} \cdot 100\% = \frac{1.2 - 1.0}{1.2 - 0.25} \cdot 100\% = 21.1\%$$

（2）矿石损失率

由式（3-12），得矿石损失率为：

$$\alpha = \left(1 - \frac{T}{Q} \cdot \frac{a' - a''}{a - a''}\right) \cdot 100\% = \left(1 - \frac{9.2}{10} \cdot \frac{1.0 - 0.25}{1.2 - 0.25}\right) \cdot 100\% = 27.4\%$$

（3）矿石回采率

由式（3-14）得矿石回采率为 72.6%。

（4）矿石贫化率

由式（3-10）得矿石贫化率为：

$$\rho = \frac{a - a'}{a} \cdot 100\% = \frac{1.2 - 1.0}{1.2} \cdot 100\% = 16.7\%$$

对比废石混入率和贫化率可以发现，当废石含矿时，贫化率低于废石混入率。

3.4.5 矿石损失和贫化的统计

如前所述，矿石损失与贫化是影响矿山经济效益的重要指标。为了最大限度地回收宝贵的矿产资源，提高开采效果，在矿床开采过程中，必须将矿石损失与贫化指标纳入日常生产管理，经常统计计算矿石损失率和贫化率，根据两率变动情况，采取相应的技术和管理手段，使损失率和贫化率保持在可控水平。

生产实践过程中，应根据矿床赋存条件、采用的采矿方法及工艺，按直接法或间接法统计计算损失率和贫化率。

（1）直接法

矿山地测人员可以直接进入采场取样、地质编录及测量开采矿石损失量和进行采空区现状的调查时，可采用直接法计算矿石损失率和贫化率。

损失率和贫化率直接法计算所用的参数包括开采过程中损失的工业储量 Q_0、矿块工业储量 Q、混入废石量 R 和采场采出矿石量 T。其中，Q_0、Q、R 可通过直接测量方法测出，而 T 则可采用矿石称量法或装运设备计数法统计。

（2）间接法

地测人员无法进入采场或采空区统计时，可采用间接法计算贫化损失指标。间接法计算贫化损失指标所需的参数为采场工业矿石品位 a、采场采出矿石（包括混入的废石）品位 a'、混入废石品位 a''、采场采出矿石量 T 和矿块工业储量 Q。a、a' 和 a'' 可以通过取样化验得出，T 采用矿石称量法或装运设备计数法统计，Q 则按矿块圈定的矿体形态和体积质量进行计算。

3.4.6　当前矿山开采损失和贫化情况

表 3-5 为我国目前部分金属矿山所使用的几种主要采矿方法的损失与贫化状况。从表中可以看出，当前我国矿山开采总体损失、贫化严重，部分矿山损失率和贫化率高达30% ~ 50%，实际上个别中小型矿山，损失率甚至高达60%以上。这一状况是我国资源保护法所不允许的，必须采取各种措施，从设计、生产到管理各方面密切配合，尽最大努力降低损失与贫化，提高资源利用率水平。

表 3-5　国内几种主要采矿方法的损失率(%)与贫化率(%)参考指标

指标名称	留矿法（极薄矿脉）		有底柱分段崩落法		无底柱分段崩落法		空场法		充填法	
	一般	个别	一般	个别	一般	个别	矿房占 40% ~ 60%	矿柱占 40% 以上	矿房	矿柱
损失率	5 ~ 15		10 ~ 25	30	25 ~ 35	45 ~ 50	3 ~ 5	8 ~ 50	5 ~ 10	10 ~ 20
贫化率	65 ~ 70	80 ~ 85	10 ~ 20	25 ~ 30	20 ~ 25	30 ~ 40	3 ~ 5	6 ~ 30	5 ~ 10	5 ~ 10

3.4.7　降低矿石损失和贫化的措施

为充分利用宝贵的矿产资源，减少因矿石损失与贫化所引起的经济损失，提高矿产原料的数量和质量，应针对矿石损失和贫化产生的原因，采取有效措施，最大程度地降低矿石损失与贫化：

（1）加强地质勘探及研究工作，查清矿床赋存规律及开采技术条件，提供确切的矿体产状、形态、空间分布、品位变化规律的资料，以合理确定采矿工艺和参数。

（2）选择合理的开拓方法，尽量避免留设保安矿柱。

（3）根据矿山开采技术条件、装备水平等具体情况，确定合理采矿方法、结构参数和回采顺序。

（4）尽量采用回采率高、损失率低的充填采矿法，保证胶结充填质量，尤其是保证胶面充填质量和养护时间，防止铲运机出矿时充填料混入造成矿石贫化。

（5）两步骤充填开采时，提高第一步矿柱充填质量，避免第二步矿房回采时，人工矿柱侧面垮落，充填料混入造成矿石贫化。

（6）提高充填接顶率，防止上中段回采时，因接顶不充分造成矿石损失和贫化。

（7）及时处理空区。

（8）避免矿石多次转运。

（9）加强生产管理工作，建立专门机构对矿石开采损失和贫化进行经常性的监测、管理和分析研究。

第二篇　矿床开拓与矿山总图布置

第4章 矿床开拓方法

4.1 矿床开拓及开拓井巷工程

1）矿床开拓概念

要开发地下矿产资源，需从地表掘进一系列的井巷工程通达矿体，使地面与井下构成一个完整的提升、运输、通风、排水、供水、供电、供气（压气动力）、充填系统（俗称矿山八大系统），以便把人员、材料、设备、充填料、动力和新鲜空气送到井下，以及将井下的矿石、废石、废水和污浊空气等运和排除到地表。这些工作的总称称为矿床开拓，期间形成的井巷工程称为开拓井巷工程。

2）矿山常见井巷工程

矿山常见井巷工程包括：

（1）井筒

井筒是指长度方向具有一定倾角的垂直或倾斜坑洞，分别称为竖井和斜井。竖井断面形状有圆形、方形和矩形，以圆形最为常见；斜井则多为拱形。地面有出口的井筒称明竖井或明斜井，地面没有出口的则称为盲竖井、盲斜井。如果斜井倾角较小，可以布置胶带运输机（倾角一般不超过15°）或行走无轨设备（坡度一般为10%～25%），则分别称为胶带斜井或斜坡道。

井筒分为主井、副井和其他辅助井筒。主要提升矿石的井筒称为主井，提升人员、设备、材料，并兼做进风作用的井筒称为副井。其他辅助井筒则包括溜矿井、泄水井、通风井、水仓、上山、下山等。

（2）水平巷道或坑道

水平巷道是指沿长度方向基本呈水平布置的地下坑道，包括平硐（地面有出口的水平巷道）、阶段运输巷道、石门（连接井筒与运输巷道的水平坑道）、井底车场、其他辅助巷道等。

（3）硐室

硐室是指长、宽、高三个方向尺寸相差不大的专用坑道，如井下破碎硐室、水泵房、炸药库以及其他各种辅助硐室。

3）开拓井巷分类

为开拓目的而掘进的井巷称为开拓井巷，按照其在矿床开采中所起的作用，分为主要开拓井巷和辅助开拓井巷两大类。前者是指起主要提升运输（矿石）作用的开拓井硐；后者是指起其他辅助提升运输（人员、材料、设备和废石）、通风、排水、充填等作用的开拓井硐与其他开拓巷道。地下矿山常见的主要开拓井巷和辅助开拓井巷如表4-1所示。

表 4-1　开拓井巷分类表

井巷类型	井筒	巷道	硐室
主要开拓井巷	1. 主井 (1)竖井(箕斗井、罐笼井、混合井) (2)斜井(箕斗井、串车井、胶带输送机井) 2. 斜坡道 3. 主溜井	1. 主平硐 2. 主要运输巷道 3. 主要运输石门 4. 井底车场	1. 坑内破碎硐室 2. 坑内卷扬硐室 3. 坑内卸载硐室 4. 矿仓及转载硐室 5. 主通风机硐室
辅助开拓井巷	1. 副井(罐笼井) 2. 通风井(回风井、专用进风井) 3. 专用排水井	1. 非主运输巷道 2. 回风巷道 3. 充填巷道 4. 排水疏干巷道 5. 地压观测巷道	1. 水泵房 2. 修理硐室 3. 避灾硐室 4. 井下值班室 5. 变电硐室 6. 炸药库 7. 其他各种服务硐室。

4.2　开拓方法分类

　　形成井田开拓系统的、不同类型和数量的主要开拓巷道的配合与布置方式,称为开拓方法。根据主要开拓巷道开拓井田的不同范围,开拓方法分为单一开拓法和联合开拓法两大类。前者是指整个井田用一种类型的主要开拓巷道(配以其他必要的辅助开拓巷道)的开拓方法,按主要开拓巷道形式不同,又分为平硐开拓、竖井开拓、斜井开拓、胶带运输机斜巷开拓(该方法也可划归为斜井开拓)和斜坡道开拓;后者是在不同深度分别采用两种及两种以上主要开拓巷道(配以其他必要的辅助开拓巷道)的开拓方法,如上部用平硐开拓,下部用盲竖井(或盲斜井)开拓等。

　　矿床典型开拓方案如表 4-2 所示。

表 4-2　矿床开拓方法分类表

	开拓方法	典型开拓方案
单一开拓法	1. 平硐开拓法	(1)沿矿体走向平硐开拓法 (2)垂直矿体走向下盘平硐法 (3)垂直矿体走向上盘平硐法
	2. 竖井开拓法	(1)下盘竖井开拓法 (2)上盘竖井开拓法 (3)侧翼竖井开拓法
	3. 斜井开拓法	(1)脉内斜井开拓法 (2)下盘斜井开拓法 (3)侧翼斜井开拓法
	4. 斜坡道开拓法	(1)螺旋式斜坡道开拓法 (2)折返式斜坡道开拓法

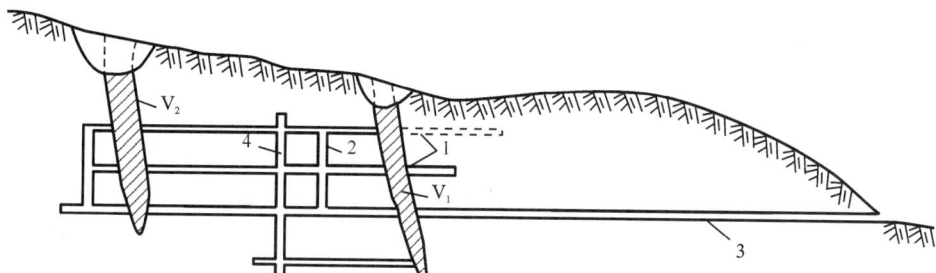

图 4 – 3　上盘平硐开拓

1—阶段平硐；2—溜矿井；3—主平硐；4—辅助盲竖井；V_1、V_2—矿体编号

竖井开拓的适宜应用范围为埋藏在地平面以下的倾斜、急倾斜矿床(倾角一般为 40°～45°或以上)，或者埋深较大的缓倾斜，甚至水平矿床。

用竖井开拓井田时，为提高提升效率，一般设置一个主提升水平，主提升水平以上的各个阶段所采出的矿石，通过溜井或提升设备下放到主提升水平矿仓，破碎至合格块度后，通过罐笼或箕斗提升至地表。

1）竖井形式

大中型矿山一般采用主副竖井形式，主井布置箕斗或罐笼提升矿石，副井布置罐笼提升人员、材料、设备和废石，并作为进风井和安全出口。主井采用罐笼提升时也可以作为进风井和安全出口(箕斗井则不能作为进风井和安全出口)。特大型矿山为了满足风量、风速要求，甚至设多条副井。

部分中小型矿山有时候也采用混合井。所谓混合井是指在井筒内同时布置箕斗和罐笼两种提升容器的竖井。与主副井形式相比，混合井具有箕斗和罐笼提升的双重优势，工程量少，地表工业场地集中，管理方便。混合井可采用箕斗、罐笼独立提升(两套提升系统，分别提升箕斗和罐笼)和箕斗、罐笼混合提升(一套提升系统，箕斗、罐笼串联提升，或者箕斗、罐笼互为配重并联提升)两种提升方式。混合井作为进风井时，可采用全断面、管道式和隔间式 3 种进风方式。不管采用何种方式，必须采取措施，保证风源质量，进风粉尘含量应控制在 0.5 mg/m³ 以内。

2）竖井开拓方式

根据深井与矿体的相对位置，竖井开拓有如下 3 种布置形式：

（1）下盘竖井开拓

将竖井布置在矿体下盘岩层移动带之外，通过石门通达矿体的开拓方法称为下盘竖井开拓(见图 4 -4)。因下盘竖井开拓具有如下明显的优势，故

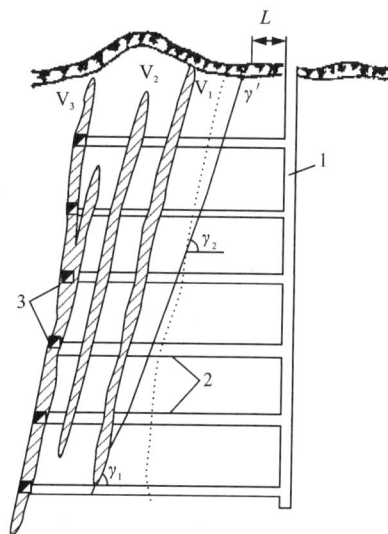

图 4 – 4　下盘竖井开拓示意图

γ_1、γ_2—下盘岩层移动角；γ'—表土层下盘移动角；

V_1、V_2、V_3—矿体编号；L—安全距离

1—竖井；2—石门；3—阶段平巷

条件允许时应优先选用：

①竖井保护条件好，无需留设保安矿柱，不压矿；

②采用下行式开采顺序时，上部石门较短，基建时间短。

下盘竖井开拓的主要缺点是，随开采深度增加石门长度增加，尤其矿体倾角较小时，该问题更为明显，故该开拓方法最适宜开采埋藏在地平面以下的急倾斜矿体。

（2）上盘竖井开拓

将竖井布置在矿体上盘岩层移动带之外，通过石门通达矿体的开拓方法称为上盘竖井开拓（见图4-5）。由于上盘岩层移动角普遍小于下盘移动角，故与下盘竖井相比，上盘竖井离矿体更远，上部阶段石门更长，基建时间长，初期投资大，且井筒、石门等开拓工程保护条件差，故仅当由于如下原因，不宜在下盘布置竖井时，才采用上盘竖井开拓：

①地形原因难以布置下盘竖井；

②上盘开拓使地表及厂区外部运输联系更为便利，运输成本更低；

③下盘水文地质与工程地质复杂或地表有河流、湖泊、铁路等。

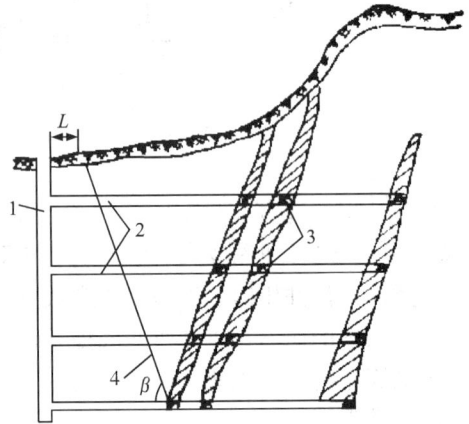

图4-5　上盘竖井开拓示意图

β—上盘岩层移动角；

1—竖井；2—石门；3—阶段平巷；

4—上盘岩层移动界线；L—安全距离

（3）侧翼竖井开拓

为减小井下矿石运输功，上、下盘竖井一般布置在矿体中央部位。如果由于地形原因，只有矿体侧翼才能布置井筒及其地表工业场地，则称为侧翼竖井开拓。如果竖井布置在上盘侧翼，则可称为上盘侧翼竖井开拓，反之，如果布置在下盘侧翼，则称为下盘侧翼开拓（见图4-6）。侧翼开拓的主要缺点是井下进行单向运输，运输功大；回采工作线也只能单向推进，掘进与回采强度受限制。

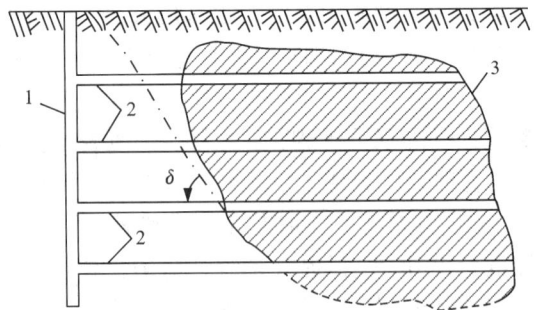

图4-6　侧翼竖井开拓示意图

δ—侧翼岩层移动角；　1—竖井；2—石门；3—矿体

4.3.3　斜井开拓法

对于缓倾斜矿体，如果采用竖井开拓，则石门长度过长，此时可采用斜井开拓。近10年来，随着高强度胶带输送机和钢绳牵引胶带输送机的问世，斜井的应用范围有所扩大，不仅缓倾斜、倾斜矿床采用斜井开拓，某些急倾斜矿床有时也采用胶带输送机进行开拓。

用斜井开拓井田时，根据斜井倾角不同，采用不同的提运矿石设备：当斜井倾角大于30°时，采用箕斗或台车提升矿石；当斜井倾角为18°~30°时，采用串车提升；当斜井的倾角小于18°时，一般采用皮带运输机运矿。斜井与水平运输巷道之间可以用吊桥、甩车道联结。

按斜井与矿体的相对位置，通常有下列3种开拓方案：脉内斜井开拓、下盘斜井开拓和侧翼斜井开拓。

（1）脉内斜井开拓（见图4-7）

为保证斜井安全，脉内斜井开拓时，斜井周围应留8~10 m的保安矿柱。由于脉内斜井压矿，因此，仅在矿体厚度不大，沿倾斜变化较小，产状规则时才采用此种开拓方式。

脉内斜井开拓的优点是：斜井与阶段运输平巷之间的连接，只通过井底车场，不开石门，基建投资少，基建时间短，投产快，并能补充探矿，且副产部分矿石。其缺点是：必须留斜井的保安矿柱；当矿体底板倾角起伏太大时，斜井难以保持平稳，影响斜井的提升能力和提升安全。

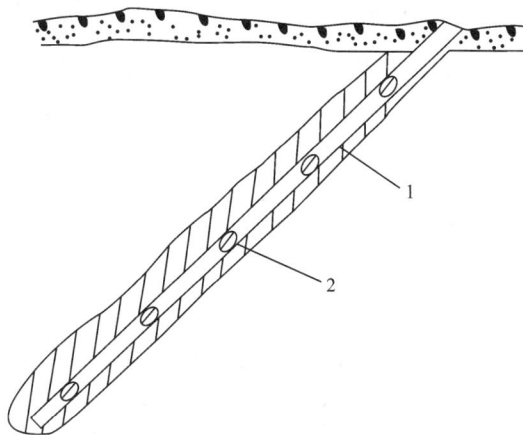

图4-7 脉内斜井开拓示意图
1—脉内斜井；2—阶段运输巷道

（2）下盘斜井开拓

下盘斜井是最常见的斜井开拓方式，具有石门短，基建工程量少，投产快，无需留设保安矿柱等优点。

根据斜井与矿体走向、倾向的关系，斜井可以沿真倾向布置（见图4-8a），或沿伪倾向布置（见图4-8b）。

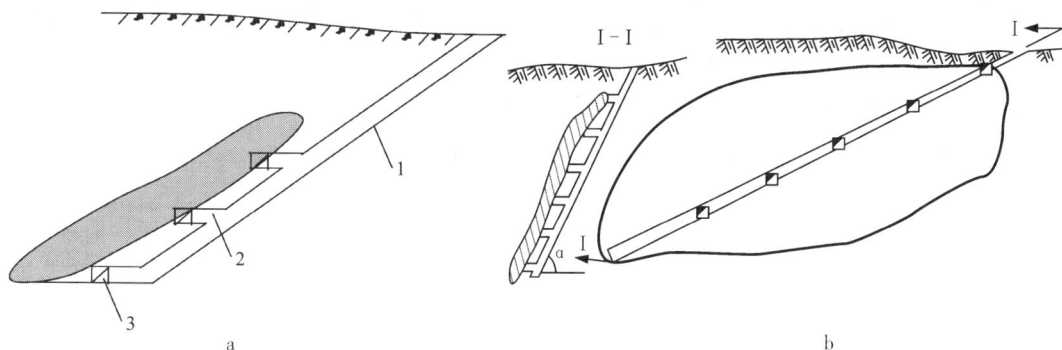

图4-8 下盘斜井开拓
a—真倾向布置；b—伪倾向布置
1—斜井；2—斜井与水平运输巷道联结工程；3—水平运输巷道

（3）侧翼斜井开拓

因地质和地表地形条件限制，不宜在矿体下盘布设斜井，或因矿石运输方向要求，在矿体一翼布置斜井比较方便时，可采用将斜井布置在一翼的侧翼斜井开拓方案。

4.3.4 斜坡道开拓法

随着无轨设备（如凿岩台车、铲运机、服务台车、汽车）在地下矿山的大量使用，斜坡道（又称斜巷）在部分大中型矿山成为一种主要的开拓巷道。各种无轨车辆可以通过斜坡道直接从地表驶入地下，或从一个中段驶入另一个中段。利用斜坡道开拓整个井田的开拓方法称为斜坡道开拓(见图4-9)。

根据斜坡道用途，可分为主斜坡道和辅助斜坡道。前者直通地表，作为无轨设备出入地表的主要通道，并兼做通风和辅助运输之用，属开拓工程；后者是连接阶段间，供无轨设备在不同阶段间转移的通道，可作为采准工程。是否需要设置主斜坡道，须视具体情况而定，有的采用无轨设备的矿山，不设主斜坡道，仅在阶段间设置辅助斜坡道。不设主斜坡道的矿山无轨设备通过副井，拆解下放，井下组装，无轨设备大修在井下进行(设置主斜坡道时，大修一般在地面进行，井下仅设简易无轨设备修理硐室进行小修和中修)。

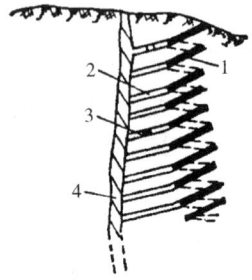

图4-9 斜坡道开拓

1—螺旋式斜坡道；2—石门；
3—阶段平巷；4—矿体

根据运输线路不同，斜坡道分为直线式、螺旋式(见图4-10a)和折返式(见图4-10b)3种。受斜坡道坡度、开口与矿体相对位置关系的限制，直线式斜坡道仅用于开拓埋藏较浅的矿床、缓倾斜矿床或作为辅助开拓巷道用于阶段间的联络；与螺旋式斜坡道相比，折返式斜坡道具有容易开掘(测量定向容易，无路面外侧超高)、司机视野好、行车速度快而安全、车辆行驶平稳、轮胎磨损小、路面容易维护等优点，因此得到广泛采用。

无轨运输的斜坡道，应设人行道或躲避硐室。行人的无轨运输水平巷道应设人行道。人行道的有效净高应不小于1.9 m，有效宽度不小于1.2 m。躲避硐室的间距在曲线段不超过15 m，在直线段不超过30 m。躲避硐室的高度不小于1.9 m，深度和宽度均不小于1.0 m。躲避硐室应有明显的标志，并保持干净、无障碍物。

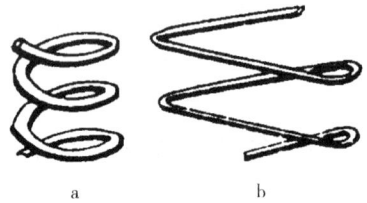

图4-10 斜坡道的形式

a—螺旋式；b—折返式

除少量仅设置斜坡道作为矿石主运输通道的矿山外，大部分设有斜坡道的矿山，仅将斜坡道作为辅助开拓工程，与其他主要开拓井筒，如竖井、斜井等配合使用。

主要运送矿石的斜坡道坡度一般不大于10%，运输人员、设备的斜坡道坡度一般不大于15%，对于阶段间的辅助斜坡道坡度可适当加大，但必须满足无轨设备的爬坡能力要求。

4.4 联合开拓方法

不少矿山根据矿床赋存条件、地形地貌特征、勘探程度、机械化程度、矿山生产能力等，因地制宜进行某些开拓方法的联合应用，即采用联合开拓方法。从理论上讲，只要平硐、竖井、斜井、斜坡道任意两种或两种以上联合使用，均构成联合开拓方式。

4.4.1 平硐与井筒(竖井或斜井)联合开拓法

平硐开拓的矿山，如果在平硐水平以下仍有矿体，则需要竖井或斜井(包括盲竖井、盲斜井)进行下部矿床的开拓。

图4-11为新冶铜矿平硐盲竖井开拓示意图。260 m以上水平采用平硐开拓，260 m以下则采用盲竖井开拓。

平硐与明井筒联合开拓时,平硐提升、运输、排水等系统与明井筒相互独立,但平硐与盲井筒联合开拓时,地平面以下矿石需通过盲竖井或盲斜井提升到主平硐中,通过主平硐运输系统转运至外部矿仓或选厂。深部涌水也利用排水设施排至主平硐,自流出地表。

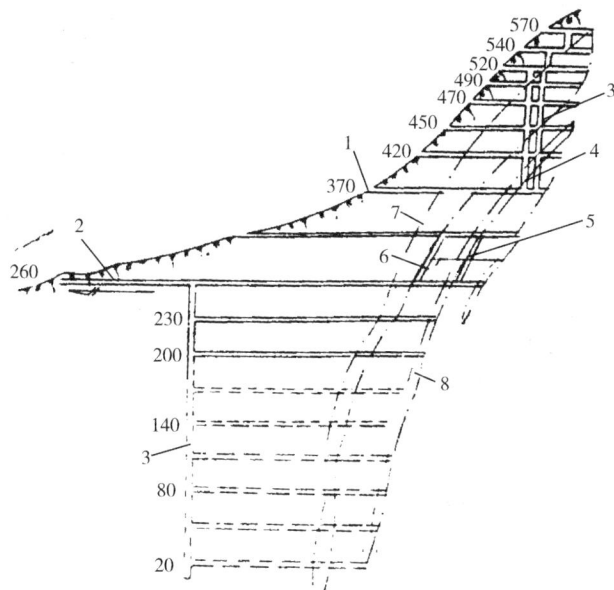

图 4-11 新冶铜矿平硐盲竖井联合开拓法

1—370 平硐;2—260 平硐;3—盲竖井;4—辅助竖井;

5—溜矿井;6—斜溜井;7—520 号矿体;8—420 号矿体

4.4.2 明井与盲井联合开拓法

(1)明竖井与盲竖井联合开拓

对于矿体走向长、延伸大的矿床,为减少基建投资和基建工程量,尽快投产、达产,一般采用分期开采。如一期工程采用竖井开拓,到深部二期(甚至三期)工程时,有两种开拓方案,一是原明井原位延伸,二是采用盲竖井与原明竖井构成联合开拓。虽然明竖井与盲竖井联合开拓可以保证原竖井不停产条件下进行盲竖井掘砌和安装,并可缩短深部石门长度(见图 4-12),但由于存在如下缺点,设计时应做全面比较,只有在与明井原位延伸相比具有明显优势时,才建议采用此种联合开拓方式:

①明井、盲井都需要单独的提升设施,盲井提升设备安装在井下,硐室工程量大,所需提升司机、信号工等人员多;

②需要增加阶段矿石转载系统与设施,管理复杂,效率受到影响;

③人员、材料、设备需转运,影响工效。

(2)明斜井与盲斜井联合开拓

斜井开拓的矿山,当深部发现新矿体,斜井继续延伸存在困难,如工程地质或水文地质条件不允许斜井继续延伸,或斜井太长,单绳提升困难时,可考虑深部采用盲斜井(见图 4-13)。

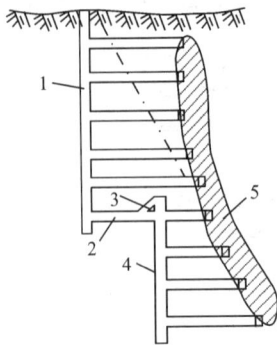

图 4-12　明竖井与盲竖井联合开拓法

1—明竖井；2—石门；3—提升机硐室；4—盲竖井；5—矿体

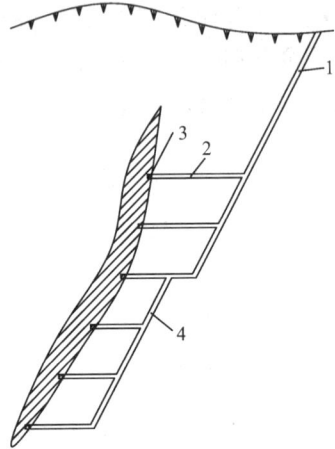

图 4-13　明斜井与盲斜井联合开拓法

1—明斜井；2—石门；3—阶段运输巷道；4—盲斜井

（3）明竖井与盲斜井联合开拓

采用竖井开拓的矿山，如果深部矿体倾角变缓，继续采用竖井开拓石门过长，此时可考虑深部采用盲斜井（见图 4-14）。

（4）明斜井与盲竖井联合开拓

采用斜井开拓的矿山，如果深部矿体倾角变陡，或者深部发现新的盲矿体而且倾角较陡，而采用通达地表的明竖井与明斜井联合开拓又不适宜时，可采用上部明斜井，下部盲竖井的联合开拓方式（见图 4-15）。

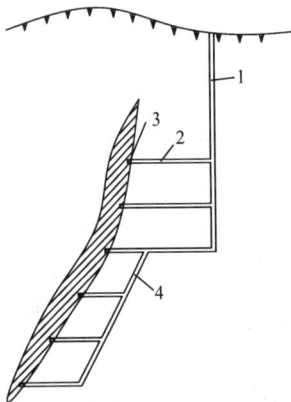

图 4-14　明竖井与盲斜井联合开拓法

1—明竖井；2—石门；3—阶段运输巷道；4—盲斜井

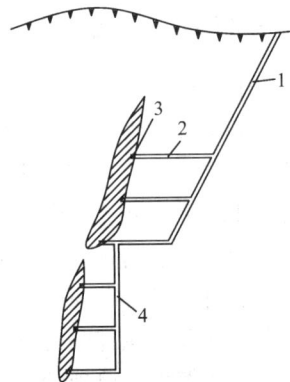

图 4-15　明斜井与盲竖井联合开拓法

1—明斜井；2—石门；3—阶段运输巷道；4—盲竖井

4.4.3　平硐或井筒与斜坡道联合开拓法

随着无轨设备的大量采用，许多矿山开始在平硐或井筒开拓之外，另行施工一条斜坡道，作为无轨设备运行通道，从而构成平硐或井筒与斜坡道联合开拓法。图 4-16 为加拿大

Creighton 铜镍矿竖井与斜坡道联合开拓示意图。

4.5 矿床开拓方案选择

矿床开拓方案选择是矿山总体设计的重要内容之一,与矿山总体布置,提升、运输、通风、排水、供水、供电、供气、充填等生产系统,矿床赋存条件,矿山生产能力,采矿方法等密切相关。

1) 基本要求

(1) 确保良好的劳动卫生条件和生产安全条件;

(2) 技术可靠,生产能力满足当前要求并充分考虑未来矿山提质扩能的可能性;

(3) 基建工程量小,投资省,投产、达产快,经济效益好;

(4) 不留或少留保安矿柱,尽量不压矿,以减少矿石损失;

(5) 工业场地布置紧凑,外部运输条件好,尽量少占农田;

(6) 保证矿山有两个以上独立的直达地面的安全出口。

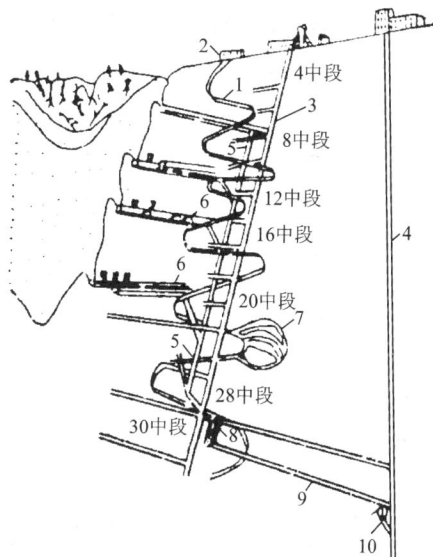

图 4-16 加拿大 Creighton 铜镍矿竖井斜坡道联合开拓系统示意图

1—斜坡道;2—斜坡道口;3—通风井;4—箕斗井;
5—主溜矿井;6—通行无轨设备的阶段运输巷道;
7—井下车库及修理硐室;8—破碎转运设施;
9—胶带运输机;10—计量硐室

2) 步骤

矿床开拓方案选择一般经过方案初选和详细经济技术比较两个步骤,最终确定最优的矿床开拓方案。

方案初选阶段,应详细分析矿床地质资料,根据矿床赋存条件、工程及水文地质条件、矿床勘探程度、矿石品位及储量、内外部运输条件、地形地貌特征、拟采用的采矿方法、设计的生产能力等因素,经现场踏勘,拟定若干个可能的开拓方案,经初步分析剔除存在明显缺陷的方案,预留 2、3 个可行方案进行详细经济技术比较。

详细经济技术比较应重点考虑基建工程量、基建投资、基建时间、所能达到的生产能力、提升运输费用、建设条件等,最终确定最优开拓方案。

3) 影响开拓方案井巷类型的主要因素

(1) 地表地形条件:矿床赋存在山岳地带,且埋藏在当地地平面以上时,可考虑采用平硐开拓;若部分在当地地平面以上,部分埋藏在地面以下时,可考虑采用平硐与井筒或斜坡道的联合开拓。

(2) 矿体倾角:倾角在 15° 以下,倾斜较长时可采用斜井胶带运输机、矿车组斜井或斜坡道开拓;20°~50° 矿床多采用斜井开拓;0°~15° 或 50~90° 时多采用竖井开拓。上述倾角范围仅为一般性开拓方式选择的参考。

(3)开采深度：矿体埋藏较深时，不宜采用斜坡道开拓。

(4)矿山生产能力：大型矿山多采用箕斗竖井、混合竖井或胶带运输机斜井运送矿石，中小型矿山则多用罐笼竖井、混合竖井、矿车组或胶带输送机斜井、汽车斜坡道运送矿石。

(5)岩层移动带范围：岩层移动带直接影响地表工业场地布置。

(6)矿岩稳固性、水文地质条件：影响主要开拓井巷位置选择，如上、下盘或侧翼布置。

4)矿山分期开拓

分期开拓是减少矿山初期投资，加快建设速度、降低开采成本的有效措施，被不少大型矿山所采纳。

分期开拓可分为沿矿体走向分期和沿倾斜分期两种方式。前者实际上是将矿床划分为几个井田，各期之间的连接与过渡较为简单；后者为同一井田各期工程之间的过渡，较为复杂，相互之间容易受到影响。

分期开拓的深度和范围必须经过详细经济技术比较才能确定，而且前期工程设计过程中，应充分考虑与后期工程的衔接问题。

4.6 主要开拓巷道类型比较

为了掌握各种开拓方法的应用条件，首先必须了解各种主要开拓巷道的特点。

1)平硐与井筒的比较

与井筒(竖井、斜井)相比，平硐开拓有如下优点：

(1)平硐运输比井筒提升简单、安全、可靠、运输能力大，主平硐以上各阶段的矿石通过溜井下放到主平硐水平，运矿费用低(因矿石结块等原因使用井筒下放矿石的情况除外)；

(2)主平硐以上各阶段的涌水可通过天井或钻孔下放到主平硐水平，经水沟自流排到地表，无需安装排水设备和施工相应的硐室，排水费用低；

(3)不需要提升设备及提升机房或硐室，也不需要建筑井架或井塔，没有复杂的井底车场巷道；

(4)施工简单，掘进速度快，基建时间短；

(5)如果主平硐以下还有工业储量，则从平硐进行深部开拓对上部生产基本上没有干扰。

因此，在条件允许的情况下(如山坡地形便于施工平硐，平硐口有足够工业场地等)，应优先考虑采用平硐开拓。

2)斜井与竖井的比较

斜井与竖井比较，具有以下特点：

(1)斜井容易靠近矿体，所需石门短，可以减少开拓工程量，缩短地下运输距离，减少新水平的准备时间；

(2)斜井施工简单，成井速度快；

(3)斜井提升能力小，提升费用高，提升容器容易掉道、脱钩，提升可靠性差(皮带运输机提升除外)；

(4)开拓深度相同时，斜井长度比竖井大，所需的提升钢丝绳和各种管线长，排水等的经营费用高；

(5)斜井与各水平运输巷道连接形式复杂，管理环节多。

因此，斜井开拓适宜于埋藏浅，厚度、延伸和长度较小的倾斜和缓倾斜矿体；竖井开拓适宜于埋藏浅的大、中型急倾斜矿体，埋藏深度较大的水平或缓倾斜矿体，埋藏深度和厚度较大的倾斜矿体和走向很长的各种厚度的急倾斜矿体。

3）斜坡道与其他主要开拓井巷工程的比较

与竖井和斜井相比，斜坡道具有施工相对简单，可以通行无轨设备等优点，但由于斜坡道坡度所限，同等井深条件下，斜坡道长度较长，通行柴油设备时污染较严重。

当采用平硐开拓时，阶段之间可由斜坡道连通，省去人行天井、设备井等盲井筒工程。

第 5 章 开拓井巷工程

开拓方案确定后，主要开拓井巷工程和辅助开拓井巷工程的设计就成为矿山开拓系统设计的主要内容，必须结合地质、采矿等技术条件，确定主要和辅助开拓井巷工程的类型、位置、规格等关键参数。

5.1 主要开拓巷道位置确定

5.1.1 主要开拓巷道位置确定应考虑的因素

主要开拓巷道是矿山的咽喉工程，其位置一经确定，即不容易更改，因此，必须合理确定其位置，以保证其处于良好的地层中，不压矿，具有足够的服务年限，降低矿山经营费用。主要开拓巷道确定原则是：

1）在安全带以外

开采作业产生地下采空区，打破了采空区周围岩石的原始平衡状态，引起周围岩石的变形、破坏和崩落，并最终导致地表发生移动和陷落。地表产生陷落和移动的地带，分别称做陷落带和移动带，如图 5-1 所示。采空区底部与地表陷落带或移动带边界的连线和水平面的夹角称为岩石的陷落角或移动角，其大小与岩石的性质、矿体倾角与厚度、采矿方法和开采深度等有关。

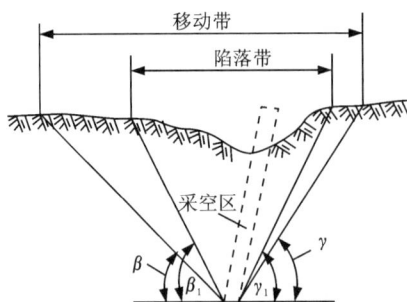

图 5-1 陷落带和移动带

γ—下盘岩石移动角；γ_1—下盘岩石陷落角；β—上盘岩石移动角；β_1—上盘岩石陷落角

地面主要建（构）筑物应布置在岩石移动带一定范围（称为安全带）以外。否则，就要在其下部留一部分矿体作为保安矿柱。主要建（构）筑物保护等级及距移动带的安全距离如表 5-1 所示。

一般来讲，上盘移动角小于下盘移动角，而走向端部的移动角最大。由于移动角越小，其移动带范围越大，因此，矿山主要建(构)筑物及开拓巷道一般布置在矿体下盘或侧翼。岩层移动角可以类比同类型矿山选取，也可参考表5-2的概略数值。

表5-1 主要建(构)筑物及开拓巷道保护等级及距移动带的安全距离

保护等级	主要建(构)筑物及开拓巷道名称	安全距离/m
I	国务院明令保护的文物、纪念性建筑；一等火车站，发电厂主厂房，在同一跨度内有2台重型桥式吊车的大型厂房，平炉，水泥厂回转窑，大型选矿厂主厂房等特别重要或特别敏感的、采动后可能导致发生重大生产、伤亡事故的建筑物、构筑物；铸铁瓦斯管道干线，高速公路，机场跑道，高层住宅；竖(斜)井、主平硐，提升机房，主通风机房，空气压缩机房等	20
II	高炉、焦化炉，220 kV及以上超高压输电线路杆塔，矿区总变电所，立交桥，高频通信干线电缆；钢筋混凝土框架结构的工业厂房，设有桥式起重机的工业厂房，铁路矿仓，总机修厂等重要的大型工业建筑物和构筑物；办公楼、医院、剧院、学校、百货大楼；二等火车站，长度大于20 m的二层楼房和3层以上住宅楼；输水管干线和铸铁瓦斯管道支线；架空索道，电视塔及其转播塔，一级公路等	15
III	无吊车设备的砖木结构工业厂房，三、四等火车站，砖木、砖混结构平房或变形缝区段小于20 m的2层楼房，村庄砖瓦民房；高压输电线路杆塔，钢瓦斯管道等	10
IV	农村木结构承重房屋，简易仓库等	5

表5-2 岩层移动角概略值

岩石名称	上盘移动角/(°)	下盘移动角/(°)	端部移动角/(°)
第四纪表土	45	45	45
含水中等稳固片岩	45	55	65
稳固片岩	55	60	70
中等稳固致密岩石	60	65	75
稳固致密岩石	65	70	75

2)地表地下运输功最小

运输量与运输距离的乘积称为运输功，单位为t·km。运输费用与运输功成正比。合理的主要开拓巷道位置，应该位于地面与地下运输功最小的位置，尽量避免地面与地下出现反向运输现象。

3)综合考虑地面和地下因素

(1)地面因素

①每个矿井至少应有2个以上独立的直达地面的安全出口，安全出口的间距应不小于30 m；大型矿井，矿床地质条件复杂，走向长度一翼超过1000 m的，应在矿体端部的下盘增设安全出口。

②井口附近应有足够的工业场地，选厂应尽量利用山坡地形，以利于各选矿工序间物料

可以借助重力转运。

③井口应选择在安全可靠的位置，不受洪水及滑坡等地质灾害影响，竖井、斜井、平硐口标高，应高于当地历史最高洪水位 1 m 以上。工业场地的地面标高，应高于当地最高洪水位。特殊情况下达不到要求的，应以历史最高洪水位为防护标准修筑防洪堤，井口应筑人工岛，使井口高于最高洪水位 1 m 以上。

④与外部运输联系方便。

⑤不占或少占农田等。

⑥进风井应位于当地常年主导风向的上风侧，进入矿井的空气不应受到有害物质的污染；回风井应位于当地常年主导风向的下风侧，排出的污风不应对矿区环境造成危害；放射性矿山进风井与回风井的间距应大于 300 m。

⑦位于地震烈度 6 度以上地区的矿山，主要井筒的地表出口及工业场地内主要建(构)筑物，应进行抗震设计。

(2)地下因素

地下因素包括：主要开拓巷道穿过的地层应稳固，无流砂层、含水层、溶洞、断层、破碎带等不良地质条件，并应布置工程地质检查钻孔，斜井和平硐的工程地质检查钻孔应沿纵向布置。

5.1.2　保安矿柱的圈定

如上所述，主要开拓井巷应位于地表移动带之外；但如受具体条件限制，必须布置在地表移动带之内时，应留设足够的保安矿柱加以保护。

保安矿柱的圈定，是根据建(构)筑物的保护等级所要求的安全距离，沿其四周划定保护区范围，再以保护区周边为起点，按照所选取的岩层移动角向下反向画出移动界线，此移动界线所截矿体范围即为保安矿柱。

保护主要开拓井巷工程的保安矿柱一般作为永久损失不予回收，其他保安矿柱，如露天转地下境界矿柱，"三下"开采保安矿柱，如需回采必须经专题研究，采取足够安全措施后，经由主管部门审批方能进行回采。

保安矿柱圈定步骤(以竖井井筒保安矿柱为例，见图 5 - 2)如下：

(1)根据表 5 - 1 确定需要保护的主要建(构)筑物保护等级及安全距离，类比同类型矿山并参考表 5 - 2 选定矿体及上覆各岩层的上盘、下盘和端部移动角。

(2)以保护建(构)筑物为中心，自外檐(如竖井井壁一侧起距离 20 m，另一侧自提升机房外檐起距离 20 m)起，按照安全距离要求画出保护区界线。分别连接后便得保安矿柱在平面图上的边界线。

(3)在沿井筒中心所作的垂直矿体走向 I - I 剖面上，井筒左侧根据下盘岩石移动角，从保护带的边界线由上向下作移动线；井筒右侧根据上盘岩石移动角从上向下作移动线，分别交矿体顶底板于 A_1、B_1、A_1'、B_1' 四点，这 4 个点就是井筒保安矿柱沿矿体倾斜方向在此剖面上的边界点。类似这样的剖面作多个，就可得到多个边界点，分别连接后便得保安矿柱在平面图上沿矿体倾斜方向的边界线。由于自地表至矿体中间可能存在不同岩性的岩石，因此，自上而下逐层画出各岩层的移动线，下一岩层的移动线起点为上一岩层移动线的终点。

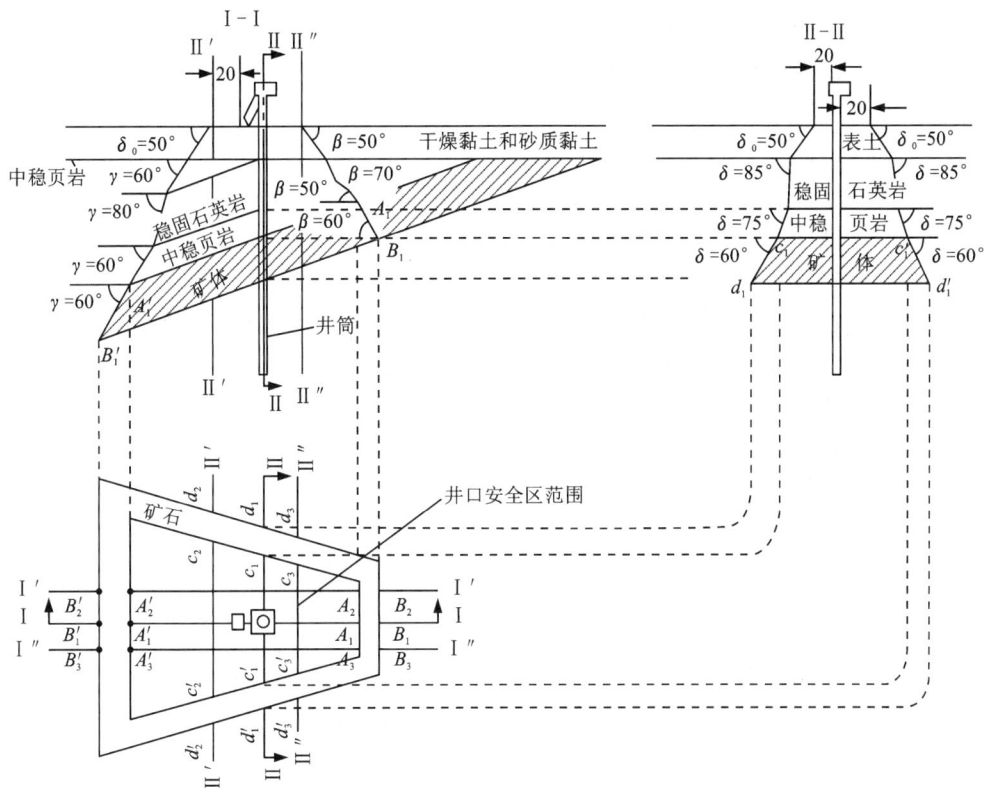

图 5 - 2　保安矿柱圈定方法

（4）同理，在平行走向的 Ⅱ - Ⅱ 剖面上按端部移动角作移动线，也可同样得到在矿体走向方向上顶底板的边界点 c_1、d_1、c_1'、d_1' 四点，这 4 个点就是井筒保安矿柱沿矿体走向方向在此剖面上的边界点。类似这样的剖面作多个，就可得到多个边界点，分别连接后便得保安矿柱在平面图上沿矿体走向方向的边界线。

（5）将两个方向作出的平面边界线，分别按顶底板延接，围成的闭合图形即为整个保安矿柱的轮廓界线。

5.2　主井和副井

如前所述，对于采用井筒（竖井、斜井）开拓的矿山，除用于提升矿石的主井作为主要开拓工程外，一般还需配置副井，用于提升人员、材料、设备和废石，并作为进风井和安全出口。在确定开拓方案时，主井、副井等的位置应统一考虑。根据主井、副井的相对位置，有两种布置形式，即主井、副井紧邻的集中布置和主井、副井间距较远的分散布置。

主井、副井集中布置的优点是：

（1）工业场地集中，有利于节约土地，减少工业场地平整工程量；

（2）井底车场布置集中，生产管理方便，井下基建工程量少；

（3）井筒相距较近，开拓工程量少，基建时间短；

（4）井筒集中布置，有利于集中排水；

(5)井筒延伸时施工方便,可利用一条井筒先下掘到设计位置,然后反掘另一条井筒,加快另一条井筒延伸速度。

集中布置的主要缺点是:

(1)两井筒相距较近,若一条井筒发生火灾,往往危及另一条井筒的安全;

(2)如井筒穿过岩层稳定性较差,而两井筒距离又过近时,可能存在稳定性隐患;

(3)主井采用箕斗提升时,扬尘可能影响副井进风质量,因此,箕斗主井口应设置收尘设施或主、副井隔离设施。

分散布置优缺点与集中布置恰好相反。因集中布置优点突出,故在地表地形条件和运输条件允许情况下,主井、副井应尽量靠近布置,以节约地表工业场地和井下开拓运输巷道工程。但为保证两井筒安全,两井筒间距离应不小于30 m。

根据主井、副井与矿体走向的相互关系,集中布置分为中央集中式和侧翼集中式。前者两井筒布置在矿体中央位置附近(见图5-3a),后者两井筒布置在矿体端部位置(见图5-3b)。条件允许时,应尽量采用中央集中布置方式。

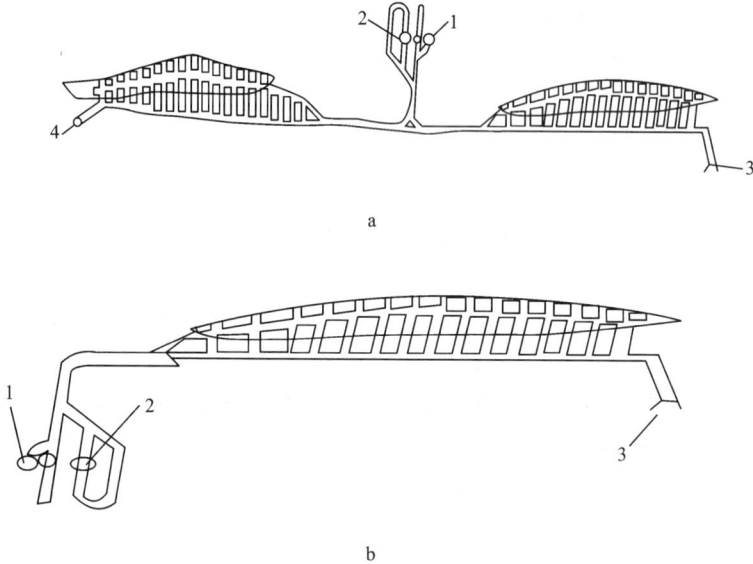

图 5-3　主井、副井集中布置方式
a—中央集中布置;b—侧翼集中布置
1—主井;2—副井;3、4—风井

5.3　风井

专门用来进风或出风的巷道,分别称为进风井或回风井。

对于中小型矿山,副井一般兼做进风井,不另设单独进风井;对于部分大型矿山,为满足风量和风速要求(提升人员和物料的井筒,中段主要进、回风道,修理中的井筒,主要斜坡道风速不超过8 m/s),除副井、斜坡道兼做进风井外,还需设置专用进风井(特殊情况下,进风井内可布设提升系统,兼做辅助人员提升通道)。箕斗井不应兼作进风井。混合井作进风井时，应采取有效的净化措施，以保证风源质量。进入矿井的空气，不应受到有害物质的污染。放射性矿山出风井与入风井的间距，应大于 300 m。

矿山一般均需设置专用回风井。从矿井排出的污风，不应对矿区环境造成危害。

根据进风井与出风井的位置关系，通风方式分为中央并列式、中央对角式和侧翼对角式三种。

1）中央并列式

进风井与出风井位于井田中央的通风方式称为中央并列式（见图 5 - 4a）。主井为箕斗井、副井为罐笼井时，副井为进风井，主井为回风井；主井为混合井，且布置罐笼提升矿石、人员、废石、材料时，可作为进风井，另一个井可作为回风井。两井之间的距离不小于 30 m。

该种通风方式的优点是：

（1）进风井、回风井贯通快，有利于缩短基建时间；

（2）当井筒必须布置在岩石移动带内时，可减少保安矿柱量。

其缺点是：

（1）通风路线长、风流短、漏风严重；

（2）安全出口过于集中；

（3）风流贯通快，风源质量差。

由于该通风方式缺点突出，因此，仅在矿体走向短，两侧翼不宜设井时才可考虑采用。

2）中央对角式

进风井和回风井分别位于井田中央和侧翼的通风方式称为中央对角式（见图 5 -4b）。按主井提升容器类型不同，分为以下两种情况：

（1）当主井为箕斗井时，需在主井附近另行布置一条罐笼副井作为进风井，在矿体一翼或两翼布置回风井；

（2）主井是混合井，且布置罐笼提升矿石、人员、废石、材料时，可作为进风井，在矿体一翼或两翼布置回风井。

该种通风方式虽然初始贯通困难，工程量大，但其通风路线适中，风源佳，安全出口条件好，因此，在大中型矿山得到广泛应用，尤其是中央进风，两翼回风的三井中央对角式。

3）侧翼对角式

进风井和回风井分别位于井田两翼的通风方式称为侧翼对角式（见图 5 -4c）。对于中小型矿山，如果矿体走向长度不大，可以考虑采用此种布置方式。

5.4　阶段运输巷道

阶段运输巷道的布置或称阶段平面开拓设计，不仅是矿床开拓设计的一项重要内容，而且与采矿方法、采准工程布置密切相关。

5.4.1　阶段（中段）高度的确定

阶段高度或称中段高度的确定关系到矿山开拓方式、采矿方法、采场结构参数及回采工艺的选择，是直接影响矿床开采效率和矿山效益的主要经济技术指标。阶段高度大，可以减少阶段数目，从而减少基建工程量、降低基建成本、增加阶段可采矿量，有利于实现规模化开采，因此，在矿山开采技术条件合适、安全有保障的前提下应尽量加大阶段高度。国内阶段高度一般为 50~60 m，国外更倾向于采用高阶段开拓，一般 60~120 m，个别矿山甚至达到 200 m 以上。

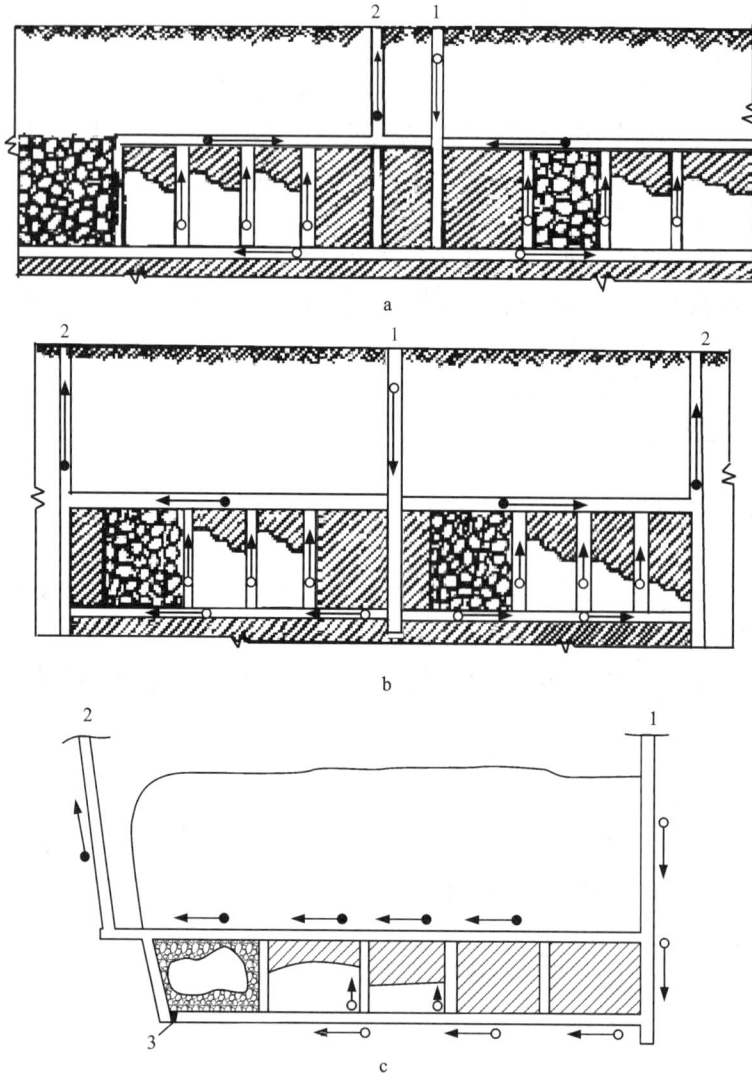

图 5-4 通风方式

a—中央并列式；b—中央对角式；c—侧翼对角式

1—进风井；2—回风井；3—风门；←——新鲜风流；←●——污风风流

1) 阶段高度确定影响因素

阶段高度确定的主要影响因素包括：

（1）矿床开采技术条件，如矿体厚度、倾角、矿岩稳固性、矿体规整性、矿石品位、矿体沿走向长度及延伸高度等。

一般而言，为解决溜井重力放矿问题，缩短工作面斜长，倾角越陡，阶段高度越大，倾角越缓，阶段高度应相应减小。国内急倾斜矿床阶段高度一般为 50～60 m，而缓倾斜矿床则多为 20～40 m。如果矿体沿走向长度较短，为延缓中段下延速度，应尽量采用高阶段布置。

（2）基建工程量及基建时间

如果矿山急于投产达产，可适当降低阶段高度，反之则宜采用较大的阶段高度，以减少基建工程量。

（3）矿山生产能力

大能力矿山宜采用高阶段，以增加阶段可采矿量，减少同时生产矿块数；矿山生产能力较小时，可考虑采用相对较低的阶段高度，以减少运输水平初期的提升、排水费用，改善溜井施工条件和放矿条件。

（4）采矿方法及回采工艺

不同的采矿方法及回采工艺，尤其是凿岩方式和采场放矿方式，也会对阶段高度确定产生较大影响。低阶段高度对浅孔凿岩、采场内溜井放矿较为有利，而中深孔凿岩、无轨设备出矿则可采用相对较大的阶段高度。

（5）装备水平

如果矿山装备水平较高，尤其是高溜井施工技术与装备水平先进的条件下，可以采用高阶段，反之，如果高溜井施工困难，则应适当降低阶段高度。

2）阶段高度选择

阶段高度一般采用工程类比法选取，但也可以按如下 3 种方法计算：

（1）按年产量和沿走向回采速度计算

对于埋藏要素稳定、形状规则的矿床，可按下式计算阶段高度 H：

$$H = \frac{A\sin\alpha(1-\rho)}{nFLM\gamma\eta} \tag{5-1}$$

式中：A 为矿山年产量，t/a；α 为矿体倾角，(°)；ρ 为矿石贫化率，%；n 为同时开采阶段数，个；F 为阶段中开采翼数，面；L 为在阶段的一翼中沿走向回采的年进度，m/a；M 为矿体真厚度，m；γ 为矿石体积质量，t/m³；η 为矿石回采率，%。

（2）按阶段开拓和采准时间计算

在生产能力一定条件下，阶段内块石储量应能保证下一阶段的开拓和采准能超前本阶段开采时间。以此原则可以确定最小阶段高度 $H_{\min}$：

$$H_{\min} = \frac{Awt(1-\rho)}{S\gamma\eta} \tag{5-2}$$

式中：w 为开拓和采准对回采的超前系数；t 为下阶段开拓、采准所需时间，年；S 为矿床的水平面积，m²；其他符号同式（5-1）。

（3）方案比较法

选择几个不同阶段高度方案，进行技术经济分析，进而确定最优方案。分析内容包括：

①计算不同运输水平间距内的矿石量及开采损失量；

②计算不同阶段高度的服务年限；

③计算不同阶段高度的总投资；

④根据不同阶段服务年限及资金利率，计算其年资金成本。成本最低者为最佳阶段高度。

5.4.2 阶段运输水平

矿山运输包括分散运输及集中运输两种方式。

1) 分散运输

地下矿山每个阶段(中段)均直通井筒或平硐,各中段采出的矿石直接通过本阶段运输巷道运出地表。

分散运输多用于罐笼提升或多阶段平硐开拓的中小型矿山。阶段矿石储量较大,阶段回采时间较长的大型矿山也可采用此种运输方式。

分散运输的优点是不需掘进转运溜井,井筒初期工程量小,基建时间短。缺点是每个中段均需布置井底车场,采用双罐笼提升或多阶段生产时,提升效率低,而采用箕斗提升时,每个阶段均需掘进装卸硐室,工程量大。

2) 集中运输

对于箕斗提升、混合井提升及胶带输送机斜井运输的大中型矿山,或采用主平硐开拓(上部平硐受地形条件所限无法布置工业场地)的矿山,一般设置集中运输水平。上部各阶段一般不与主井相通,矿石通过主溜井溜放至与主井相通的主运输水平,由主井或主平硐运出地表。

集中运输的优点是:

(1) 运输水平集中,井底车场、破碎与装卸载硐室工程量小;

(2) 生产管理组织简单;

(3) 可提高机械化、自动化程度,降低成本。

其主要缺点是:

(1) 需设置井下溜破系统,增加矿石溜放至集矿水平的附加费用;

(2) 矿石溜放到集矿水平后再向上提升,存在反向提升,增加提升费用;

(3) 初期主提升井基建工程量大,基建时间长。

5.4.3 阶段运输巷道布置的基本原则及一般要求

(1) 阶段运输巷道应与采矿方法、采场结构、采准工程、采场生产能力等相适应;

(2) 巷道断面应根据通行设备、线路布置方式(单轨、双轨)、通过能力、通风要求等确定;

(3) 尽量避开不利岩层部位(如稳固性差、涌水量大等)或破碎带、接触带;

(4) 尽量不压矿或留保安矿柱;

(5) 矿体沿走向厚度变化较大时,阶段运输巷道尽量取直布置,以利于车辆通行;

(6) 对勘探程度不高,或矿体形态变化较大的矿床,阶段运输巷道布置尽量满足探采结合要求;

(7) 运输线路纵坡一般按3‰~5‰重车下坡设计,涌水量大的矿山还应结合水沟的排水能力考虑坡度;

(8) 穿脉装车时,靠阶段平巷最近的一个溜井穿脉内直线段离阶段平巷的距离 L 应大于一列车的长度,以避免影响阶段巷道内其他车辆的通行;离阶段平巷最远一个溜井距穿脉端部的距离 L 也应大于一列车的长度,以方便装车(见图5-5);

（9）阶段运输巷道弯道半径应大于通行设备轴距的 7～10 倍，并应考虑曲线段加宽及外轨增高。

5.4.4 阶段运输巷道布置形式

阶段运输巷道有多种布置形式，应根据矿体形态、矿山生产能力、选用的采矿方法及回采工艺等条件灵活确定。

1）脉内、沿脉、脉外布置

运输巷道可在矿体内部、沿矿体边界及矿体外部布置，分别称为脉内布置、沿脉布置和脉外布置。

（1）脉内布置、沿脉布置

对于勘探程度较低的薄至中厚矿体，运输巷道可采用脉内布置（见图 5－6a）或沿脉布置（见图 5－6b），以起到顺路探矿作用；矿体规整，品位较低，不需回收顶底柱情况下，也可将运输巷道布置在脉内或沿脉布置。脉内一般布置在矿体与下盘围岩接触面处。

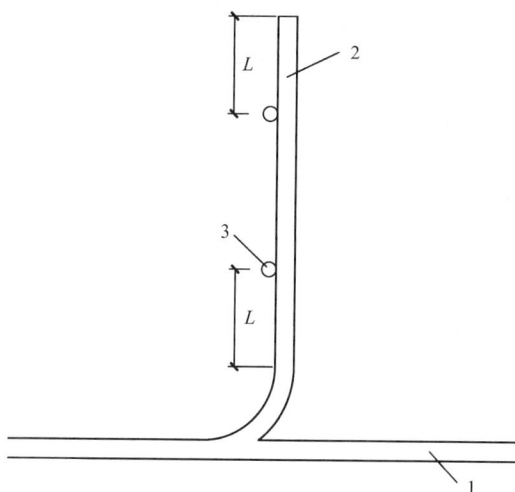

图 5－5 溜井与巷道之间的关系
1—阶段运输巷道；2—穿脉；3—溜井

（2）脉外布置

大多数矿山均将阶段运输巷道布置在矿体下盘（下盘围岩稳固性差而上盘围岩稳定性较好时，也可布置在上盘），且与矿体间留有一定的距离，即脉外布置（见图 5－6c），以避免巷道受到采场回采作业的影响。

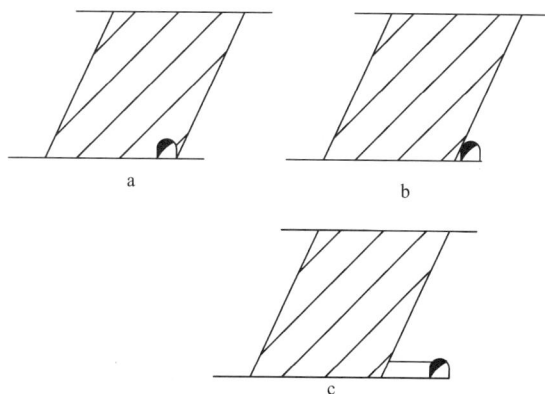

图 5－6 巷道脉内（a）、沿脉（b）、脉外布置（c）

2）原岩巷道与人工假巷

绝大多数运输巷道都是在原矿（脉内布置）或原岩（脉外布置）内布置的，对于极薄至薄矿体，为了尽可能减少顶底柱矿量损失，有时也采用人工假巷，即在采完的空场内，利用模板架设一条人工巷道。人工巷道可以采用混凝土构筑，也可采用高配比充填料浆构筑。

3）有轨巷道与无轨巷道

根据通行设备不同，阶段巷道可分为有轨巷道和无轨巷道。前者主要通行电机车和矿车，而后者主要通行无轨设备，如铲运机、凿岩台车等。

4）单巷布置

对于中小型矿山，因生产能力不大，可采用沿矿体走向布置一条巷道的单巷布置形式。为满足空、重车错车需要，巷道内可采用单线会让式或双线渡线式错车方式。

单线会让式除会让站外运输巷道均为单线，重车通过，空车待避，或相反。此会让方式通过能力小，多用于薄或中厚矿体中（见图5-7a）。

双线渡线式是在运输巷道中设双线，在适当位置用渡线连接起来。该会让方式通过能力大，可用于年产量20～60万t的矿山（见图5-7b）。

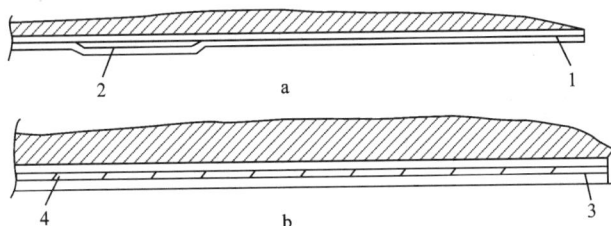

图5-7　巷道内会车方式

a—单线会让式；b—双线渡线式

1—单轨巷道；2—错车道；3—双轨巷适；4—渡线道岔

5）双巷＋联络道布置

此种布置方式是在下盘围岩接触带和围岩中分别布置一条装车巷道和行车巷道，两者每隔一定距离用环形式或折返式联络道连接起来（见图5-8）。

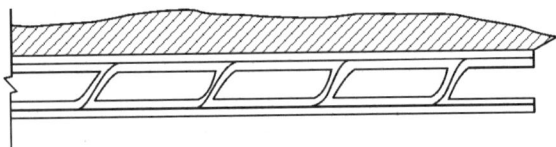

图5-8　双巷＋联络道布置方式

此种布置方式行车线平直，利于行车、装矿与探矿；装车线和行车线分设，运输安全方便，巷道断面小，利于维护。

该布置方式适用于中厚和中厚以上矿体。

6）脉外单巷＋穿脉布置

此种布置方式是在下盘围岩中布置脉外双线行车平巷，沿平巷每隔一定距离布置单线装车横巷，平巷和横巷用单开道岔

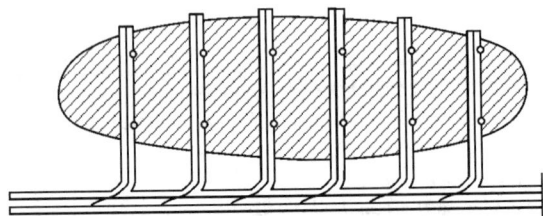

图5-9　脉外单巷＋穿脉布置方式

连接(见图 5 - 9)。装车横巷与阶段运输巷道之间的距离满足图 5 - 5 的要求。

此种布置方式在穿脉内装矿,作业安全且不影响阶段运输巷道行车,阶段运输能力大,横向探矿有利,但掘进工程量大,多用于阶段年生产能力为 60 ~ 150 万 t 的厚大矿体。

7)上下盘脉外平巷 + 横巷布置

此种布置方式是在在两盘围岩中布置脉外单线行车平巷,沿平巷每隔一定距离布置单线装车横巷(见图 5 - 10)。

该种布置方式由于采用环形运输,故生产能力大,装车安全方便,且横巷探矿有利,但工程量大,多用于阶段年生产能力为 150 ~ 300 万 t 以上的的厚和极厚矿体。

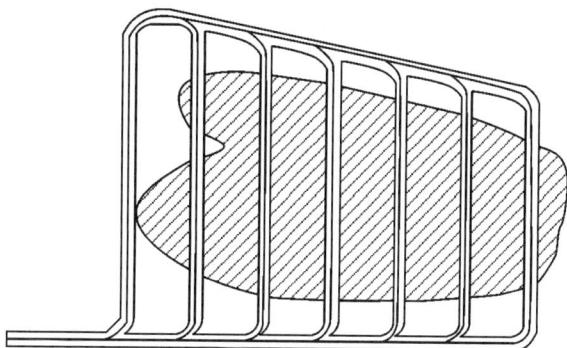

图 5 - 10　上下盘脉外平巷 + 横巷布置方式

8)无轨巷道布置方式

对于采用无轨设备的矿山,一般采用出矿巷道 + 出矿进路的布置方式(见图 5 - 11):铲运机在出矿进路内铲装矿石,经过出矿巷道卸入溜矿井。出矿进路与出矿巷道之间的夹角一般为 45°,出矿进路长度不小于铲运机长度,采矿进路之间的距离综合考虑平巷出矿进路稳定性和采场内矿石损失量加以确定。

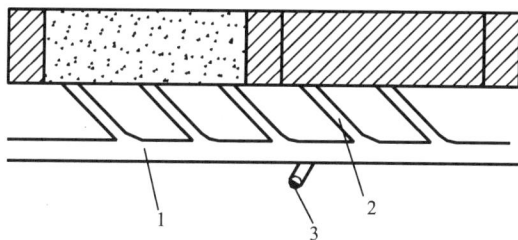

图 5 - 11　无轨巷道布置方式

1—出矿巷道;2—出矿进路;3—溜矿井

5.4.5　回风巷道

对于单中段生产矿山,上阶段运输巷道一般作为下阶段的回风平巷。对于双中段同时生产、但在垂直方向上可以错开的矿山,由于下阶段生产时,污风可以通过阶段间回风天井,进入上阶段运输平巷没有回采工作面的一翼,不影响上阶段另一翼回采作业(见图 5 - 12),因此,上阶段运输巷道也可以作为下阶段的回风平巷。

对于双中段同时生产,且回采区域在垂直方向上无法错开,或者对于 2 个以上多中段同时生产的矿山,为避免下阶段回采作业的污风污染上阶段工作面,一般需设立独立的回风平巷(见图 5 - 13)。

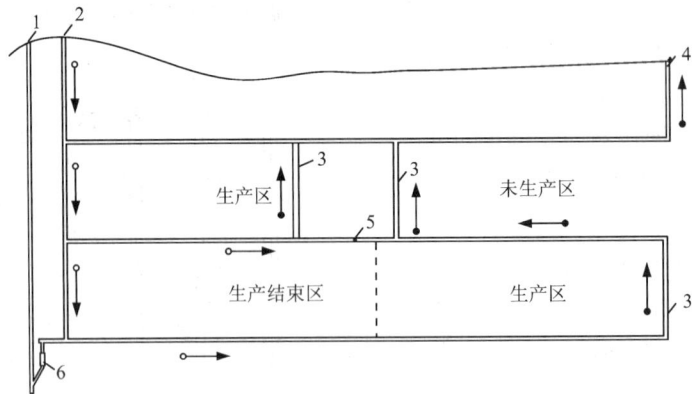

图 5 – 12 上阶段运输巷道是下阶段的回风巷道

1—主井；2—副井；3—回风天井；4—风井；5—风门；6—溜破系统；◄—○ 新鲜风流；◄—● 污风风流

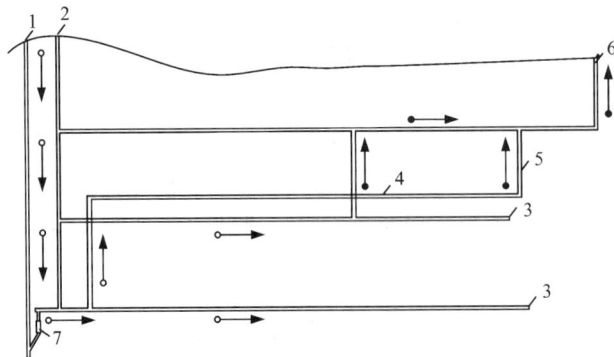

图 5 – 13 专用回风巷道

1—主井；2—副井；3—阶段运输巷道；4—专用回风巷道；5—回风天井；6—回风井；7—溜破系统；
◄—○ 新鲜风流；◄—● 污风风流

5.4.6 矿山实例

司家营铁矿南区(田兴铁矿)是河北钢铁集团矿业有限公司所属特大型地下矿山，设计生产能力 2000 万 t/a，设计采用阶段空场嗣后充填法，是世界上最大规模的充填法地下矿山。矿床分为南矿段和大贾庄矿段两部分，南矿段范围矿体延长约 6200 m，沿走向自北向南略有倾伏，总体产状及形态较稳定，连续性好。矿体的矿石品位比较均匀，在控制范围内品位变化幅度不大，矿体内含多层夹石。阶段高度 100 m，采用主、副竖井辅助斜坡道开拓方案，上下盘脉外平巷 + 横巷布置方式(见图 5 - 14)，采场崩落矿石由铲运机卸入溜井，在横巷内装车后，经环形运输至井下溜破系统。

5.5 井底车场

井底车场是在井筒与石门联结处所开凿的巷道与硐室的总称。它是转送人员、矿岩、设备、材料的场所，也是井下排水和动力供应的转换中心。根据开拓方法的不同，分为竖井井底车场和斜井井底车场。

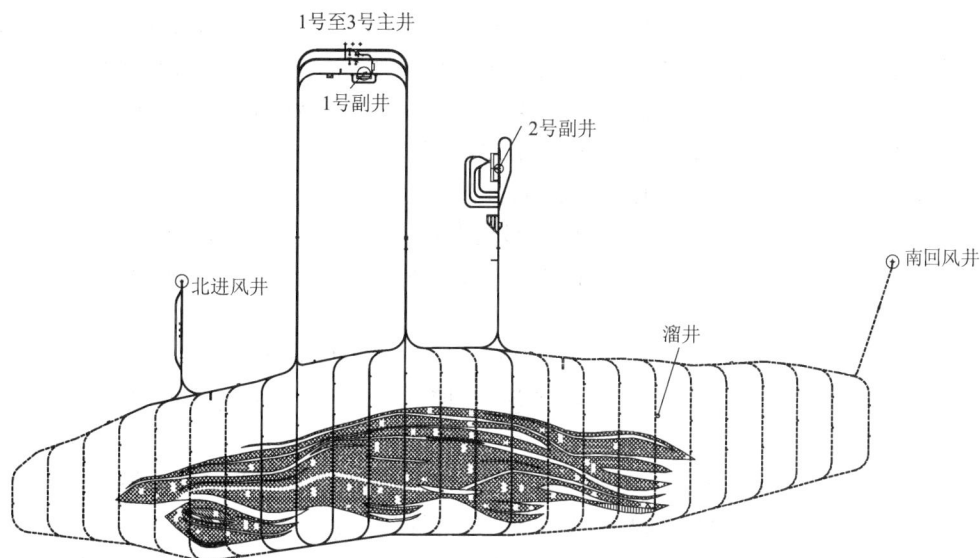

图 5 - 14 田兴铁矿南矿段阶段运输巷道布置方式

5.5.1 竖井井底

1) 竖井井底车场组成

竖井井底车场是矿山井下运输的中转站，由行车线、储车线、调车线、各种绕道和辅助硐室组成(见图 5 - 15)。

对于主、副井集中布置的矿山，主、副井井底车场一般一体布置。

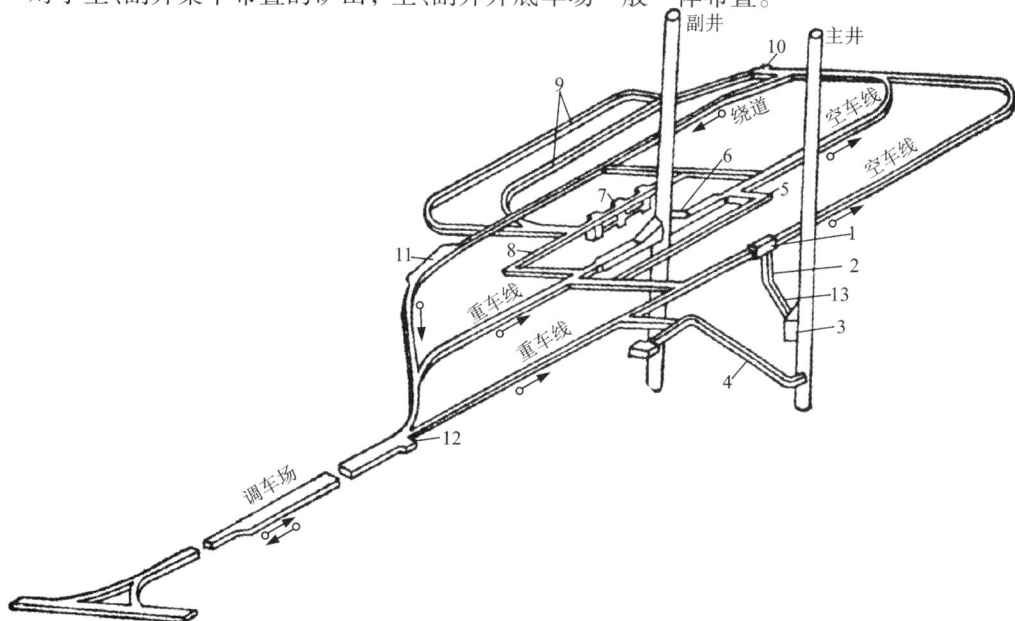

图 5 - 15 竖井井底车场的结构示意图

1—翻笼硐室；2—主矿石溜井；3—箕斗装载硐室；4—粉矿回收井；5—候罐硐室；6—马头门；
7—水泵房；8—变电所；9—水仓；10—水仓清理绞车硐室；11—机车库及修理硐室；12—调度室；13—矿仓

行车线是矿山空、重车运行的轨道线路，包括矿车出入罐笼的马头门线路；储车线是容纳空、重车辆（包括材料车、人力车等），等候调度的专用线路；调车线是车辆变换轨道的摆渡线路，包括各种道岔等。除此之外，井底车场还有各种辅助线路，如水仓通道、清理井底斜巷、通向各硐室（如电机车修理硐室、水泵房硐室等）的专用线路等。

绕道是由井筒一侧到另一侧的人行通道。

副井井底车场布置有：水泵房、电机车修理硐室、值班室、排水管子道、水仓、变电所、机车库、调度室、候罐室、推车机硐室；主井井底车场有贮矿仓、翻车机硐室等。

2）竖井井底车场形式

按矿车运行系统不同，竖井井底车场分为尽头式、折返式和环形式 3 种类型。

（1）尽头式井底车场：车辆从井筒单侧进出，即从罐笼中拉出空车，再推进重车，如图 5-16a 所示。

（2）折返式井底车场：重车从井筒一侧进入，另一侧出空车，空车经过另外敷设的平行线路或从原线路变头（改变矿车首尾方向）返回，如图 5-16b 所示。

（3）环形式井底车场：进、出车与折返式井底车场相同，也是在井筒一侧进重车，另一侧出空车。但不同的是空车经空车线和绕道不变头返回，如图 5-16c 所示。

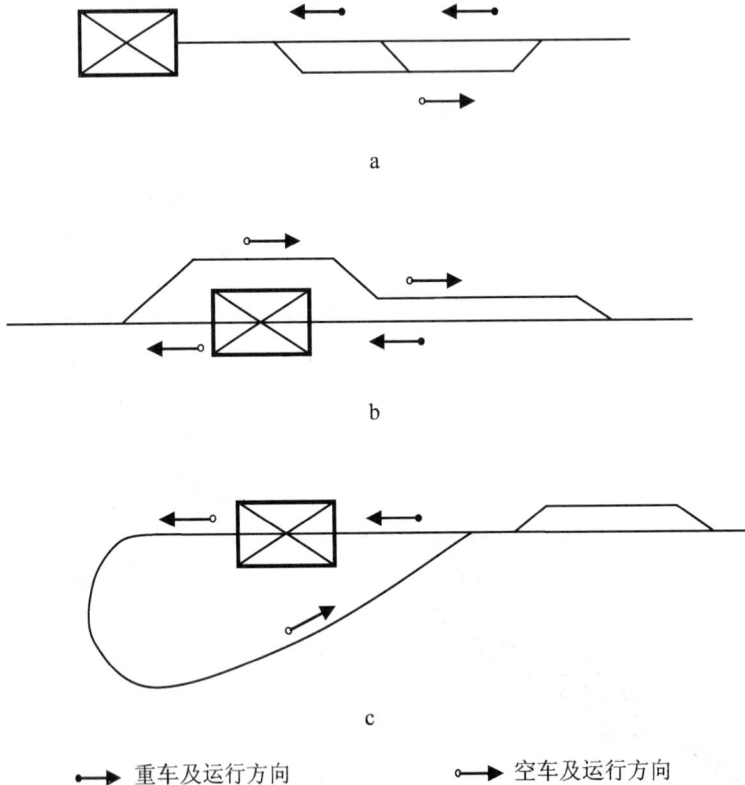

a

b

c

→ 重车及运行方向　　→ 空车及运行方向

图 5-16　竖井井底车场形式示意图

a—尽头式；b—折返式；c—环形式

根据主副井储车巷道与主要运输巷道(或主要运输石门)的相互关系,环形井底车场可分为立式、卧式和斜式三种布置类型。

如果主副井距离主要运输巷道较远,为节省工程量,储车线一般与主运输巷道垂直布置,构成立式井底车场(见图5-17a),刀把式(见图5-17b)是立式井底车场的一种特殊形式。

如果主副井距离主要运输巷道较近,则储车线一般与主运输巷道平行布置,从而构成卧式井底车场(见图5-17c)。

斜式井底车场的储车线与主运输巷道斜交(见图5-17d),此种布置方式较为少见。

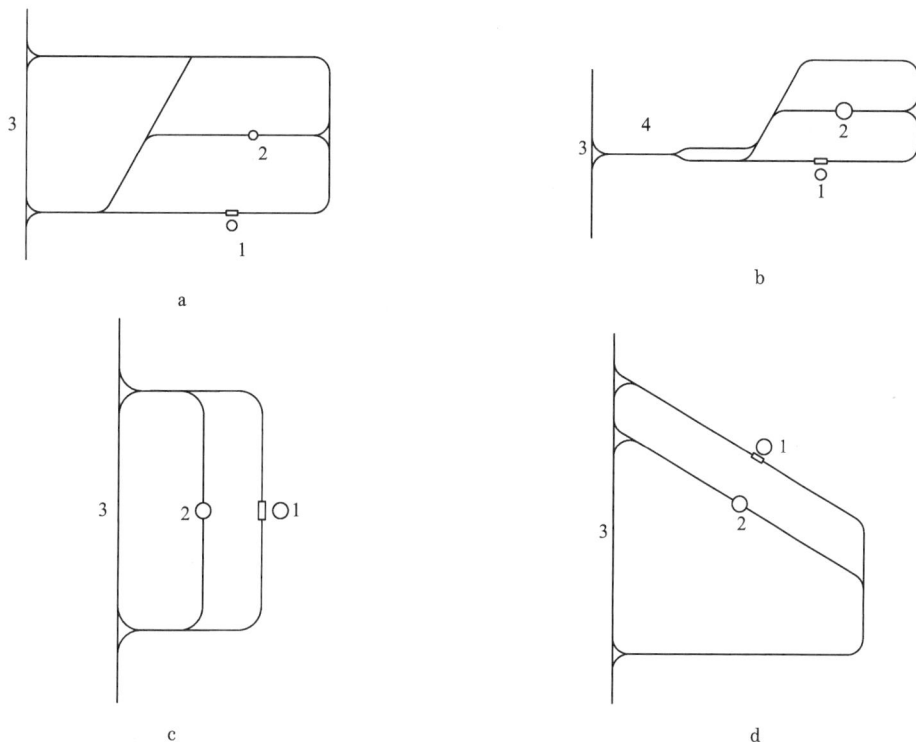

图5-17 环形井底车场布置方式

a—立式;b—刀把式;c—卧式;d—斜式

1—主井;2—副井;3—阶段运输巷道;4—石门

在设计中,根据矿山具体情况,主副井也可各自布置不同形式的井底车场,从而形成混合式井底车场,如图5-18即为主井折返、副井环形的混合式井底车场。

3)车场形式选择

3种形式井底车场工程量、投资额、生产能力从大到小依次为环形式、折返式和尽头式。因此,应综合考虑矿井开拓方式、

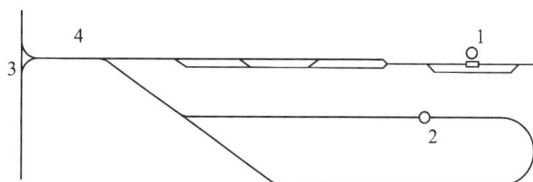

图5-18 混合式井底车场

1—主井;2—副井;3—阶段运输巷道;4—石门

矿山生产能力、运输设备和调车方式、井筒与主运输巷道的相对位置、岩层稳定性等各种地质、经济和技术因素，合理选择井底车场形式：

（1）矿井开拓方式是影响井底车场形式选择的最重要因素之一。井筒距离主要运输巷道较近时，可采用卧式车场，较远时可采用立式车场或尽头式车场；地面出车方向受限时，可采用斜式车场。

（2）矿山生产能力与井底车场通过能力密切相关。中小型矿山可以采用折返式或尽头式，但大型矿山（含部分中型矿山）一般采用环形式。

（3）运输方式和调车方式。

（4）主要硐室位置，防水门、风门布置要求等。

（5）井底车场所处位置的工程地质、水文地质条件。

5.5.2　斜井井底车场

斜井井底车场按矿车运行系统分为折返式和环形式两种。环形式井底车场一般用于箕斗或胶带提升的大、中型斜井中，其结构特点大致与竖井井底车场相同。金属矿山，特别是中、小型矿山的斜井，多用串车提升，其井底车场形式均为折返式（见图5-19）。

串车斜井井筒与车场的联结有3种方式：

（1）甩车道：由斜井井筒一侧或两侧开掘甩车道，矿车经甩车道由斜变平后进入车场，如图5-20所示。

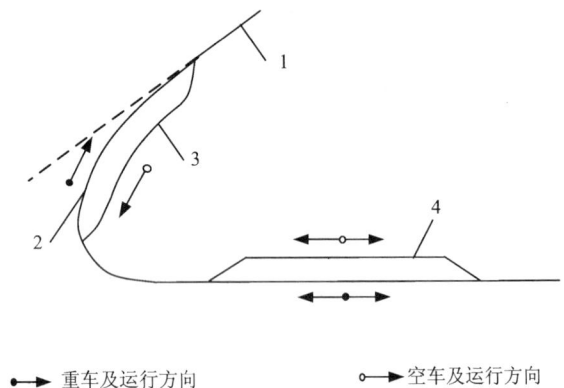

图5-19　斜井井底车场运行线路示意图

1—斜井；2—重车线；3—空车线；4—调车线

→ 重车及运行方向　　→ 空车及运行方向

（2）平车场：斜井井筒直接过渡到车场，用于斜井井底与最后一个阶段的连接。与甩车道相比，平车场具有明显的优点，如钢丝绳磨损小，矿车不易掉道，提升效率高，巷道工程量小，交叉处断面小，易于维护等，但平车场仅用于斜井最后一个中段（见图5-21）。

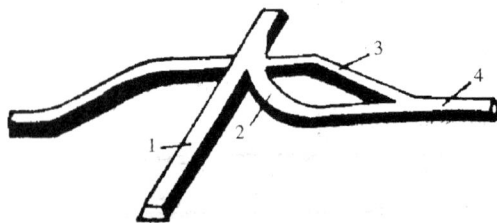

图5-20　甩车道示意图

1—斜井；2—甩车道；3—绕道；4—平巷

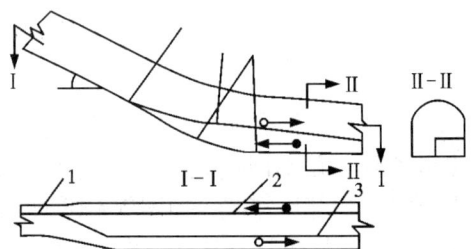

图5-21　平车场示意图

1—斜井；2—重车线；3—空车线

（3）吊桥：矿车经吊桥从斜井顶板进入车场（见图5-22）。吊桥既具有平车场的优点，又解决了平车场不能多阶段作业的难题。矿车经过吊桥来往于斜井与阶段井底车场之间；吊桥放下时，矿车自斜井经吊桥进入本阶段车场；吊桥升起时，矿车通过本阶段沿斜井上下。由于人员也要通过吊桥进入各中段，因此，吊桥上需铺设木板或钢板。采用吊桥时，斜井倾角不能过小（一般要求大于 20°）。因为斜井倾角过小时，吊桥长度与质量增加，安装、使用均不方便。

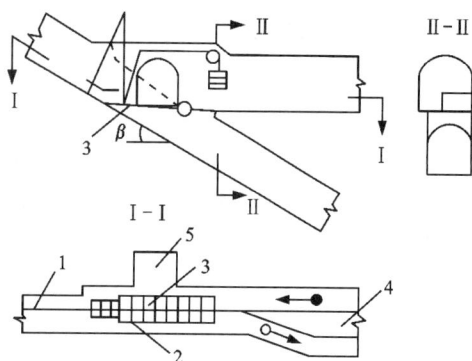

图 5-22　吊桥示意图
1—斜井；2—人行道；3—吊桥；
4—吊桥车场；5—信号硐室

5.6　溜井与其他专用井筒

5.6.1　溜井

1）溜井的作用

溜井不仅是地下矿山普遍采用的放矿形式，而且对于部分山坡露天矿山，也采用溜井加平硐的运输方式，以降低矿石经地面运输费用。

根据溜井的用途，其作用包括以下几个方面：

（1）采场溜井：为提高装车效率，避免因车（有轨矿车、无轨汽车，以及胶带输送机）等矿造成窝工，采场崩落矿石可借助于重力作用，通过溜井下放到本中段运输水平集中装车。

（2）主溜井：为实现集中运输，大部分矿山上部各中段采场崩落矿石通过矿山主溜井下放到主运输水平，实现集中运输。平硐开拓的矿山，如果上部高水平平硐不具备布置硐口工业场地的条件时，一般采用主平硐运输：上部各中段采下矿石，通过主溜井下放至主平硐水平，装车外运。

（3）溜破系统溜井：箕斗提升的矿井，为提高箕斗装满率，一般需设立井下溜破系统。井下采场运出的矿石，卸入溜破系统溜井贮存，经破碎后装入箕斗提升至地表。

（4）其他辅助溜井：矿山根据需要，布置各种专用溜井，实现物料的重力运输。如部分喷浆量大的矿山，为减轻副井压力，可布置下料溜井，将喷浆物料，如砂石等通过溜井下放井下。

2）溜井形式及其使用条件

根据溜井直立程度，以及溜井与各中段之间的连接方式，溜井分为垂直溜井、分段控制溜井、阶梯式溜井和倾斜溜井 4 种形式。

（1）垂直溜井

各阶段溜井身呈一条直线，中间阶段矿石由分支斜道放入溜井，如图 5-23a、图 5-23b 所示。该种溜井结构简单，不易堵塞，使用方便，开掘容易，是应用最广的溜井形式。但垂直溜井贮矿阶段高度受限制，放矿冲击力大，矿石易粉碎，井壁冲击磨损大，尤其是溜井深度大时维护困难。对于分支溜井，上下中段同时生产时，卸矿作业受到影响。

（2）分段控制溜井

当矿山多中段生产、溜井通过岩层稳定性差、溜井施工困难时，为降低溜井施工难度，降低矿石在溜井内的落差，减轻矿石粉碎及对井壁的磨损，可将溜井按阶段分设控制闸门及转运硐室（见图 5-23c）。

（3）阶梯式溜井

将溜井分成若干段，各段之间采用巷道连接（图 5-23d）。由于各中段之间需要转运设备,不仅投资大,而且管理复杂,运行成本高,效率低,除非矿石黏性大、易结块,高溜井放矿困难,一般不宜采用。

(4)倾斜溜井

该溜井形式是沿矿体倾斜方向将溜井布置在局部稳固岩层内。为实现顺利放矿,同时便于施工,溜井倾角一般应大于60°。由于倾斜溜井长度大,施工困难,溜井容易磨损,矿石细粒含量多或湿度大时,容易造成溜井底板矿石残留。因此,一般不建议采用此种形式(图5-23e、图5-23f)。

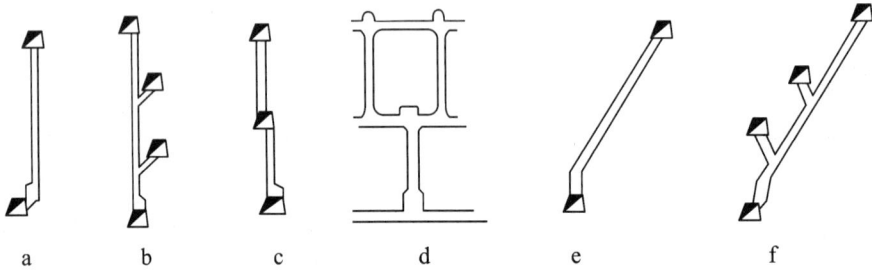

图5-23 溜井形式

a—单段垂直溜井;b—分支垂直溜井;c—分段控制溜井;d—阶梯垂直溜井;e—单段倾斜溜井;f—分支倾斜溜井

3)溜井形状、规格与数量

溜井有圆形、方形和矩形3种形状。矿山主溜井(包括溜破系统溜矿井)一般采用圆形,采场溜井也大多采用圆形。但对顺路溜井,如充填法采场内顺路架设的溜矿井,为施工方便,也可采用木板或预制件构筑成方形或矩形。

溜井规格主要取决于溜井通过能力、矿岩块度、矿岩性质(湿度、粉碎性、黏结性、稳固性等)。矿山主溜井直径一般为3~4 m,采场内顺路溜井一般为2~3 m。采场溜井直径应不小于最大矿岩块度的3倍;主溜井(包括溜破系统溜矿井)溜放段一般不小于最大块度的4~5倍,而贮矿段一般不小于最大块度的5~6倍。

溜井数量除取决于矿山生产能力、溜井通过能力、矿岩性质外,还应考虑矿石分采情况、围岩产出情况,以及运输设备的最优运输距离等。矿山生产能力在500万t/a以上时,应至少设置3个矿石溜井;如果矿山有2种以上原矿种类,且需要分采、分运时,应分别设置溜矿井;废石量较大时,可以考虑设置单独废石溜井。

4)溜井位置选择

溜井位置主要取决于矿山开拓系统布置、矿岩工程地质和水文地质条件。应根据矿体埋藏条件、运输巷道布置,以开拓工程量小、运距短、安全可靠、服务年限长、经济效益好等为目的合理确定:

(1)溜井应尽量布置在矿量集中,运输条件好,运输功小的地段;

(2)溜井应布置在岩层坚硬、稳固地段,尽量避开破碎带、断层、溶洞及涌水量大的地段;

(3)溜井装卸口位置,应避免直接位于石门、运输巷道上方,以保证巷道行人、行车安全,减少对运输线路的干扰,防止矿尘污染运输巷道;

(4)溜井位置应充分考虑列车长度,避免在弯道等车、装车。

5.6.2 充填天井与充填钻孔

采用充填法的矿山,一般需在矿体内部布置充填天井,以便充填料浆(或充填废石)通过充填天井,进入待充采场,此种充填天井属于采场采准工程。采场充填天井一般布置在矿体内靠近上盘位置(上向水平分层充填法,见图6-29)或矿体中间部位(嗣后充填)。充填天井一般兼做通风天井,对于分段(或阶段)空场嗣后充填采矿法,充填天井也可兼做切割天井。

对于空场法矿山,如需采用充填方式处理空区,则一般在地表施工充填钻孔打通采空区,灌入充填料浆或物料。

充填法矿山,地面制备系统制备的充填料浆也一般通过充填钻孔输送到井下。充填钻孔位置应综合考虑充填倍线、充填区域分布、拟穿过岩层工程地质与水文地质条件,结合充填制备站站址选择合理确定。充填钻孔荒孔直径一般为200~300 mm,内设套管。如果充填钻孔深度不大,如在200 m以内,可以在套管内另行布置一条充填管道,如果充填管道磨损后可及时更换,以实现充填钻孔的长期使用。充填钻孔一般施工到主充填水平,接入水平充填管道。随着充填水平逐步下降,则通过二级、三级、甚至四级钻孔,实现下部中段的充填作业(见图5-24)。

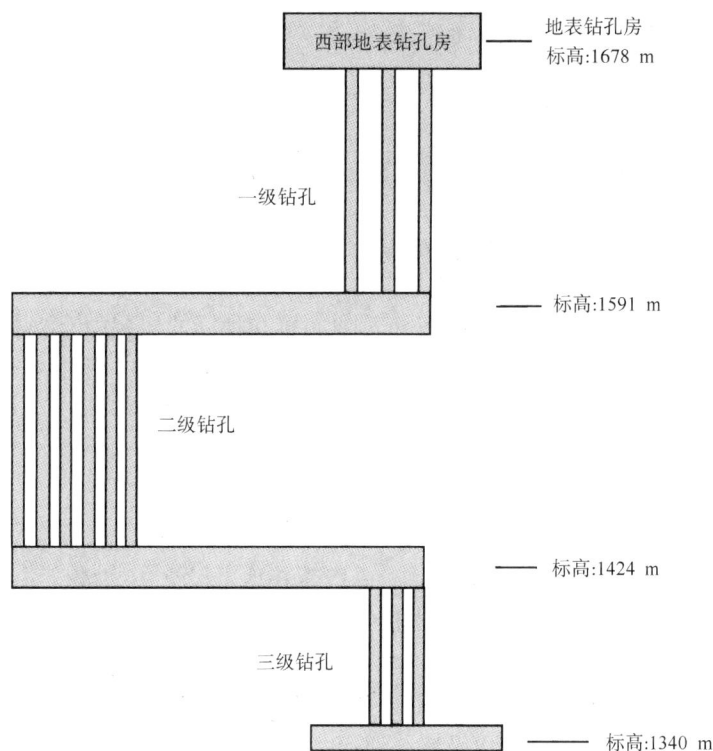

图5-24 金川有色金属集团公司西部充填钻孔分级示意图

5.6.3　其他专用井筒

矿山根据开拓系统设计及生产需要，有时需施工不同的专用井筒。

（1）倒段风井

为节省基建工程量，缩短基建时间，矿山一般将回风井施工到第一个回风水平。下部各中段的回风则通过阶段回风井，或称倒段风井，汇聚到第一个回风水平，由通风机抽出地表(见图5-25)。

（2）泄水井或泄水钻孔

矿山一般在最低水平设置水仓和水泵房，上部各中段的涌水一般通过泄水井或泄水钻孔，汇聚到水仓中，由水泵抽出地表。

（3）其他井筒

其他井筒包括人行、设备天井，管缆井等。这类井筒的位置确定原则与溜矿井基本相同。

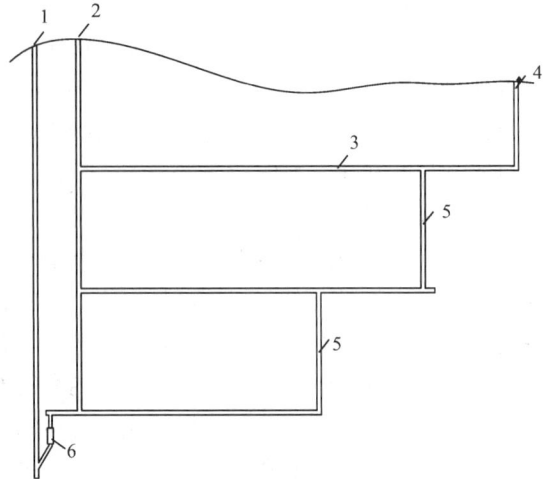

图5-25　某矿开拓系统纵投影图

1—主井；2—副井；3—阶段运输巷道；4—风井；
5—倒段风井；6—溜破系统

5.7 地下硐室工程

矿山井下布置有各种各样的硐室，承担不同的井下作业功能。地下主要硐室一般多布置于井底车场附近，具体位置随井底车场形式的不同而变化。由于地下硐室断面较大，为减少支护工程量，要求在满足工艺要求条件下，尽量布置在稳固的岩层中。

地下硐室按其用途不同，分为地下破碎硐室、水仓与水泵房、地下变电所、地下爆破器材库、避难硐室及其他服务性硐室，如值班室、候罐室、电机车修理硐室、无轨设备修理硐室等。

5.7.1　地下破碎硐室

采用箕斗提升或胶带斜井运输的矿山，一般需在地下设立集中破碎系统，将采场崩落大块破碎至合格块度后，由箕斗或胶带输送机提升至地表，进入选矿流程。破碎后合格块度要求，各矿山根据采用的箕斗或胶带输送机型号确定，一般为100～300 mm。

破碎系统包括破碎硐室、主溜井、上部矿仓、下部矿仓、变电硐室、操作硐室、卸矿硐室、分支斜溜道、大件道、皮带道以及联络道等。由于主溜井是破碎系统的重要组成部分，因此，也称为溜破系统。

图5-26为某矿山溜破系统配置工艺图。

溜破系统采用中央竖井单机双侧布置方式。破碎硐室设置在-430 m水平，内设PEF900×1200型颚式破碎机，负责-230 m、-270 m、-330 m和-380 m四个中段矿石的破碎。主

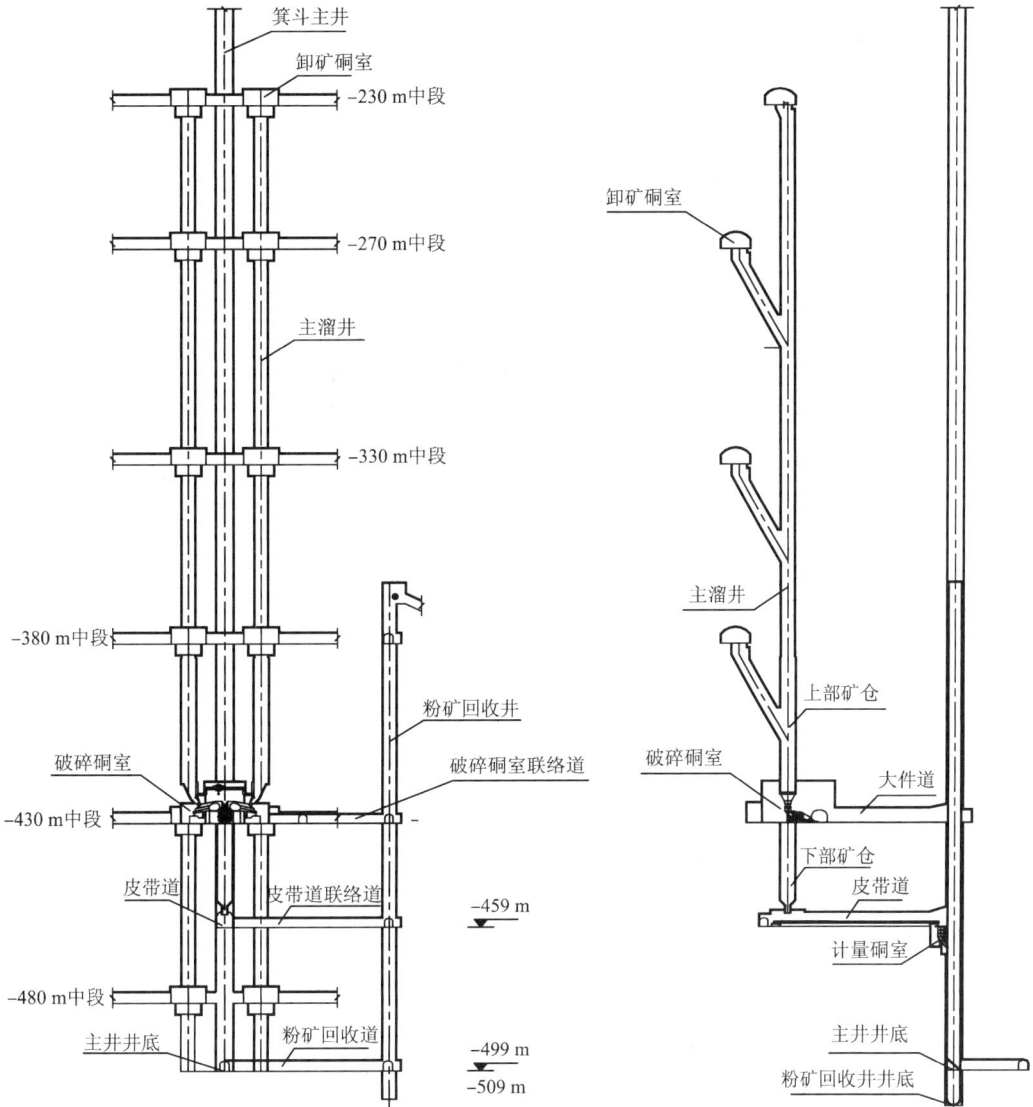

图 5 - 26 某矿溜破系统工艺配置图

溜井采用直溜井,井筒净径 $\phi=3.5$ m,共设 2 条,其中 1 条备用。 -230 m 中段采用中心卸矿方式, -270 m 中段、 -330 m 中段和 -380 m 中段采用分支斜溜道与主溜井连通。主溜井下口至破碎系统设上部矿仓(净径 $\phi=4$ m),破碎硐室下部设下部矿仓(净径 $\phi=4$ m)。

破碎硐室通过大件道与箕斗主井相连,通过破碎硐室联络道与粉矿回收井相连;下部矿仓设皮带道与箕斗主井相连,并通过皮带道联络道与粉矿回收井相连。

粉矿回收系统设在 -380 m 水平,包括卷扬机硐室、水泵硐室、沉淀道、沉淀池、吸水井、粉矿回收道等。在主井附近从 -380 m 中段向下掘进一盲竖井(粉矿回收井)至 -509 m 水平,井筒净径 $\phi=3.5$ m,分别在 -430 m 与 -459 m 水平设置破碎硐室联络道与皮带道联络道,在 -509 m 水平通过粉矿回收道与主井贯通。主井井底粉矿采用装岩机装入 0.7 m³ 矿车,人工推至粉矿井内罐笼,通过罐笼将粉矿提至 -380 m 中段,卸入溜破系统。

5.7.2 水仓及水泵房

地下涌水汇入水仓,由布置在水泵房内的水泵沿副井排水管道排出地表(见图 5 - 27)。

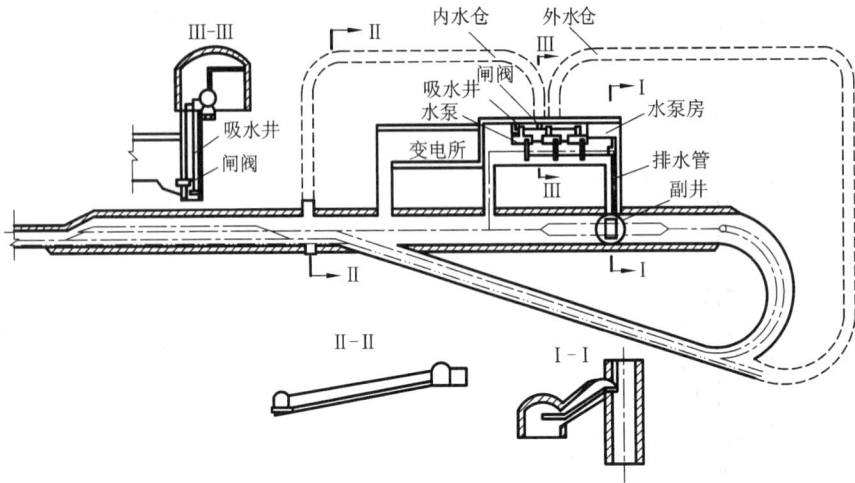

图 5 - 27 水仓及水泵房

水仓应由两个独立的巷道系统组成。涌水量较大的矿井,每个水仓的容积,应能容纳 2 ~ 4 h 的井下正常涌水量。一般矿井主要水仓总容积,应能容纳 6 ~ 8 h 的正常涌水量。水仓进水口应有箅子。采用水砂充填和水力采矿的矿井,水进入水仓之前,应先经过沉淀池。水沟、沉淀池和水仓中的淤泥,应定期清理。

泵房的出口应不少于两个,其中一个通往井底车场,其出口应装设防水门;另一个用斜巷与井筒连通,斜巷上口应高出泵房地面标高 7 m 以上。泵房地面标高,应高出其入口处巷道底板标高 0.5 m(潜没式泵房除外)。

5.7.3 地下变电所

地下变电所一般与水泵房相邻,或布置在井筒附近,以满足变电所尽量靠近负荷中心布置的节能原则要求。

井下永久性中央变(配)电所硐室应砌碹。采区变电所硐室,应用非可燃性材料支护。硐室的顶板和墙壁应无渗水,电缆沟应无积水。

中央变(配)电所的地面标高,应比其入口处巷道底板标高高出 0.5 m;与水泵房毗邻时,应高于水泵房地面 0.3 m。采区变电所应比其入口处的巷道底板标高高出 0.5 m。其他机电硐室的地面标高应高出其入口处的巷道底板标高 0.2 m 以上。

硐室的地平面应向巷道等标高较低的方向倾斜。长度超过 6 m 的变(配)电硐室,应在两端各设一个出口;当硐室长度大于 30 m 时,应在中间增设一个出口;各出口均应装有向外开的铁栅栏门。有淹没、火灾、爆炸危险的矿井,机电硐室都应设置防火门或防水门。

硐室内各电气设备之间应留有宽度不小于 0.8 m 的通道,设备与墙壁之间的距离应不小于 0.5 m。

5.7.4 井下爆破器材库

地下矿山爆破量大时,可以设立炸药分库(见图5-28)。库容量不应超过:炸药三昼夜的生产用量;起爆器材十昼夜的生产用量。

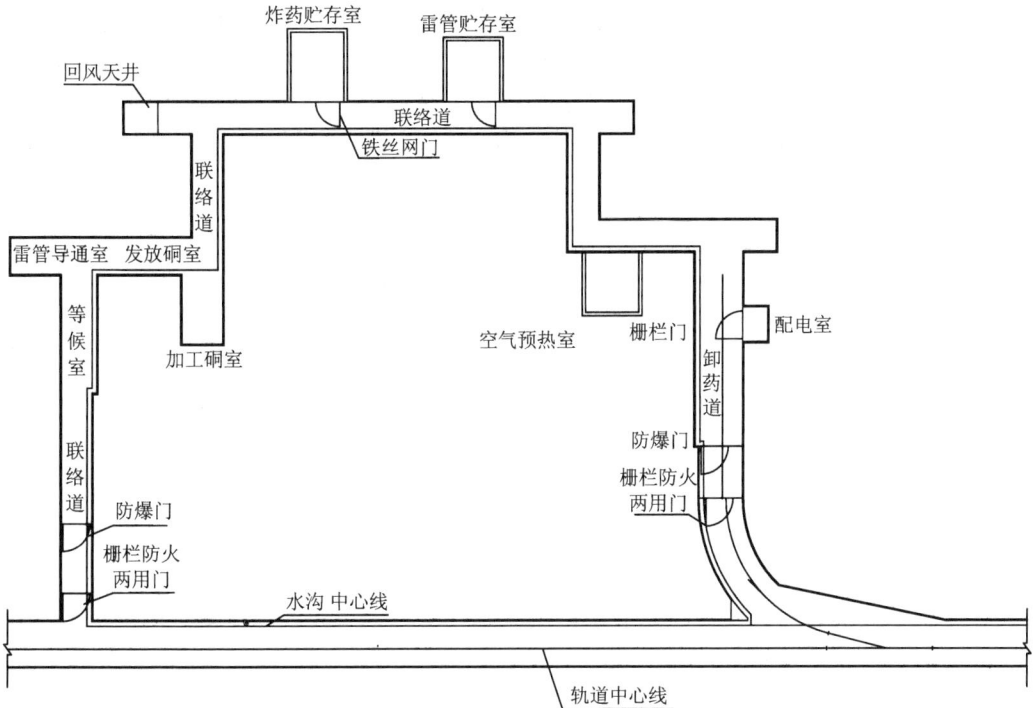

图5-28 井下爆破器材库

井下爆破器材库有硐室式和壁槽式两种,其布置应遵守下列规定:

(1)井下爆破器材库不应设在含水层或岩体破碎带内;

(2)炸药库距井筒、井底车场和主要巷道的距离:硐室式库不小于100 m,壁槽式库不小于60 m;

(3)炸药库距行人巷道的距离:硐室式库不小于25 m,壁槽式库不小于20 m;

(4)炸药库距地面或上下巷道的距离:硐室式库不小于30 m,壁槽式库不小于15 m;

(5)井下炸药库应设防爆门,防爆门在发生意外爆炸事故时应可自动关闭,且能限制大量爆炸气体外溢;

(6)井下爆破器材库除设专门储存爆破器材的硐室和壁槽外,还应设联通硐室或壁槽的巷道和若干辅助硐室;

(7)储存雷管和硝化甘油类炸药的硐室或壁槽,应设金属丝网门;

(8)储存爆破器材的各硐室、壁槽的间距应大于殉爆安全距离;

(9)井下爆破器材库单个硐室储存的炸药,不应超过2 t,单个壁槽不应超过0.4 t。

5.7.5 地下避灾硐室

按照《国务院关于进一步加强企业安全生产工作的通知》(国发〔2010〕23号)精神以及国家安全监管总局《关于切实加强金属非金属地下矿山安全避险"六大系统"建设的通知》(安监总局—〔2011〕108号)的要求,地下矿山必须建立"六大安全系统",即监测监控系统、井下人员定位系统、通信联络系统、压风自救系统、供水施救系统和紧急避险系统。紧急避险系统是其中核心系统。紧急避险系统是用于在矿山井下发生灾变时,为避灾人员安全避险提供生命保障的系统,系统建设主要内容包括:为入井人员提供自救器、建设紧急避险设施、合理设置避灾路线和科学制定应急预案等。紧急避险设施包括移动式救生舱和避灾硐室,条件允许时,应优先采用避灾硐室(见图5-29)。

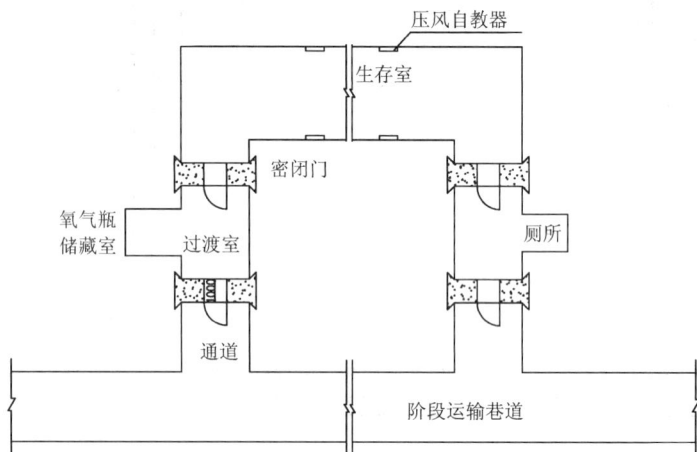

图5-29 井下避灾硐室

1)设置条件

(1)水文地质条件中等及复杂或有透水风险的地下矿山,应至少在最低生产中段设置紧急避险设施;

(2)生产中段在地面最低安全出口以下垂直距离超过300 m的矿山,应在最低生产中段设置紧急避险设施;

(3)距中段安全出口实际距离超过2000 m的生产中段,应设置紧急避险设施。

2)避灾硐室技术要求

(1)避灾硐室净高应不低于2 m,长度、深度根据同时避灾最多人数以及避灾硐室内配置的各种装备来确定,每人应有不低于1.0 m²的有效使用面积;

(2)避灾硐室进出口应有两道隔离门,隔离门应向外开启;避灾硐室的设防水头高度应在矿山设计中总体考虑;

(3)避灾硐室内应配备有毒有害气体监测报警装置,配备自救器,接入压风自救系统和供水施救系统,并配备必要的生活用品。

5.7.6 机修硐室

矿山机修设施的主要任务是承担机械设备的维护检修工作。大量采用无轨设备的矿山应在井下设置修理硐室(见图 5 - 30)负责铲运机等无轨设备的日常维修工作,大、中修及保养工作则由地面维修车间负责。

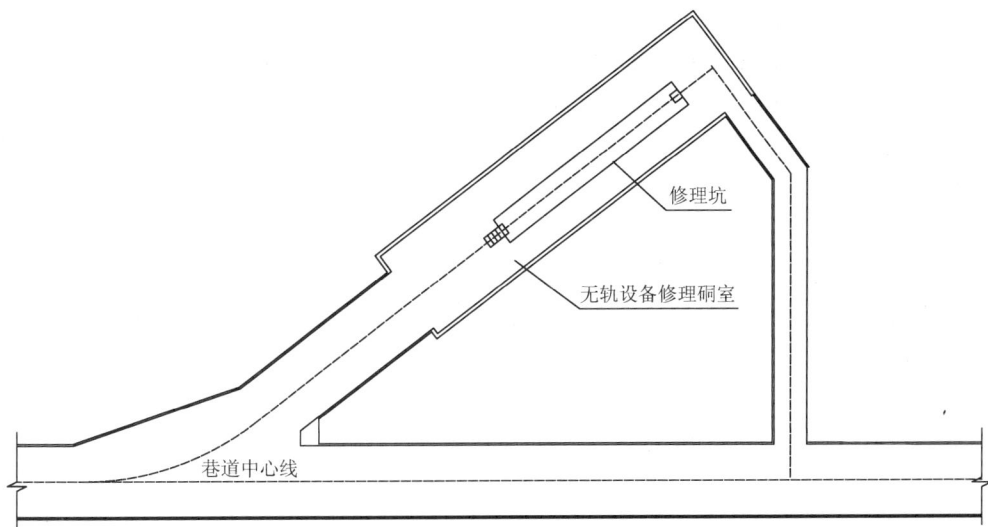

图 5 - 30　无轨设备修理硐室

在井底车场附近应设置有轨设备修理硐室(见图 5 - 31),负责井下电机车、矿车、装岩机、凿岩机等修理工作。

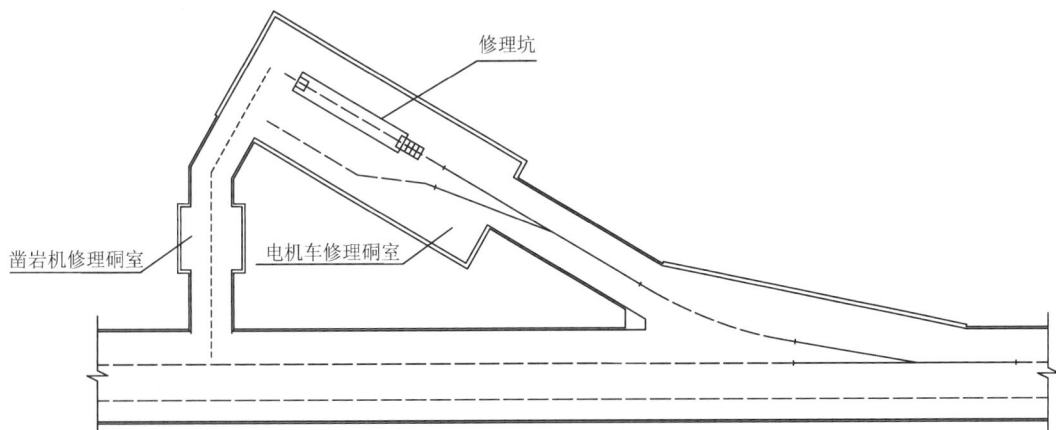

图 5 - 31　有轨设备修理硐室

修理硐室与修理间内应配备必要的修理设施和工具。

第6章 矿山总图布置

矿山总图布置,又称矿山总平面布置,是指将矿山地表工业设施、行政管理设施、生活及福利设施,按照地表地形特点、根据矿区自然地理条件和交通状况,以及矿石地面加工和运输要求,合理布置在平面图上,并利用内外部运输线路将其联结在一起,形成一个有机整体的过程。

总图布置是矿山企业设计中的一个重要组成部分,不仅影响矿山井上、井下各生产工序之间转运及连结的通畅性,进而影响矿山总体效益,而且对人们工作与生活的舒适度,以及矿山总体美观性也有重要影响。总图布置一旦形成即很难改变,因此,在矿山设计环节,必须高度重视总图布置工作。

6.1 总图布置的主要内容

总图布置是在矿区总体规划的基础上,合理分区布置地表工业场地、办公与生活场地。

(1)地表工业场地

地表工业场地是矿山总图布置的重点内容,包括主井工业场地、副井工业场地、风井工业场地、斜坡道工业场地、废石堆场、污水处理站工业场地、充填站工业场地、选矿工业工业场地、计量工业场地、油料设施等。

(2)办公与生活场地

办公与生活场地是矿山总图布置的另一项重要内容,包括厂前区、矿山办公区(包括行政办公区、化验与试验区等)、生活与福利区(包括职工宿舍、运动场、食堂、浴室、招待所、保健室等)、工区办公区等。

(3)内外部运输

内外部运输包括年内部运输量(包括运入量、运出量)计算、运输设备选型、运输线路设计、运输道路、厂区绿化等。

6.2 总图布置基本原则

根据矿区地形、地貌、地质、交通气象等自然条件及特点,总体布置需遵循下列原则:

(1)充分利用周围或矿山现有生产、生活等设施,在现有设施的基础上进行整体合理布置;

(2)充分利用地形,采取有效措施对新建工业场地合理布置,采取小集中大分散组团式布置原则,尽量少占地;

(3)在满足生产需要的前提下,利用地形,减少场地平整和填挖方工程量,节约投资;

(4)地表工业场地要统筹井下运输综合确定,避免出现反向运输;

(5)满足各种防护距离要求,从总体布置上为生产创造一个安全卫生的条件;

(6)保护生态环境。

6.3　总图布置应考虑的因素

总图布置应综合考虑如下因素,经多方案比较,合理确定各种工业场地和办公与生活场地的位置、形式和规模:

1)地表地形条件与气象条件

地表地形是影响总图布置的主要因素:

(1)避开易受滑坡、泥石流等地质灾害影响的地段;

(2)地层稳定,无溶洞等不良地质现象;

(3)对于需要较大平面面积的场地,如副井工业场地、办公与生活场地,应选择开阔地段,且要避免受洪水影响;

(4)对于工序间物料频繁转运的场地,如选矿厂,最好布置在山坡上,借助自然高差实现物料间的重力转运;

(5)办公与生活设施最好布置在南北通透、通风良好、对外交通方便的平整地形上。

2)矿床赋存条件

矿床赋存条件影响井下开拓工程,如主副井、风井、斜坡道、充填钻孔等的布置方式,进而影响相应井筒、斜坡道口或充填钻孔的位置。

3)开拓井巷工程的布置

在井口,尤其是副井井口周围要布置一系列的采矿生产设施、生活设施(如井口用房,含候罐室、职工浴室等),废石与材料的加工、储存和运输设施与线路,机修设施等。这些井口设施的布置,与井下开拓井巷工程密切相关,如地表运输线路的走向就必须充分考虑井下进车方向。因此,必须统筹考虑地表工业场地布置与井下开拓井巷工程设计:在地表地形条件允许的前提下,工业场地的选择要有利于井下开拓井巷工程的布置;同样,开拓井巷工程设计时,也要充分顾及地表工业场地布置的可行性。

4)地面设施的工艺

地表工业场地的最终决定因素是相应地面设施的工艺,如主井卸载方式决定着提升井架或井塔,以及提升机房的布置;充填工艺决定着充填系统的平面布置;所采用的空压机、通风机型号等决定着空压机房、通风机房的布置方式;污水处理工艺决定着污水处理厂的总体设计。

6.4　地表工业场地布置

6.4.1　主井工业场地

主井主要担负矿石提升运输任务,其工业场地布置主要取决于提升设备(提升机、提升容器),包括井塔或井架、提升机房、贮矿仓、装矿设施、运输设施或线路、值班室等。

　　箕斗提升井一般布置井塔，提升机布置在井塔顶部（见图6-1）。此种布置方式的优点是：①矿石借助重力向后续运输设备（汽车、胶带输送机、轨道矿车等）卸料，节省转运环节，管理简单，成本低；②所需工业场地面积小，节省土地。其主要缺点是：①井塔高（50～70 m）；②提升机布置在井塔顶部，技术复杂，造价高。

　　主井采用罐笼提升时，一般采用井架结构，提升机落地布置（见图6-2）。该种布置方式的优点是井架结构简单，基建时间短，投资少；其主要缺点是占地面积较大。对于工业场地充足的矿山，箕斗主井有时也采用此种布置方式。

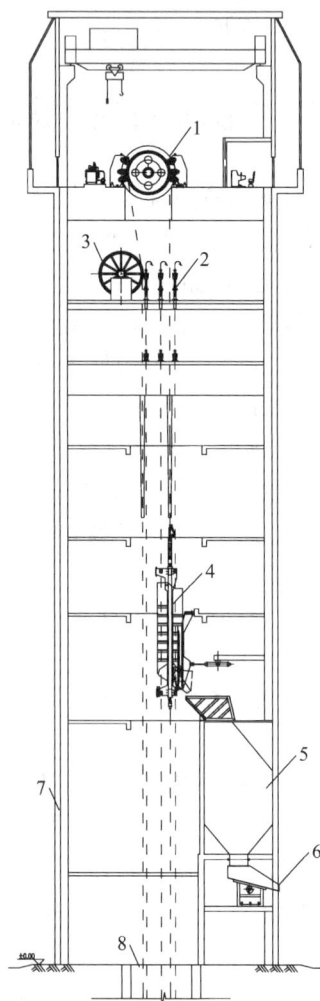

图 6-1　箕斗主井井塔配置图

1—提升机；2—拉紧装置；3—导向轮；
4—箕斗；5—贮矿仓；6—振动放矿机；
7—井塔；8—井筒

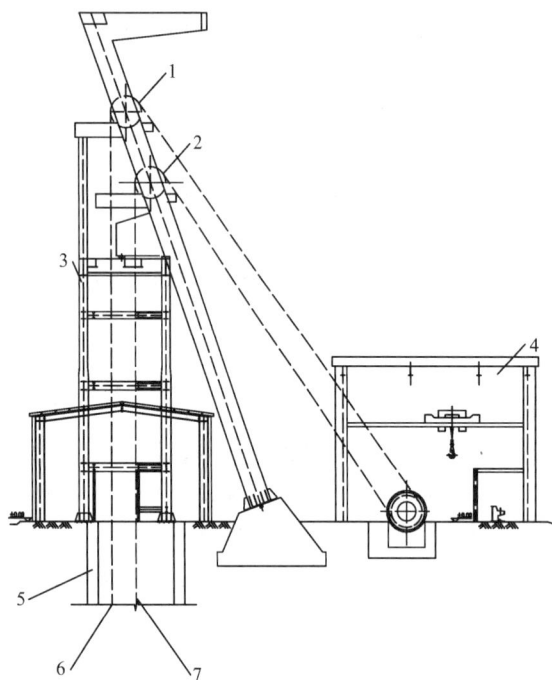

图 6-2　罐笼井井架配置图

1—上天轮；2—下天轮；3—井架；4—提升机房；5—井筒；
6—平衡锤中心线；7—罐笼中心线

　　平硐与斜井地表工业场地相对简单，主要是窄轨铁路、修理间、绞车房（斜井）、矿石与废石堆场等（见图6-3）。

6.4.2　副井工业场地

　　副井主要担负废石、人员及材料的提升运输。副井由于多用罐笼提升，故一般采用井架结构。副井井口工业场地布置有井口房、副井准备用房、提升机房、窄轨铁路、综合修理间、材料堆场、废石临时堆场等。

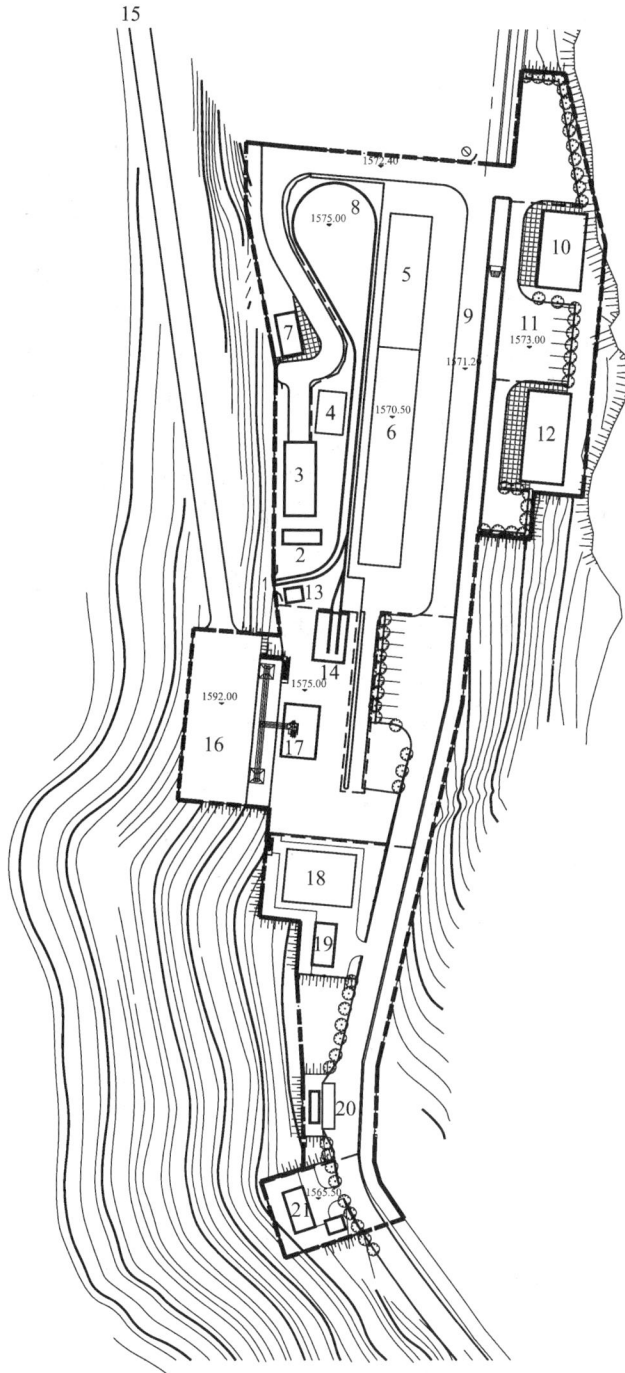

图 6 - 3 某平硐开拓山坡矿总体布置

1—平硐口；2—候车室；3—铲运机修理车间；4—材料堆场；5、6—矿石堆场；7—厕所；

8—窄轨铁路；9—外部公路；10—办公楼；11—停车场；12—宿舍、食堂与运动室；13—硐口值班室；

14—电机车与矿车修理车间；15—充填站公路；16—充填废石堆场；17—泵送充填制备站；

18—污水沉淀池；19—配电房；20—地磅房；21—油库

为节约工业场地，主副井工业场地一般集中布置(见图6-4)，但主副井间距应满足安全要求。

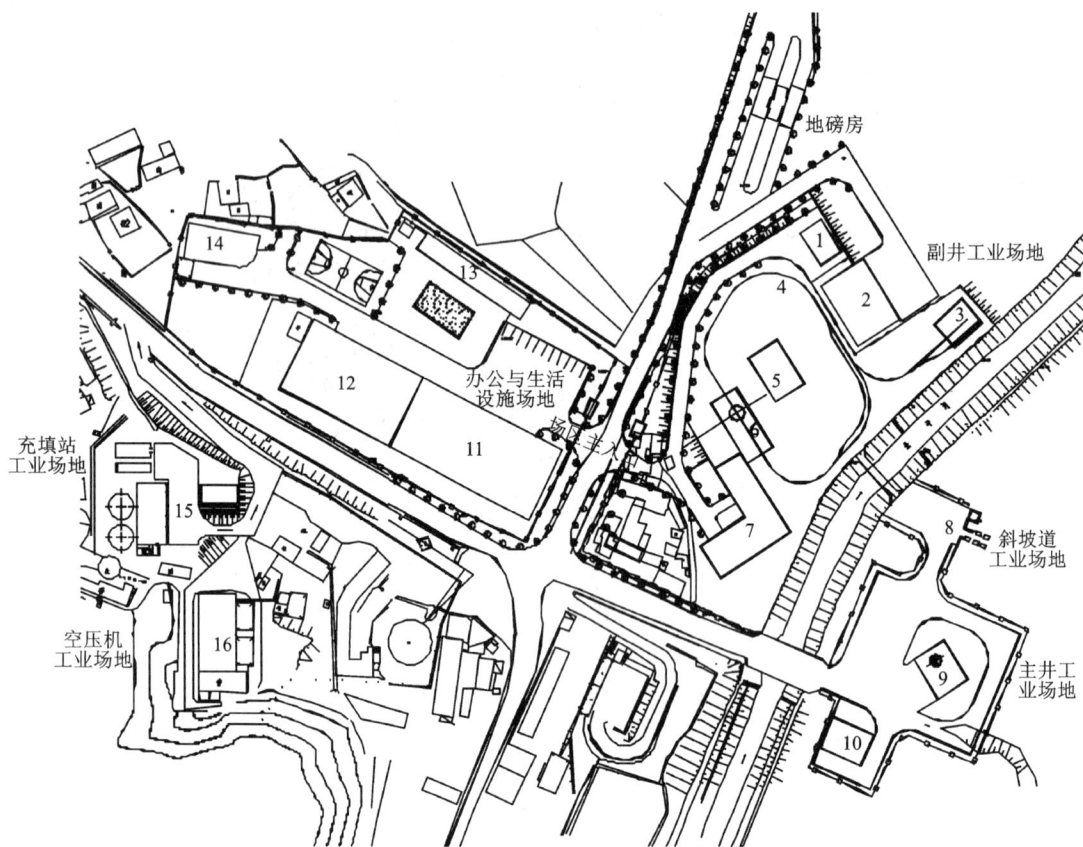

图6-4 某竖井开拓矿山部分总图布置

1—材料堆场；2—废石堆场；3—电机车修理间及蓄电池充电室；4—地表窄轨铁路；5—提升机房；6—副井井口房；
7—副井准备用房；8—斜坡道口；9—主井井塔；10—中央变电所；11—综合修理间；12—综合仓库；13—职工宿舍；
14—工区办公楼；15—充填制备站；16—空压机房

6.4.3 其他工业场地

风井工业场地内布置通风机房，风机房紧靠风井布置，内设风机、值班室和配电室。

充填制备站尽量布置在矿床中心位置，以最大限度地满足端部矿体开采充填对充填倍线的要求。

空压机房尽量靠近副井井筒布置，以最大限度地减少沿程损耗。

机修车间尽量靠近副井井筒布置。

地磅房布置在主要运输公路一侧。

材料仓库、油料仓库及木料堆场应设在距离铁路或公路15~20 m的地方，以便于运输。为防火需要，与井口的距离应保持在50 m以上。木材场、有自燃发火危险的排土堆、炉渣场，应布置在距离进风口常年最小频率风向上风侧80 m以外。

周转废石堆场应设在提升废石的井口附近。废石堆场容积应根据废石转运频率和能力确定，单个废石场不能满足要求时，可考虑设置两个堆场。废石堆场应考虑排水问题。

长材堆场、喷浆材料堆场应靠近副井地面窄轨铁路布置，以便于运输。

条件允许情况下，爆破器材尽量采用专业配送方式，不设地面炸药库。需要设置地面炸药库时，必须满足爆破工程要求。

变电所应尽量靠近电力负荷中心。

选矿厂应根据工艺要求，结合地形条件，以及与主井之间的矿石运输通道确定。

尾矿尽量用于充填或考虑综合资源化利用。剩余尾矿，条件允许情况下尽量考虑干堆。必须设置尾矿库时，应尽量设于山谷、洼地之中，以减轻筑坝工作量，减少尾矿库投资和运行维护费用。

6.5 办公与生活设施布置

6.5.1 厂前区布置

厂前区，顾名思义，是指进入矿山办公与生活区，乃至工业区的入口。一般厂前区与矿山办公与生活区合并布置。对于位置偏僻的矿山，为节省工人内部交通时间，办公与生活区一般靠近采选工业场地布置，而远离主要交通要道。为标明矿山位置，一般在交通要道附近布置简单的厂前区标志性建筑，如门楼等。厂前区远离矿山作业中心时，厂前区必须通过内部道路与矿山作业中心相连，且道路两侧需做好绿化工作，以避免给人进入厂前区突兀的感觉。

6.5.2 办公与生活区布置

办公与生活区是行政管理人员、工程技术人员工作、学习的地方，也是内部职工生活、休息的场所，更是矿山展示自我的窗口和内外部交流的重要平台，不仅要位置合理、功能齐全，而且要美观，符合创建绿色矿山的要求。许多矿山办公与生活区布置得不亚于政府机关和花园式单位（见图6-5），彻底颠覆了人们对矿山"傻大粗"的不良印象。

图6-5 淮南矿业集团顾桥煤矿办公与生活区全景

应该指出的是，矿山办公与生活区行使的毕竟是服务职能，必须服从于生产需要，既不能随便应付，也不能不顾实力片面强调气派。其位置选择、功能与规模设定应考虑如下因素：

（1）地形地势因素。包括用地的大小与形状，地势的起伏与变化，有没有可以利用的景观，或应予以回避的不利因素（如易受洪水侵害的冲沟地段即不宜设置办公与生活区）。

（2）气候因素。应设在主导风向的上风侧，避免废气、粉尘污染生活区空气；北方寒冷地区应尽量集中布置，以利于集中采暖。

（3）交通与区位因素。办公区与生活区宜建立在交通相对便利的地段，条件允许时，如离城镇较近时，生活区尽量简化，应依托城镇，将生活区设在城镇内，以减轻企业后勤服务压力。

（4）与工业场地的关系因素。办公区与生活区既要便于生产指挥与调度，又要避免受到工业区噪音、粉尘、废气等的影响。要布置在岩层移动带外，且与工业场地的距离满足防爆、卫生、消防要求。

6.6　地面运输方式

矿山总图布置的重要内容之一即是确定矿山地面运输方式和系统。矿山地面运输分为内部运输和外部运输。

6.6.1　运输量计算

矿区内外运输主要包括矿石运输和废石运输以及生产辅助材料运输，应根据矿山设计或实际指标计算相应运输量（以年为单位），以便确定内外部运输方式、选择运输设备、设计运输系统：

（1）根据矿山生产能力，确定矿石运输量；根据废石产出率（或千吨采切比、开拓比），计算废石运输量；

（2）根据精矿、尾矿产量，计算精矿运输量和尾矿运输量；

（3）根据火工材料消耗指标（如单位炸药消耗量），计算火工材料（炸药、雷管、导爆管）运输量；

（4）根据支护工程量，计算支护材料（锚杆、喷浆材料、木材、水泥、钢材等）运输量；

（5）根据凿岩工具消耗量，确定钻头、钢钎等运输量；

（6）根据选矿耗材指标，计算选矿药剂、钢球等运输量；

（7）根据无轨设备数量，计算轮胎、柴油、汽油等运输量；

（8）根据锅炉情况，确定煤炭运输量。

某矿山运输量计算如表6-1所示。

6.6.2　内部运输

内部运输包括主运输和辅助运输。前者主要是主井（主平硐）运出的矿石转运到破碎厂、贮矿场（原矿售卖时）或选矿厂（精矿售卖时），以及从副井口将废石运往周转废石堆场及废石场；后者内容广泛，既包括内部各工序材料、设备等的转运，也包括职工通勤等。

内部运输方式包括窄轨铁路运输、胶带输送机运输、架空索道运输和汽车运输等，主要根据矿山生产能力、地表地形条件、运输距离、选矿工艺流程、主副井开拓巷道布置方式等确定。

表6-1　某矿内、外部运输量统计表

序号	货物名称	单位	运输量		起讫点	运距/km	运输方式
			运入	运出			
一	外部运输						
1	炸药	t/a	352.8		外部—炸药库		汽车
2	雷管	t/a	4.68		外部—炸药库		汽车
3	导爆管	t/a	10.75		外部—炸药库		汽车
4	坑木	t/a	1048.4		外部—仓库		汽车
5	钎钢	t/a	55.58		外部—仓库		汽车
6	钢材	t/a	124.76		外部—仓库		汽车
7	柴油	t/a	574.84		外部—油库(仓库)		汽车
8	润滑油	t/a	33.83		外部—仓库		汽车
9	机油	t/a	17.17		外部—仓库		汽车
10	液压油	t/a	21.60		外部—仓库		汽车
11	轮胎	t/a	23.94		外部—仓库		汽车
12	水泥	t/a	23146.00		外部—仓库		汽车
13	铜精矿	t/a		638800.27	仓库—外部		汽车
14	硫精矿	t/a		15501.68	仓库—外部		汽车
15	铁精矿	t/a		24081.96	仓库—外部		汽车
16	其他	t/a	800.00		外部—仓库		汽车
	合计	t/a	704598.26				
二	内部运输						
1	矿石	t/a	—	900000.00	主井—选厂		汽车
2	废石	t/a	—	54000.00	副井—废石场		汽车
	合计	t/a	954000				

6.6.3　外部运输

外部运输包括由矿山向用户运送产品(原矿或精矿)、向尾矿库排放尾矿(尾矿库距离矿区较近时也可划归为内部运输)，由外部运进矿山生产、办公与生活所需的材料、燃料、设备等。

外部运输方式包括铁路运输、公路运输、架空索道运输和水路运输等几种形式，主要取决于地形、运输距离(与用户或供应商)、运输条件(是否有便利的水运条件等)、矿山生产规模等。

6.7　矿山绿化

为了保护周围环境，同时为职工创造一个良好的劳动卫生条件，矿区应努力做好绿化和美化工作。在绿化设计方面，考虑点、线、面相结合，各工业场地进行重点绿化，以种植草坪、花卉等绿化植物为主，适当布置雕塑、花坛、宣传栏等小品建筑。在矿区道路两侧分别种植树木、灌木等，形成多层次的观赏景观。在其他建筑物附近，应充分利用闲散用地种植草坪、花卉，形成大面积的绿化氛围。绿化植物以选择适合本地气候、土壤等自然条件的速生型品种为主，以便尽快达到较好的绿化效果。

第7章　矿山主要生产系统

7.1　提升与运输

矿山提升与运输是矿山生产的重要环节，其主要任务是将采掘工作面采下的矿石运到地表选厂或贮矿场，将掘进废石运到地表废石堆场，以及运送材料、设备、人员等。

7.1.1　矿井提升

矿井提升实际上就是井筒中的运输工作，是全矿运输系统中的重要环节。矿井提升设备包括提升机、提升容器、提升钢丝绳、井架、天轮及装卸设备等。由于矿井提升工作是使提升容器在井筒中以高速度作往复运动，因此，要求提升机运行准确、安全可靠。

1）提升机

目前我国金属非金属地下矿山使用的提升机主要有单绳缠绕式矿井提升机（有单筒、双筒两种型式）和多绳摩擦式矿井提升机等。

单绳缠绕式矿井提升机是指每个卷筒缠绕一根钢丝绳通过旋转进行提升或下放的机械设备。其提升高度（竖井提升）或斜坡长度（斜井或斜坡提升）受卷筒上缠绕钢丝绳层数的限制，不可能过大。

多绳摩擦式矿井提升机的钢丝绳不是固定和缠绕在主导轮上，而是搭放在主导轮的摩擦衬垫上，提升容器悬挂在钢丝绳的两端，为使两边的重量不致相差过大，在两个容器的底部用钢丝绳相连。当电动机通过减速器带动主导轮转动时，钢丝绳和摩擦衬垫之间便产生很大的摩擦力，使钢丝绳在这种摩擦力的作用下，跟随主导轮一起运动，从而实现容器的提升或下放（见图7-1）。

目前常用的多绳摩擦式矿井提升机一般分为4绳或6绳两大类。由于钢丝绳的数目增多，每根钢丝绳的直径较单绳大大减小，卷筒直径也就相应地减小，并且钢丝绳是搭在卷筒上的，提升高度不受卷筒直径和宽度的限制，故特别适用于深井提升。随开采深度的增加，多绳摩擦式矿井提升机的应用越来越广泛。

摩擦式提升机和缠绕式提升机应装设如下保险装置：

（1）防止过卷装置；

（2）防止过速装置；

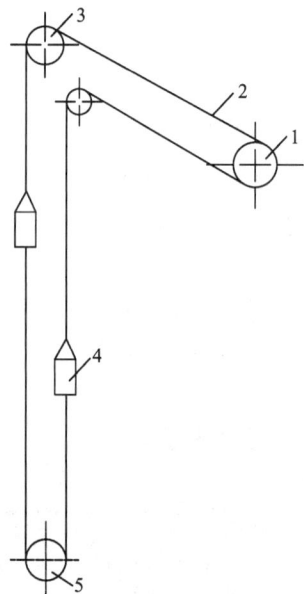

图7-1　摩擦式提升机结构示意图

1—主导轮；2—钢丝绳；3—天轮；
4—提升容器；5—导向轮

（3）限速装置；

（4）闸间隙保护装置；

（5）松绳保护装置（摩擦式无此项要求）；

（6）满仓保护装置；

（7）减速功能保护装置；

（8）深度指示器失效保护装置；

（9）过负荷和欠压保护装置。

2）提升容器

（1）罐笼

罐笼用于竖井内升降人员、提升和下放物料。根据层数不同，有单层罐笼、双层罐笼和多层罐笼之分，图7-2为金属矿常用的单层罐笼。罐笼内可装矿车；罐笼顶部有可开启的罐盖，以供在罐笼内运送长材料；罐笼在井筒内的运动是靠罐道（钢罐道或钢丝绳罐道）来导向的，因此在罐笼的两侧焊接罐耳与罐道啮合，使罐笼沿罐道运动。为防止断绳时罐笼坠井事故，在罐笼上装有断绳保险器，钢丝绳或连接装置一旦断裂时，可使罐笼停在罐道上，以确保安全。

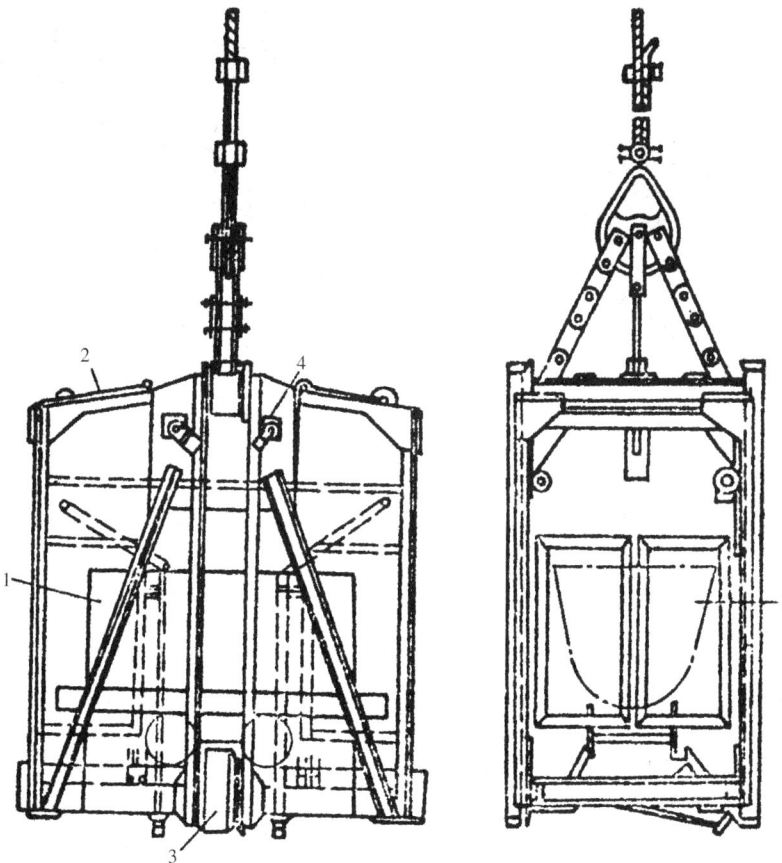

图7-2 单层罐笼

1—矿车；2—罐盖；3—罐耳；4—断绳保险器

斜井用的罐笼称台车，如图7-3所示，由基架、两对轮子、立柱、平台、挡柱等组成。

（2）箕斗

箕斗只能提升矿石和废石。根据卸矿方式不同，竖井箕斗分为底卸式、侧卸式和翻转式3种；斜井箕斗则有翻转式和后壁卸载式之分。

图7-4为翻转式斜井箕斗。框架1可以绕固定在斗箱两侧的轴2转动。斗箱3备有两对轮子，其后轮4的钢轨接触面较前轮5为宽。在井筒中这两对轮子同在钢轨6上运行；但在地表箕斗卸载处，钢轨弯曲成水平，而在其外侧另外敷设了一对轨距较大的钢轨7。当箕斗运行至弯轨处时，箕斗前轮继续沿钢轨6运行，而后轮则沿钢轨7的方向被继续提升，使箕斗翻转卸载。

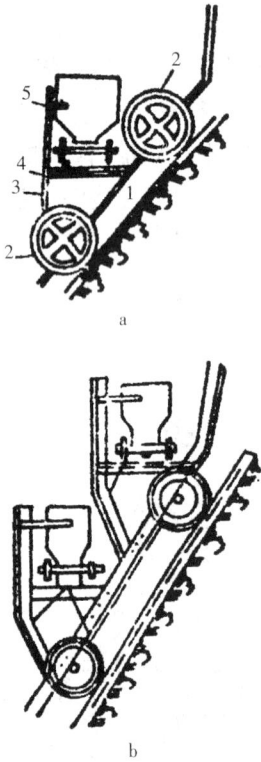

图7-3　斜井台车
a—单层台车；b—双层台车
1—基架；2—轮子；3—立柱；4—平台；5—挡柱

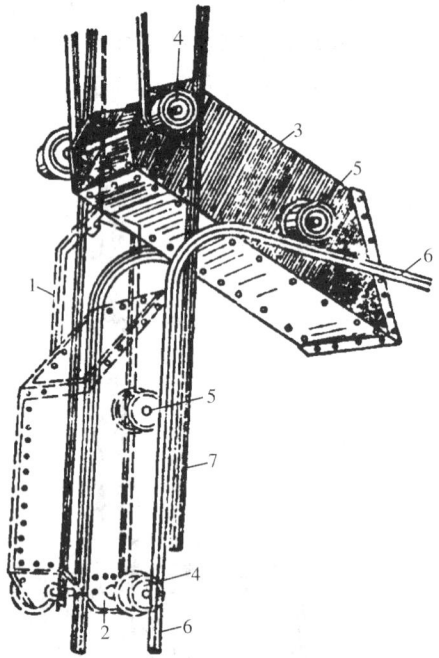

图7-4　翻转式斜井箕斗
1—框架；2—转轴；3—斗箱；4—箕斗后轮；
5—箕斗前轮；6—斜井钢轨；7—辅助钢轨

7.1.2　矿山运输

井筒开拓的矿山，回采工作面采下的矿石要通过井下运输设备运送到井筒的装矿溜井，通过提升设备提升至地表，然后通过地面运输设备运送至选矿厂或直接外运出售；平硐开拓或斜坡道开拓的矿山，回采工作面采下的矿石也需通过运输设备直接运出地面。因此，运输也是矿山主要生产系统之一。

矿山运输方式包括轨道运输、汽车运输、胶带运输机运输和架空索道运输等。

1）轨道运输

轨道运输主要设备是轨道、矿车和电机车。

（1）轨道

井下巷道中铺设的轨道通常是窄轨（轨距有 600 mm、762 mm 和 900 mm）。它除了轨距窄、钢轨轻（8 kg/m、11 kg/m、15 kg/m、18 kg/m、24 kg/m、33 kg/m 和 38 kg/m）以外，与地面铁道没有什么不同。轨道主要由道轨、轨枕、道碴和连接件组成。

（2）矿车

地下矿车分为固定式、翻斗式、侧卸式和底卸式几类。矿车容积一般为 0.5 ~ 4 m³。

（3）电机车

井下用的电机车有架线式和蓄电池式两种，金属矿山主要采用架线式电机车。

架线式电机车由受电弓将电流自架线引入电机车的电动机，并利用轨道做电流的回路。一般都以直流电为电源，需要在地下设变流所，将交流电变为直流电。架线式电机车结构简单，易于维护，运输费用较低，但电弓常冒火花，不能在有瓦斯和矿尘爆炸危险的矿山使用。目前井下架线式电机车，有 3 t、7 t、10 t、14 t、20 t 等几种。应根据阶段运输量、运距、装矿方式、装矿点集中与否等因素综合考虑来选择。

蓄电池式电机车由本身携带的蓄电池供电，不需要架线，也不产生火花，但需经常更换电池，且设备费和运输费较高，主要用于有瓦斯和矿尘爆炸危险的矿井。

2）汽车运输

汽车运输主要用于平硐开拓或斜坡道开拓的矿山。其最大优点是不需铺设轨道，移动方便灵活，便于与铲运机等大型无轨采装设备配套，但汽车排出的尾气会恶化井下工作环境，对矿山通风工作提出了更高的要求。受巷道断面影响，地下汽车吨位一般不高。

3）胶带运输机运输

胶带运输机是一种可实现连续运送物料的运输设备，具有很高的生产能力，可以与连续采矿设备与工艺配合，实现连续采矿。胶带运输机种类很多，但均由机头、机尾和机身三部分组成。机头即传动装置，包括电动机、减速箱和带动胶带旋转的主动滚筒；机尾即拉紧装置，由拉紧滚筒和拉紧装置组成；机身包括胶带、托滚和托架。

胶带由托滚支托，绕过主动滚筒和拉紧滚筒，用胶带卡子把两端连接起来，形成一个环形带。主动滚筒旋转时，带动胶带连续运转，输送矿岩。

4）架空索道运输

在一些地处山区、地形复杂的矿山，也有采用架空索道进行地面运输的实例。架空索道就是通过架设在空中的钢丝绳悬挂矿斗，随着牵引钢丝绳的运动，矿斗也随着运动的一种运输方式。它可以直接跨越较大的河流和沟谷，翻越陡峭的高山，从而缩短两点之间的运输距离，减少土石方工程量，并且无需构筑桥梁涵洞，对于地处山区、产量不大的矿山，是一种比较有效的地表运输方法。

7.2　通风

地面新鲜空气进入矿井后，由于被凿岩、爆破、装载、运输等作业产生的烟尘以及坑木腐朽、矿石氧化等产生的有害气体所污染，因而变成井下污浊空气。其成分与地面新鲜空气差别较大,主要表现为粉尘增多、有害气体含量增加、空气含氧量降低。

为了降低井下空气中粉尘含量及有害气体浓度,提高含氧量,以达到国家规定的卫生标准,必须进行矿井通风,即不断地将地面新鲜空气送入井下,并将井下污浊空气排出地表,调节井下温度和湿度,创造舒适的劳动条件,保证井下工作人员的健康与安全。

7.2.1 有关规定

根据《金属非金属矿山安全规程》(GB 16423—2006)规定,井下通风要满足以下要求:

(1)井下采掘工作面进风流中的空气成分(按体积计算),氧气应不低于20%,CO_2应不高于0.5%。

(2)入风井巷和采掘工作面的风源含尘量不得超过0.5 mg/m^3。

(3)井下作业地点的空气中,有害物质的接触限值应不超过 GBZ2 的规定,例如:CO < 20 mg/m^3、NO < 15 mg/m^3、NO_2 < 5 mg/m^3、SO_2 < 5 mg/m^3、H_2S < 10 mg/m^3、甲醛 < 0.5 mg/m^3。

(4)矿井所需风量,按下列要求分别计算,并取其中最大值:

①按井下同时工作的最多人数计算,每人每分钟供给风量不得小于 4 m^3;

②按排尘风速计算风量:硐室型采场最低风速不应小于 0.15 m/s,巷道型采场和掘进巷道不应小于 0.25 m/s,电耙道和二次破碎巷道不应小于 0.5 m/s,箕斗硐室、破碎硐室等作业地点,可根据具体条件,在保证作业地点空气中有害物质的接触限值符合 GBZ 2 规定的前提下,分别采用计算风量的排尘风速;

③有柴油设备运行的矿井,所需风量按同时作业机台数每 kW 每分钟风量 4 m^3 计算。

(5)采掘作业地点的气象条件应符合表 7-1 的规定,否则,应采取降温或其他防护措施。

表 7-1 采掘作业地点气象条件规定

干球温度℃	相对湿度/%	风速/(m·s⁻¹)	备注
≤28	不规定	0.5 ~1.0	上限
≤26	不规定	0.3 ~0.5	至适
≤18	不规定	≤0.3	增加工作服保暖量

(6)进风巷冬季的空气温度,应高于2℃;低于2℃时,应有暖风设施。不应采用明火直接加热进入矿井的空气。在严寒地区,主要井口(所有提升井和作为安全出口的风井)应有保温措施,防止井口及井筒结冰。如有结冰,应及时处理,处理结冰时应通知井口和井下各中段马头门附近的人员撤离,并做好安全警戒。

(7)井巷断面平均最高风速应不超过表 7-2 的规定。

表7-2 井巷断面平均最高风速规定

井巷名称	最高风速/(m·s^{-1})
专用风井,专用总进、回风道	15
专用物料提升井	12
风桥	10
提升人员和物料的井筒,中段主要进、回风道,修理中的井筒,主要斜坡道	8
运输巷道,采区进风道	6
采场	4

(8)矿井应建立机械通风系统。对于自然风压较大的矿井,当风量、风速和作业场所空气质量能够达到表7-2的规定时,允许暂时用自然通风替代机械通风。

(9)矿井通风系统的有效风量率,应不低于60%。

(10)采场形成通风系统之前,不应进行回采作业。矿井主要进风风流,不得通过采空区和塌陷区,需要通过时,应砌筑严密的通风假巷引流;主要进风巷和回风巷,应经常维护,保持清洁和风流畅通,不应堆放材料和设备。

(11)进入矿井的空气,不应受到有害物质的污染。放射性矿山出风井与人风井的间距,应大于300 m。从矿井排出的污风,不应对矿区环境造成危害。

(12)箕斗井不应兼作进风井。混合井作进风井时,应采取有效的净化措施,以保证风源质量。主要回风井巷,不应用作人行道。

(13)各采掘工作面之间,不应采用不符合表7-2要求的风流进行串联通风。井下破碎硐室、主溜井等处的污风,应引入回风道;井下炸药库,应有独立的回风道;充电硐室空气中氢气的含量,应不超过0.5%(按体积计算);井下所有机电硐室,都应供给新鲜风流。

(14)采场、二次破碎巷道和电耙巷道,应利用贯穿风流通风。

(15)通风构筑物(风门、风桥、风窗、挡风墙等)应由专人负责检查、维修,保持完好严密状态。

除此之外,国家标准对井下空气中放射性物质最大容许浓度也作了具体规定。

7.2.2 矿井通风系统

矿井通风时,风流流动线路一般是:新鲜风流由进风井送入井下,经石门、阶段运输平巷等开拓巷道和天井等采准工程到达需要通风的工作面,冲洗工作面后的污浊风流经回风井巷排至地表。风流所流经的通风线路及设施(包括通风设备)称为通风系统。根据矿山拥有的独立通风系统的数目,可分为集中通风和分区通风;按进风井和出(回)风井的相对位置,通风系统分为中央式和对角式两大类。

1)通风方式

矿井通风方式有抽出式、压入式和混合式3种。

(1)抽出式

主扇位于回风井井口或井底(一般位于井口,但当井口没有合适工业场地时,也可将主扇安装于井底),利用主扇提供的负压抽出污浊空气(见图7-5)。抽出式是金属矿山普遍采用的通风方式,其优点是:可利用副井进风,进风段风速小,人行、运输条件好;不需专用进风井巷和井口密闭；排烟速度快，且风流主要在回风段调节，不妨碍人行运输，便于维护管理；矿井风压呈负压状态，对自燃发火矿井防止火灾蔓延或主扇停风时不引起采空区有毒有害气体突然涌出方面比较有利。其主要缺点是：当工作面经崩落空区与地表沟通时较难控制漏风；污风通过主扇，腐蚀性较大。

（2）压入式

主扇位于进风井井口，利用主扇提供的正压压入新鲜空气，排出污浊空气（见图 7-6）。其优点是：可利用采空区、崩落区或回风段其他通地表的井巷组成多井巷回风减少阻力，回风道密闭工程量少，维护费用低；矿井风压呈正压状态，可减少井巷、空区、矿岩裂隙中有毒有害气体的析出量；新鲜风流通过主扇，腐蚀性较小。其主要缺点是：进风井巷维护困难；进风段风速大，对人行运输不利，劳动条件差；回风段风压低，排烟速度慢。

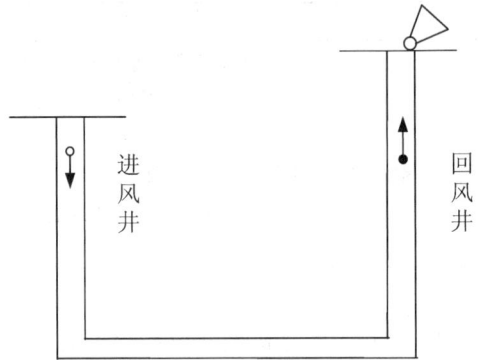

图 7-5 抽出式通风

（3）混合式

混合式是进风井主扇压入新鲜空气、回风井主扇抽出污浊空气的联合通风方式（见图 7-7）。该方式兼有压入式和抽出式的优点，但需要两套主扇设备，投资大且管理复杂。

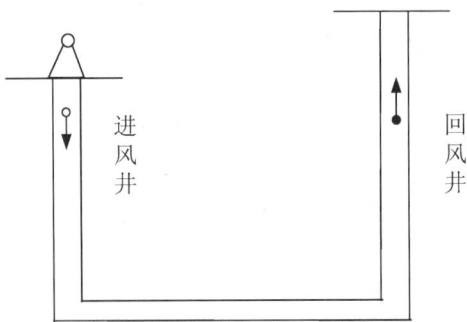

图 7-6 压入式通风

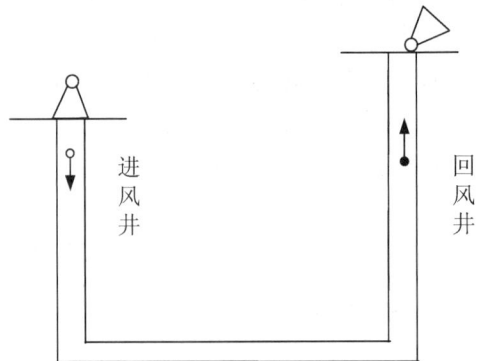

图 7-7 混合式通风

2）多级机站压抽式通风系统

多级机站压抽式通风系统是在井下设立数级扇风机站，接力将地表新鲜风流经由进风井巷压送到井下作业地点，而污风同样由数级风机经回风井巷抽送出地表。通风系统中每级机站由多台相同的风机并联组成，各级机站之间为串联工作，在通风网络中，各级机站的工作方式既是压入式又是抽出式。

多级机站通风系统与现行的集中大主扇通风系统相比，具有以下突出的优点：

（1）多级机站由多个并联的相同小风机组成，可以根据作业区需风量的变化而开闭风机调节风量，做到按需分配风量，降低能耗；

（2）多级机站间为压抽式串联通风，可降低全矿通风网络压差，工作面形成零压区，从而减少漏风；

（3）可结合风网特点，合理布设机站，使用风机进行分风，灵活可靠，提高了工作面的有效风量。

3）风流控制设施

要把新鲜空气保质保量送到各作业地点，同时把污浊风流按一定线路排出地表，风流在井巷中不能任其自然分配，必须根据需要加以控制，因此，需要构筑一定的风流控制设施。

（1）风门

在既需要隔断风流，又需要行人或运输的巷道中，可设置风门。风门有木制的和铁制的；有水动的、电动的、气动的和机械动作的等。主要运输巷道应设两道风门，其间距大于一列车的长度。手动风门应与风流方向成 80°~85° 的夹角，并逆风开启。

（2）风窗

为了使并联巷道内的风流能够按照设计所要求的风量通过，对那些通过风量超过要求风量的巷道，可在其中设置风窗进行调节。所谓风窗，实际上就是在风门上开一个可以用活动木板调节面积的小窗口。

（3）风桥

风桥是一种避免新风和污风交汇的构筑物，一般设置在分别通过新风和污风的两条巷道交叉处，如图 7 – 8 所示，巷道 1 进新风，巷道 2 出污风。

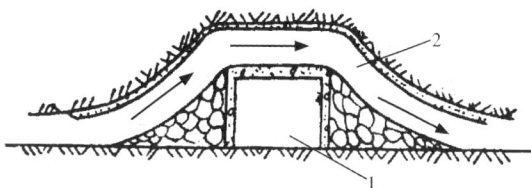

图 7 – 8　混凝土风桥

（4）密闭墙

将采空区、废弃巷道等用砖、混凝土等材料构筑的墙密闭起来，防止通风巷道由此漏风。

7.2.3　矿井通风方法

矿井内的空气之所以能够流动，是由于进风口与出风口之间存在着压力差。产生这种压力差，促使矿井内空气流动的动力，称为通风动力。按通风动力不同，可将矿井通风方法分为机械通风和自然通风。

1）机械通风

机械通风是采用专门的机械设备（扇风机）来促使井下空气流动的通风方法。季节变化对通风影响不大，风流方向及风量可以调节，是一种可靠的通风方法，为绝大多数矿山所采用，而且安全规程规定，地下矿山必须建立机械通风系统。

矿井用的扇风机，有轴流式和离心式两种。

图 7 – 9 为轴流式扇风机工作原理图，其进风和出风方向成一直线，并与轴平行。当工作轮不停转动时，由于叶片呈机翼形，与旋转面成一定的夹角，因此，在叶片前进的后方产生低压区吸入空气；叶片前进的前方产生高压区，驱动空气前进。轴流式扇风机效率高，重量轻，动轮叶片可以调整，在金属矿山得到广泛应用。其缺点是噪声大，维修复杂。

图 7 – 10 为离心式扇风机工作原理图，其特点是进风方向和出风方向相互垂直，当工作轮

在螺旋型的机壳内旋转时，由于叶片产生的离心力，使机壳内的空气沿着叶片运动的路线，向工作轮的切线方向流动。这样，在工作轮的中心部分产生低压区吸入空气；轮缘部分产生高压区，把空气从扩散器压出。离心式扇风机由于风量小，笨重等缺点，仅在部分小型矿山使用。

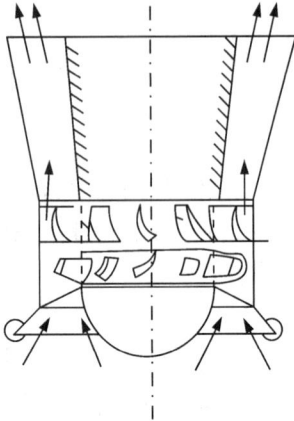

图 7-9 轴流式扇风机

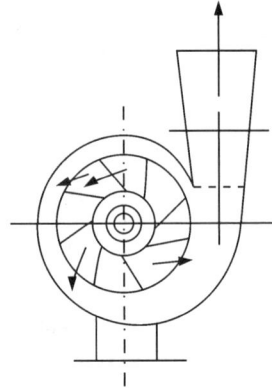

图 7-10 离心式扇风机

2）自然通风

自然通风是靠自然压差促使空气流动的。当进风井筒与出风井筒地表位置的高度不同时，由于两个井筒中空气柱的质量不同，产生自然压差，也称自然风压。如图 7-11 所示，平窿口与井口标高不同，冬季地面温度低于井下温度，地面空气密度大，因此，空气柱 AB 重于空气柱 DC，这样就使处于同一标高的 B 和 C 所受空气柱质量不同：B 点的空气重力大于 C 点的空气重力。因此，冬季空气从 B 点向 C 点流动，即从平窿进风，井筒出风。而在夏季，地面温度高于井下温度，所以风流方向与冬季恰好相反。不难看出，自然通风极不稳定，风流方向和风量大小均受季节影响。春秋季节，地面井下温度差别不大，井下空气可能就不会流动。因此，自然通风只能作为机械通风的一种补充手段。

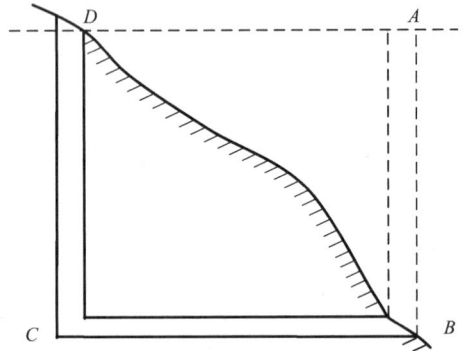

图 7-11 自然通风原理图

7.2.4 矿井降温与防冻

1）高温矿井降温措施

不仅热水型矿井和高硫矿井井下温度较高，而且一般金属矿山井下温度也会随开采深度的增加而升高，因此，高温矿井降温技术将是金属矿山未来不得不面对的一个技术难题。高温矿井降温措施包括：

（1）隔离热源。在所有热害防治措施中，隔离热源是最根本、最重要、最经济的措施。具体措施如及时充填空区，对以热水为主要热源的高温矿井，优先考虑疏干方法降低水位等。

（2）加强通风。加强通风的主要目的是减少单位风量温升或提高局部风速，前者一般通过加大风量、后者则采用空气引射器来实现降温目的。

（3）用冷水或冰水对风流喷雾降温。本方法主要利用水的气化吸热而达到降温的目的，如向山硫铁矿采用冰块与27℃的水混合，形成10℃左右的冷水，在工作面进风风筒中对风流喷雾，使工作面入风温度平均下降5.5℃～6.5℃，相对湿度由40%增至50%。

（4）人工制冷降温。人工制冷有固定式制冷站和移动式空调机两类，前者适用于全矿或生产阶段总风流的降温，而后者主要用于少数高温工作面的风流降温。

2）井筒防冻

地处严寒地区的矿山，冬季应采取防止井筒结冰的措施。井筒防冻通常采用如下空气预热方法：

（1）热风炉预热。在远离工业场地的小型风井，无集中热源时采用。热风炉的位置应使进入井筒的空气不受污染，且符合防火要求。

（2）空气加热器预热。

（3）空气地温预热。利用矿山废旧巷道或采空区的岩温，将送入井下的冷空气进行预热，是一种经济可靠的空气预热方法，用于非煤非铀矿井。

（4）其他空气预热方法。如利用空压机等设备产出的热量预热。

7.3　排水与排泥

地下开采过程中，大量的地下水会涌入工作面，影响矿山正常生产，必须采取适当的方法，将地下水排出地表，以保证矿山作业安全。

7.3.1　排水方式及系统

1）排水方式

矿井排水方式有自流式和扬升式两种。自流式排水是使坑内水自行流到地面，是最经济的排水方法，但只适用于平硐开拓的矿山；扬升式排水是借助排水设备，将水扬至地面。采用井筒开拓的矿山，都必须采用这种方法。

图7-12为扬升式排水示意图。地下水沿着阶段巷道的水沟，汇集到井底车场附近的水仓中，再由水泵抽送到地面。水仓其实也是一种地下坑道，由两个独立的巷道系统组成，分别为内水仓和外水仓。水仓比所在水平的井底车场标高约低3～4 m，在一般情况下要能容纳地下6～8 h的正常涌水量。对涌水量较大的矿井，每

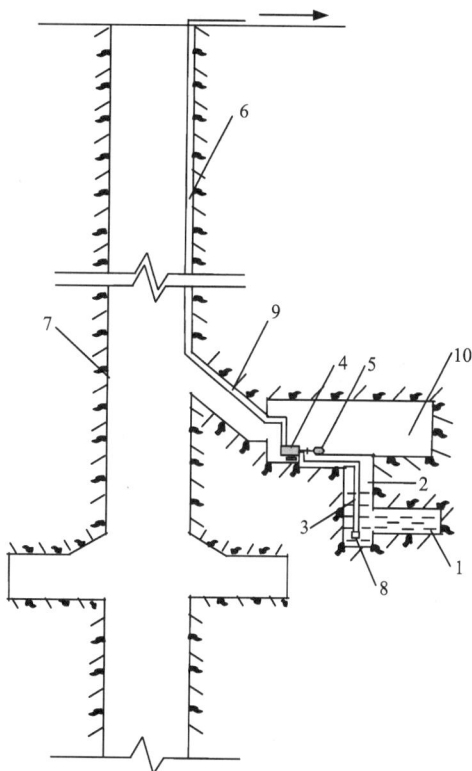

图7-12　扬升式排水示意图

1—水仓；2—吸水井；3—吸水管；4—水泵；
5—电动机；6—排水管道；7—井筒；
8—吸水罩；9—管子电缆斜道；10—水泵房

条水仓的容积应能容纳 2～4 h 的井下正常涌水量。这样，一方面保证水泵可在较长的时间内正常工作，另一方面，当矿井涌水突然增加，或当水泵需要停工检修时，都有安全保证。

2）排水系统

扬升式排水主要有直接排水、接力排水、集中排水等 3 种排水系统。

（1）直接排水。各阶段都设置水泵房，分别用各自的排水设备将水直接扬至地面。这种排水系统，各水平的排水工作互不影响，但所需设备多，井筒内敷设的管道多，管理和检查复杂，金属矿很少采用。

（2）接力排水。下部水平的积水，由辅助排水设备排至上水平主排水设备所在水平的水仓内，然后由主排水设备排至地表。这种排水系统适用于深井或上部涌水量大而下部涌水量小的矿井。

（3）集中排水。上部水平的积水，通过下水井、下水钻孔或下水管道引入下部主排水设备所在水平的水仓内，然后由主排水设备集中排至地表。这种排水系统虽然上部水平的积水要流到下部水平，增加了排水电能消耗，但它具有排水系统简单，基建费和管理费少等优点，在金属矿采用较多，特别是下部涌水量大、上部涌水量小时更为有利。

3）排水设备

矿井排水设备主要包括水泵和水管。

（1）水泵

矿用水泵一般为离心式水泵，如图 7－13 所示，主要通过离心力的作用，使水不断被吸入和排出。单级水泵仅有一个叶轮，扬升高度有限；当扬程大时，可采用多级水泵，即利用在一根轴上串联多个叶轮，来增加扬升高度。矿用主排水设备，均为多级水泵。

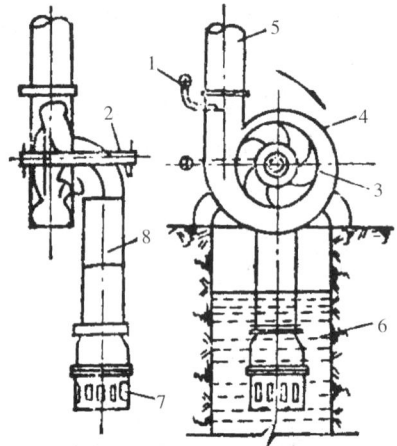

图 7－13　单级离心式水泵

1—注水口；2—水泵轴；3—叶轮；4—机壳；
5—排水管；6—吸水井；7—吸水罩；8—吸水管

井下主要排水设备，至少应由同类型的 3 台泵组成。工作水泵应能在 20 h 内排出一昼夜的正常涌水量；除栓修泵外，其他水泵应能在 20 h 内排出一昼夜的最大涌水量。

（2）排水管

排水管一般都敷设在井筒的管道间内。当垂直高度小于 200 m 时，可采用焊接管；如果垂深超过 200 m，可用无缝钢管。矿井的主排水管至少要敷设两条，当一条发生故障时，另一条必须在 20 h 内排出矿井 24 h 的正常涌水量。排水管靠近水泵处，设置闸板阀和逆止阀。闸板阀作为调节排水量及开闭排水管之用；逆止阀的作用是在水泵停车时，防止水管中的水倒流进入水泵中损坏叶轮。

7.3.2　排泥

泥沙量大的矿山，需要定期对水仓沉淀物进行清理和排出。常用的清仓排泥方式包括：压气罐清仓串联排泥、压气罐配密闭泥仓高压水排泥、喷射泵清仓泥浆泵排泥、油隔离泵清仓排泥和清仓机排泥。

1）压气罐清仓串联排泥

该系统是利用串联的压气罐将沉淀在水仓底部的泥浆排出的清仓排泥方法，其优点是体积小、成本低、清仓时人可不进入水仓，易于实现机械化，清仓时水仓仍可使用；缺点是压气排泥管线多，投资大。该方法一般适用于泥沙颗粒坚硬、清理量较大、水仓服务时间较长的矿山。

2）压气罐配密闭泥仓高压水排泥

该系统是利用压气罐将沉淀在水仓底部的泥浆送入密闭泥仓贮存，待贮存一定量后，利用本阶段泵房高压水泵的压力水挤入稀释，并迫使稀释后的泥浆通过主排水管排至地表。该系统扬程高，泥浆不经过水泵，劳动强度低，但其缺点是密闭泥仓构筑技术要求高，工程量和投资大，一般适用于泥沙量大、扬程高和泥仓使用年限长的矿山。

3）喷射泵清仓泥浆泵排泥

该系统是利用喷射泵将泥沙送入泥浆池，然后通过泥浆泵排至采空区或地表。该清仓排泥方法操作简单，投资少，但高压水消耗大，成本高，且受泥浆泵扬程限制，因此，一般适用于泥量少、扬程低（如向采空区排泥）的矿山。

4）油隔离泵清仓排泥

该系统利用油隔离泵排出泥沙。

5）清仓机排泥

随着我国机械制造水平的提高，利用专用清仓机对井下水仓和水沟进行机械化清理已成为可能。其主要原理是：清仓机直接开进水仓，铲装淤泥并将其输送到后续的压滤设备上，直接压滤成滤饼，利用废石提升系统提升至地表堆存。

7.4 压气供应

用来压缩和压送各种气体的机器称为压缩机（又称压风机或压气机）。各种压缩机都属于动力设备，它能将气体压缩，提高气体压力，具有一定的动能。空气具有可压缩性，清晰透明，输送方便，不凝结，无毒无味，没有起火危险，而且取之不尽。因此，压缩空气的空气压缩机（简称空压机）广泛应用于各个工业部门。

压缩空气是金属矿山主要动力之一，井下的凿岩、装岩、装药、放矿闸门等机械，大多是风动的；其他设备如小绞车、锻钎机、碎石机、喷浆机等，往往也以压气为动力。即使广泛采用无轨设备的地下矿山，也离不开压气。因此，压缩空气供应是地下矿山生产不可或缺的工序之一。

金属矿山压缩空气通常在地面空压站生产，通过管道输送到工作地点。矿山压气系统（见图7-14），由空压机（含中间冷却器、压力调节器等）、拖动装置（电动机或内燃机）、辅助设备（包括空气过滤器、风包、冷却装置等）和输气管网组成。

空压机型号很多，按其工作原理可分为活塞式和螺杆式两种。从节能角度出发，应优先选用螺杆式。按其工作状态可分为固定式和移动式两大类。排气压力为0.7～0.8 MPa，排气量（m^3/min）为3、6、9、10、12、20、30、40、60、90、100。

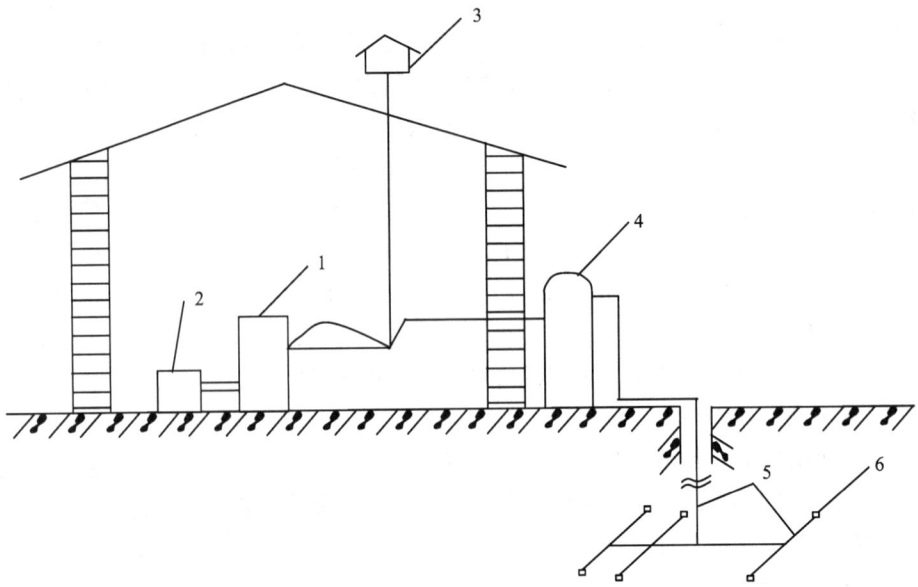

图 7 – 14　矿山压气系统示意图

1—空压机；2—拖动装置；3—空气过滤器；4—风包；5—压气管道；6—风动机械

　　压气输送管道一般为无缝钢管或对焊钢管。敷设在地面、主要开拓巷道等处的固定干线管道，可用焊接的方式连接；移动管道则用套筒、法兰盘连接；风动机械与压气管网之间则一般采用挠性软管(风绳)连接。

7.5　其他生产系统

　　矿山其他生产系统包括充填、供水、供电等。充填系统请参考本书10.1节；供水与供电由相关专业负责，在此省略。

第三篇　采矿方法

第8章 采矿方法总论

采矿方法是为了获取矿块内的矿石所进行的采准、切割和回采工作的总和。具体而言，就是根据回采工作的需要，确定采准和切割巷道的规格、数量、位置，为规模化开采创造工作通路、工作空间、爆破自由面，并按照回采工艺要求，设计凿岩、爆破、通风、出矿、地压管理等回采工序。

8.1 采矿方法分类

8.1.1 采矿方法分类的目的和基本要求

由于矿体赋存条件因不同矿山、同一矿山不同矿段千差万别，客观上要求采取不同的采矿方法，致使采矿方法种类繁多。为了便于认识各种采矿方法的特殊本质，了解各种采矿方法的适用条件及其发展趋势，研究和选择适合具体开采技术条件的采矿方法，同时也为了矿业界相互比较和交流，有必要对繁多的采矿方法，择其共性，加以归纳分类。

采矿方法分类应满足下列基本要求：

(1)分类应能反映采矿方法的最主要特征；

(2)分类应简单明了，防止庞杂和繁琐，但应能包括国内外明确应用的主要采矿方法，对过去曾经应用，但如今因技术进步和装备水平提高而淘汰的采矿方法或仅在极少数条件下应用的采矿方法，不应列入分类表中；

(3)每类采矿方法要有共同的使用条件和基本一致的特征，不同类别采矿方法的特征要有明显差异；

(4)未来随技术进步和装备水平提高，新出现的采矿方法应能在分类中找到相应位置。

8.1.2 采矿方法分类依据及其分类

目前国内外采矿方法分类很多，学术争议也较大。多年来国内外采矿学者对采矿方法分类作了大量研究工作，分别以采空区存在状态和维持方法(地压管理方法)、回采方法(回采顺序和回采方向)、落矿方法以及矿体赋存条件等为依据，提出了20余种分类方法。如在20世纪初，美国学者就以回采顺序和回采方法为依据对采矿方法进行了分类，但分类特征不明显，某些方法之间界限不清，并存在重复现象。20世纪30年代后期，美国又以回采工作面维护原则，提出了自然支撑工作面采矿法、人工支撑工作面采矿法、崩落采矿法和联合采矿法等4类采矿方法。50年代后，苏联学者相继以回采过程中采空区的维护为依据，提出了各自的分类方法。到20世纪70年代，逐渐以简单和适用为原则，以采空区存在状态和维持方法为依据对采矿方法进行分类，使采矿方法分类逐渐趋于统一。目前比较公认的是以回采时地压管理方法为主要依据进行的分类。因为地压管理方法是以矿岩物理力学性质为依据，同时又与采矿方法的使用条件、采场结构和参数、回采工艺、采空区处理等密切相关,且最终影响到开采的安全、效率和经济效果,因此,以此为依据将地下采矿方法分为3类,即空场法、充填法和崩落法(见表8-1)。

表8-1 非煤矿床地下采矿方法分类表

类别	组别	典型采矿方法
Ⅰ.空场法	1.全面法	(1)普通全面法
		(2)留矿全面法
	2.房柱法	(1)浅孔落矿房柱法
		(2)中深孔落矿房柱法
	3.留矿法	留矿法
	4.分段空场法	(1)分段采矿法
		(2)分段矿房法
		(3)爆力运搬采矿法
	5.阶段空场法	(1)水平深孔阶段矿房法
		(2)垂直深孔侧向崩矿阶段矿房法
		(3)VCR法
Ⅱ.充填法	1.分层充填法	(1)上向水平分层充填法
		(2)上向倾斜分层充填法
		(3)点柱分层充填法
		(4)壁式充填法
	2.进路充填法	(1)上向进路充填法
		(2)下向进路充填法
	3.嗣后充填法	(1)分段空场嗣后充填法
		(2)阶段空场嗣后充填法
		(3)房柱嗣后充填法
		(4)留矿嗣后充填法
Ⅲ.崩落法	1.分层崩落法	(1)长壁崩落法
		(2)短壁崩落法
		(3)进路崩落法
	2.分段崩落法	(1)有底柱分段崩落法
		(2)无底柱分段崩落法
	3.阶段崩落法	(1)阶段强制崩落法
		(2)阶段自然崩落法

(1)空场法

其实质是在矿体中形成的采空区主要依靠围岩自身的稳固性和留下的矿柱来支撑顶板岩石,管理地压,采空区不做特别处理。由于该类方法工艺简单,成本低,被广泛应用。但其缺点是随开采规模的扩大,采空区数量日益增多,存在安全隐患,且由于矿柱回采条件恶化、回采率低,不利于资源的保护性开采。随着矿产品价格的持续走高,该类采矿方法应用比重有所降低。

（2）充填法

其实质是利用充填物料将回采过程中形成的采空区进行充填，以限制顶板岩层移动和地表沉降。由于增加了充填工序，使生产管理复杂，综合成本较高。但该类采矿方法安全性及资源回采率高，且有利于环境保护，随着矿产品价格的持续走高和对环境问题的日益重视，该类采矿方法应用比重越来越大。

（3）崩落法

与空场法和充填法被动管理地压理念不同，崩落法是随着矿石被采出，有计划地崩落矿体的覆盖岩石和上下盘围岩来充填空区，消除地压发生的根源，主动管理地压。由于覆盖岩石和上下盘围岩的崩落会引起地表沉陷，所以，只有地表允许陷落的地方，才可考虑采用这种采矿方法，而且由于该方法出矿工作是在覆盖岩石下进行的，矿石损失率和贫化率较高，因此，不适合贵重金属和高品位矿石的回采。

8.2 采矿方法应用情况

1）国内矿山采矿方法应用情况

从表8-2国内45个重点有色金属矿山、15个重点铁矿山、17个重点化学矿山以及部分重点核工业矿山采矿方法应用情况来看，可归纳为5个方面。

（1）有色金属矿山中空场法、充填法、崩落法的应用比重分别为34.5%、19.1%和46.4%，这3种方法应用相对均衡。这也说明有色金属矿山赋存条件复杂，各种矿床类型都有，故各种方法都有较多的应用实例。

表8-2 国内非煤矿山地下采矿方法应用比重（%）

采矿方法	45个重点有色金属矿山应用比重	15个重点铁矿山应用比重	17个重点化学矿山应用比重	重点核工业矿山应用比重
Ⅰ. 空场法	34.5	5.9	60.6	14.3
其中：全面法	2.0		1.0	4.4
房柱法	2.4		25.1	2.8
留矿法	22.0	5.9	17.9	7.1
分段空场法	5.0		16.6	
阶段空场法	3.1			
Ⅱ. 充填法	19.1		0.8	54.8
其中：上向分层充填法	16.4			
上向进路充填法	0.3			
下向进路充填法	2.1			
Ⅲ. 崩落法	46.4	94.1	38.6	30.9
其中：有底柱分段崩落法	19.2	6.2	12.0	
无底柱分段崩落法	7.2	78.6	23.0	
阶段强制崩落法	18.6			
阶段自然崩落法		3.5		

（2）以铁为代表的黑色金属矿山大多采用崩落法，比例达到 94.1%，其中主要是无底柱分段崩落法，比例高达 78.6%。这主要是因为 2003 年以前，铁矿石价格偏低，企业为保持最大限度的利益，只能采用贫化率高、损失率大，但矿块生产能力相对较高、成本较低的崩落采矿法。

（3）化学工业矿山大多采用空场法（60.6%）和崩落法（38.6%），原因与铁矿山相似，亦是因化学矿山长期以来价格偏低所致。

（4）核工业矿山则以充填法为主（54.8%），崩落法次之（30.9%），空场法也有一定比例（14.3%）。核工业矿山之所以较多采用充填法，与抑制放射性元素逸出有关。

（5）各大类采矿方法中，应用较多的采矿方法包括：空场法中的留矿法、房柱法和分段空场法；充填法中的上向水平分层充填法；崩落法中的无底柱分段崩落法。

2）国外采矿方法应用情况

从表 8 - 3 中对国外 32 个国家及地区 232 个矿山采矿方法应用情况统计结果来看，综合矿山数目和产量统计结果，三大类采矿方法应用比例差别不大，但在各类采矿方法中，中深孔、深孔采矿方法（分段空场法、分段崩落法、阶段崩落法）所占比重较大。说明与国内矿山相比，国外矿山机械化程度更高。

表 8 - 3　国外 32 个国家 232 个非煤矿山地下采矿方法应用比重（%）

采矿方法	按矿山计	按产量计
Ⅰ. 空场法	45.8	36.5
其中：全面法	0.9	0.4
房柱法	13.4	11.9
留矿法	9.9	3.0
分段空场法	20.3	12.7
阶段空场法	0.9	8.3
Ⅱ. 充填法	34.8	14.5
其中：上向充填法	28.4	13.0
下向进路充填法	3.4	0.7
VCR 嗣后充填法	1.3	0.4
Ⅲ. 崩落法	19.4	49.0
其中：分段崩落法	12.1	26.3
阶段崩落法	6.0	22.5

8.3　采矿方法未来发展趋势

可以预计，现阶段及未来一段较长时期内，采矿方法仍以充填采矿法、空场采矿法、崩落采矿法为主。虽然从表 8 - 2、表 8 - 3 国内外采矿方法应用比重来看，空场法和崩落法所占比重更高，但上述统计资料来源于 10 多年以前，当时矿产品市场持续低迷，原材料价格异常偏低，制约了回采率高、贫化率低、安全性好，但成本相对较高的充填法的推广力度。

自2003年下半年开始，矿产品市场摆脱了多年来的持续低迷状况，金属原材料价格一路走高，时至今日，虽然价格有所回落，但仍在相对高位区间震荡。矿产品价格的提高极大地促进了充填采矿法的发展，与过去采矿方法应用状况相比，国内地下金属矿山采矿方法应用的比重发生了很大变化，充填法应用范围越来越广。可以预计，在不远的未来，充填采矿法将占据统治地位，空场法和崩落法的应用比重将越来越小，尤其是崩落法将逐渐萎缩。得出上述预测的主要原因是：

(1)与空场法、崩落法相比，充填法损失率和贫化率大大降低，平均比空场法降低5%～10%，比崩落法降低10%～15%。虽然成本有所提高，但成本增加额度远低于因回采率提高和贫化率降低带来的收益额度，故越来越多的的企业开始采用充填法。

(2)崩落法开采引起地表大面积塌陷，空场法地下存在大量采空区未进行处理，随着时间推移，采空区面积越来越大，暴露时间越来越长，存在大面积地压活动引起地面塌陷的可能性增加。因此，崩落法和空场法对环境破坏严重。充填法由于对采空区及时处理，可有效抑制地表变形和塌陷，符合国家环境保护政策。随着全社会对环境保护问题的日益重视，应用充填采矿法的矿山将越来越多。实际上，不少省份已下文规定新建矿山不采用充填法，一律不颁发安全生产许可证。国家也将充填法列为鼓励采用的采矿方法。

(3)充填法可以实现废石不出井充填，选矿尾砂用于井下充填，可减少废石和尾砂地面堆放压力，降低废石场和尾矿库容积以及维护费用。

(4)随着充填技术的发展，充填效率将会提高，充填成本将会进一步降低，使充填法的优势越来越明显。

综上所述，由于充填法兼具高回采率、低贫化率和环境保护双重功效，其应用比重将越来越大。不仅有色金属矿山（包括黄金等贵金属矿山）充填法已成为主体采矿方法，即使传统上不采用充填法的铁矿、煤矿等也开始广泛采用充填采矿方法，且推广应用力度甚至超过有色金属矿山。

8.4 采矿方法选择

采矿方法在矿山生产中占有十分重要的地位。因为它对矿山生产的许多技术经济指标，如矿山生产能力、矿石损失率和贫化率、劳动生产效率、成本及安全等都具有重要的影响，所以采矿方法选择的合理、正确与否，将直接关系到矿山企业的经济效果和安全生产状况。

8.4.1 采矿方法选择的基本要求

正确合理的采矿方法必须满足下列要求：

(1)安全和良好的卫生条件。安全是采矿方法选择的首要要求，必须保证工人在开采各环节(凿岩、装药爆破、顶板管理、通风、出矿、充填等)作业安全；当发生地下灾害(涌水、顶板冒落、采空区垮塌等)时，应能及时撤离作业区；保证地下各种设备、基本井巷、硐室和构筑物使用中不受到破坏；需保护的地表建(构)筑物不因采矿而受到破坏；避免因大规模地压活动可能造成的破坏。除狭义的上述安全目标外，还要保证为工人创造良好的工作环境，保证良好的通风质量和足够的作业空间。

（2）采矿强度和生产效率高。在保证安全的前提下，尽可能选择生产能力大、生产效率高的采矿方法。所选用采矿方法的生产能力尽可能保证在单中段布置的同时回采矿块数可以满足矿山生产能力要求，避免多中段生产。因为多中段生产不仅管理复杂，而且两中段之间风流难以控制，容易发生污风串联。

（3）损失率、贫化率低。如表 3 − 5 所示，不同采矿方法贫化率、损失率指标差别巨大，应尽可能选择贫化率低、回采率高的采矿方法，以尽可能提高资源回采率，延长矿山服务年限，同时提高入选矿石质量，提高选矿回收指标。除极薄矿脉外，一般要求损失率和贫化率控制在 10% ~20% 以内。

（4）经济效益好。经济效益主要取决于开采成本和销售价格以及相应税费。在销售价格和税费一定条件下，降低开采成本可以提高矿山经济效益。因此，应尽可能选择低成本采矿方法。但应该指出的是，要综合考虑回采率与成本之间的关系，不拘泥于单位矿石开采成本，以总效益最大化为原则。主要技术经济指标要留有余地，既要考虑技术进步，积极采用新工艺、新设备，又要留有应变余地。

（5）充分利用矿石中有用成分，尽可能提高出矿品位及伴生元素的回收率。对有特殊要求的矿种须考虑分采、分选的可能性。

（6）采准工程布置灵活性大，对矿体的适应性强，矿石损失和贫化小；

（7）遵守相关法律、法规要求。采矿方法选择必须遵守有关矿山安全、环境保护、矿产资源保护等方面的有关规定。

8.4.2 影响采矿方法选择的主要因素

采矿方法的选择受多种因素的影响，主要包括：

1) 矿床地质条件

矿床地质条件对采矿方法的选择起控制性作用，一般矿山根据矿体的产状、矿石和围岩的物理力学性质就可以优选出 1 ~2 种采矿方法。影响采矿方法选择的主要地质条件包括：

（1）矿石和围岩的物理力学性质，尤其是矿石和围岩的稳固性，是影响采矿方法选择的主要因素。因为矿岩稳固性决定着采场地压管理方法、采场构成要素、回采顺序及落矿方法等。矿岩稳固性对采矿方法选择的影响见表 8 − 4。

表 8 −4 矿岩稳固性对采矿方法选择的影响

稳固性		较适应的采矿方法	可排除的采矿方法
矿石	围岩		
稳固	稳固	空场法、充填法	崩落法
稳固	不稳固	充填法、崩落法	空场法
中等稳固或不稳固	稳固	充填法、分段空场法、阶段空场法、分段崩落法、阶段崩落法	
不稳固	不稳固	下向进路充填法	空场法

（2）矿体倾角和厚度：矿体倾角主要影响矿石在采场中的运搬方式：急倾斜矿体既可采用机械运搬，也可采用重力运搬；倾斜矿体可考虑爆力运搬和机械运搬；缓倾斜矿体可采用电耙运搬；而水平和微倾斜矿体则可采用无轨设备出矿。矿体厚度则主要影响落矿方法的选择以及矿块的布置方式等：薄矿体只能采用浅孔落矿，中厚以上矿体则可考虑中深孔、深孔落矿；薄矿体矿块只能沿矿体走向布置，而中厚至厚矿体既可沿走向布置，也可垂直走向布置；极厚矿体则一般垂直走向布置矿块。

矿体倾角与厚度对采矿方法选择的影响见表 8－5。

表 8－5　矿体倾角和厚度对采矿方法选择的影响

项目	水平与微倾斜矿体 0°～5°	缓倾斜矿体 5°～30°	倾斜矿体 30°～55°	急倾斜矿体 >55°
极薄矿脉 <0.8 m	削壁充填法	削壁充填法	上向倾斜削壁充填法	留矿法、上向分层削壁充填法、上向进路充填法
薄矿体 0.8～5.0 m	全面法、房柱法、削壁充填法	全面法、房柱法、上向进路充填法	爆力运搬采矿法、上（下）向进路充填法	留矿法、留矿嗣后充填法、上向水平分层充填法、上向进路充填法
中厚矿体 5.0～15.0 m	房柱法、分段空场法	房柱法、分段空场法、上向水平分层充填法、上（下）向进路充填法	爆力运搬采矿法、分段矿房法、充填法	分段法、充填法
厚矿体 15.0～50.0 m	分段空场法、阶段空场法、分段崩落法、阶段崩落法、上向水平分层充填法、上（下）向进路充填法、嗣后充填法			
极厚矿体 >50 m	分段空场法、阶段空场法、分段崩落法、阶段崩落法、上向水平分层充填法、分段空场嗣后充填法、阶段空场嗣后充填法			

（3）矿体形状和矿石与围岩的接触情况：主要影响落矿方法、矿石运搬方式和损失与贫化指标。如果矿岩接触面不明显，矿体形态变化较大，矿体间存在大的夹石，或矿体分支、尖灭再现现象严重，则不宜采用大直径中深孔或深孔作业，否则会因围岩混入造成较大的损失和贫化。

（4）矿石的品位和价值：开采品位较高的富矿和贵重、稀有金属矿时，往往要求采用回采率高、贫化率低的采矿方法，即使这类采矿方法成本较高，但提高出矿品位和多回收资源所获得的经济效益往往会超过成本的增加额。反之，矿石的品位和价值相对较低时，则应采用成本低、效率高的采矿方法，如崩落法等。

（5）矿体中品位分布情况及围岩含矿情况：矿体中品位分布不均匀且差别较大时，应考虑采用分采的可能性，同时还可将低品位矿石留作矿柱。如果围岩含矿，则回采过程中对围岩混入的限制可以适当放宽。

（6）矿体埋藏深度：与浅井或中深井开采相比，深井（如超过 800 m）开采这一特殊环境将带来一系列安全问题,主要包括岩爆(即在压力作用下,岩石发生爆裂的现象)、高温、采场闭合和地震活动等,其中尤以岩爆为主要危害,此时应考虑采用充填法。

(7)矿石氧化性、自燃性和结块性:开采硫化矿床时,须考虑有无自燃危险的问题。高硫(硫含量20%以上)矿石(特别是存在胶状黄铁矿时)发生自燃可能性较大,不宜采用积压矿石量大和积压时间长的采矿方法,如留矿法、阶段崩落法和阶段空场法等,而应优先考虑采用充填法。如果矿体中含硫量高、存在闪长玢岩破碎带、含水量大且存在高岭土等黏性矿物时,容易结块,也不宜采用积压矿石量大和积压时间长的采矿方法。

2)特殊要求

某些特殊要求可能是采矿方法选择的决定因素,如:

(1)地表是否允许陷落:如果地表有重要工程(公路、铁路、村镇等)、水体(河流、湖泊等)及其他需要保护的因素(风景区、良田、文化遗址、森林),不允许陷落,则在采矿方法选择时应优先考虑能保护地表的采矿方法,如充填法。

(2)加工部门对矿石质量的特殊要求,如贫化率指标、矿石块度等:某些加工部门对矿石品位及品级有特殊要求,如直接入炉冶炼的富铁矿石、耐火原料矿石等,对品位及有害成分含量有较高要求,不允许有较大贫化率,特别是当工业品位临近入选或入炉品位时,更不允许有较大贫化,因此,应选择低贫化率的采矿方法;矿石块度关系到箕斗提升、矿车规格、选矿设备选型,其大小与大块率和采场凿岩爆破参数密切相关。如果矿石块度要求较小,则不宜采用大直径深孔或中深孔落矿,尤其是不宜采用扇形炮孔落矿。

(3)若开采含放射性元素的矿石,则应采用通风效果好的采矿方法。

8.4.3 采矿方法选择程序

采矿方法选择一般可分为三个步骤:

第一步:采矿方法初选;

第二步:技术经济对比分析;

第三步:详细技术经济计算,综合分析比较。

一般情况下,在初选几个方案后,通过主要技术经济指标(生产能力、开采成本、贫化率、回采率、劳动生产率)和优缺点比较,就可确定采矿方法,即一般只需做到第二步就可以优选出矿山主体采矿方法。只有当技术经济对比分析,仍然无法确定哪一种采矿方法最优的情况下,对难分优劣的2种(最多3种)方案,进行详细技术经济计算(第三步),通过综合分析比较确定最优方案。

8.4.4 采矿方法初选

按照采矿方法选择基本要求,分析影响采矿方法选择的各主要因素,初步选择2~3个技术可行、经济相对合理的采矿方法方案(最多不超过3~5个)。具体选择方法是:

(1)根据地质报告和现场踏勘所收集到的地质资料,对矿岩稳固程度、采场回采后形成的采空区体积、最大允许暴露面积和暴露顶板最大跨度等作出估计。必要时,可进行理论计算或数值模拟,确定采场规格,评价工艺稳定性。

(2)根据地质平面图、剖面图,将矿体按倾角、厚度进行分类(见表8-6,表中空白由统计人员选填),并确定各类矿体的分布区域。

表8-6　矿体倾角和厚度分类统计表(%)

项目	水平与微倾斜矿体 0°~5°	缓倾斜矿体 5°~30°	倾斜矿体 30°~55°	急倾斜矿体 >55°
极薄矿脉(<0.8 m)				
薄矿体(0.8~5.0 m)				
中厚矿体(5.0~15.0 m)				
厚矿体(15.0~50.0 m)				
极厚矿体(>50 m)				

(3)根据采矿方法选择要求和影响因素,以及(1)、(2)统计分析结果,对主要类别矿体提出2~3种技术可行、经济相对合理的采矿方法方案,对其他所占比例相对较小的矿体的采矿方法则本着方法尽量统一的原则进行确定。

(4)绘制选定采矿方法方案标准图,并给出采准切割和回采工艺的要点。

8.4.5　采矿方法技术经济对比分析

(1)对提出的采矿方法方案进行技术经济对比分析,分析内容包括:

①采矿成本和主要材料消耗;

②劳动生产率;

③矿块的生产能力;

④矿石损失率和贫化率;

⑤安全条件;

⑥采矿设备和技术的难易程度;

⑦采准工作量(千吨采切比);

⑧其他。

(2)按照经济、安全和充分利用资源,以及满足国家需要等原则,全面衡量各种采矿方法方案的利弊,确定合理的采矿方法方案,绘制选用采矿方法的标准图,给出采场结构参数,包括:

①矿块布置(沿走向或垂直走向);

②阶段高度;

③分段高度;

④分层高度;

⑤矿房长度和宽度;

⑥房间矿柱尺寸;

⑦顶柱和底柱尺寸;

⑧工作面形式,工作面长度;

⑨矿块底部结构形式(漏斗、堑沟或平底)、间距和布置方式;

⑩其他。

8.4.6 详细技术经济计算

如果通过采矿方法技术经济分析对比仍不能确定最终采矿方法方案，则需对 2~3 种难分优劣的采矿方法进行详细技术经济计算，计算内容包括：

(1) 采出矿石成本、最终产品成本；

(2) 年盈利、总盈利及其净现值；

(3) 基建投资、投资收益率、投资回收期；

(4) 敏感性分析。

8.4.7 采矿方法选择举例

1) 矿山开采技术条件简述

某金矿矿体主要分布在近东西向的断裂破碎带中，矿化带长大于 800 m，宽 20~60 m。矿体长 20~560 m，厚度 1.28~17.38 m。金品位一般为 1.0~6.36 g/t，平均品位 4.5 g/t。矿体分布标高 3540~3846 m，控制矿体延深 20~180 m。

矿体顶底板由灰质砾岩、白云质灰岩组成，$f = 6~12$，岩石受地质构造破坏影响一般，节理裂隙发育。暴露面高 5~10 m、宽 10~15 m 时，无支护能保持稳定。

矿体为紫红色、褐红色赤铁矿化、硅化灰质砾岩型金矿石，$f = 5~8$，矿石碎块间不具黏结性、氧化性和自燃性。矿石比较坚固，稳固性好。

矿床周围无任何地表水体存在，地下水埋藏较深，矿床高出潜水面近 50 m，因此矿区地表水、地下水对矿床开采均无任何影响。设计生产能力为 40 万 t/a。

经计算，空区最大允许暴露面积为 400 m²，当空顶高度为 5 m 时顶板暴露跨度不应超过 25 m。

2) 矿体分类

为了对矿体有一个更全面的掌握，同时便于采矿方法选择，根据矿山提供的剖面图和平面图，在设计开采范围内，按照矿体的倾角和厚度进行统计分类，将具有工业价值的矿体按厚度分为 3 类，即：A 类缓倾斜中厚矿体，厚度小于 5 m，倾角 25°~45°，占总储量的 6.53%；B 类倾斜中厚矿体，厚度 5~10 m，倾角 >45°，占 15.23%；C 类缓倾斜中厚以上矿体，厚度大于 10 m，倾角 25°~45°，占 78.24%。各类矿体主要分布区域如表 8-7 所示。

3) 方案初选

从表 8-7 矿体厚度、倾角分类表可以看出，该金矿属缓倾斜薄至中厚难采金矿脉。由于矿石品位较高，采用充填采矿法。适宜的采矿方法包括分段凿岩分段出矿嗣后充填采矿法（方案Ⅰ）、上向水平进路充填法（方案Ⅱ）和上向水平分层充填法（方案Ⅲ）。

表 8-7 某金矿矿体倾角和厚度分类统计表 (%)

序号	厚度/m	倾角/(°)	所占比例/%	主要分布区域
A	1~5	25~45	6.53	3570 与 3602 中段的 154~160 与 168~172 线
B	1~5	>45	15.23	3570 与 3630 中段的 168~172 线及 3630 的 156~166 线
C	5~10	25~45	78.24	3570 与 3602 中段的 158~170 线

4）技术经济对比分析

3 种初选采矿方法方案主要技术经济指标和优缺点如表 8 - 8 所示，从表中可以看出，虽然方案 Ⅰ 采矿强度大，生产安全，但因技术要求高，且贫化、损失指标难以控制，故不予推荐。从生产效率角度出发，选用方案 Ⅲ，即上向水平分层充填法，但在局部地段，即矿岩稳固性差，不容许有较大暴露面积的区段，可以使用方案 Ⅱ，即上向水平进路充填法，以确保生产安全。

表 8 - 8 某金矿采矿方法主要技术经济指标和优缺点比较表

序号	项目名称	方案 Ⅰ 分段凿岩分段出矿嗣后充填法	方案 Ⅱ 上向水平进路充填法	方案 Ⅲ 上向水平分层充填法
1	采场生产能力 /(t·d^{-1})	250	85	140
2	采矿直接成本（元/t）	35.6	54.5	40.4
3	矿石损失率/%	37	5	8
4	矿石贫化率/%	12	5	8
5	采掘比（标准米/kt）	25	8	27
6	采场暴露面积/m²	405	166	240
7	方案灵活适应性	差	好	好
8	通风条件	好	差	好
9	实施难易程度	难	容易	容易
10	地压控制效果	好	好	较好
11	优点	（1）回采强度大，劳动生产率高； （2）工人不进入空区，主要作业均在专用巷道内进行，安全性好； （3）通风效果好。	（1）采切工作简单，灵活性强，对矿体形态变化适应性好； （2）进路采矿安全性好； （3）回采率高、贫化率低。	（1）采切工作简单，灵活性强，对矿体形态变化适应性好； （2）回采率高、贫化率低； （3）采场形成贯穿风流，通风效果好。
12	缺点	（1）施工难度大，采场边界难以控制； （2）顶底柱所占比例高，矿石损失、贫化大； （3）采用扇形中深孔落矿，矿石块度不均匀、大块率高，二次破碎作业量大。	（1）效率相对较低，作业循环较多，采场生产能力小； （2）通风效果差。	（1）工人在采场内作业，安全性稍差； （2）作业循环较多，采场生产能力较方案 Ⅰ 低。

8.5 采准与切割工程

为获得采准矿量，在已完成开拓工作的区域内，按不同采矿方法工艺要求，所掘进的各类井巷工程称为采准工程。如在采场底部开掘的沿脉运输巷道和穿脉巷道、运输横巷、通风平巷;采场人行道,通风、设备、充填、泄水、回风等专用天井,溜矿井等。

为获得备采矿量,在开拓及采准矿量的基础上按采矿方法要求,在回采作业之前必须完成的井巷工程,称为切割工程。如采场切割天井(或上山)、切割平巷、拉底平巷、切割堑沟;放矿漏斗的漏斗颈;深孔凿岩硐室等。

8.5.1 采准方法分类

主要运输巷道一般属于开拓工程,但由于其靠近矿体部分的布置与采准关系极为密切,通常将其划为主要采准巷道。除了主要运输巷道外,采准工程还包括主要运输水平之上的主要平巷(分段平巷、分层平巷、联络道等)、穿脉工程、采场天井(人行天井、设备天井、通风天井、充填天井、泄水天井等)、采场溜矿井、斜坡道等。

1)按主要采准巷道与矿体位置分类

按主要采准巷道与矿体位置关系可分为:

(1)脉内采准:主要运输巷道沿矿体走向布置在矿体内部或矿岩接触带上;

(2)脉外采准:主要运输巷道沿矿体走向布置在矿体下盘围岩中,个别情况下(如下盘围岩不稳固,上盘围岩稳固),也可将其布置在上盘围岩中;

(3)脉内、脉外联合采准:布置两条主要运输巷道,一条沿矿体走向布置在矿体下盘或上盘围岩中,另一条布置在矿体内部,两条主要运输巷道之间用穿脉连接,形成环形运输系统。

2)按主要采准巷道内通行的装载运输设备分类

(1)有轨采准:采场崩落矿石通过溜矿井向轨轮式矿车装矿,由电机车牵引至溜破系统,破碎后由主井箕斗提升至地表,或直接由电机车牵引至罐笼主井提升至地表;

(2)无轨采准:采用无轨自行设备(轮胎式装运机、铲运机、坑内自卸汽车)完成矿石装、运、卸等运搬作业;

(3)有轨与无轨联合采准:无轨铲运机出矿与电机车牵引轨轮式矿车运输的采准方式。

8.5.2 主要采准巷道布置

1)运输巷道布置

运输巷道结合开拓系统和采矿方法进行布置,详见各采矿方法采准工程布置。

2)天井布置

天井在采切工程中所占比例较大,一般为40%～50%。与平巷相比,天井掘进条件差,速度慢,效率低。天井掘进可采用普通法、爬罐法、吊罐法、深孔分段爆破成井法和钻进法施工。近年来随着天井掘进设备的发展,天井钻进已广泛应用于天井掘进施工中,极大提高了天井成井效率,降低了劳动强度。天井钻机已可一次钻凿直径1.2～2.4 m天井,最大钻凿天井直径3.6 m,基本满足天井施工需要。

天井布置应满足如下要求:

(1)保证使用安全,与回采工作面联系便利;

(2)人行、通风、设备天井应具有良好的通风条件;

(3)天井规格应根据用途确定,保证矿石下放和人员、材料、设备通行顺利,并有利于其他采切巷道的施工;

(4)有利于探采结合。

天井应尽量直立布置。

3) 溜矿井(简称溜井)

与矿山溜破系统的主溜井属于开拓工程不同，在一个阶段之内，用来为一个采区或一个盘区服务的采区溜井属于采准工程。

采区溜井与所采用的采矿方法密切相关，为便于矿石转运，平衡采场间断出矿与矿车集中装矿矛盾，一般均需设置采区溜井。

采区溜井是采场崩落矿石与井下矿石运输系统之间的中间环节，也是容易因堵塞而影响矿山正常生产的薄弱环节，应引起足够重视。条件允许情况下，尽量加大溜井规格，减轻溜井堵塞风险；溜井上方应设置格筛，以避免大块进入造成堵塞；废石量较大时，应设置废石溜井，与矿石溜井分开，避免造成人为贫化。

采区溜井也有脉内、脉外两种布置形式。为避免压矿，应尽量布置下盘脉外溜井。只有当下盘岩石不稳定而矿体或上盘围岩稳固时，才考虑将溜井布置在脉内或上盘围岩中。当矿体极薄时为降低采切比，或矿体极厚时为减少矿石运输距离，也可采用脉内布置。

采区溜井的间距，与所采用的采矿方法及出矿设备有关：采用气动装岩机出矿时，采区溜井的间距一般为50 m左右；使用电动铲运机出矿时，溜井间距为100 m左右；使用柴油铲运机时，溜井间距可以扩大到150~300 m。除根据出矿设备确定溜井间距外，还应考虑溜井的通过能力，根据与采场生产能力相适应的原则确定溜井数目和间距。

采区溜井的位置，一般应满足下列条件：

(1)因溜井受矿石反复冲撞容易磨损破坏，故溜井穿过的岩层应坚硬、稳固，尽量避开断层、破碎带、褶皱、溶洞及节理裂隙发育地段；

(2)黏性大、易结块矿石尽量不用溜井放矿，若必须采用溜井时，应适当加大溜井断面，减小因矿石结块而堵塞溜井的可能性；

(3)采区溜井应尽量布置在阶段穿脉巷道中，以减少装卸矿石对运输的干扰和粉尘对空气的污染；

(4)采区溜井尽量布置在装矿巷道的直线段，且直线段距离要满足一列车装矿需要。

采区溜井尽量直立布置，必须采用倾斜溜井时，溜矿段倾角要大于矿石自然安息角，一般不小于55°。

溜井高度不宜过高，因为过高溜井堵塞后处理难度较大。如果溜井服务多个中段，最好采用错段布置，错段之间用振动放矿机连接。

由于采区生产能力有限，一般采区溜井不设备用井。

溜井断面形状有圆形、方形和矩形3种。一般采用圆形溜井，因为圆形溜井稳固性好、受力均匀、断面利用率高、冲击磨损小。溜井可以采用天井钻机施工，以提高成井速度。

8.5.3 无轨采准

随着无轨设备的大量应用，采用无轨采准的矿山有日益增加的趋势。无轨采准工程主要包括无轨采准巷道和采准斜坡道，以及为无轨采矿服务的垂直井巷工程(如溜井)和硐室(检修硐室)。

无轨采准平巷包括阶段平巷、分段平巷、分层平巷及其与采场、溜井、斜坡道之间的各种联络巷道。

无轨采准斜坡道是指专门为采场服务的，阶段与阶段、阶段与分段、分段与分段或它们与采矿场之间相互联系的各种斜坡道及其斜坡联络道。

斜坡道一般布置在矿体下盘，且多采用折返式布置。

8.5.4 矿块底部结构

阶段内崩落的矿石要通过布置在矿块底部的一系列井巷工程放出。矿块底部布置的受矿巷道、二次破碎巷道和放矿巷道的不同形状和布置方式的总和，称为矿块底部结构。

底部结构是采准切割工程集中部位，在较小的高度内密集布置有各种受矿、放矿井巷工程，削弱了底部结构的稳固性，因此，必须周密设计。在保证底部结构安全和受矿、放矿功能顺利实现的前提下，尽量减小底部结构高度，以最大限度地提高资源回采率。

底部结构类型很多，按矿石的运搬形式，大致可分为4种，即自重放矿闸门装车底部结构、电耙耙矿底部结构、装载设备出矿底部结构和自行设备出矿底部结构，其中自重放矿闸门装车底部结构已基本淘汰，为使学生系统了解底部结构的演变过程，仍将其作为一类底部结构进行简单介绍。各类底部结构的基本特征如表8-9所示。

表8-9 矿块底部结构分类表

序号	底部结构类型和结构特征	底部结构特征		
		运搬方式	受矿、装矿巷道	受矿巷道形式
1	自重放矿闸门装车底部结构	自重溜放	(1)有格筛硐室 (2)无格筛硐室	漏斗式
2	电耙耙矿底部结构	电耙耙矿	电耙道	(1)漏斗式 (2)堑沟式 (3)平底式
3	装载设备出矿底部结构	(1)装岩机装矿—矿车运搬 (2)振动放矿—运输机运搬	(1)出矿巷道 (2)放矿口或专用硐室	(1)漏斗式 (2)堑沟式 (3)平底式
4	自行设备出矿底部结构	铲运机装、运、卸	出矿巷道	(1)堑沟式 (2)平底式

1)自重放矿底部结构

自重放矿底部结构分为有格筛漏斗和无格筛漏斗两种形式。

(1)有格筛漏斗自重放矿底部结构

有格筛漏斗自重放矿底部结构如图8-1所示。崩落矿石借助重力经漏斗到达二次破碎水平的格筛上，合格块度矿石经格筛进入漏斗颈，通过闸门装车。不合格大块直接在筛面上进行二次破碎，也可移到格筛巷道内破碎。

格筛巷道可以双侧布置(矿体厚大时，见图8-1)，也可以单侧布置。

漏斗中心距根据每个喇叭口担负的受矿面积确定。房式采矿法单喇叭口受矿面积一般为$30 \sim 50 \text{ m}^2$，故漏斗中心距一般为$5 \sim 7 \text{ m}$。喇叭口斜面倾角为$45° \sim 55°$。

底部结构的底柱高度一般为$12 \sim 14 \text{ m}$，其中从运输水平至二次破碎水平为$6 \sim 8 \text{ m}$，二次破碎水平至拉底水平为6 m左右。底柱矿量占整个矿块矿量的$20\% \sim 25\%$。

这种底部结构放矿能力大，出矿成本低，但采准工程量大，底柱矿量多、回采率低，底柱切割严重、稳固性差，故现在已基本淘汰。

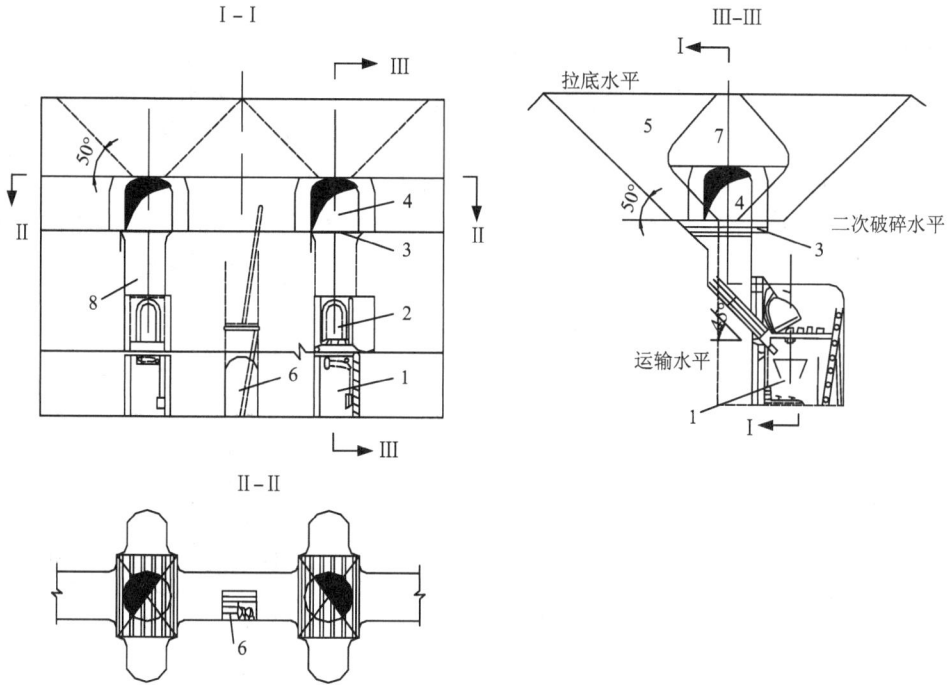

图8-1 有格筛漏斗自重放矿底部结构(双侧格筛巷道)

1—运输巷道;2—漏斗闸门;3—格筛;4—二次破碎水平的格筛巷道;
5—受矿喇叭口;6—人行联络小井;7—桃形矿柱;8—漏斗颈

(2)无格筛漏斗自重放矿底部结构

由于有格筛漏斗自重放矿底部结构存在上述问题,在浅孔崩矿、大块率不大情况下,可取消二次破碎水平,崩落矿石借助重力经放矿漏斗直接向矿车装矿,少量大块在漏斗闸门内破碎(见图8-2)。由于取消了二次破碎水平,底柱高度可大大降低,一般为5~8 m,漏斗间距4~10 m。该种底部结构在一些中小型矿山仍有少量使用。

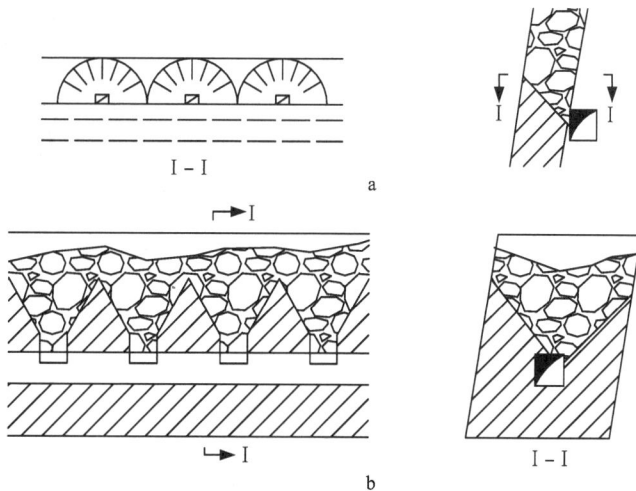

图8-2 无格筛漏斗自重放矿底部结构

a—脉外布置;b—脉内布置

（3）人工假底自重放矿底部结构

如果矿脉较薄，或矿石价值较高，为减少矿柱矿量，可采用人工假底构筑底部结构。首先将底部矿石采空，然后构筑人工假巷和人工漏斗。人工假底可以采用木质假底、混凝土假底和充填料人工假底3类。木质假底因木材消耗量大，架设困难，已基本淘汰；混凝土假底（见图8-3）质量高，但构筑效率低；如果矿山采用充填法，可采用高强度胶结充填料浆构筑人工假巷（见图8-4），然后用普通胶结充填料形成人工底柱。这种充填人工假底构筑工艺自动化程度高、成本低，效率高，得到广泛应用，但必须保证充填假底的强度。

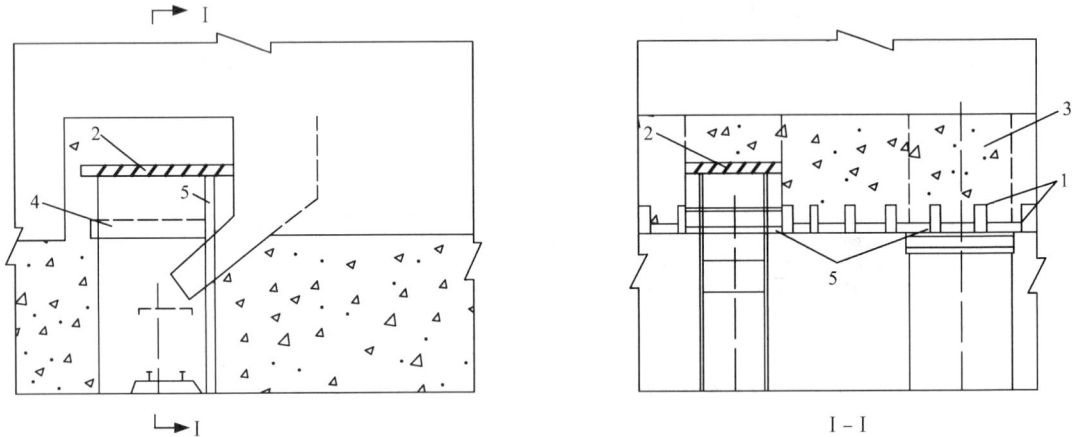

图8-3 凡口铅锌矿混凝土人工假底底部结构

1—随充填体形成的矿漏子；2—木板；3—人行顺路天井；4—钢筋混凝土预制板；5—钢梁

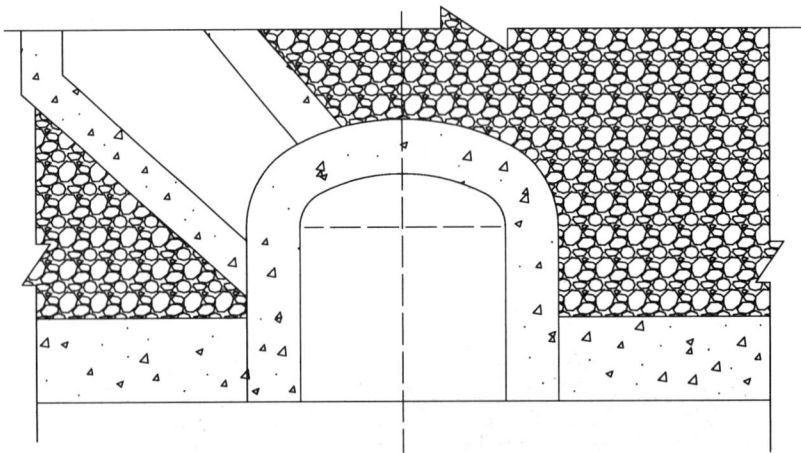

图8-4 充填料做假顶的底部结构

2）电耙耙矿底部结构

电耙耙矿虽然放矿能力小，矿石不能耙净，采下损失较大，但因其将矿石运搬与装载合一，采切工程量小，作业条件好，设备简单，在国内中小型矿山仍有广泛使用，即使在国外也仍有部分矿山在使用。为提高放矿效率，一般矿山在放矿口安装振动放矿机，与之联合使用。

按受矿结构不同，电耙耙矿底部结构分为3类，即漏斗底部结构、堑沟底部结构和平底底部结构。

（1）漏斗底部结构

按漏斗排数及其与电耙巷道的位置关系，可分为单侧漏斗布置和双侧漏斗布置（见图8-5）两种形式。

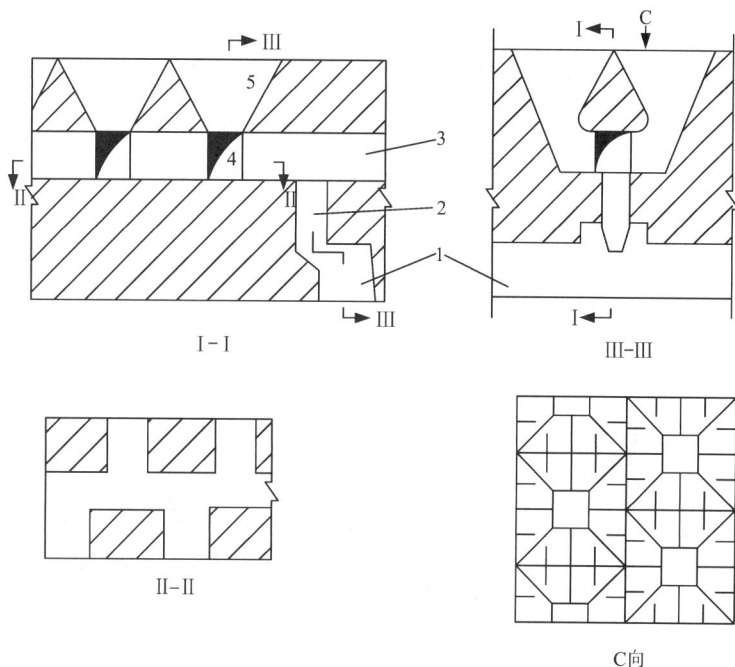

图8-5 漏斗放矿电耙耙矿底部结构

1—运输平巷；2—溜井；3—电耙巷道；4—漏斗穿；5—漏斗

布置双侧漏斗时，可以对称布置，也可以交错布置（见图8-6）。由于交错布置放矿口分布均匀，对底部结构破坏相对较小，应优先选用。

由于与其他形式底部结构相比，漏斗底部结构对底柱破坏性大，底部结构稳固性差，漏斗辟漏工程量大，电耙巷道维护困难，故条件允许时，应尽量不采用漏斗底部结构。

（2）堑沟底部结构

采用漏斗底部结构时，为尽可能减少采下矿石损失，漏斗间距不能过大，削弱了漏斗桃形矿柱稳定性，增加了电耙道维护难度，而且漏斗辟漏工作量大。为解决这个问题，可以将漏斗间打通，形成一条"V"形堑沟，将电耙道移至"V"形堑沟一侧。"V"形堑沟与电耙道通过放矿口相连，即形成了堑沟底部结构。根据矿体厚度和稳固性，"V"形堑沟放矿口可布置在电耙道一侧或双侧（见图8-7）。

与漏斗底部结构相比，"V"形堑沟底部结构具有如下优点：

①"V"形堑沟可与矿块拉底一次进行，简化了底部结构形成工艺；

②开凿堑沟可用中深孔，提高了劳动效率；

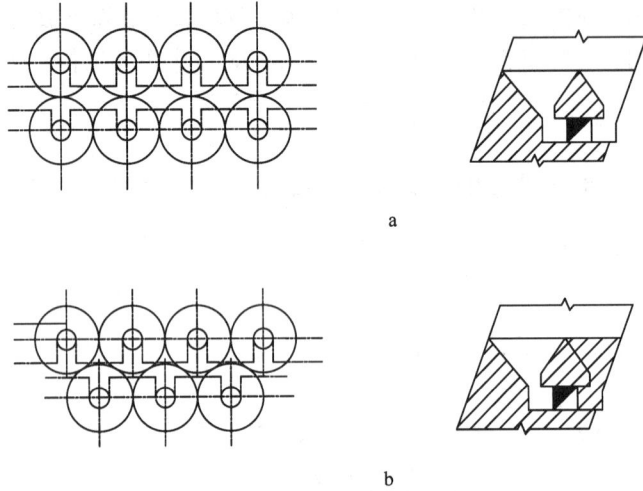

图 8-6 漏斗布置形式

a—对称布置；b—交错布置

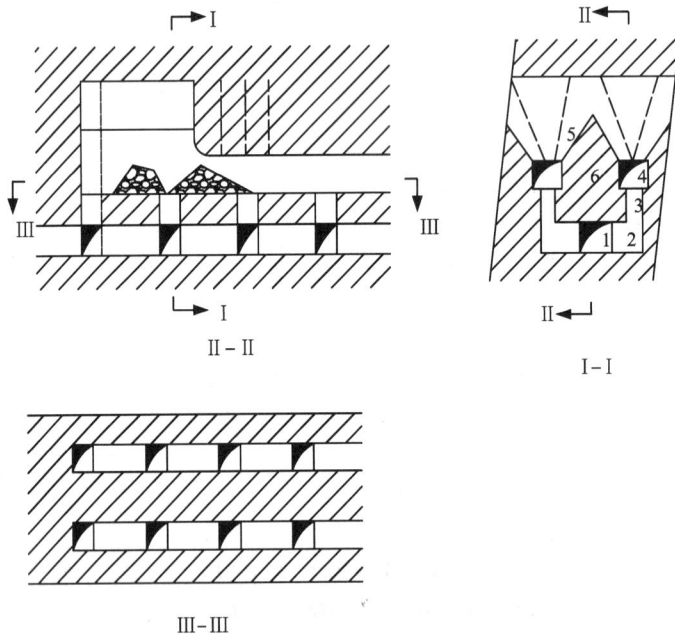

图 8-7 "V"形堑沟受矿电耙耙矿底部结构

1—电耙巷道；2—井穿；3—放矿小井；4—堑沟巷道；5—V 形堑沟；6—桃形矿柱

③放矿口尺寸较大，减少了放矿口堵塞事故。

为减少放矿小井的堵塞事故，应尽量采用短颈堑沟结构，即拉底巷道在电耙道的侧上方或直接与电耙道在同一水平，降低放矿小井高度。但此时要求矿体有较高的稳固性。

（3）平底底部结构

平底底部结构的特点是拉底水平与电耙道在同一水平。采下的矿石在拉底水平上形成三角矿堆，上面的矿石借助自重经放矿口溜到电耙道中（见图 8-8）。

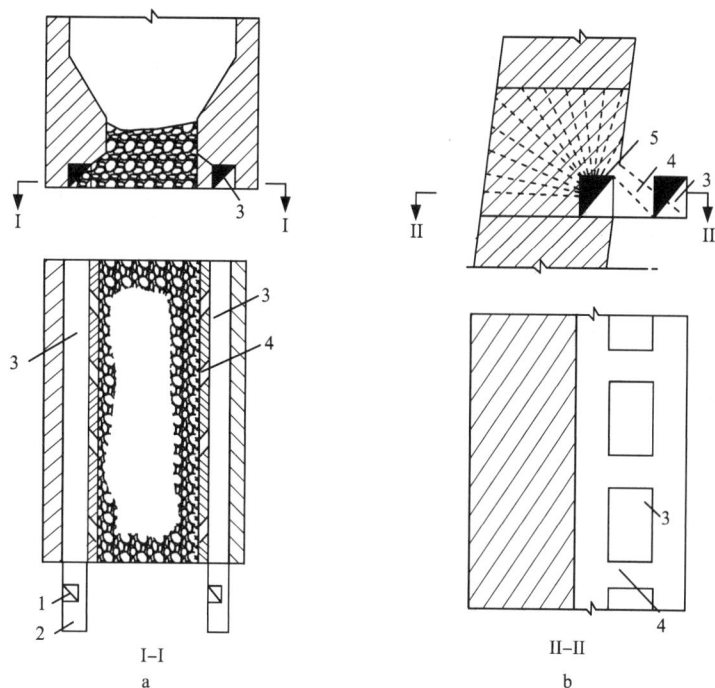

图8-8 平底电耙耙矿底部结构

a—两条电耙巷道;b——条电耙巷道

1—溜矿井;2—电耙绞车硐室;3—电耙巷道;4—放矿口;5—受矿凿岩巷道

平底底部结构简单,采准工程量少,底柱矿量少,劳动生产率高,但底柱上的三角矿堆不能及时回收,增加了该部分矿石的损失与贫化。

(4)电耙耙矿底部结构的参数(见图8-9)

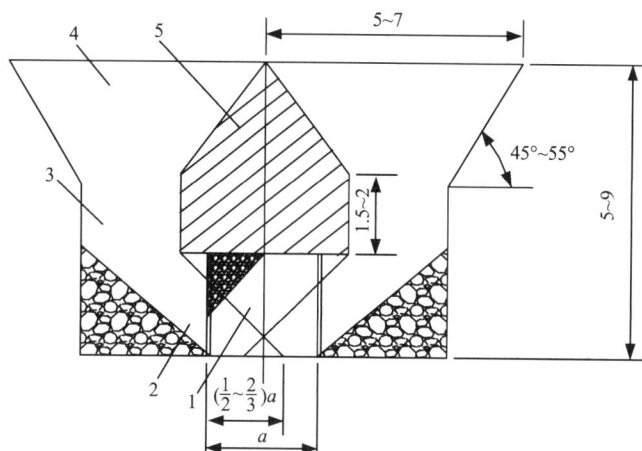

图8-9 漏斗结构细部图

1—电耙巷道;2—斗穿;3—漏斗颈;4—漏斗;5—桃形矿柱;a—电耙道宽度

①受矿高度：

喇叭口受矿时，受矿高度一般为 5 ~ 9 m；堑沟受矿时一般为 10 ~ 11 m。

②斗穿间距：

一般为 5 ~ 7 m。

③受矿坡面角：

房式采矿法一般为 45° ~ 55°，崩落法一般为 60° ~ 70°。

④斗颈轴线与电耙道中心线距离：

该距离直接影响到桃形矿柱的稳固性、电耙道内矿堆高度及耙矿效率，一般为 2.5 ~ 4.0 m。取值原则是：

a. 松散矿石的自然安息角：其他条件不变时，自然安息角(一般 38° ~ 45°)越大，该距离越小。

b. 所要求的矿堆宽度：其他条件不变时，矿堆宽度越大，该距离越小。矿堆宽度一般为电耙道宽度的 1/2 ~ 2/3。

c. 电耙道规格：矿堆高度与电耙道规格成正比。为保证底柱的稳定性，一般漏斗颈与漏斗斜面的交点，应在电耙道顶板以上 1.5 ~ 2 m 处。

⑤电耙巷道、斗穿、斗颈的规格：

电耙巷道断面规格根据电耙耙斗宽度确定，并要保证有宽度不小于 0.8 m、高度不小于 1.8 m 的人行通道。电耙道断面规格一般为 (2 ~ 2.5) m × (2 ~ 2.5) m。

漏斗颈的尺寸为最大允许块度的 2.5 ~ 3倍以上。

由于随着耙矿的进行，矿石堆的坡度会增大到 45°，可按照人行通道规格要求，确定斗穿前缘的正确位置(见图 8 - 10)：

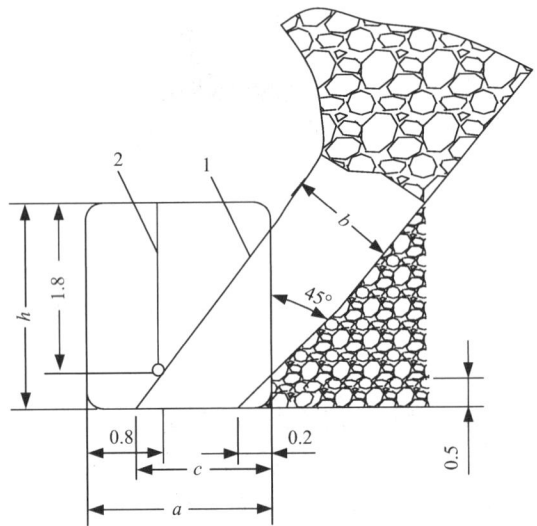

图 8 - 10 电耙耙矿矿石流动带计算示意图
1—耙运时矿石堆表面；2—人行通道边界

斗穿内矿石流动带的尺寸 b 按下式计算：

$$b = c\sin 45° \tag{8-1}$$

式中：c 为电耙道中矿堆的宽度，m，按下式计算：

$$c = h - 1.8 + a - 0.8 = a + h - 2.6 \tag{8-2}$$

式中：h 为电耙道高度，m；a 为电耙道宽度，m。

⑥电耙道长度。

电耙道一般水平布置，必要时也可倾斜布置。电耙道长度应与电耙有效耙运距离相适应，并满足下列要求(见图 8 - 11)：

a. 电耙道应超过最后一个斗穿，其长度不小于 5.5 ~ 6 m；

b. 电耙绞车硐室长度一般为 4 ~ 5.5 m，其中放矿溜井侧边至绞车的安全距离为 2 ~ 3 m；

c. 第一排漏斗颈至溜井的距离不小于 4 m；

d. 电耙的有限耙运距离通常为 25 ~ 30 m。

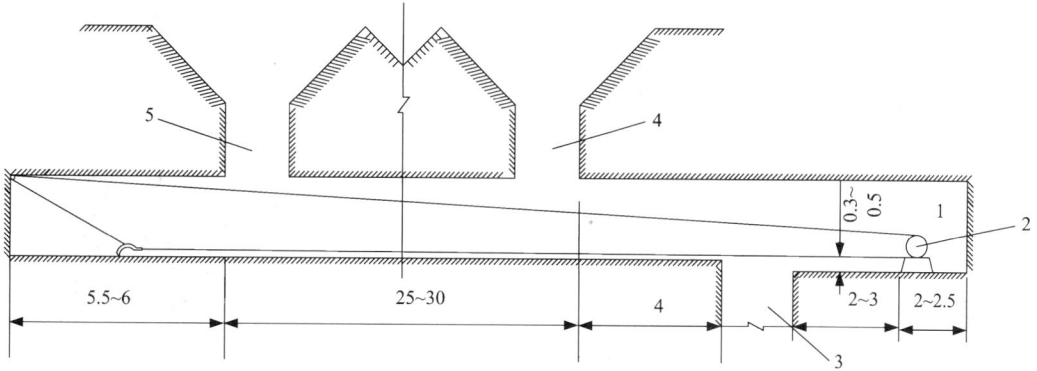

图 8-11　电耙道长度组成

1—绞车硐室；2—电耙；3—溜矿井；4—第一排漏斗；5—最后一个斗穿

3）装载设备出矿底部结构

这种底部结构的特点是：矿石借助自重落到运输平巷水平（或平巷顶部），用装载设备（装岩机或振动放矿机）装入矿车。

（1）振动放矿机装矿底部结构

按底部结构受矿部位形状的不同，也可分为漏斗式、堑沟式和人工底部结构三种。

漏斗式底部结构与无格筛自重放矿底部结构（见图 8-2）基本相同，只是在运输巷道与漏斗之间安装振动放矿机（见图 8-12），使自重放矿变为可控的振动放矿。

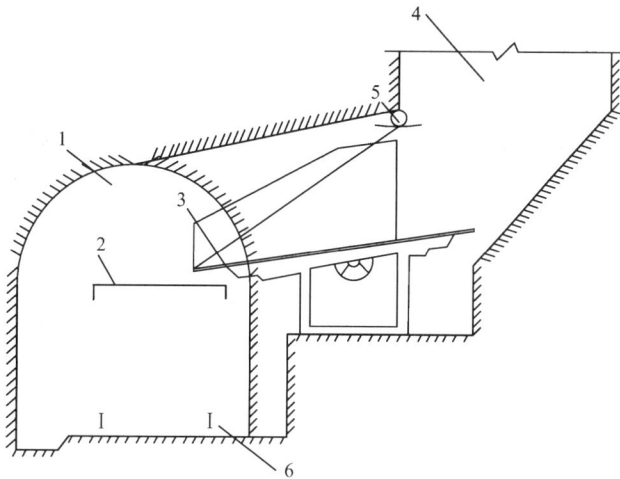

图 8-12　振动放矿机出矿的底部结构示意图

1—运输平巷；2—矿车；3—振动放矿机；4—井颈；5—眉线梁；6—轨道

堑沟式底部结构和人工底部结构与其他放矿形式的相应底部结构（见图 8-4）基本一致，只是在运输巷道与放矿小井或人工漏斗之间安装振动放矿机。

（2）装岩机出矿底部结构

这种底部结构的特点是：矿石借助自重落到矿块底部，经堑沟或平底放矿口溜到装矿横巷的端部，用装岩机装矿，卸入紧随装岩机后部的矿车（见图 8-13）。

4）无轨自行设备出矿底部结构

这种底部结构与装岩机出矿底部结构基本相同，但因其机动灵活，不仅能完成装、卸，还能实现短距离运输功能，无需直接往身后的矿车卸载，可自行运输至附近溜矿井卸载，通过溜矿井经振动放矿机向矿车装矿，生产效率大大提高。

铲运机出矿底部结构包括堑沟式和平底式两种。前者是铲运机在连接出矿巷道和"V 形堑沟"的装矿进路内铲装矿石，经出矿巷道、联络道运至溜矿井卸矿（见图 8 - 14）；后者是随着遥控铲运机的出现而开发的一种更加简单的铲运机出矿方式，其与堑沟结构的最大区别是底部不开凿"V 形堑沟"，而是按采场全宽拉开，初期阶段，铲运机在装矿进路内铲装矿石，采场回采结束后，遥控铲运机进入采空区清理三角矿堆，这种出矿方式不仅简化了底部结构，而且有利于减少采下矿石的损失（见图 8 - 15）。有的大型矿山甚至更进一步，取消出矿巷道和装矿进路，遥控铲运机直接自端部开进空场，全程在空场下铲运矿石。但这种出矿方式必须配合遥控液压破碎设备使用，以解决大块二次破碎问题。

8.5.5 采准切割工程量计算

采准切割工程（简称"采切工程"）的主要目的是为矿块大规模开采创造必要的条件，与采矿方法密切相关。由于采准切割工作空间有限，条件艰难，效率较低，因此，应在满足开采条件下尽量减少采准切割工程量。采准切割工程量是衡量采矿方法合理性的一个重要方面，一般用千吨采切比衡量。在矿块尺寸一定（即采出矿量一定）条件下，千吨采切比主要取决于采准切割工程量。采准切割工程量的计算是采矿方法设计的一项重要内容。

1）采准切割工程内容

为矿块开采服务的井巷工程众多，其中既包括部分开拓工程，也包括回采工程，更包括大量采准切割工程。计算采准切割工程量，首先必须界定哪些井巷工程属于采准切割工程。

（1）采准工程

采准工程包括直接为采场出矿服务的沿脉运输巷道（为全矿服务的主运输巷道属于开拓工程）、穿脉巷道、运输横巷、分段平巷、分层平巷、采场联络道、回风平巷、天井或上山（人行天井、设备天井、通风天井、充填天井）、电耙巷道、采场溜矿井（包括耙矿小井）、泄水井等。

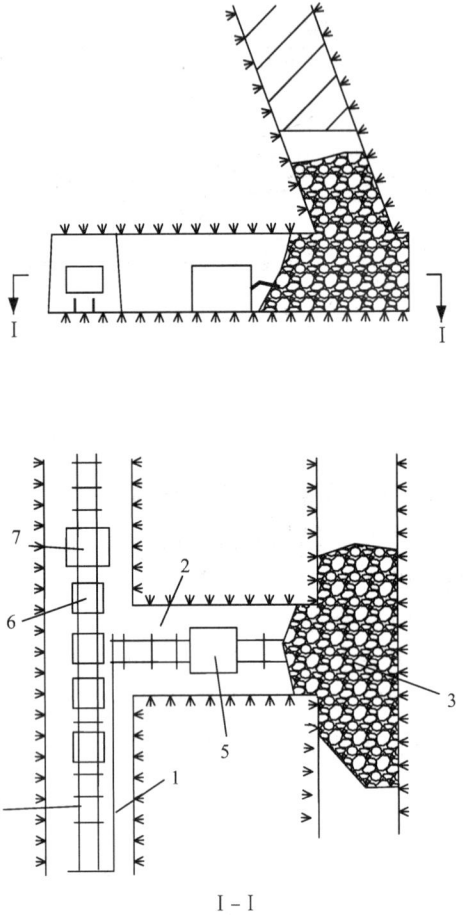

图 8 - 13　装岩机配矿车的平底结构示意图
1—脉外运输平巷；2—装矿横巷；3—采场；4—轨道；5—装岩机；6—矿车；7—电机车

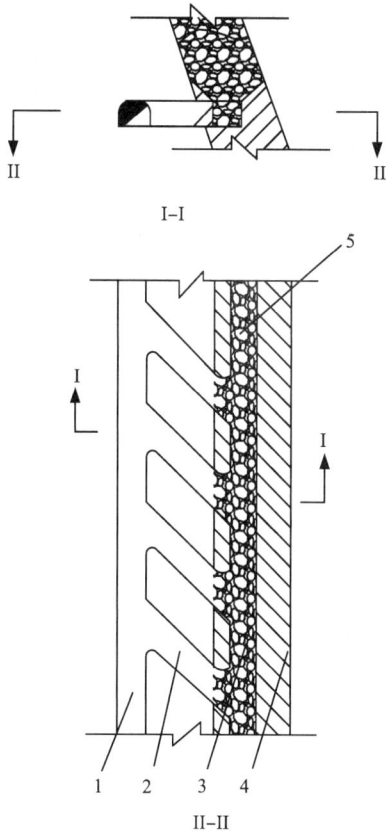

图 8 – 14 铲运机出矿堑沟底部结构

1—出矿巷道；2—装矿进路；3—"V"形堑沟；4—矿体；5—崩落矿石

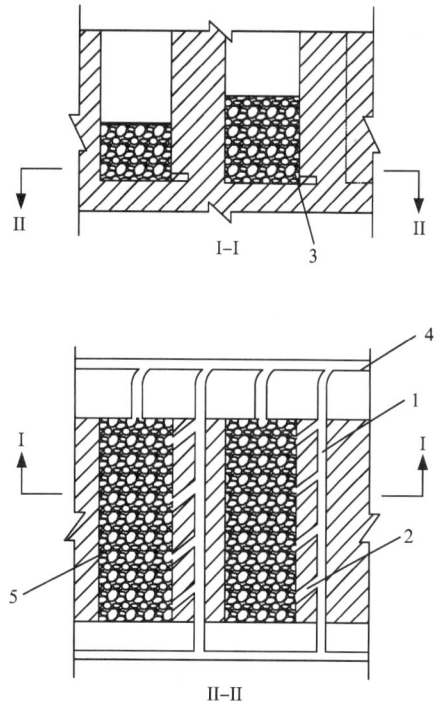

图 8 – 15 遥控铲运机出矿平底底部结构

1—出矿巷道；2—装矿进路；
3—遥控铲运机空区装矿；4—脉外运输平巷；
5—崩落矿石

（2）切割工程

切割工程包括切割天井（或上山）、切割平巷、拉底平巷、切割堑沟，放矿漏斗的漏斗颈及斗穿、深孔凿岩硐室、矿柱凿岩硐室等。切割槽、拉底空间、漏斗辟漏等不列入切割工程。

2）采准切割工程量计算

以某矿山机械化上向水平分层充填法为例，说明采准切割工程量的计算方法。

采矿方法：两步骤回采的机械化上向水平分层充填法，将阶段矿体沿走向划分为矿房和矿柱（矿房、矿柱垂直矿体走向交替布置），两步骤回采，铲运机出矿。首先以水平分层形式自下而上回采矿柱，依次进行尾砂胶结充填以维护上下盘围岩稳固，并创造不断上采的作业平台。矿柱回采并充填结束后，在尾砂胶结体形成的人工矿柱保护下用同样的回采工艺回采矿房并进行非胶结充填或低强度充填。

矿块长度为矿体水平厚度，平均 37.6 m；宽度：矿房 14 m，矿柱 10 m；阶段高度 50 m；底柱 5 m，顶柱 2 m，分段高度 9.9 m，每个分段负责 3 个分层，分层高度 3.3 m，回采过程中最小控顶高度 3 m，最大控顶高度 6.3 m。

主要采准切割工程计算如表 8 – 10 所示，矿块（矿房 + 矿柱）采准切割工程合计 764.2 m（或 7492.81 m³），其中脉外 586.9 m（或 6344.58 m³），脉内 177.3 m（或 1148.23 m³）。矿块采出矿量 152026 t，千吨采切比为：

表8-10 某矿上向水平分层充填法标准矿块采掘工程量与矿块矿量分配表

项目名称		条数	断面面积/m²	单长/m 脉内	单长/m 脉外	单长/m 合计	总长/m 脉内	总长/m 脉外	总长/m 合计	工程量/m³ 脉内	工程量/m³ 脉外	工程量/m³ 合计	工业矿量/t	回采率/%	贫化率/%	采出矿量/t 矿石	采出矿量/t 岩石	采出矿量/t 小计	占矿块采出矿量的比重/%
采准	分段联络平巷	4	11.05		24.0	24.0		96.0	96.0		1060.80	1060.80							
	溜井	1/2	3.14		25.2	25.2		12.6	12.6		39.63	39.63							
	分层联络道	22	11.05		20.7	20.7		454.7	454.7		5024.07	5024.07							
	卸矿横巷	1	11.05		13.6	13.6		13.6	13.6		150.28	150.28							
	穿脉	1	6.98	37.6	10.0	47.6	37.6	10.0	47.6	262.45	69.80	332.25	1005	98	2	985	20	1005	0.66
	充填回风井	1	3.24	64.5		64.5	64.5		64.5	208.98		208.98	800	98	2	784	16	800	0.53
	小计			102.1	93.5	195.6	102.1	586.9	689.0	471.43	6344.58	6816.01	1805			1769	36	1805	1.19
切割	拉底平巷	2	9.00	37.6		37.6	75.2		75.2	676.80		676.80	2591	98	2	2539	52	2591	1.70
	小计			37.6		37.6	75.2		75.2	676.80		676.80	2591			2539	52	2591	1.70
采切合计				139.7	93.5	233.2	177.3	586.9	764.2	1148.23	6344.58	7492.81	4395			4308	88	4395	2.89
回采	矿块												172719	84.05	4.51	145169	6857	152026	100
	矿房												84622	97	5	82084	4320	86404	56.83
	矿柱												60596	97	4	58778	2449	61227	40.27
	顶柱												6875						
	底柱												16231						
	副产												4395			4308	88	4395	2.89
设计回采率与贫化率														84	5		[不均系数取1.2]		
计算采切比(m/kt)				6.03(自然米)						14.79(标准米)									

注：矿石松散密度3.828 t/m³。

$$K = 1.2 \times \frac{764.2}{152.026} = 6.03 \text{ 自然 m/kt, 或}$$

$$K = 1.2 \times \frac{7492.81}{152.026} = 59.14 \text{ m}^3/\text{kt}(14.79 \text{ 标准 m/kt})。$$

计算过程有关说明如下:

(1)当采准工程为多个矿块共用时,其工程量应按服务矿块数进行分摊处理。如本例中,每两个矿块共用一个溜矿井及相应卸矿横巷,则计算时,单矿块工程量按1/2分摊。

(2)考虑到矿体形态变化以及施工质量,设计阶段采切工程可能存在部分无效工程量,故计算时应考虑不均匀系数,一般1.1~1.3,本例取1.2。如果采切工程施工完成并经过了实测,则按实测采切工程量计算,不考虑不均匀系数。

8.6 回采主要过程

在完成采切工作的回采单元中,进行大量采矿作业的过程,称为回采。回采作业包括凿岩、爆破、通风、矿石运搬(出矿)、地压管理等工序。

8.6.1 凿岩爆破

凿岩是用凿岩机具在岩石中凿成炮眼,而爆破则是利用在炮眼内装入的炸药瞬间释放出的巨大能量破碎矿石和岩石。炸药(火药)最早源于中国,是中国古代四大发明之一。

应用凿岩爆破的方法开采矿石,已有几百年的历史。1627年在匈牙利西利基亚上保罗夫的水平坑道掘进时,开始使用黑火药来破碎岩石。随着科学技术的发展,虽然能采用如高频电磁波、高压水射流和工程机械等方法来破碎岩石,但是,凿岩爆破法由于其操作技术方便,能量输出巨大,生产成本低,仍然是固体矿床开采的传统和最主要的手段。

1)凿岩机械

凿岩机械是在矿岩上钻凿孔眼的主要工具。按照其动作原理和岩石破碎方式,可分为冲击式凿岩机、冲击—回转式凿岩机和回转冲击式凿岩机;按照其所使用动力的不同,可分为风动凿岩机(一般简称凿岩机或风钻)、液压凿岩机和电动凿岩机。现阶段的矿山企业主要使用风动式凿岩机和液压凿岩机。

(1)风动凿岩机

风动凿岩机是以压缩空气为动力的凿岩机械。按其安设与推进方式,可分为手持式、气腿式、向上式、导轨式、潜孔式和牙轮式;按配气装置的特点,可分为有阀(活阀、控制阀)式和无阀式;按活塞冲击频率,可分为低频(冲击频率在2000次/min以下)、中频(2000~2500次/min)和高频(超过2500次/min)凿岩机,国产气腿式凿岩机一般都是中、低频凿岩机,目前只有YTP-26等少数型号的凿岩机属于高频凿岩机;按回转结构,风动凿岩机可分内回转式和外回转式。

气腿式凿岩机、向上式凿岩机、导轨式凿岩机属冲击—回转式凿岩机。气腿式凿岩机在工作过程中由气腿产生的分力支撑凿岩机本身质量和轴向推力,减轻了作业工人的体力消耗,在井巷掘进、采场回采和其他工程中得到广泛应用,如图8-16所示。

凿岩机与气腿整体连接在同一轴线上的,称为向上式凿岩机,主要用于天井的掘进和采场回采，如图 8－17 所示。

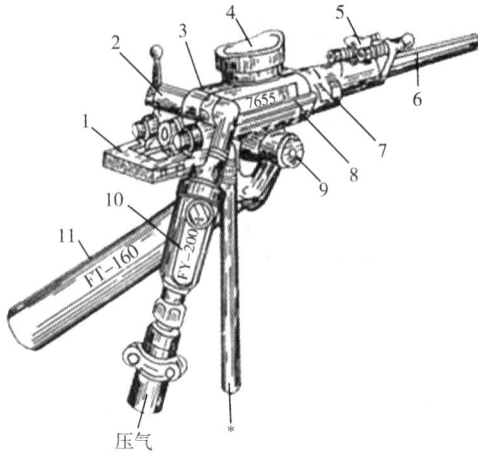

图 8－16　气腿式凿岩机

1—手柄；2—柄体；3—气缸；4—消音罩；5—钎卡；6—钎杆；
7—机头；8—连接螺栓；9—气腿连接轴；10—自动注油器；11—气腿

图 8－17　向上式凿岩机（YSP45）

导轨式凿岩机是由轨架（或台车）支撑凿岩机，并配有自动推进装置，其质量比较大，一般在 35kg 以上，属于大功率凿岩机，能钻凿孔径 45 mm 以上，孔深在 15m 左右的中深孔。图 8－18 所示为导轨式凿岩机与凿岩支架安装示意图，安装在导轨上的凿岩机可在不同位置钻凿不同仰、俯角的中深孔。YGZ－90 是国内常用的中深孔凿岩机。

潜孔钻机是为了不使活塞冲击钎杆的能量随炮孔加深和钎杆加长而损耗所研制的一种凿岩设备，即在凿岩作业时，钻机的冲击部分（冲击器）深入孔内，在钻机推进机构的作用下，通过钻具给钻头施以一定的轴向压力，使钻头紧贴孔底岩石。井下潜孔钻机包括回转供风机构、推进调压机构、操纵机构和凿岩支柱等部分。回转机构是独立的外回转结构，功能是使钻具不断转动。冲击器是深入孔内冲击岩石的动力源。钻头在轴向压力作用和连续旋转的同时，间歇受到冲击器的冲击，对孔底岩石产生冲击－剪切破坏作用，产生的岩粉在经钻杆送至孔底的压缩空气和高压水的作用下，沿钻杆与孔壁之间的环形空隙不断排出。运用潜孔钻机凿岩，其钻孔速度不随孔深的增加而降低，基本上保持不变。

应用较广的国产地下潜孔钻机型号有 QJZ－100A、QZJ－100B，DQ－150J、KQG－165，前两款属低压潜孔钻机，其中，QJZ－100A 适合钻凿水平及下向炮孔，QZJ－100B 可钻凿任意方向炮孔；后两款属高压潜孔钻机。铜陵金湘重型机械科技发展有限责任公司生产的 T－100、T－150 地下潜孔钻机也有应用。

国内应用较广的进口潜孔钻机为瑞典 Atlas Copoc 公司的 ROC360 高压地下潜孔钻机以及 Simba260 系列潜孔钻机（5 个系列中，因 Simba260/261 不能施工平行孔，已很少使用，目前常用的是 Simba262/263/264/364 几个系列）。

（2）液压凿岩机

风动凿岩机虽然结构简单、造价低，但凿岩效率低、噪音大，国外已广泛采用凿岩效率更高、噪音更低的液压凿岩台车进行各种凿岩工作，近年来国内液压凿岩台车的应用比重也越来越大。国内应用较广的进口凿岩台车为 Atlas Copoc 公司的 Boomer 281 单臂凿岩台车(见图 8－19)和 SANDVIK 的 DD 系列(DD321、DD421、DD530)巷道掘进台车。

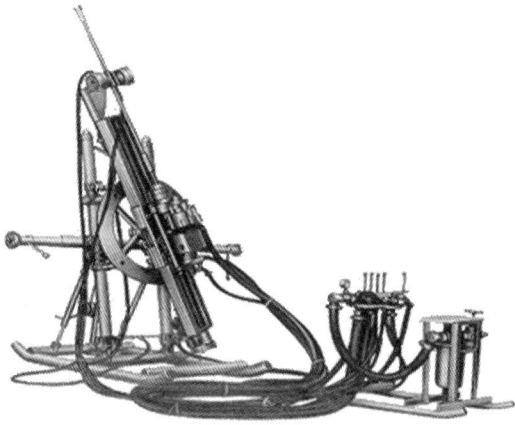

图 8－18　导轨式凿岩机

图 8－19　Boomer281 全液压凿岩台车

(3)岩石电钻

在中硬以下节理裂隙发育及磨蚀性矿石中,选用岩石电钻(如 YDX－40)钻凿水平扇形中深孔是经济有效的,但岩石电钻功率小、推力不足,不适合钻凿中深孔。

除上述类型凿岩机外,还有内燃凿岩机、水压凿岩机、气液联动凿岩机等,但应用都不是十分广泛。

2) 凿岩方式

在矿岩开采中,根据采矿作业的要求,广泛采用浅眼凿岩、中深孔接杆式凿岩和深孔潜孔凿岩等方式。

(1)浅眼凿岩

浅眼凿岩是指钻凿直径在 34～42 mm、孔深在 5 m 以内的炮眼。钻凿这种炮眼,主要是采用气腿式凿岩机、上向式凿岩机和凿岩台车。

气腿式凿岩机,以 7655、YT－24 型凿岩机最具代表性,可根据需要钻凿水平、上斜或下斜炮眼;向上式凿岩机,又称伸缩式凿岩机,以 YSP－45 型使用最普遍,机体与气腿在纵向轴线上连成整体,由气腿支承并作向上推进凿岩,专门用于钻凿与地面成 60°～90°角的向上炮眼;凿岩台车采用液压动力,凿岩效率更高,工人劳动强度更低。

(2)中深孔凿岩

中深孔是指孔径 $d \geqslant d_0 (d_0 = 45 \sim 50$ mm)、孔深 15 m 左右的炮孔。在地下开采中,为避免在井下开凿较大的凿岩硐室,满足换钎的需要,在有些采矿方法(如分段空场法、无底柱分段崩落法等)中,多采用接杆式凿岩法,即使用数根钎杆,随着凿岩加深,不断接长,直到达到设计的钻孔深度。

(3)深孔凿岩

深孔是指孔径 $d \geqslant d_0 (d_0 = 45 \sim 50$ mm)、孔深 15 m 以上的炮孔。现阶段,井下深孔凿岩设备主要为潜孔钻机,是中硬以上岩石中钻凿大直径深孔的有效方法。潜孔钻机除广泛用于钻凿地下采矿的落矿深孔、掘进天井和通风井的吊罐穿绳孔外,还用于露天矿穿孔。

3) 凿岩机数量计算

(1) 浅孔凿岩机数量 N

浅孔凿岩按生产采场数配置凿岩设备。一个采场内配置凿岩机数量,应按采场崩矿量及凿岩机台班效率确定(假定采场每一工作循环凿岩时间为一个班):

$$N = \frac{A_1}{qp} \qquad (8-3)$$

式中:A_1 为采场每一工作循环内落矿量,t;q 为每米炮孔崩矿量,t/m,

$$q = Wa\eta_0\gamma \cdot \frac{1-\alpha}{1-\rho} \qquad (8-4)$$

式中:W 为炮孔最小抵抗线(或排拒),m;a 为炮孔间距,m;η_0 为炮孔利用率,$0.85 \sim 0.95$;γ 为矿石体积质量,t/m³;α 为矿石损失率,%;ρ 为矿石贫化率,%;p 为凿岩机台班效率,m/台班(参考表 8-11)。

采矿所需凿岩机数量为各同时作业采场(包括采准切割采场、矿柱回采采场)以及巷道掘进工作面凿岩机台数总和,并考虑 100% 备用。

表 8-11 浅孔凿岩机台班效率指标参考值(m/台班)

凿岩机型号	岩石坚固性系数 f		
	$6 \sim 10$	$12 \sim 14$	$16 \sim 20$
7655、YT24、YTP26	$40 \sim 60$	$35 \sim 50$	$25 \sim 35$
YSP45、YT27、YT28	$50 \sim 70$	$40 \sim 60$	$30 \sim 40$
YGPS42、YGZ50	$50 \sim 80$	$50 \sim 70$	$35 \sim 50$

备注:钎头直径 40 mm,孔深 $<3 \sim 5$ m,作业时间 $4 \sim 6$ h。作业条件与上述不符时,指标应相应调整。

(2) 中深孔凿岩机数量 N

中深孔凿岩机数量按下式计算:

$$N = \frac{A_1}{qpmn} \qquad (8-5)$$

式中:q 为每米炮孔崩矿量,t/m;p 为凿岩机台班效率,m/台班(参考表 8-12);m 为凿岩机年作业率,%,按表 8-13 选取;n 为每循环计划凿岩班数;其他符号同式(8-3)。

中深孔凿岩设备备用量按以下原则考虑:

① 普通凿岩机备用 50%;

② 凿岩台车备用 20%(4 台以下备用 1 台);

③ 钻架或柱架备用 50%。

凿岩机按以下原则配备人员:

① 普通凿岩机配 $1 \sim 2$ 人;

② 双臂凿岩台车配 $2 \sim 3$ 人。

表 8 – 12 中深孔凿岩机台班效率指标参考值(m/台班)

设备类型	凿岩机型号	炮孔直径/mm	岩石坚固性系数 f		
			4 ~ 6	8 ~ 12	14 ~ 20
气动凿岩机	YDZ50	60	30 ~ 50	20 ~ 30	
	YG80	65		20 ~ 40	15 ~ 25
	YGZ90	65		30 ~ 55	20 ~ 35
液压凿岩机	YYG – 250A	65		50 ~ 75	35 ~ 60
岩石电钻	YDX – 40	52	20 ~ 40		

表 8 – 13 凿岩机年作业率(%)

设备类型	三班作业	两班作业
气动凿岩机	50 ~ 70	70 ~ 80
液压凿岩机	40 ~ 50	60 ~ 70
潜孔钻机	40 ~ 55	60 ~ 70
岩石电钻	45 ~ 55	60 ~ 70

4) 井下采场爆破

(1)浅眼爆破

采用浅眼爆破(炮眼直径 45 mm 以下、炮孔深度 5.0 m 以下)崩矿药量分布较均匀,一般破碎程度较好而不需要进行二次破碎。浅眼爆破炮孔分水平孔和垂直(含倾斜)孔两种(见图 8 – 20)。炮孔水平布置,顶板比较平整,有利于顶板维护,但受工作面限制,一次施工炮孔数目有限,爆破效率较低;炮孔垂直布置优缺点恰好与水平布置相反。因此,矿石比较稳固可采用垂直炮孔,而矿石稳固性较差时,一般采用水平炮眼。

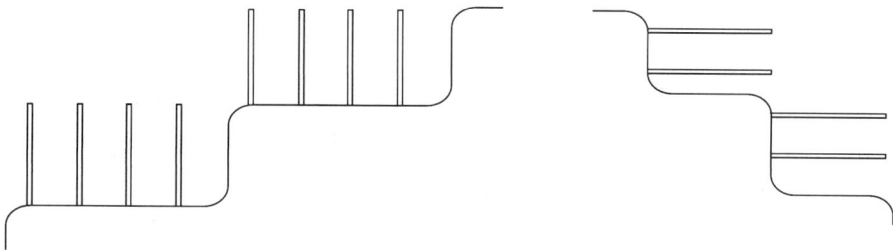

图 8 – 20 垂直炮孔与水平炮孔

炮眼排列形式有平行排列和交错排列两类(见图 8 – 21)。

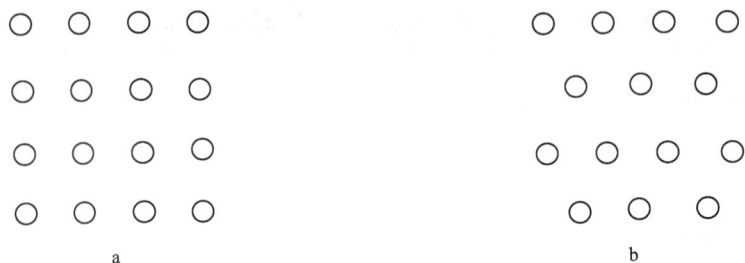

图 8-21 炮孔排列方式

a—平行排列；b—交错排列

浅眼爆破通常采用 32 mm 直径的药卷，炮眼直径 d 取 38~42 mm。最小抵抗线 W 和炮眼间距 a 可由下式求出：

$$W = (25 \sim 30)d \tag{8-6}$$

$$a = (1.0 \sim 1.5)W \tag{8-7}$$

井下浅眼爆破的单位炸药消耗量(爆破单位矿岩所需的炸药量)同矿石性质、炸药性能、炮眼直径、炮眼深度以及采幅宽度等因素有关。一般来说，采幅愈窄、眼深愈大，单位炸药消耗量愈大。单位炸药消耗量根据经验数据可取表 8-14 所示参考值。

表 8-14 井下浅孔炮眼崩矿单位炸药消耗量参考值

矿石坚固性系数 f	<8	8~10	10~15
单位炸药消耗量/(kg·m⁻³)	0.26~1.0	1.0~1.6	1.6~2.6

(2)中深孔和深孔爆破

炮眼直径 $d \geqslant d_0(d_0 = 45 \sim 50\ mm)$、炮孔深度 15 m 左右的炮孔称为中深孔；炮眼直径 $d \geqslant d_0(d_0 = 45 \sim 50\ mm)$，孔深大于 15 m 的炮孔则为深孔。中深孔和深孔布置方式可分为平行孔和扇形孔两类，如图 8-22 所示。按炮眼凿钻方向不同又可分为上向孔、下向孔和水平孔三类。

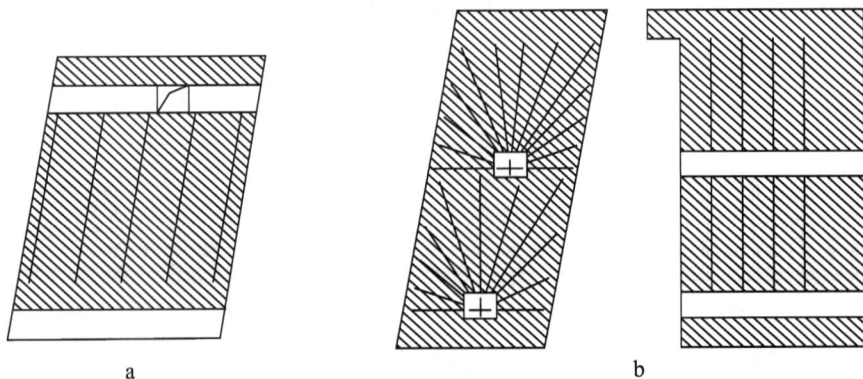

图 8-22 平行深孔和扇形深孔布置

a—平行炮孔；b—垂直扇形炮孔

扇形孔因其具有凿岩巷道掘进工程量小，炮孔布置较灵活且凿岩设备移动次数少等优点，得到广泛应用。但是，由于扇形孔呈放射状布置、孔口间距小而孔底间距大，崩落矿石块度没有平行孔爆破均匀，深孔利用率也较低，故在矿体形状规则和对矿石破碎程度有较严格要求的场合，应尽量采用平行孔。

除此之外，还有一种由扇形孔发展演变而来的布孔形式——束状孔。其特点是深孔在垂直面和水平面上的投影都呈扇形。束状孔强化了扇形孔的优缺点，通常只应用于矿柱回采和采空区处理工程。

中深孔和深孔爆破参数包括孔径、最小抵抗线、孔间距和单位炸药消耗量等。

①孔径。

中深孔、深孔直径 d 主要取决于凿岩设备、炸药性能及岩石性质等。采用接杆法凿岩时孔径多为 55 ~ 65 mm，潜孔凿岩时孔径为 90 ~ 110 mm，牙轮钻时为 165 ~ 200 mm。

②最小抵抗线。

可根据爆破一个炮孔崩矿范围需用的炸药量（单位炸药消耗量乘以该孔所负担的爆破矿量）同该孔可能装入的药量相等的原则计算出最小抵抗线：

$$W = d \sqrt{\frac{7.85 \Delta \tau}{m_m q_y}} \qquad (8-8)$$

式中：d 为炮孔直径，dm；Δ 为装药密度，kg/dm³；τ 为深孔装药系数，一般取 $\tau = 0.7 \sim 0.8$；m_m 为炮孔密集系数，$m_m = a/W$，对于平行深孔取 0.8 ~ 1.1；对于扇形深孔，孔口取 0.4 ~ 0.7，孔底取 1.1 ~ 1.5；q_y 为单位炸药消耗量，kg/m³，主要由矿石性质、炸药性能和采幅宽度确定（见表 8-15）。

当单位炸药消耗量、炮孔密集系数、装药密度及装药系数等参数为定值时，最小抵抗线也可根据孔径 d 由下式得出：

$$W = (25 \sim 35) d \qquad (8-9)$$

③孔距。

对于平行孔，孔距 a 是指同排相邻孔之间的距离；对于扇形孔，孔距可分为孔底垂距 a_1（较短的中深孔孔底到相邻孔的垂直距离）和药包顶端垂距 a_2（堵塞较长的中深孔装药端面至相邻中深孔的垂直距离）。

平行中深孔、深孔可按最小抵抗线 W 进行布孔，扇形孔则应先由最小抵抗线定出排间距，然后逐排进行扇形分布设计。

④填塞长度。

扇形深孔填塞长度一般为 $(0.4 \sim 0.8) W$，相邻深孔采用不同的填塞长度，以避免孔口附近炸药过分集中。

表 8-15　井下中深孔、深孔炮眼崩矿单位炸药消耗量参考值

矿石坚固性系数 f	3 ~ 5	5 ~ 8	8 ~ 12	12 ~ 16	>16
初次爆破单位炸药消耗量 q_y/(kg·m⁻³)	0.2 ~ 0.35	0.35 ~ 0.5	0.5 ~ 0.8	0.8 ~ 1.1	1.1 ~ 1.5
二次爆破的炸药单耗占 q_y 的百分比	10 ~ 15	15 ~ 25	25 ~ 35	35 ~ 45	>45

（3）炸药与起爆方法

①浅孔爆破。

浅孔爆破多使用乳化卷状炸药，如广泛采用的 MRB 岩石乳化炸药，药卷直径 φ32 mm，药卷长度 200 mm，炸药量 150 g。过去广泛使用的 2# 岩石炸药已被禁止使用。

在工程爆破中，常用的起爆方法有：电力起爆法、导爆索起爆法、导爆管起爆法。过去经常使用的导火索起爆法已被禁止，现多采用导爆管起爆法（见图 8-23）。

②中深孔、深孔爆破。

中深孔、深孔爆破一般使用粒状或粉状铵油炸药或乳化炸药，采用装药器机械装药。装药器是中深孔、深孔地下矿山不可缺少的装药设备。采用风力输送（风压 0.2~0.4 MPa），具有装药速度快、装填密度大、装药效率高、爆破效果好、使用携带方便等优点。目前常用的装

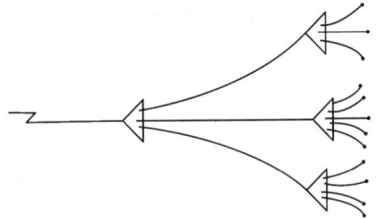

图 8-23 导爆管簇并联起爆网路

药器为 BQF 系列（BQF-50、BQF-100、BQF-100Ⅱ等），过去也曾使用 FZY-10 型和 AYZ-150 型装药器。大型矿山采用深孔爆破时，也可采用进口装药车，如瑞典 GIAMECZII 电动液压装药车等。

中深孔、深孔一般采用导爆管加导爆索起爆方法。

5）控制爆破

采用一般爆破方法破碎岩石往往出现爆区内破碎不均、爆区外损伤严重的局面，如使围岩（边坡）原有裂隙扩展或产生新裂隙而降低围岩（边坡）的稳定性；大块率和粉矿率过高，或出现超挖、欠挖现象；随着爆破规模增大而带来的爆破地震效应破坏等。为避免出现上述问题，可采取一定的控制爆破措施合理利用炸药的爆炸能，以达到既满足工程的具体要求，又能将爆破造成的各种损害控制在规定范围内的目的。

（1）微差爆破

微差爆破又叫毫秒爆破，它是利用毫秒延时雷管实现几毫秒到几十毫秒间隔延期起爆的一种控制爆破方法。实施微差爆破可使爆破地震效应和空气冲击波以及飞石作用降低；增大一次爆破量而减少爆破次数；破碎块度均匀，大块率降低；爆堆集中，有利于提高生产效率。

微差爆破的作用原理是：先起爆的炮孔相当于单孔漏斗爆破，漏斗形成后，漏斗体内生成众多贯通裂纹，漏斗体外也受应力场作用而有细小裂纹产生；当第二组微差间隔起爆后，已形成的漏斗及漏斗体外裂纹相当于新增加的自由面，所以后续炮孔的最小抵抗线和爆破作用方向发生变化，加强了入射波及反射拉伸波的破岩作用；前后相邻两组爆破应力波相互叠加也增加了应力波作用效果；破碎的岩块在抛掷过程中相互碰撞，利用动能产生补充破碎，并可使爆堆较为集中；由于相邻炮孔先后以毫秒间隔起爆，所产生的地震波能量在时间上和空间上比较分散，主震相位相互错开，减弱了地震效应。

一般矿山爆破工作中实际采用的微差间隔时间为 15~75 ms，通常用 15~30 ms。排间微差间隔可取长些，以保证破碎质量、改善爆堆挖掘条件以及减少飞石和后冲。

（2）挤压爆破

挤压爆破是在爆区自由面前方人为预留矿石（岩碴），以提高炸药能量利用率和改善破碎质量的控制爆破方法。

挤压爆破的原理在于爆区自由面前方松散矿石的波阻抗大于空气波阻抗，因而反射波能量减小而透射波能量增大。增大的透射波可形成对这些松散矿石的补充破碎；虽然反射波能量小了，但由于自由面前面松散介质的阻挡作用延长了高压爆炸气体产物膨胀作功的时间，有利于裂隙的发展和充分利用爆炸能量。

地下深孔挤压爆破常用于中厚和厚矿体崩落采矿中。挤压爆破第一排孔的最小抵抗线比正常排距大些(一般大20% ~40%)，以避开前次爆破后裂的影响，第一排孔的装药量也要相应增加25% ~30%。一次爆破矿层厚度可适当增加，中厚矿体10 ~20 m，厚矿体取15 ~30 m。多排微差挤压爆破的单位炸药消耗量比普通微差爆破要高，一般为0.4 ~0.5 kg/t，时间间隔也比普通爆破延长30% ~60%，以便使前排孔爆破的矿岩产生位移形成良好的空隙槽，为后排创造补偿空间，发挥挤压作用。挤压爆破的空间补偿系数一般仅需10% ~30%。

(3)光面爆破

光面爆破是能保证开挖面平整光滑而不受明显破坏的控制爆破技术。采取光面爆破技术通常可在新形成的岩壁上残留清晰可见的孔迹，使超挖量减少到4% ~6%，从而节省了装运、回填、支护等工程量和费用。由于爆破产生的裂隙很少，光面爆破能有效地保护开挖面岩体的稳定性。而且光面爆破掘进的巷道通风阻力小，还可减少岩爆发生的危害。

光面爆破的机理是：在开挖工程的最终开挖面上布置密集的小直径炮眼，在这些孔中不耦合装药(药卷直径小于炮孔直径)或部分孔不装药，各孔同时起爆以使这些孔的连线破裂成平整的光面。当同时起爆光面孔时，由于不耦合装药，药包爆炸产生的压力经过空气间隙的缓冲后显著降低，已不足以在孔壁周围产生粉碎区，而仅在周边孔的连线方向形成贯通裂纹和需要崩落的岩石一侧产生破碎作用，周边孔之间贯通的裂纹即形成平整的破裂面(光面)。

(4)预裂爆破

预裂爆破是沿着预计开挖边界面人为制造一条裂缝，将需要保留的矿岩与爆区分离开，有效保护矿岩，降低爆破地震危害的控制爆破方法。

沿着开挖边界钻凿的密集平行炮孔称作预裂孔。在主爆区开挖之间首先起爆预裂孔，由于采用小药卷不耦合装药，在该孔连线方向形成平整的预裂缝，裂缝宽度可达1 ~2 cm。然后再起爆主爆炮孔组，就可降低主爆炮孔组的爆破地震效应，提高保留区矿岩壁面的稳定性。

预裂缝形成的原理基本上与光面爆破中沿周边眼中心连线产生贯通裂缝形成破裂面的机理相似，不同之处在于预裂孔是在最小抵抗线相当大的情况下提前于主爆孔起爆的。

6)井下爆破应注意的安全问题

井下爆破应特别注意的安全问题有危险距离的确定、早爆和拒爆事故的防止与处理、爆后炮烟中毒的防止等。

危险距离包括爆破震动距离、空气冲击波距离和飞石距离几项。在地下较大规模的生产爆破中，空气冲击波的危险距离较远。强烈的空气冲击波在一定距离内可以摧毁设备、管线、构筑物、巷道支架等，并引起采空区顶板的冒落，还可能造成人员伤亡。

早爆事故发生的原因很多，如爆破器材质量不合格，杂散电流、静电、射频电等的存在以及高温或高硫矿区的炸药自燃起爆，误操作等。为了杜绝早爆事故，在器材使用上应尽量选用非电雷管。杂散电流主要来自架线式电机车牵引网路的漏电(直流)和动力电路与照明电路的漏电(交流)。采用电雷管起爆方式时必须事先对爆区进行杂散电流测定，以掌握杂散电流的变化和分布规律，然后采取措施预防和消除杂散电流危害。在无法消除较大的杂散电流时应采用非电起爆方法。炸药微粒在干燥环境下高速运动会使输药管内产生静电积累。预防静电引起早爆事故的主要措施是采用半导体输药管，尽量减少静电产生并将可能产生的静电随时导入大地；采用抗静电雷管，用半导体塑料塞代替绝缘塞，裸露一根脚线使之与金属沟通，或采用纸壳或塑料壳。

8.6.2 出矿

回采出矿结构和出矿机械化程度是影响矿块生产能力和回采劳动生产率的主要因素之一。地下矿山主要有铲运机出矿、装运机出矿、装岩机出矿、电耙出矿、漏斗闸门出矿、振动放矿机出矿、连续出矿机出矿、铲运机自卸汽车出矿等8种回采出矿形式。

1）铲运机出矿

铲运机出矿具有机动灵活、出矿能力大、劳动生产率高等优点，其缺点是柴油铲运机排出的废气污染环境，而电动铲运机运行距离有限，而且轮胎消耗量大，设备购置及维修费用高。但随着国产铲运机加工水平的提高，尤其是柴油净化技术进步，铲运机的使用数量已大大增加。

（1）铲运机选型

铲运机根据斗容选型，斗容要与矿山生产能力相匹配，50万t/a生产能力矿山可以选用2.0 m³以下铲运机，50~100万t/a产能可选用2~3 m³铲运机，如果生产能力大于100万t/a，建议选用4 m³以上铲运机。根据国内外铲运机性能，综合考虑性价比，建议2 m³以下铲运机可采用国产设备，4 m³以上铲运机则可考虑选用进口设备。

如果矿山通风效果较好，可以选用柴油铲运机，以扩大铲运机运行距离；如果矿山通风压力较大，则宜选用电动铲运机。

（2）铲运机数量计算

①铲运机台时出矿能力。

铲运机在井下铲、装、运过程中，单位时间内最大出矿能力 Q_g 按下式计算：

$$Q_g = \frac{3600U\gamma k}{t} \tag{8-10}$$

式中：Q_g 为铲运机理论出矿能力，t/h；U 为铲斗斗容，m³；γ 为矿石松散密度，t/m³；k 为铲斗装满系数，一般 0.6~0.85；t 为铲、装、运、卸一斗循环时间，s：

$$t = t_1 + t_2 + t_3 + t_4 + t_5 + t_6$$

式中：t_1 为铲装时间，是指铲运机在定点矿堆前插入、转斗、车体后退、再插入、直至装满时间，s；t_2 为卸载时间，s，由铲斗举升、卸载及铲斗下落三部分时间组成；t_3 为掉头时间，可取 30~40s；t_4 为其他影响时间，如加、减速的耗时等，取 20~30s；t_5 为重载运行时间，s；t_6 为空载运行时间，s：

$$t_5 = \frac{L}{V_1}$$

$$t_6 = \frac{L}{V_d}$$

式中：L 为装矿点到卸矿点的距离，m；V_1 为重车匀速行驶速度，m/s；V_d 为空车匀速行驶速度，m/s。

②理论台班出矿能力。

铲运机按一天三班工作制，每班8h劳动时间计算，则理论台班出矿能力 Q_s 为：

$$Q_s = K_u T Q_g \tag{8-11}$$

式中：K_u 为工时利用系数；T 为班法定工作时间。

铲运机工时利用系数 K_u 是一个受井下多因素影响的参数，它是矿山综合管理水平的具体体现。通过对我国使用铲运机的30个矿山进行统计分析，工时利用系数 K_u 最小的为17.5%，最大的可达95%，平均为46.10%。

③实际出矿能力。

铲运机实际出矿能力受到众多因素影响，外加各矿山情况也全然不同，因此理论出矿能力与实际出矿能力仍存在较大差异。引起铲运机理论出矿能力与实际出矿能力出现较大差异的主要影响因素有：

a. 爆堆的形状、大块的产率及矿石块度分布；

b. 矿石密度、松散性、干湿度等；

c. 巷道断面尺寸及铲运机与巷道顶、侧的安全距离；

d. 路面状况、弯道数量和弯道半径；

e. 井下作业人员和设备的互相影响程度；

f. 井下通风条件、井下照明和司机视距；

g. 司机的技术熟练程度和操作水平；

h. 矿山所用采矿方法；

i. 铲运机铲装地点坡度和行驶路面坡度等。

因此，铲运机实际出矿能力经过修正后用公式表示为：

$$Q_g' = k_r Q_g \tag{8-12}$$

或

$$Q_s' = k_r Q_s \tag{8-13}$$

式中：Q_g' 为实际台时出矿能力，t/h；Q_s' 为实际台班出矿能力，t/台·班；K_r 为理论修正系数，可根据现场实测生产能力与理论计算生产能力比较加以确定。

④铲运机数量确定。

根据矿山生产能力和铲运机出矿能力，按下式计算所需铲运机工作台数 N：

$$N = K_f \frac{A}{Q_s' T_b} \tag{8-14}$$

式中：A 为矿山生产能力，t/a；T_b 为年工作班数，班；K_f 为设备备用系数，包括设备计划检修备用系数、设备大修备用系数、设备故障备用系数，合计备用系数可取1.5～2.0：两班制出矿，设备利用率不高时取小值；三班工作且设备利用率高时取大值。

2）装运机出矿

气动装运机由于效率低、噪音大，已逐渐被铲运机所代替。但由于铲运机在我国制造时间和使用时间都不是很长，在某些老的中小型矿山，气动装运机仍有使用。

气动装运机是以压气为动力的翻转后卸式装运机，常用型号有 C-30、CG-12、T_4G 等，其中 C-30 型气动装运机早期又称为 ZYQ-14 型。与我国气动式装运机不同，国外装运机大都采用柴油作为动力，如 JoyTL-45、JoyTL-55（底卸式），JoyYL-110、CavoD-110（倾翻卸料型），JoyEC$_2$、HG－120（推卸型）等。由于柴油装运机废气污染严重，在我国很少使用。

装运机主要用于采场进路中矿石的装运，如无底柱分段崩落法、上向进路充填法和下向进路充填法进路中的出矿，以及采场内多点不固定装运矿石，如上向水平分层充填法采场出矿。

进路出矿结构与铲运机基本相同，但其最佳运输距离为40～50 m。

3）装岩机出矿

我国地下矿山应用较早的装岩设备是前装后卸式轨道电动或气动装岩机。20世纪中期，装岩机在我国地下矿山曾被广泛使用，主要用于掘进及回采装矿（岩）。但到中后期，随着矿山开采技术的进步和出矿设备的不断更新，装岩机逐渐被装运机，尤其是铲运机所取代，其应用范围逐渐缩小。

装岩机主要用于巷道和硐室掘进及采场矿岩的装载作业，直接将矿石装入矿车。由于采用轨道式，因此只能近水平装载，或倾角小于8°的巷道掘进。

装岩机生产厂家较多，如淄博大力矿山机械有限公司（原淄博矿山机械厂）生产的Z系列气动和电动装岩机、Z－30AW型无钢丝绳电动装岩机，太原矿山机器集团有限公司（原太原矿山机械厂）生产的华－1型装岩机都有较广泛的应用。

4）电耙出矿

自1954年我国开始仿制苏联电耙出矿，1960年后自行设计制造以来，电耙广泛应用于地下开采矿山中矿石运搬作业。1966年以前，电耙是我国地下矿山主要出矿机械设备之一。据20世纪80年代统计，我国有色金属地下矿山采矿量的49%是采用电耙出矿的。近年来随着无轨自行设备的发展，铲运机、装运机、振动放矿机等大量应用于出矿作业，电耙应用范围已逐渐缩小。但由于电耙结构简单，使用可靠，故障少，设备造价及维修费用低，在一些中小型矿山，仍有广泛使用。

金属矿山主要采用JP系列电耙，如2JP－30、2JP－55等，各符号意义为：2——双卷筒，J——卷扬机类；P——电耙；30、55——电动机功率30 kW、55 kW。

电耙合理的水平耙运距离不大于40 m，下坡耙运距离不大于60 m，耙运矿岩块度按照耙斗容积一般限于350～650 mm。

电耙生产能力A_p（m^3/h）按下式计算：

$$A_p = n V K_q K_t \tag{8-15}$$

式中：n为耙斗每小时循环次数，$n = 3600/t$；t为耙斗循环一次时间，s；$t = L/(v_1 + v_2) + t_0$；L为平均耙运距离，m；v_1、v_2为首绳、尾绳的绳速，m/s；t_0为耙斗往返一次的换向时间，通常取20～40 s；V为耙斗容积，m^3；K_q为耙斗装满系数，一般为0.6～0.9；K_t为时间利用系数，一般为0.7～0.8。

5）振动放矿机出矿

振动放矿是通过振动放矿机对矿石松散体的强力振动，并部分借助矿石重力势能，实现均匀、连续强制出矿的方式。

振动放矿机有单轴、双轴和附着式三种类型，矿山大多采用附着式振动放矿机。

振动放矿机出矿具有如下优点：

①能显著改善出矿条件，特别是对于块矿、粉矿、黏性矿及冻结矿，改善效果明显，可基本消除放矿过程中的卡矿、结拱和堆滞现象（漏斗卡堵除外）；

②比普通漏斗、闸门放矿效率高。据统计,振动放矿机井下出矿能力比气动闸门出矿提高20% ~30% ,矿车装满系数普遍由0.7 ~0.8 提高到0.9 ~1.0;

③放矿时矿流平稳,易控,安全性高。

虽然振动放矿机不能像自行设备那样灵活机动,只能在固定地点出矿,但它是采场漏斗放矿的主要设备,在矿山得到广泛应用。即使采用铲运机出矿的矿山,铲装至溜矿井的矿石仍然要通过振动放矿机向矿车装矿。

(1)振动放矿机型号

①ZZF、DZF 系列。

如 ZZF2 ×0.8 – 14°/2.2 ,各符号意义依次为:Z——座式,Z——振动;F——放矿机;2——振动台板长 2 m;0.8——振动台板宽度 0.8 m;单台板(如果是双台板,则在 0.8 后再乘2);14°——振动台板倾角 14°;2.2——电动机功率 2.2 kW。

DZF2 ×0.8 – 14°/2.2 ,各符号意义依次为:D—悬吊式,其他符号意义同 ZZF 系列。

②FZC 系列。

FZC 单台板溜井振动放矿机,如 FZC – 2/0.8 – 1.5 ,各符号意义依次为:FZC——振源附着式振动放矿机;2——振动台板长 2 m;0.8——振动台板宽度 0.8 m;1.5——电动机功率 1.5 kW。

FZC 双台板溜井振动放矿机,如 FZC – 3.5/1.2 ×2 – 2.5 ×2 ,各符号意义依次为:FZC——振源附着式振动放矿机;3.5——振动台板长 3.5 m;1.2 ×2——双振动台板,单台板宽度 1.2 m;2.5 ×2——双电动机,单机功率 2.5 kW。

(2)振动放矿机埋设参数计算

振动放矿机埋设参数包括:眉线高度 h、眉线角 δ、埋设深度 L_A(见图 8 – 24)。

①眉线高度。

眉线高度 h 取决于大块尺寸 d 和大块通过系数 K,可按下式计算:

$$h = Kd \qquad (8 – 16)$$

振动放矿机的 K 值比重力放矿要小,一般 $K = 1.6 ~2.2$。大块产出率高或矿石黏性较大时取大值,反之取小值。

为保证出矿口的矿流流通断面,眉线至振动台板埋设端矿石动安息角(ψ)边线的垂直高度 $h_0 = h$ 为宜。因为 h_0 过大,引起埋设深度 L_A 增加和参振质量加

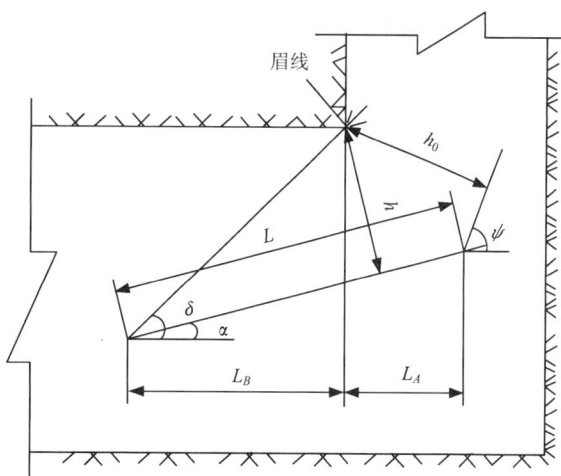

图 8 – 24 振动放矿机埋设参数示意图

大,会引起振动台面受矿端振幅减小,不但无益于提高出矿能力,还徒然消耗动力;而 h_0 过小会影响振能的有效传播和大块的通过。

矿石的动安息角 ψ 一般比自然安息角 θ 小5° ~10°。

②眉线角 δ。

为保证振动放矿机停机时矿石不从槽台撒落或溢出,眉线角 δ 应比自然安息角 θ 小,一般取:

$$\delta \leqslant \theta – (2° ~4°) \qquad (8 – 17)$$

③埋设深度 L_A

当 $h_0 = h$ 时，按照图 8 – 24 所示的几何关系，可以推导出埋设深度 L_A 的计算式：

$$L_A = h\left(\sin\alpha + \tan\frac{\psi - \alpha}{2}\cos\alpha\right) \tag{8 – 18}$$

式中：α 为振动放矿机台面倾角，(°)；ψ 为振动放矿机出矿矿石静止角或矿石动安息角，(°)，一般比矿石堆积角小 $5° \sim 10°$。

(3) 振动放矿机几何参数计算

振动放矿机几何参数包括台面长度 L、台面宽度 B 和台面倾角 α。

①台面长度 L。

$$L = (L_A + L_B)/\cos\alpha \tag{8 – 19}$$

式中：L_B 为矿石塌落的水平长度，m。

②台面宽度 B。

$$B = (1.6 \sim 2.0)d \tag{8 – 20}$$

振动台面宽度一般为 $800 \sim 1400$ mm。大块尺寸 d 大，放矿能力大或容器尺寸大时，取大值，反之取小值。

B 值要小于受矿容器的进口宽度 $300 \sim 600$ mm，以免撒矿，而且 B 值减去 $300 \sim 600$ mm 后，应为受矿容器进口宽度的整数倍。

③台面倾角 α。

振动强度相同条件下，台面倾角过小会降低放矿能力。台面倾角增大，振动放矿机放矿能力增加，但台面倾角过大，会使台面长度增加，从而增加参振质量，而且台面倾角增大不能造成眉线角 δ 超过矿石自燃安息角 θ，否则矿石会发生自溜，带来不良后果。台面倾角一般取 $10° \sim 20°$ 为宜。

④振动放矿机台面与矿车的关系。

振动放矿机台面与矿车的关系见图 8 – 25 和表 8 – 16。

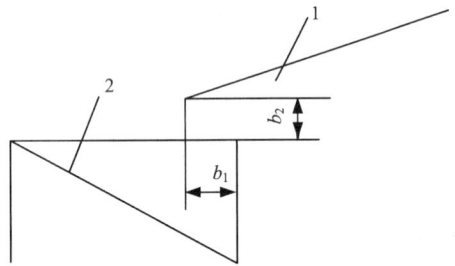

图 8 – 25 振动放矿机与矿车关系示意图
1—振动放矿机；2—矿车；
b_1—振动放矿机深入矿车距离；
b_2—振动放矿机台面与矿车间的垂直距离

表 8 – 16 振动放矿机台面与矿车的关系

矿车容积/m^3	0.5, 0.55, 0.75	1.2, 2.0	3.5, 4.0	6.0, 9.0	准轨矿车
b_1/mm	$150 \sim 200$	$200 \sim 300$	$250 \sim 350$	$300 \sim 400$	> 300
b_2/mm	$\geqslant 200$	> 250	> 300	> 300	> 350

(4) 振动放矿机生产能力计算

①矿石输送速度 v(m/s)。

$$v = \frac{F\omega}{2}[(2\pi + 2\pi^2 n_p\sin\alpha - \sin2\pi n_p)\cos\alpha + (\cos2\pi n_p - 1)\sin\beta] \tag{8 – 21}$$

式中：F 为振幅，mm；ω 为振动频率，s^{-1}；n_p 为跳跃系数，取决于工作状态系数 K_V，取值见

表 8-17,

$$K_V = \frac{K_0}{\cos\alpha}$$

式中：K_0 为振动强度，一般取 $1.9 \sim 2.3$；β 为矿石抛射角，$(°)$。

$$\beta = \arccos\frac{1}{K_V}$$

表 8-17 振动放矿时矿石跳跃系数

K_V	2.0	2.25	2.50	2.75	3.00	3.30
n_p	0.74	0.80	0.86	0.92	0.97	1.00

②振动放矿机技术生产能力 $Q_f(t/h)$。

$$Q_f = 3600\gamma hBv \tag{8-22}$$

式中：γ 为矿石松散密度，t/m^3；h 为眉线高度，m；B 为振动台板宽度，m。

③实际生产能力。

振动放矿机实际生产能力 Q_s 可按下式计算：

$$Q_s = K_s Q_f \tag{8-23}$$

式中：K_s 为生产能力影响系数，$K_s = 0.2 \sim 0.4$。

8.6.3 采场通风

采场爆破后产生的炮烟含有大量有毒有害气体，必须经过充分通风，排出炮烟并经测定确认工作面有毒有害气体浓度及工作面温度达到规定值(见表 8-18)后，人员方能进入工作面进行下一工序。

按照《爆破安全规程》(GB 6722—2014)规定，采场爆破后通风等待时间不能低于 15 min，考虑到采场通风条件一般较差，故通风等待时间应适当延长，一般不低于 $30 \sim 45$ min。

采矿方法不同，其通风线路也不同，一般是新鲜风流由下阶段运输平巷经通路(泄水井、人行天井、联络道等)进入工作面吹稀炮烟，污风从回风天井进入上阶段回风平巷。

采矿方法不同，需通风的地点也不同，如房柱法、留矿法、分层充填法等，人员在采场内作业，故应加强采场内通风；矿房法(分段、阶段)、有(无)底柱分段崩落法、进路充填法等，人员在专用巷道内作业，故通风的重点是作业巷道。

采矿方法不同，通风质量差异较大，如空场法、水平分层充填法通风线路顺畅，通风效果较好；进路充填法系独头掘进，通风效果较差，应加强局部通风措施；崩落法污风因需穿过爆堆，通风条件也较差，也应加强局部通风。

人员进入独头工作面之前，应开动局部通风设备通风，确保空气质量满足作业要求。独头工作面有人作业时，局扇应连续运转。

停止作业并已撤除通风设备而又无贯穿风流通风的采场、独头上山或较长的独头巷道，应设栅栏和警示标志，防止人员进入。若需要重新进入，应进行通风和分析空气成分，确保有害气体不超过允许浓度(见表 8-18)，确认安全方准进入。

表 8 – 18   地下爆破作业点有害气体允许浓度

有害气体名称		CO	N_nO_m	SO_2	H_2S	NH_3	R_n
允许浓度	体积/%	0.00240	0.00025	0.00050	0.00066	0.00400	3700Bq/m^3
	质量/(mg·m^{-3})	30	5	15	10	30	

8.6.4   采场地压管理

资料显示,在国内的矿业事故、交通事故、爆炸事故、火灾、毒物泄漏和中毒、建筑事故等六大类安全事故中,矿山事故占60%。而在井下矿山的顶板冒顶片帮、爆炸、透水、煤与瓦斯突出、炮烟中毒、火灾、矿车脱轨跑车等7大类事故中,顶板事故又占到了26.5% ~ 30%。近两年矿山事故统计资料分析表明,因冒顶片帮引起的事故占重伤以上事故的绝大部分,在矿山轻伤以上事故中也占到了31%。因此采场地压管理的重点是采场顶板安全管理。

采场地压管理是贯穿回采作业全过程的不间断日常管理,包括:

(1)采场爆破,经充分通风排出炮烟后,人员进入采场后的敲帮问顶、清除浮岩工作。回采作业,应事先处理顶板和两帮的浮石,确认安全方准进行。不应在同一采场同时凿岩和处理浮石。作业中发现局部冒顶预兆应停止作业进行处理;大面积冒顶危险征兆,应立即通知作业人员撤离现场,并及时上报。在井下处理浮石时,应停止其他妨碍处理浮石的作业。

(2)各工序作业过程中的采场顶板稳固性监测工作。发现大面积地压活动预兆,应立即停止作业,将人员撤至安全地点。

(3)不稳固采场的支护工作。围岩松软不稳固的回采工作面、采准和切割巷道,应采取支护措施;因爆破或其他原因而受破坏的支护,应及时修复,确认安全后方准作业。

采场支护是指在回采过程中对采场顶板、围岩进行加固的作业,以保障回采作业安全。采场支护方法与巷道支护方法基本相同。

1)采场支护类型

根据围岩加固方式,采场支护分为单体局部支护和整体系统支护两种,前者适用于相对较稳固岩层,后者适用于不稳固或稳固性较差的岩层。

根据支护材料和支架种类,采场支护分为锚杆支护、长锚索支护、喷射混凝土支护(喷浆支护)、支架支护、特殊支护和联合支护等六类。其中采场支架支护一般采用液压或水压等可移动式支架,巷道经常采用的钢支架、木支架、砌筑支护等在采场内一般不采用。

2)支护类型选择

采场支护形式一般根据矿岩稳固性确定。为减少支护工程量,应在保证采场安全的前提下,尽量少支护或采用简单的支护方式。

3)锚杆支护

锚杆支护种类繁多,材料来源广泛,加工制作简单,运输安装方便,使用安全可靠,使用范围广,是国内外矿山广泛使用的采场支护形式。

(1)锚杆支护原理

锚杆支护作用理论较多,但得到公认的主要有以下三种:

①悬吊作用。

由普氏平衡拱理论可知,回采空间形成后,由于应力集中,顶板岩体的力系将失去原有平衡,顶板岩层必然出现弯曲、下沉,如果不进行支护,围岩将发生冒落现象,并形成一个暂时稳定的平衡拱。此时锚杆的作用就是利用其强抗拉能力将松软岩层或危石悬吊于深部稳定岩层之上,达到支护的目的,如图8-26所示,破坏线以下的顶板松脱带重量完全由锚杆悬吊在上部稳定的岩体上。

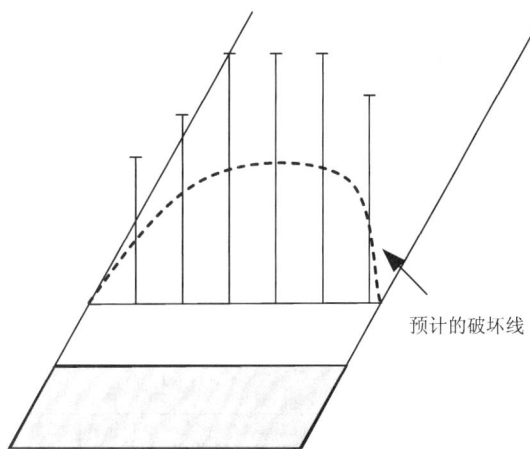

图8-26 锚杆悬吊作用图

②组合梁作用。

巷道顶板为层状岩层时,如图8-27(a)所示,其变形特性近似于梁或板的性质。锚杆的作用是通过锚杆的轴向作用力将顶板各分层夹紧,以增强各分层间的摩擦作用,并借助锚杆的自身横向承载能力提高顶板各分层间的抗剪切强度以及层间黏结程度,使各分层在弯矩作用下发生整体弯曲变形,呈现出组合梁的弯曲变形特征,从而提高顶板的抗弯刚度及强度,如图8-27(b)所示。

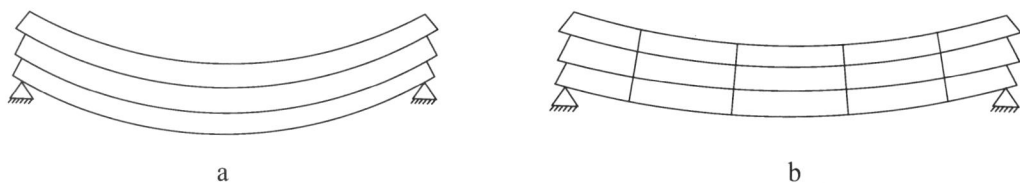

图8-27 锚杆的组合梁作用图

a—层状叠合岩层图;b—锚杆夹紧岩层原理图

③挤压加固作用。

节理裂隙发育岩层中,在锚杆预应力作用下,锚杆周围形成两头呈锥形的筒形压缩区,各锚杆形成的压缩区连接在一起,使区域内破碎岩块相互挤压,形成具有一定厚度的连续均匀压缩带,维持自身稳定。

（2）锚杆分类及其使用条件

锚杆分类及其使用条件汇总于表 8 - 19。矿山可根据自身矿岩稳固性及经济技术条件，选择合适的锚杆类型。

（3）锚杆支护参数确定

①单体局部支护时锚杆参数确定

a. 锚杆长度 $l(m)$：

$$l = l_1 + l_2 + l_3 \qquad (8-24)$$

式中：l_1 为锚杆插入稳固岩层深度，涨壳式及楔缝式锚杆 $l_1 = 0.3 \sim 0.4$ m，管缝式及砂浆锚杆 $l_1 = 0.5 \sim 0.6$ m；l_2 为需锚固岩层（危岩）厚度，m；l_3 为锚杆外露长度，视锚杆种类而定，m。

表 8 - 19　锚杆类型及使用条件

锚杆类型	锚杆名称	锚固力	使用条件	使用情况
机械锚固点锚固	金属楔缝式锚杆	50 ~ 100 kN	中硬以上矿岩	原应用较广，现较少应用
	金属胀壳式锚杆	60 ~ 120 kN	中硬以上矿岩	黄金矿山应用较多
	金属倒楔式锚杆	50 ~ 100 kN	中硬以上矿岩	煤矿应用较多，金属矿应用较少
注浆锚杆	钢筋、钢丝绳砂浆锚杆	50 ~ 150 kN	顶板允许暴露时间 2 d 以上	应用较广
	树脂锚杆	端头锚固：60 ~ 120 kN，全长锚固：150 kN 以上		应用较广
摩擦式锚杆	管缝式锚杆	80 ~ 100 kN	软岩及破碎岩石更有效	应用较广
	水压膨胀锚杆	80 ~ 100 kN	软岩及破碎岩石更有效	效果好，但成本高

b. 锚杆杆体直径 $d(mm)$：

$$d = 11.3 \sqrt{\frac{KQ}{\delta_1}} \qquad (8-25)$$

式中：K 为安全系数，一般取 2 ~ 3；Q 为危岩重力，N；δ_1 为杆体材料抗拉强度，Pa。

c. 锚杆根数：

$$n = K \frac{Q}{P} \qquad (8-26)$$

式中：P 为每根锚杆锚固力，N，可用锚杆拉拔仪现场测定；其他符号同式（8 - 25）。

②整体系统支护时锚杆参数确定。

a. 锚杆长度 $l(m)$：

国内锚杆长度一般为 1.5 ~ 2.2 m，可按下式验算：

$$l = N \left(1.1 + \frac{B}{10} \right) \qquad (8-27)$$

式中：N 为岩层稳定性系数，稳定性较好时，$N = 0.9$，稳定性中等时，$N = 1.0$，稳定性较差时,$N=1.1$,围岩不稳定时,$N=1.2$;B 为采场跨度,本公式适用于 $B\leqslant12$ m。

　　b.锚杆杆体直径 $d(\text{mm})$:

　　楔缝式锚杆直径一般为 $20\sim32$ mm,常用 $24\sim26$ mm;涨壳式锚杆直径一般为 $12\sim20$ mm,常用 $14\sim16$ mm;管缝式锚杆直径一般为 $32\sim40$ mm,常用 38 mm;钢筋砂浆锚杆直径一般为 $12\sim20$ mm,常用 $14\sim16$ mm。

　　锚杆直径与长度有关,一般:

$$d=l/110 \tag{8-28}$$

　　c.锚杆间距 $a(\text{m})$:

　　国内外锚杆间距一般为 $0.7\sim1.5$ m,可按如下经验公式计算:

$$a=(0.5\sim0.7)l \tag{8-29}$$

　　d.锚杆排列:

　　锚杆可按矩形、方形及梅花型排列。

4)长锚索支护

该方法以锚索作为承受拉力的杆状构件,通过钻孔将钢绞线或高强钢丝固定于深部稳定岩层中,从而达到使被加固体稳定和限制其变形的目的。

据文献报道,1918 年在西利西安矿山首先开始使用锚索支护技术,1934 年在阿尔及利亚舍尔法重力坝首次使用预应力锚索对坝体和坝基进行加固处理。近年来,英国、澳大利亚等采矿业较发达的国家,注重锚索技术的应用和发展,在较差的围岩条件下,为提高支护强度和效果,通常采用锚索做加强支护。在交叉点、断层带、破碎带和受采动影响难以支护的巷道中,也都采用锚索加固技术。

我国 1964 年在梅山水库右岸坝基的加固中首次使用锚索加固技术。目前,锚喷技术已经成为我国煤矿巷道支护的主要形式之一,而锚索加固也已从原来的岩巷扩展应用于采场,围岩松散或受采动影响大的巷道、大硐室、切眼、交叉点及构造带等需要加大支护长度和提高支护效果的地方,采用预应力锚索是非常行之有效的方法。

随着高强钢材和钢丝的出现以及钻孔灌浆技术的发展和锚固作用机理研究的深入,锚索日益广泛地应用于坝基加固,边坡加固,地下工程围岩支护,结构抗浮,结构抗倾及矿井顶底板、侧帮支护等方面。其优点是:锚固力大,锚固岩体较深,结构简单,锚固性能可靠,经济效益明显。其缺点是:工艺复杂,对腐蚀性和岩体质量的灵敏度高,拉力型锚索应力集中现象明显。

锚索除具有普通锚杆的悬吊作用、组合梁作用、组合拱作用、楔固作用外,与普通锚杆不同的是对顶板进行深部锚固而产生强力悬吊作用,并将其牢固悬吊在上部稳定岩体中。由于锚索支护能提高巷道顶板的承载能力,改善巷道受力条件,使顶板得到有效控制,故巷道和采场片帮问题也得到了较好的解决。

长锚索支护主要应用于充填法和空场法采场。通过长锚索预先加固顶板和上下盘围岩,可提高采场内作业的安全性。

(1)长锚索分类

目前在加固工程中使用的锚索类型种类繁多,按不同的分类方法可将锚索划分为不同的类型。例如:按外锚头的结构形式分为 OVM 锚、QM 锚、XM 锚、弗氏锚等。从国内的技术发展现状来看,外锚头部位和锚索体材料的技术参数都不难满足锚固技术的需要,而锚固段却因地质条件复杂，较难确保其可靠性。因此，将锚索按锚固段的受力状态分类，更具有实用性。按锚固段结构受力状态分为拉力型、压力型、荷载分散型等，另外还有可拆除式锚索、观测锚索等。

①拉力型长锚索。

拉力型锚索采用纯水泥浆或水泥砂浆将锚固段部分的锚索体固结在被锚固体的稳定部分，该类锚索采用二次注浆，第一次形成锚固段，第二次是在张拉后进行，主要作用是确保张拉段锚索体的防护，同时也将锚索体的预应力通过浆体的黏结力固结，一旦内外锚头失效也可保持预应力。拉力型锚索结构简单，施工方便，造价较低，但是这种锚索作为永久性锚索，其防护性能差，内锚固段受力机理不尽合理，在内锚固段上部应力集中，并随深度衰减，因此在锚固段上部 1~3 m 范围内浆体容易开裂，特别是 0~1 m 范围内钢绞线和浆体之间黏结力易被剪切破坏，而且在垂直于锚固体轴向上会出现可见的裂缝，影响锚固效果。

拉力型长锚索结构如图 8-28 所示。

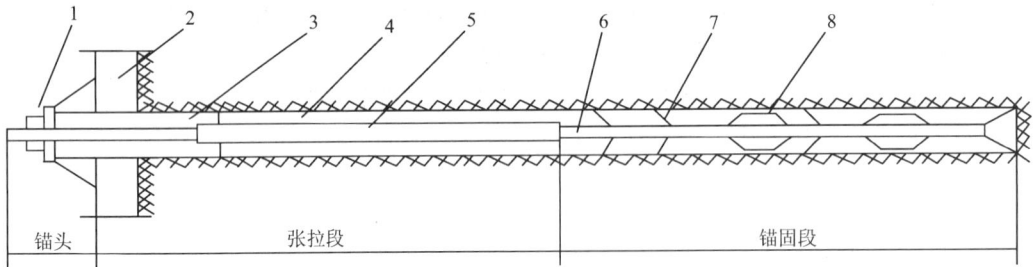

图 8-28　拉力型锚索结构示意图
1—锚具；2—结构；3—油脂；4—注浆体；5—套管；6—锚索体；7—裂纹；8—对中支架

②压力型长锚索。

压力型锚索与拉力型锚索的受力机理不同，如图 8-29 所示。压力型锚索通过锚索尾部的 P 型锚和承压板将张拉荷载作用于内锚固段下部，使内锚固段的注浆材料承受压力。在轴向压力作用下注浆材料径向膨胀，但该膨胀受到周围岩体约束，故而在浆体材料与孔壁之间产生挤压咬合力。因此，压力型锚索锚固力不仅取决于内锚固段注浆材料与孔壁的黏结力，而且还取决于两者之间的挤压咬合力。与拉力型锚索相比，在相同长度内锚固段条件下，前者具有更高的承载力和更好的耐久性，并且由于压力型锚索施工采用一次性注浆，既减少了工序，又可在未张拉前提供一定的锚固力。

压力型长锚索根部荷载大，而靠近孔口方向荷载明显变小，更有利于将不稳定体锚固在岩层深部，充分利用有效锚固段，缩短锚索长度。

③荷载分散型锚索。

目前使用的锚索结构一般为拉力型，也有少数采用压力型。这两种类型锚索，应力过于集中传递到锚固段的局部部位，导致锚固体遭受破坏，即使压力型锚索，在承载板上部 0.25~0.3 m 范围内的浆体也可能受压破坏。荷载分散型锚索，将施加的预应力分散在整个锚固段上，使应力应变分散减小到确保锚固段不受破坏。这种类型的锚索种类较多，大致分为拉力分散型、压力分散型、拉压分散型三种。

（2）长锚索结构与安装工艺

在矿岩中钻凿深孔或中深孔，然后放入1根或多根钢丝绳或钢绞线，并向钻孔中灌注水泥砂浆，凝固后即可加固和支撑采场矿岩。长锚索分普通长锚索和预应力长锚索两种，常用普通长锚索。

普通长锚索施工一般分以下几个步骤（见图8-29）。

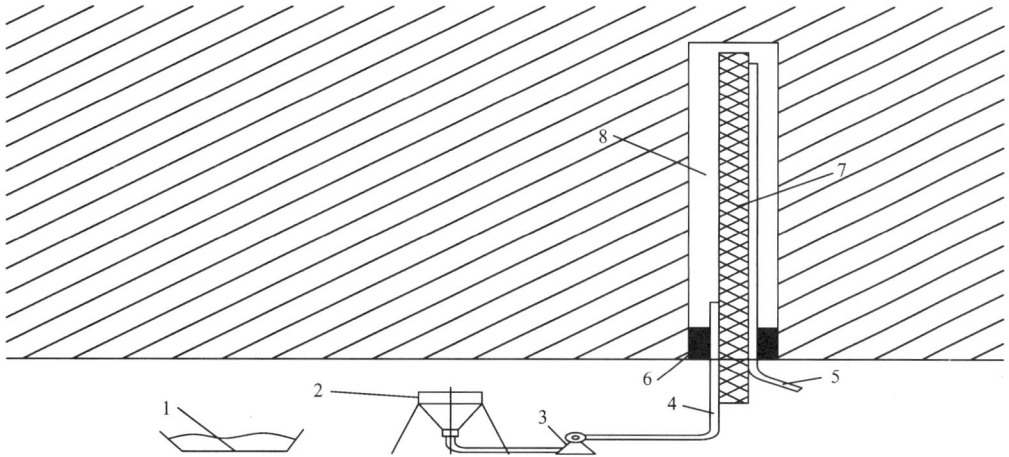

图8-29 普通锚索安装示意图

1—搅拌槽；2—上料装置；3—压力注浆机；4—注浆管；5—排气管；6—孔塞；7—钢丝绳；8—水泥砂浆

①成孔。

国内多用YGZ-90钻机钻凿深孔或中深孔。

②制锚。

制作锚索的材料一般选用钢绞线或矿山已有的废旧钢丝绳。废旧钢丝绳首先应该用柴油或汽油对其表面进行清洗，之后用高压蒸汽将油脂去除。

沿锚索方向每隔5 m绑扎一个定位环，定位环与钢丝绳之间用扎丝绑扎固定。之后将排气管从锚索的尾部沿定位环穿入，直至穿过最长锚索的内锚头承压板，并从尾部割掉多余的排气管。最后装上导向帽，点焊在内锚头承压板上。

③送锚。

制锚完成后，将锚索运至送锚地点，承压板系上绳子，人工将内锚拉至孔口附近，然后送锚，直至使锚束达到设计长度为止，最后固定好孔塞。

④注浆。

利用注浆机将配置好的水泥砂浆注入钻孔内。

⑤封锚。

注浆完成之后，在锚索孔处用按设计图形做好的木模套在多出来的锚索上，浇筑混凝土入模内，进行一段时间的养护，当混凝土凝固后，用电动手砂轮割掉多余外露的钢丝绳进行封锚。

（3）长锚索支护参数确定

①钻孔长度。

钻孔长度根据长锚索用途变化较大,主要取决于顶板冒落带高度,一般要超过冒落带高度 1~2 m。

②钻孔间距。

钻孔间距(网度)应根据岩层稳定性及节理裂隙发育程度选定:稳定岩层且整体性较好时,网度可取为(3~4)m×(3~4)m;节理裂隙发育地段可取为(1.5~2)m×(1.5~2)m。

③钻孔直径。

钻孔直径一般取所用长锚索直径的 2~3 倍。

5)喷浆支护

由于喷浆可能恶化矿石选别性能,因此,喷浆支护在采场支护中的应用不如巷道支护广泛,主要用于进路支护(如进路充填法、分段崩落法等)。

水泥砂浆配比一般为:水泥:沙子:石子(20~25 mm 以下)=1:2:2;水灰比=0.4~0.5。

喷射厚度一般为 30~50 mm,矿岩稳固性差、进路跨度大时,喷射厚度可达 70~100 mm。

为减少混凝土喷射时的返粉率,改善喷浆工作面环境,提高喷射质量,应大力推广湿喷技术。

图 8-30 为湖南飞翼股份有限公司开发的 mTK500 湿喷机,图 8-31 为其喷射工艺流程,图 8-32 为其喷射效果图。

图 8-30 飞翼股份生产的 mTK500 湿喷机

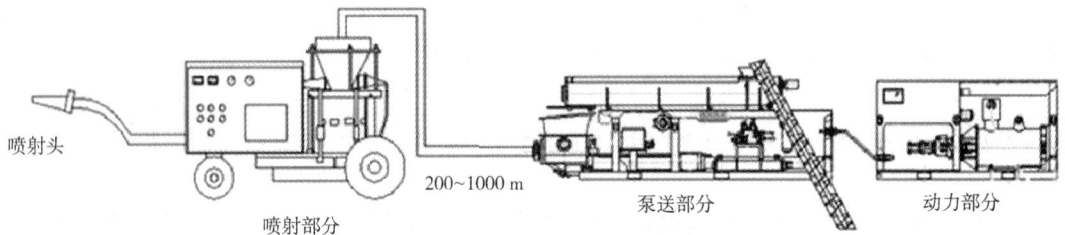

喷射头

200~1000 m

喷射部分　　　泵送部分　　　动力部分

图 8-31 湿喷机整体工艺流程图

图 8-32 湿喷效果图

6) 支架支护

采场支架支护主要采用液压或水压单体支架(柱),该类支架可重复使用,主要用于层状矿岩或整体性较好矿岩的临时支护,如果节理裂隙发育,则支护效果欠佳。

单体液压支柱是 20 世纪 70 年代从德国引进的技术,由于其工作阻力大,操作方便,劳动强度低,安全可靠而被煤矿广泛应用。水压支架则在金属矿山得到一定程度的应用。

图 8-33 为湘西金矿使用的快速让压水压支柱,包括支柱体和加长件两部分。支撑时,可根据采空区的高度调节使用加长件,以满足支撑高度的需要。支柱体的滑动支撑高度为 500 mm,一般加长件的长度为 450 mm。为抵抗回采时的爆破冲击破坏,支柱的滑动缸套外面包有一层重型聚乙烯保护筒,壁厚 16 mm。支柱体主要由杆体和缸套组成,杆体顶部的活塞与缸套紧密配合,形成液压加载系统。关键部分是安装在支柱缸套上的单向阀和置于杆体活塞中心部位的快速让压阀。工作时高压泵输入的高压水由单向阀注入活塞与缸套形成的封闭充水腔内,在高压水的作用下,支柱缸套缓缓上升,直至接触到采场顶板。这时,高压泵继续工作,支柱紧紧地支撑在顶板岩石上,直到高压泵自动停止工作为止。支柱的最大初撑力可达到 200 kN。

7) 特殊支护法

采场支护还有许多特殊的方法,如水泥注浆法、化学注浆法、沥青注浆法、黏土注浆法、冻结法、电化学法、热力加固法等,这类方法仅在特殊条件下使用。

8) 联合支护法

如果矿岩稳固性差,节理裂隙发育,单一支护方法不能提供有效支撑,可采用两种或两种以上的支护形式,称为联合支护。

常见的联合支护方式有:喷锚支护(喷浆 + 锚杆)、锚网支护(锚杆 + 金属网)和喷锚网支护(喷浆 + 金属网 + 锚杆)。

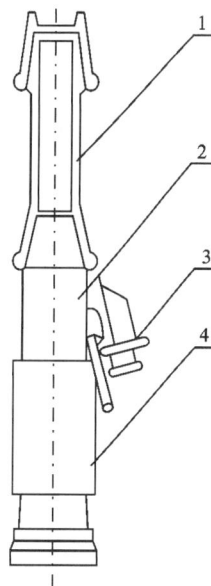

图 8-33 水压支柱原理图
1—加长件;2—支柱体;
3—单向阀;4—保护套

9) 支护实例

表 8 - 20 为国内矿山支护实例,可对比开采技术条件,灵活选取。

表 8 - 20　国内部分矿山支护方式

矿山名称	采矿方法	开采技术条件	采场支护情况
车江铜矿	全面采矿法	矿体为似层状砂岩,厚度 1～2 m;顶板界限不明显,中等稳固;底板为红色细粒砂岩,稳定性差	直径 22 mm 金属楔缝式锚杆和钢丝绳砂浆锚杆,间距 1.5 m×1.5 m,长 1.8～2.0 m
张家口金矿	房柱采矿法	矿体形态复杂,倾角 14°～20°,厚度 0.28～8.15 m;顶底板均为含金蚀变岩,节理裂隙发育,局部破碎	中等稳固地段锚杆支护;不稳固地段锚网支护。金属胀式和管缝式锚杆,金属网用 8 号铁丝编制,网度 50 mm×50 mm
锡矿山锑矿	房柱采矿法	似层状矿体,顶板为页岩、灰页岩,中等稳固至不稳固	楔缝式锚杆支护,直径 25 mm,长度 2.3 m,网度 0.8 m×1.0 m
栾川钼矿	房柱采矿法	矿石结构致密,稳固性好,局部地段由于受构造破坏,裂隙发育	采场喷浆支护,喷浆厚度 50 mm,破碎地段喷锚支护,砂浆钢筋锚杆,直径 18～20 mm,长度 2 m,每根锚杆支护面积 1.0～1.5 m²
九华山铜矿	浅孔留矿法	矿体赋存于闪长玢岩与大理岩接触带中,节理裂隙发育	长锚索支护:采用废旧钢丝绳,直径 25.4 mm 和 15 mm,钻孔直径 50 mm 和 90 mm,钻孔深 14～40 m,网度 2.5 m×3.0 m
程潮铁矿	分段崩落法	矿体节理发育,稳固性差;上盘为闪长岩,较破碎;下盘为花岗岩;与矿体接触处为矽卡岩,节理裂隙发育,稳固性差	喷锚支护:砂浆锚杆,杆体为直径 20～22 mm 螺纹钢筋,长度 1.5～2.5 m,排距 0.8～1.0 m,钻孔直径 40～50 mm,砂浆灰砂比 1:1,水灰比 0.4～0.45;喷浆厚度 80～85 mm,配合比,水泥:沙子:石子 = 1:3.27:1.14,水灰比 0.58
凡口铅锌矿	上向水平分层充填法	矿体稳固性好,但靠上下盘矿体局部稳固性差;上下盘为灰岩,稳固性好,局部泥质灰岩稳固性差	锚网支护:25 mm 楔缝式或 38 mm 管缝式锚杆,网度 1.4 m×1.5 m;金属网采用 14 号铁丝编制,网度 25 mm×25 mm
焦家金矿	上向进路充填法	矿体节理裂隙发育,如不支护,极易冒落	胀壳式锚杆支护:直径 16 mm,长度 1.8 m,网度 1.0 m×1.0 m 或 1.5 m×1.5 m

第9章 空场采矿法

空场采矿法由于主要依靠围岩自身的稳固性和留下的矿柱来管理地压，因此一般适用于矿岩稳固的矿体开采。其基本特点是：

(1)除沿走向布置的薄和极薄矿脉，以及少量房柱法外，矿块一般划分为矿房和矿柱。

(2)矿房回采过程中留下的空场暂不处理并利用空场进行回采和出矿等作业。

(3)矿房开采结束后，如采空区保持敞空不处理，则留设的矿柱一般作为永久损失，不予回收。如果矿石价值较高，则可根据开采顺序的要求，在对空场进行处理的前提下设法回采矿柱。

(4)根据所用采矿方法和矿岩特性，决定空场内是否留设矿柱及其矿柱形式。

空场法的基本使用条件是矿石和围岩稳固，采空区在一定时间内，允许有较大暴露面积。这类采矿方法在我国应用最早，也曾经是应用最广泛的采矿方法之一，在有色金属矿山中，所占比重在20世纪60年代曾达到70%左右。但由于该方法需留设大量的矿柱(顶柱、底柱、间柱、房间矿柱)，且一般不进行回收，故损失率较大(综合损失率达30%～50%)。随着矿山保有资源储量的日益减少和矿产品价格的日益上升，空场法的这一缺陷越来越难以接受，故其应用比重逐渐降低，20世纪80年代有色金属矿山的应用比重降为50%左右，进入21世纪后更是大量被充填法，尤其是嗣后充填法所取代。但由于空场法工艺简单，成本较低，在一些中小型矿山仍有使用，而且随着充填技术的进步，空场法与充填法结合的空场嗣后充填采矿法已成为大中型矿山主流采矿方法之一。

空场采矿法具体形式很多，但应用较为广泛的是房柱法(全面法)、留矿法、分段凿岩阶段矿房法和阶段凿岩阶段矿房法。

9.1 房柱法和全面法

房柱法是回采矿岩稳固的水平和缓倾斜中厚以下矿体的常用采矿方法。其特点是在回采单元中划分矿房、矿柱并相互交替排列，回采矿房时留下规则的矿柱(如果仅将夹石或低品位矿体留作矿柱，致使矿柱排列不规则，则称为全面法，其主要回采工艺与房柱法基本相同)维护采空区顶板。所留矿柱可以是连续的，但更多是间断的，间断矿柱一般不进行回采。图9-1和图9-2分别为浅眼房柱法和全面法的概念图。

1)采场布置

我国采用房柱法的矿山，多半采用电耙运搬矿石，故矿房的长轴方向沿矿体倾斜布置。如果矿体倾角较缓，且使用无轨设备，采场长轴方向也可沿矿体走向布置。

当矿体走向较长时，为提高回采作业安全性，控制地压规模，一般沿走向划分采区，每个采区内包括5～7个矿块，采区之间留设连续的永久矿柱。

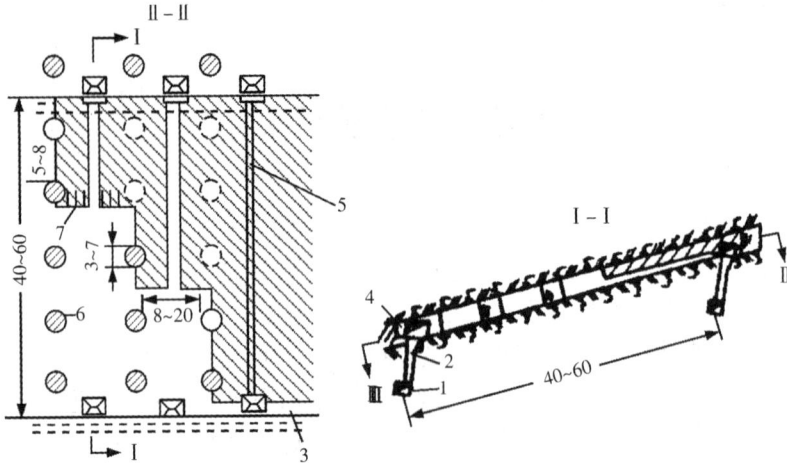

图 9 - 1　浅眼房柱法概念图

1—阶段运输平巷；2—矿石溜井；3—切割平巷；4—电耙绞车硐室；5—切割天井（上山）；6—矿柱；7—炮眼

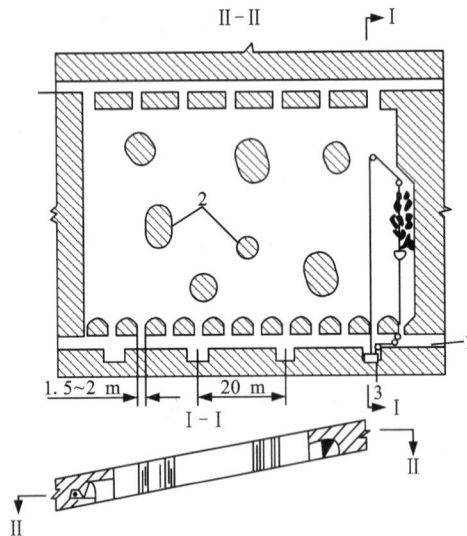

图 9 - 2　全面采矿法概念图

1—阶段运输平巷；2—矿柱；3—电耙绞车

2）采场构成要素

（1）阶段高度。房柱法适用于水平和缓倾斜矿体，故阶段高度一般不高。阶段高度为 15～25 m 时，阶段内一般不再划分分段；但当阶段高度为 30～50 m 时，一般将阶段划分为 2～3 个分段，分段高度以出矿设备有效运距确定。

（2）矿块长度。电耙出矿时，矿块长度主要根据电耙的有效耙运距离确定，一般为 40～60 m；矿块沿走向布置，采用无轨设备出矿时，矿块长度可适当加大。

（3）矿房宽度。矿房的宽度根据矿体的厚度和顶板岩石的稳固性而定，一般为 8～20 m。

（4）房间矿柱留设。矿房内矿柱多为圆型，直径 3～7 m，当采用方形矿柱时，规格多为（3～4）m×（3～4）m。矿柱间距视矿岩稳固性而定，一般 5～8 m，矿岩稳固性较好时，可加大到 8~12 m。当矿体厚度较大时，应留连续（条带状）矿柱，宽度 5 m 左右。

（5）顶底柱。顶柱高度一般为 1~3 m，底柱高度一般为 3~7 m。

（6）采区间永久矿柱宽度。沿走向留设永久矿柱时，宽度一般为 4~6 m。

国内部分矿山房柱法结构参数见表 9-1。

3）采准切割

在矿体的底板岩石中掘进脉外阶段运输平巷（矿山生产能力不大时，阶段平巷也可布置在矿体中，称脉内平巷），在每个矿房的中心线处，自阶段运输平巷掘进矿石溜井。在矿房下部的矿柱中，掘进电耙绞车硐室。在溜井上部沿矿体走向掘进切割平巷，将切割平巷往矿体两侧扩展，形成拉底空间。沿矿房中心线，在矿体中，从矿石溜井紧贴矿体底板，掘进切割天井（上山），作为行人、通风、运送设备和材料的通道及回采时的爆破自由面。

表 9-1 国内部分矿山房柱法和全面法结构参数

矿山名称	中段高度/m	矿块斜长/m	采区长度/m	采区内矿块个数	矿块宽度/m	矿房宽度/m	间柱宽度/m	顶柱高度/m	底柱高度/m
锡矿山锑矿	30~60	40~60		5~7	15~20	12~15	ϕ4~5	3~6	3~6
贵州汞矿		30				6~15	ϕ3~5		
刘冲磷矿	50	分段 20~30	30~40	2		8~16	2~4	1~1.5	
泗顶铅锌矿		25	25				ϕ4~5		
湘西金矿	25	55~60	40~80			5	3×4		5~7
白石潭铁矿	15~25	40~60			80~120	8~12	5~7×3~4	3.0	
杨家杖子钼矿	18~50	40~60							
松树脚矿	25~30	50~70					6~8	2~3	2~3
通化铜矿	30	30~80					2	2	3

4）回采

当矿体厚度 $H \leqslant H_0$（$H_0 = 2.5 \sim 3.0$ m）时，可按矿体全厚沿逆倾斜推进；当矿体厚度 $H \geqslant H_0$ 时，则先在矿体底部拉底，形成 2.5~3.0 m 高左右的拉底空间。拉底炮孔排距 0.6~0.8 m，间距 1~1.2 m，孔深 2~3 m。整个矿房拉底结束后，用 YSP-45 凿岩机或凿岩台车挑顶，回采上部矿石，炮孔排距 0.8~1.0 m，间距 1.2~1.4 m，孔深 2~3 m。矿体厚度小于 5 m 时，挑顶一次完成；厚度超过 5 m 时，则采用上向阶梯工作面分层挑顶，并局部留矿，以便站在矿堆上进行凿岩爆破作业。当矿体厚度超过 5~6 m 时，应引入服务台车，进行顶板加固作业，以保证采场回采作业安全。

在拉底和回采的同时按设计位置留下矿柱。每次爆破后，经过足够的通风时间（不少于 45 min）排除炮烟，然后人员进入采场，首先检查顶板，处理松石。待确认安全后，安装绞车滑轮，由安装在绞车硐室内的电耙绞车牵引耙斗将崩落的矿石耙至溜矿井，通过振动出矿机向停在阶段运输平巷中的矿车放矿，由电机车牵引矿车组至主井矿仓卸载，通过提升设备提升至地表。

较大矿房一般采用 2DPJ-28、30 型绞车，配 0.3~0.4 m³耙斗，台班效率 100 t；较小矿房则常用 2PK-13、14 型绞车，配 0.2 m³耙斗，台班效率 60~70 t。

5) 通风

矿房的通风线路是：新鲜风流自阶段运输平巷，经未采矿房的矿石溜井进入切割平巷至矿房中，清洗工作面后，污风经切割上山，进入上阶段的运输平巷(本阶段的回风平巷)，经回风井排出地面。

6) 矿柱回采

房柱法的矿柱一般占矿块储量的 20% ~ 30%。在矿房敞空的条件下，一般不进行回收。如果矿石价值较高，也可以根据具体情况局部回收：对于连续矿柱，分割成间断矿柱；对于间断矿柱，可将大断面缩采成小断面。

矿柱回采时，工人直接在顶板岩石暴露面积不断增大的条件下工作，安全性差，应加强安全管理，并根据顶板岩石的不同稳固程度，在矿柱周围架设临时支架。

7) 评价

房柱法(全面法)的优点是：采准切割工作量小，工作组织简单，通风效果好。其主要缺点是：工人在空场下作业，如果矿岩稳固性不好，作业安全性差；矿柱矿量所占比重大，而且一般不进行回采，矿石损失较大。

8) 无轨设备房柱法

电耙出矿生产能力较小，而且采场内崩落矿石不容易清理干净，造成矿石损失。国外广泛采用无轨设备房柱法，国内部分矿山也引进了凿岩台车、铲运机等无轨设备，使房柱法生产面貌发生了根本变化。随着国内采矿技术的不断发展，相信将会有越来越多的矿山采用无轨设备，以提高矿山生产能力和资源回采率。图 9 - 3 为哲兹卡兹干铜矿的无轨设备房柱法示意图，其回采工艺是：

(1) 凿岩台车钻凿中深孔，如果矿体厚度较大(超过 6 ~ 8 m)时，可以分层开采，上部分层超前下部分层。首先在顶板下方切顶，根据顶板稳固情况，进行加固处理(锚杆支护、喷浆支护、喷锚支护或喷锚网支护)，然后在矿房的一端开掘切割槽，以形成下向正台阶工作面。凿岩设备在切顶空间内以矿房端部切割槽为自由面，钻凿下向平行孔进行爆破。

(2) 爆破、通风、安全检查后，铲运机进入采场，铲装矿石往自卸汽车装矿，由自卸汽车运至主矿石溜井或直接运出地表。也可以铲运机铲装矿石至采场溜井。

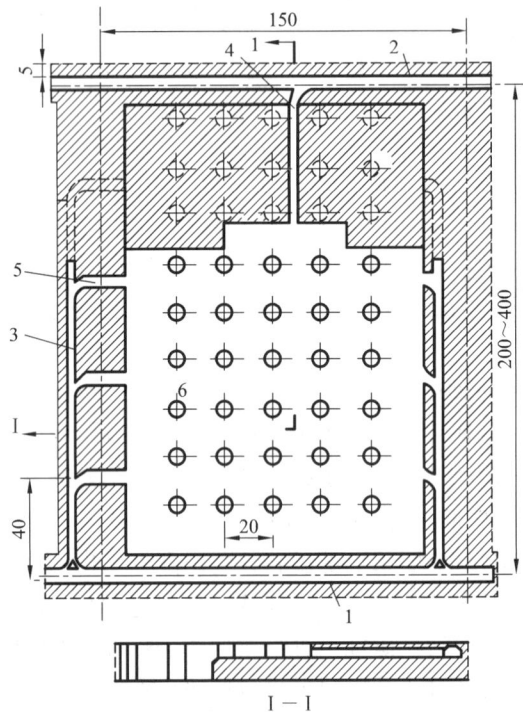

图 9 - 3　哲兹卡兹干铜矿的无轨设备房柱法示意图
1—阶段运输平巷；2—总回风平巷；3—盘区平巷；
4—通风平巷；5—进车线；

为减少掘进工程量，无轨开采时一般几个采场共用一条溜井。

9)技术经济指标

部分矿山房柱法、全面法技术经济指标见表9-2。

表9-2 国内部分矿山房柱法和全面法技术经济指标

矿山名称	矿块生产能力/(t·d⁻¹)	采切比/(m·kt⁻¹)	损失率/%	贫化率/%	掌子面工效/(t·工班⁻¹)	每吨矿石材料消耗		
						炸药/kg	雷管/个	钎子钢/kg
锡矿山锑矿	60~100	5~15	20~30	5~10	10~14			
福山铜矿	90~120	33	13	15	10	0.35	0.50	0.03
湘西金矿	70	13.5	14~17	5~10	7~8	0.275	0.280	0.015
刘冲磷矿	110~150	12	19	7.8	9~11	0.226	0.280	0.032
泗顶铅锌矿	136	6.5	11.5	17.2	14.25	0.396	0.416	0.016
白石潭铁矿	40~48	16	22.7	6.7	7.3	0.29	0.32	0.03
松树脚矿	50~90	8~18	14~20	8~17	3.5~7.0	0.47	0.32~0.67	0.02
车江铜矿	60~80	13	4~6	18~20	9~10	0.29~0.54	0.59~0.83	0.09

9.2 留矿法

该方法的特点是：将矿块划分为矿房和矿柱，先采矿房，后采矿柱；在矿房中用浅眼自下而上逐层回采，每次采下的矿石暂时只放出1/3左右(称局部放矿)；其余的存留于采空场中，作为继续上采的工作平台，待矿房回采作业全部结束后，再全部放出(称为集中放矿)。

由于回采过程中，暂存在采场中的矿石经常移动，因此不能将其作为管理地压的主要手段。如果围岩稳固性不好，在大量放矿阶段，随着围岩暴露面积的逐渐增大，可能造成围岩突然片落而增大矿石贫化，而且片落的大块岩石会堵塞漏斗造成放矿困难。

图9-4为八家子铅锌矿浅孔留矿法方案图。

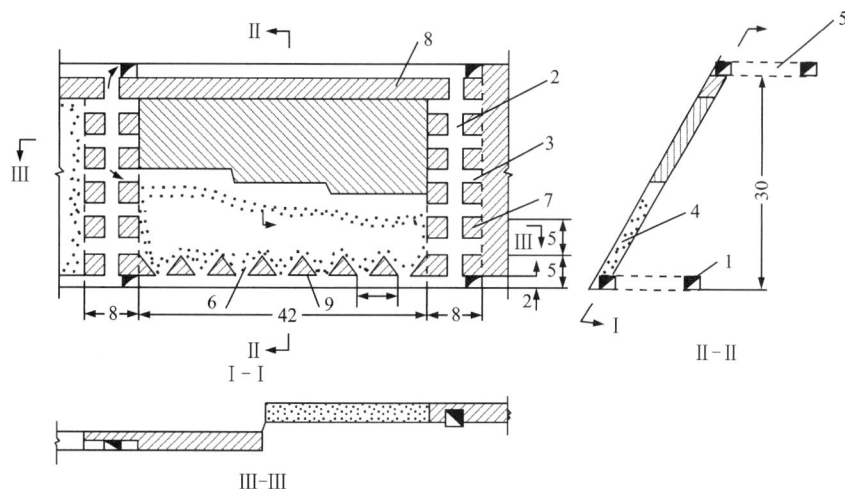

图9-4 八家子铅锌矿浅孔留矿法方案图

1—阶段运输平巷；2—天井；3—联络道；4—采下的矿石；5—回风平巷；6—放矿漏斗；7—间柱；8—顶柱；9—底柱

1) 采场布置

由于留矿法主要用于回采急倾斜薄矿体(脉),因此,采场一般沿走向布置。采场长度主要取决于工作面的顶板及上盘围岩所允许的暴露面积。从我国采用留矿法矿山的情况来看,在阶段高度为40~50 m时,采场长度一般为40~60 m。如果围岩特别稳固,采场长度可达80~120 m。

为保护上部运输平巷和对围岩起暂时支撑作用,一般留有一定高度的顶柱。薄矿脉开采时顶柱厚度一般为2~3 m,中厚以上矿体可达3~6 m。

为了保护下部运输平巷,承托矿房中存留的矿石,施工放矿漏斗等,需要留设一定高度的底柱。底柱高度根据底部结构确定,薄矿脉一般为4~6 m,而中厚以上矿体有时可达8~10 m。

如果需要施工人行天井,还应在矿房两侧留设间柱。间柱宽度薄矿脉一般为2~6 m,而中厚以上矿体有时可达8~12 m。对于极薄矿脉或高品位薄矿脉,也可不留间柱,人工天井可以采用顺路架设方法形成。

2) 采准切割

采准工作包括掘进阶段运输平巷、天井和联络道。在薄和极薄矿脉中,为便于探矿,阶段平巷和天井均沿矿脉掘进。联络道一般沿天井每隔4~5 m掘进一条,其主要作用是使天井与矿房联通,以便人员、设备、材料、风水管和新鲜风流进入矿房。为防止崩落矿石将联络道堵死,两侧联络道宜交错布置。

切割工作包括掘进放矿漏斗与拉底。漏斗间距,在薄和极薄矿脉中,一般为4~5 m;在中厚以上矿体中根据每个漏斗合理负担面积(一般为25~36 m²,最大不应超过50 m²,因为漏斗负担面积过大,不仅增大回采时平场工作量,而且降低放矿效率)确定。拉底可以从最底部联络道开始掘进拉底平巷,然后向矿体两侧扩展。

3) 回采

回采工艺包括:凿岩(打眼)、爆破、通风、局部放矿、撬顶(顶板检查,去掉浮石)及平场(整平留矿堆表面)、二次破碎(炸大块)。顺序完成这些作业,叫做一个回采循环。回采循环一个接一个重复进行,直至回采工作面达到设计的顶柱边界后,进行集中放矿(或称大量放矿)。

(1)凿岩

矿岩稳固性较好时,可钻凿上向炮孔,采用梯段工作面或不分梯段一次钻完。梯段工作面长度一般为10~15 m。为减少撬顶和平场工作量,尽量采用长梯段或不分梯段一次钻完。爆破后如果顶板极度不平整,可采用水平炮孔局部修整。如果矿岩稳固性较差,为维护顶板平整,应采用水平炮孔。

(2)爆破

留矿法爆破工艺相对简单,利用铵油炸药或乳化炸药药卷爆破,导爆管起爆。

(3)通风

留矿法通风线路简单,通风效果好。新鲜风流由上风流方向的人行天井和联络道进入采场,冲洗工作面后的污风由另一侧人行天井排到上部回风水平。如果采场中央掘进了专用通风天井,则两侧天井均可进风,通风效果更好。底部电耙道应形成独立通风系统,防止污风串入矿房或运输巷道。

（4）局部放矿

局部放矿时，放矿应与平场工作协同进行，各漏斗按计划均衡放矿，以减少平场工作量，防止在矿堆中形成空硐。如果出现空硐，空硐处理方法包括：

①爆破震动消除法。在空硐上部用较大药包爆破，震落悬空矿石，人员放置药包时，应注意自身安全，防止空硐突然垮塌。

②高压水冲洗法。用高压水自漏斗向上或自上部矿堆向下冲刷。

③采用土火箭消除空硐。

④从空硐两侧漏斗放矿，消除空硐根脚使悬空矿石垮落。

为提高放矿效率，漏斗下一般安装振动放矿机（见图9-5），借助振动力，改善矿石流动性能，提高放矿口通过能力，减少二次破碎量。

（5）撬顶及平场

局部放矿结束后，人员进入工作面，检查顶板和两帮矿岩，清除浮石（俗称撬顶或撬毛），同时平整矿堆（俗称平场），为下一工作循环创造条件。

图 9-5　振动出矿机示意图

1—振动台面；2—弹性元件；3—惯性振动器；
4—电动机及弹性机座；5—机架；

4）最终放矿及矿房内残留矿石的回收

矿房回采完毕后，应及时组织最终放矿，将残留在矿房内的全部矿石放出。

由于矿房底板粗糙不平，常在底板积存部分矿石和粉矿不能放净，从而造成矿石损失。当矿体倾角较缓时，残留矿石损失更为严重。为降低崩落矿石损失率，应在最终放矿结束后，尽可能采取措施将残留矿石回收。常用的残留矿石回收方法包括：

（1）水力冲洗法，即利用水泵产生的高压水，经高压水枪产生高压射流，并借助散体矿石和粉矿自重，使之从矿房中冲运放出。为避免粉矿流失，水力冲洗前应在矿房底部出口或受矿结构处设置脱水设施，并在巷道适当位置设置沉淀池，以回收矿泥，防止矿泥进入水仓。对于遇水易泥化矿石，或对湿度有严格要求的矿石，不宜采用此种方式回收残留矿石。

（2）遥控铲运机清底。对于采用铲运机出矿的采场，可采用遥控铲运机进入采场，回收矿房内残留矿石。

5）矿柱回采

用留矿法开采薄和极薄矿脉时，有些矿山不留间柱，底柱也用水泥砌片石等人工底柱代替。此时，矿柱所占比重较小。

对于储量较大的矿柱，可以在集中放矿开始前，分别在顶柱、底柱和间柱中钻凿上向炮孔（见图9-6），分次先爆破顶底柱，后爆破间柱。矿柱的崩落矿石与矿房存留矿石一起从矿块底部漏斗中放出。在崩矿前，应先在顶柱中掘进切割天井，作为顶柱崩矿的自由面，同时在间柱底部施工好放矿漏斗。

6）评价

（1）适用条件

①矿岩稳固性好。由于人员在空场下作业，如果矿岩稳固性较差，容易产生冒顶和片帮，

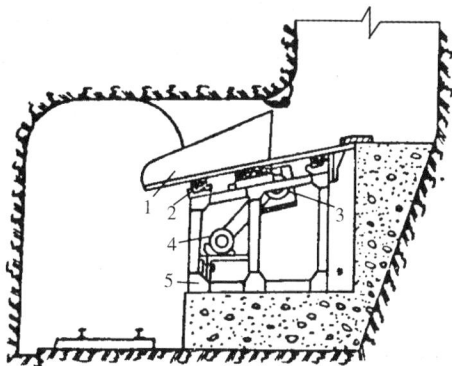

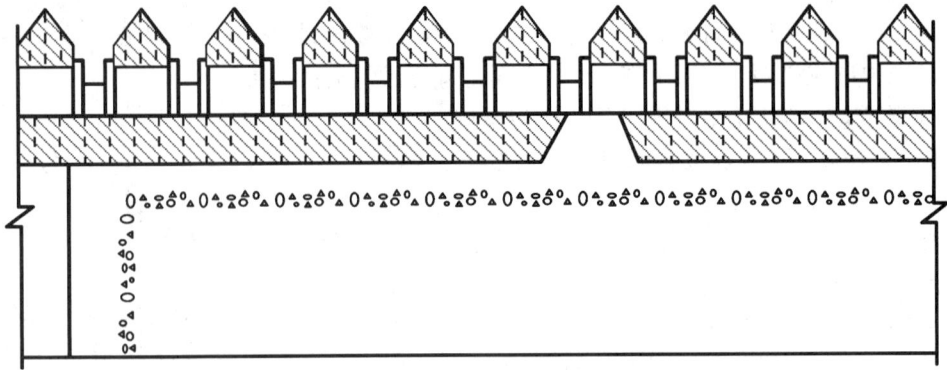

图 9 - 6   留矿法矿柱回采示意图

影响作业安全。另一方面，片帮不仅会造成矿石贫化，而且片落大块会堵塞放矿口，造成放矿困难。因此，浅孔留矿法一般用于回采矿岩稳固性好的矿体。

②适用于极薄至薄矿体。中厚以上矿体采用留矿法，因顶板暴露面积过大，回采安全性较差，且撬顶、平场工作量大，经济效果不佳。

③矿体倾角以急倾斜为宜。根据试验，倾角为 60°～65° 的矿脉，如果采高超过 25 m，即会出现底板存留。如果倾角小于 60°，则应考虑采取辅助放矿措施，如某些矿山在矿房底部安装振动放矿机进行辅助放矿。

④矿石无结块、自燃倾向。矿石中不应含有胶结性强的泥质，含硫量也不应过高，以防止矿石结块和自燃。

(2) 优缺点

留矿法的优点是：结构简单，管理方便，采准切割工作量小，生产技术易于掌握。其主要缺点是：矿房内留下约 2/3 的矿石不能及时放出，积压了资金；矿房回采完毕后，留下大量采空区需要处理；矿柱矿量所占比重大，而且一般不进行回采，矿石损失较大。

(3) 结构参数和主要经济技术指标

国内部分留矿法矿山采场结构参数如表 9 - 3，主要技术经济指标如表 9 - 4 所示。

表 9 - 3   国内部分留矿法矿山矿块结构参数

矿山名称	阶段高度/m	矿体厚度/m	矿体倾角/(°)	矿块长度/m	间柱宽度/m	顶柱高度/m	底柱高度/m	漏斗间距/m
月山铜矿	50	5～8	70～85	40～60	6～8	3～5	3～6	5～6
河山铅锌矿	50	8～10	60～70	30～40	6～8	6	6～8	4～5
冯家山铜矿	40	1～31	81～88	30～50	6	4	5	4～5
西华山钨矿	38～56	0.2～0.5	75～86	60～80	不留	1～1.5	2.5～3	4.5～5
清水塘铅锌矿	40～50	1	75～85	50～60	不留	4	5	4.5～5.5

表9-4 国内部分留矿法矿山主要经济技术指标

矿山名称	矿块生产能力/(t·d⁻¹)	采切比/(m·kt⁻¹)	损失率/%	贫化率/%	掌子面工效/(t·工班⁻¹)	每吨矿石材料消耗		
						炸药/kg	雷管/个	钎子钢/kg
月山铜矿	44~55		7~10	20~27	7~10			
盘古山钨矿	42		4.7	66~76	12.4	0.76	0.73	0.05
银山铅锌矿	55~75	12~16	12.6	12~14	5.3	0.6	0.68	0.045
西华山钨矿	50~60		6.1	78	12.5	0.62	0.82	0.027

7)其他出矿方式的留矿法方案

普通浅孔留矿法多采用底部漏斗放矿结构,部分矿山在生产实践中根据矿体赋存条件和设备供应情况,采用了不同的出矿方式,如电耙出矿留矿法、铲运机(或装岩机)出矿留矿法等。

(1)电耙出矿浅孔留矿法

当矿体倾角45°~55°或以下时,矿石不能自重溜放,国内部分矿山将全面法(或房柱法)的采场内电耙出矿工艺与留矿法的采场布置方式和落矿工艺相结合,成功解决了缓倾斜至倾斜矿体出矿难题,有的文献将之称为留矿全面法。如图9-7所示,采用上向倾斜工作面(倾角10°~25°)分层崩矿,每次崩下矿石由安装在矿房内的电耙耙至矿房底柱中预先掘好的短溜井,装车运出。该方法大量出矿时由于电耙在空场内运行,矿房暴露面积逐渐加大,应随时检查上盘围岩的稳固情况,及时处理松石,必要时进行支护加固处理。

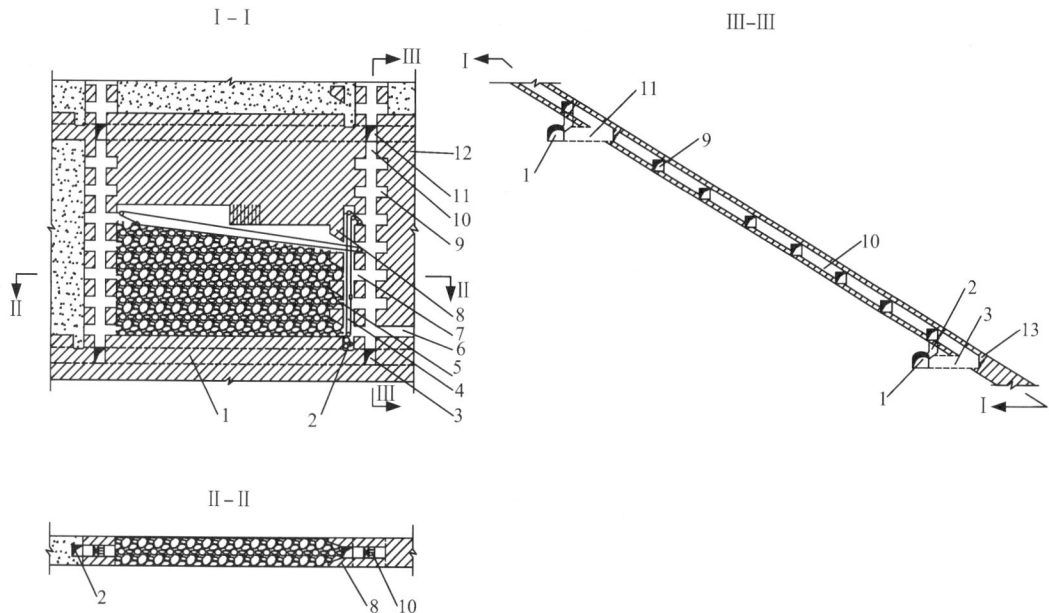

图9-7 留矿全面法示意图

1—阶段运输巷道;2—溜井;3—进风联络道;4—电耙道上山;5—电耙联络道;6—拉底平巷;
7—电耙硐室;8—临时矿柱;9—采场联络道;10—人行通风天井;11—回风联络道;12—矿体

（2）铲运机出矿浅孔留矿法

近年来，随着用工成本的日益增加，以及无轨设备的广泛应用，越来越多的留矿法矿山，尤其是开采中厚矿体时，开始不用复杂的漏斗放矿，转而采用机械化程度和出矿效率更高的铲运机出矿方式。图9－8为铲运机出矿留矿法基本概念图。回采工艺与普通浅孔留矿法相同，只是崩落矿石由铲运机自出矿进路中铲装，倒入溜矿井装车运出。

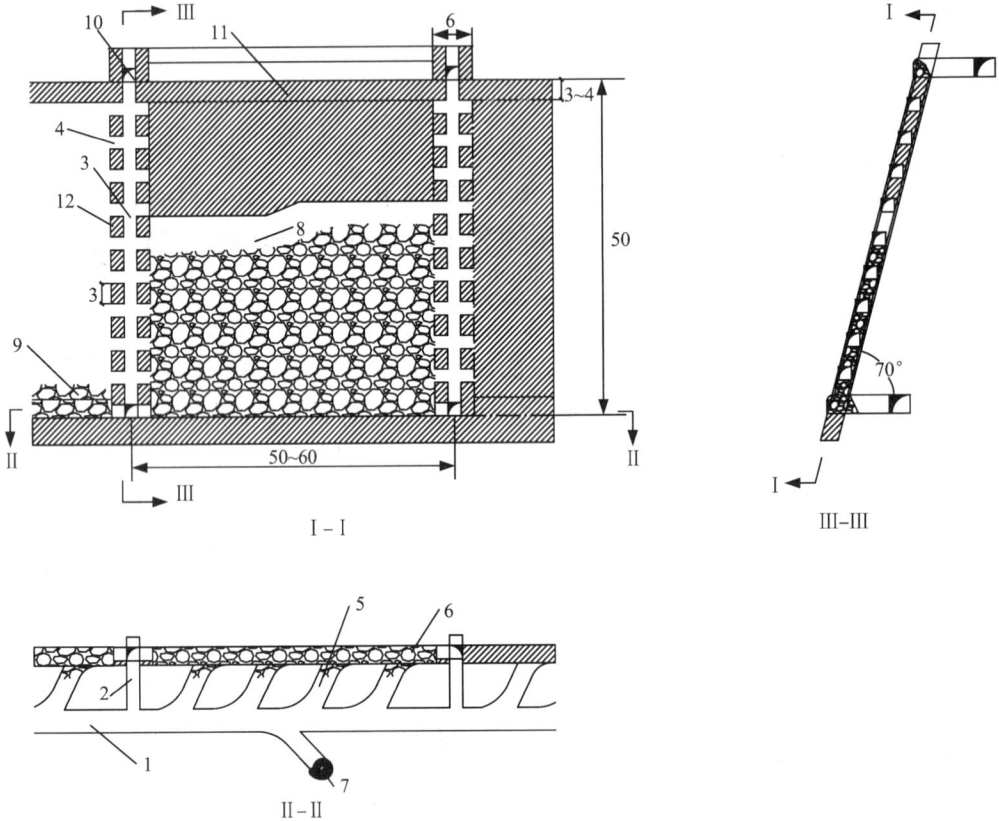

图9－8 某矿山铲运机出矿留矿法

1—铲运机出矿巷道；2—穿脉；3—人行通风天井；4—联络道；5—出矿进路；6—拉底平巷；
7—溜井；8—回采空间；9—存留矿石；10—回风巷道；11—顶柱；12—间柱

9.3 分段矿房法

对于倾斜中厚至厚大矿体，由于不能像房柱法、全面法那样采用机械设备从采场内出矿，也无法像留矿法一样借助重力出矿，因此，属于典型的难采矿体之一，必须选用其他合适的采矿方法，如分段矿房法。分段矿房法是在垂直方向上将中段划分为分段，在每个分段水平上布置矿房和矿柱，各分段采下的矿石分别从各分段的出矿巷道运出。各分段矿房回采完毕后，一般应立即回采本分段的矿柱并同时处理空区。

1）采场结构参数

分段矿房法一般沿走向布置采场。阶段高度一般为 40~60 m，分段高度 10~20 m。矿房沿走向长度 35~40 m（取决于矿岩稳固性），间柱宽度 6~8 m，各分段间留设斜顶柱，真厚度为 5~6 m。

2）采准工作

采场采准工艺如图 9-9 所示。采用下盘脉外采准方式，上下阶段由采准斜坡道（坡度 15%~20%）连通，自采准斜坡道掘进分段运输平巷和充填回风平巷。阶段内间隔一定距离（根据铲运机有效运距而定，电动铲运机为 80~100 m，柴油铲运机为 100~150 m）设置一个溜井，底端布设振动出矿机，溜井与分段运输平巷之间用卸矿横巷连通。在矿体中沿矿体走向布置凿岩平巷，凿岩平巷与充填回风平巷之间用切割横巷连通；在矿体下盘边界处沿矿体走向布置"V"形堑沟拉底平巷，"V"形堑沟拉底平巷与分段运输平巷之间用出矿进路连通。

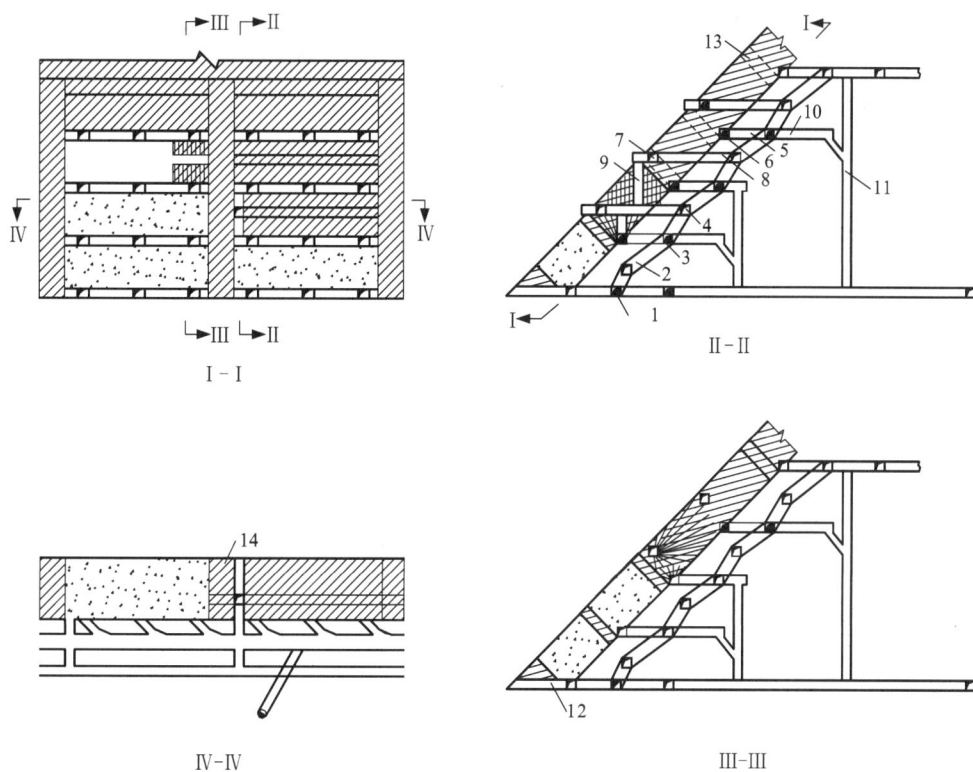

图 9-9　分段矿房法

1—阶段运输巷道；2—斜坡道；3—分段运输平巷；4—回风平巷；5—分段出矿进路；6—堑沟拉底平巷；7—凿岩平巷；8—切割横巷；9—切割天井；10—卸矿横巷；11—溜井；12—穿脉；13—斜顶柱；14—间柱

3）切割工作

切割工作主要包括堑沟拉底平巷，切割天井、切割横巷、切割槽及"V"形堑沟的形成。

采用垂直中深孔拉槽法形成切割槽，即由"V"形堑沟拉底平巷在靠近间柱位置向上掘进切割天井连通切割横巷，再由切割横巷继续向上掘进另一条切割天井至矿体上盘边界，在拉底平巷和切割横巷内分别钻凿上向扇形和平行中深孔,以切割天井为自由面进行多次逐排同次爆破形成切割槽。切割槽宽度一般 2~4 m,长度为矿块长度,高度为分段高度。由于切割槽宽度小于高度,故亦称为切割立槽。

"V"形受矿堑沟由堑沟拉底平巷钻凿上向扇形中深孔爆破形成,即由堑沟拉底平巷钻凿上向扇形中深孔,边孔少装药,角度控制在 30°左右,以形成平整的堑沟斜面。"V"形受矿堑沟形成爆破与回采同时进行,超前于回采立面数排炮孔即可。

4)回采工作

矿房的回采自切割槽向矿房的另一侧推进,在"V"形堑沟拉底平巷、分段凿岩平巷中采用 YGZ-90 钻机或其他中深孔钻机(凿岩台车)钻凿上向扇形中深孔,炮孔一次打完,侧向崩矿。崩矿孔与堑沟孔同次爆破,每次起爆 3~4 排炮孔,每次爆破后至少通风 40 min,工作面炮烟排净后,采用铲运机将崩落的矿石卸入溜井。

5)评价

分段矿房法主要优点是作业在小断面巷道中进行,安全性好;使用无轨设备出矿,回采强度比较高,采场生产能力大,同时工作采场数目少,管理简单。但主要缺点是每个分段都要掘进分段运输巷道、切割巷道、凿岩平巷等,采准工程量大。另外矿柱所占比例高,采用中深孔落矿,矿石损失率、贫化率大,大块率高,二次破碎量大。

9.4 爆力运搬采矿法

1)爆力运搬法应用背景

地下矿体采场运搬方式一般可分为重力运搬、机械运搬和爆力运搬。急倾斜矿体开采一般采用重力运搬,因该运搬方式成本最小,应尽可能采用;缓倾斜矿体开采一般采用机械运搬,主要使用电耙或自行无轨设备如铲运机,装运机等;对缓倾斜至倾斜矿体,为解决下盘残留矿石损失大等问题,爆力运搬可以获得比较好的技术经济效果。

2)爆力运搬采矿法运搬理论

爆力运搬是否可行,关键取决于有效运搬距离能否满足采矿方法结构的要求。有效运搬距离与矿体倾角、厚度、爆破作用指数及底板平整

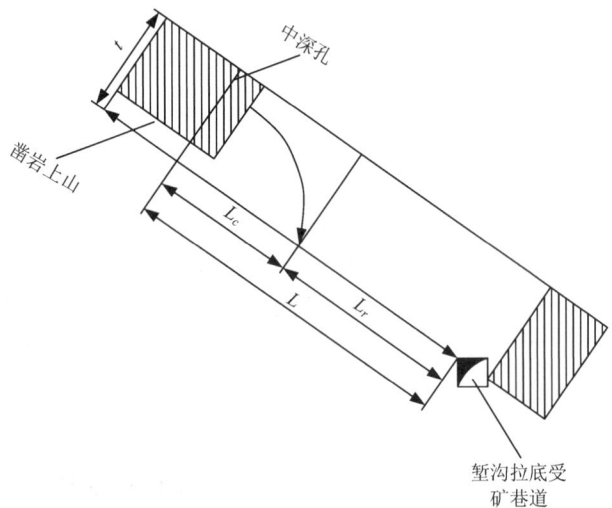

图 9-10 爆力运搬模型

性等因素有关。苏联学者 B·A·什契勘诺夫经研究分析,认为爆力运搬距离可按下式计算(见图 9-10):

$$L = L_c + L_r \qquad (9-1)$$

式中:L_c 为矿石抛掷距离;L_r 为矿石滚动距离。

矿石抛掷距离和滚动距离分别按下式计算：

$$L_c = \frac{t}{2}\tan\alpha + \frac{5nW}{\cos\alpha} \tag{9-2}$$

$$L_r = \frac{\sin^2\alpha\left(5nW\tan\alpha + \frac{t}{2\cos\alpha}\right)}{f\cos\alpha - \sin\alpha} \tag{9-3}$$

式中：α 为矿体倾角；n 为爆破作用指数；t 为矿体厚度；W 为爆破最小抵抗线；f 为矿石沿底板滚动的摩擦阻力系数。

3）矿块布置和结构参数

矿块一般沿矿体走向布置。

阶段高度依据矿岩稳固程度、抛掷距离和分段数目来确定，一般为 20～35 m；分段高度的确定条件和阶段高度相同，高分段一般 15 m 左右，低分段一般 6～10 m；矿房长度根据采场允许的暴露面积和最佳设备效率确定，可以在 30～70 m 范围内选取；顶柱宽度一般为 4～6 m；如果采用铲运机出矿，一般不留底柱，如采用漏斗放矿，则一般留设底柱，底柱宽度 4～8 m，漏斗间距 5～6 m。

4）采切工艺

如图 9-11 所示，采用铲运机出矿时，其采切工艺与分段矿房法基本相似，不同之处在于：切割工作是在矿房中沿着垂直矿体倾向的方向向上掘进切割天井，同时沿矿体下盘向上掘进凿岩上山，首先以切割天井为自由面进行中深孔爆破形成拉底层（切割斜面，宽度 3.5～4 m），接着以拉底形成的拉底层为自由面和补偿空间进行落矿。

5）回采

本方案回采工艺与分段矿房法基本相似，不同之处在于：落矿是在凿岩上山中钻凿垂直矿体倾向方向的上向扇形中深孔进行的，矿石在爆力的作用下沿着矿体底板抛掷并且滚动汇入到堑沟拉底受矿巷道。

6）方案评价

该方案主要优点是作业在小断面巷道中进行，安全性好；使用无轨设备出矿，回采强度比较高，采场生产能力大，同时工作采场数目少，管理简单。其主要缺点是需要考虑矿体厚度、倾角与运搬距离等问题，而且矿柱所占比例高，采用中深孔落矿，矿石损失率、贫化率大，大块率高，二次破碎量大。

部分矿山爆力运搬采矿法主要结构参数如表 9-5、主要技术经济指标如表 9-6 所示。

表 9-5　国内部分爆力运搬采矿法矿山矿块结构参数

矿山名称	阶段高度/m	分段高度/m	分段数目	矿块长度/m	矿块斜长/m	顶柱高度/m	底柱高度/m	间柱宽度/m
中条山胡家峪铜矿	40～50		1	50	55～70	4～6	4～6	6～8
杨家杖子岭前钼矿	35		1	50	41	4	8～10	6～8
青城子铅矿	30	15	2	30～50		不留		不留
龙烟铁矿	27.2	5.9	4	72	40	3～4	2	

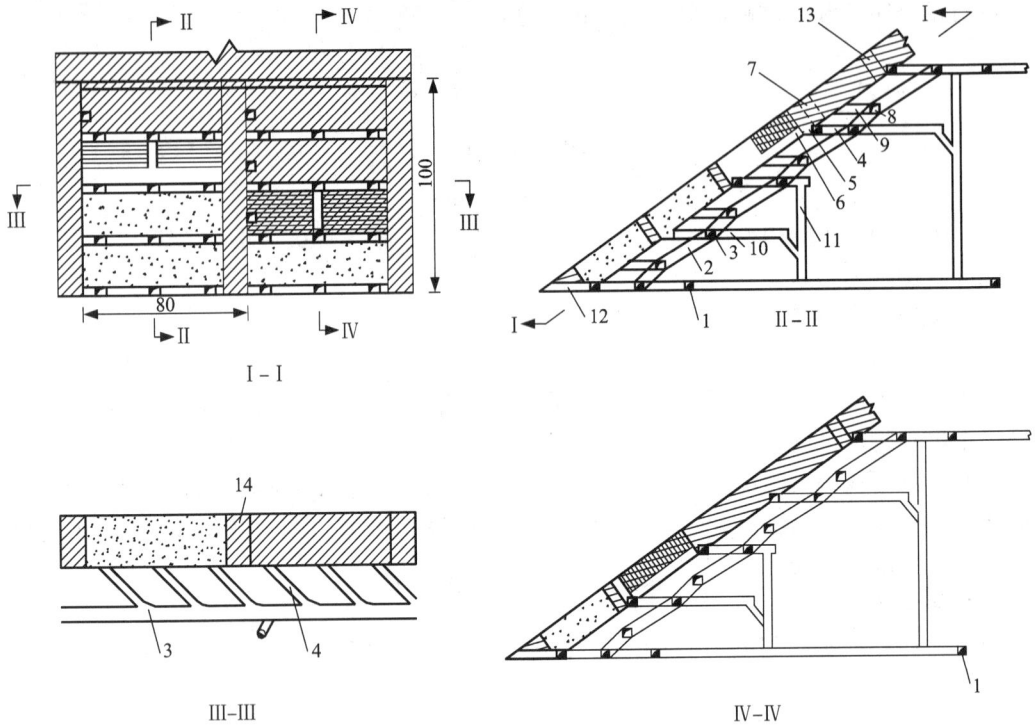

图 9 – 11　某矿山爆力运搬嗣后充填采矿法

1—阶段运输巷道；2—斜坡道；3—分段运输平巷；4—分段出矿进路；5—堑沟拉底受矿巷道；6—凿岩上山；
7—切割天井；8—回风充填平巷；9—回风充填横巷；10—卸矿横巷；11—溜井；12—穿脉；13—斜顶柱；14—间柱

表 9 – 6　国内部分爆力运搬采矿法矿山主要技术经济指标

矿山名称	孔径 /mm	爆破排数	孔深 /m	爆力运距/m	炸药单耗 /(kg·t⁻¹)	矿块生产能力/(t·d⁻¹)	采切比 /(m·kt⁻¹)	损失率 /%	贫化率 /%
中条山胡家峪铜矿	68～72	2～3		24～60	0.27～0.32	220～250	8.3	9.5	10.4
杨家杖子岭前钼矿	100	1～2	15～30		0.39	240～350	8.4	6	5.3
青城子铅矿	65	5	<12	18～20	0.23		22.1	5.5	10.7
龙烟铁矿	60		10～14		0.40	355	25.4	16.1	12.9

9.5　阶段矿房法

　　阶段矿房法是采用中深孔、深孔回采矿房的空场采矿法。如图 9 – 12 所示，根据凿岩方式不同，分为分段凿岩阶段出矿的阶段矿房法（简称分段空场法）和 阶段凿岩阶段出矿的阶段矿房法。后者根据炮孔布置方式不同，又分为水平深孔阶段矿房法和垂直深孔阶段矿房法。根据崩矿方向不同，垂直深孔阶段矿房法又分为侧向崩矿和垂直崩矿（VCR 法）两种方式。

国内外应用较为广泛的是分段凿岩阶段出矿的阶段矿房法、侧向崩矿垂直深孔阶段矿房法和 VCR 法。

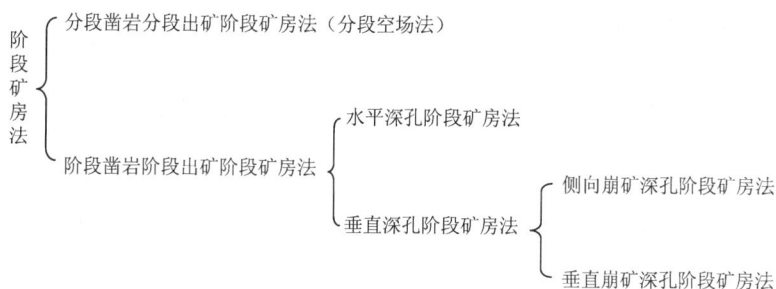

图 9-12　阶段矿房法分类

9.5.1　分段凿岩阶段矿房法

对于矿岩稳固的矿床，如果是水平和缓倾斜中厚以下矿体可采用房柱法、而急倾斜中厚以下矿体可采用留矿法回采。对于倾斜至急倾斜中厚以上矿体，可采用分段凿岩的阶段矿房法，其特点是在回采单元中划分矿房、矿柱，先采矿房，后采矿柱；矿房回采时，将阶段划分为若干个分段，在每个分段平巷中用中深孔落矿；矿房采完后形成的敞空空场，在回采矿柱时同时进行处理。

1)漏斗电耙出矿分段凿岩阶段矿房法

图 9-13 为漏斗电耙出矿急倾斜中厚以上矿体分段凿岩阶段矿房法概念图。

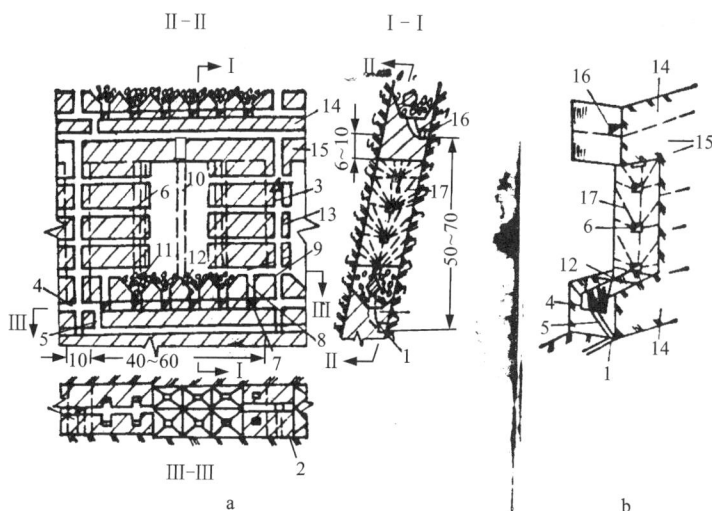

图 9-13　漏斗电耙出矿分段凿岩阶段矿房法概念图

a—投影图；b—立体图(矿房部分)

1—阶段平巷；2—横巷；3—通风人行天井；4—电耙道；5—矿石溜井；6—分段凿岩巷道；
7—漏斗穿；8—漏斗颈；9—拉底平巷；10—切割天井；11—拉底空间；12—漏斗；13—间柱；
14—底柱；15—顶柱；16—上阶段平巷；17—上向扇形深孔

（1）采场布置

根据矿体的厚度，矿块可沿矿体走向（见图9-13）和垂直矿体走向布置。

采场构成要素应根据矿体类型、厚度、产状、矿岩稳固性及出矿方式等因素选取：

①阶段高度取决于矿岩稳固性和矿体倾角，一般为50~70 m，国外有的矿山达120~150 m。

②矿房长度主要取决于矿石和围岩的稳固性，同时也要考虑电耙的有效耙运距离，一般为40~60 m。

③分段高度决定于所采用的凿岩设备，用YGZ-90型导轨凿岩机时，为10~15 m，用潜孔钻机时，可增大到15~20 m。分段高度增加，可以减少分段凿岩巷道数目，降低采准工作量。

④顶柱、底柱、间柱尺寸根据矿岩稳固性、矿柱回采方法、矿柱中工程布置情况而定：顶柱高度一般6~10 m，矿岩稳固时也可降低为3~6 m；底柱高度取决于出矿方式，漏斗直接出矿时5~8 m，电耙出矿时7~12 m，铲运机出矿时10~20 m；间柱主要考虑在其中掘进天井以及间柱回收需要，一般为3~6 m，采用矿房沿走向连续后退回采时，一般不设间柱。

（2）采准工作

在矿体中靠下盘掘进阶段运输平巷，从阶段平巷在间柱中掘进横巷，从横巷末端，在矿体厚度的中央掘进通风、人行天井。从天井掘进拉底平巷及分段凿岩平巷。从阶段运输平巷掘进矿石溜井及电耙巷道。从电耙巷道每隔5~7 m掘进漏斗穿和漏斗颈。在矿房中央，从拉底平巷掘进切割天井。

（3）切割工作

切割工作的主要目的是为回采工作创造自由面，包括拉底、辟漏和拉切割槽工作。

由于回采工作面是垂直的，矿房下部的拉底和辟漏工程，不需在回采之前全部完成，可随工作面推进逐次进行，一般拉底和辟漏超前工作面1~2排漏斗即可。从拉底平巷两侧用浅眼扩帮至矿体全厚形成拉底空间；将漏斗颈上部扩大成漏斗（辟漏）。

开掘的切割槽质量，直接影响矿房的落矿效果和矿石的损失与贫化。切割槽的宽度一般为2~4 m，多采用切割横巷加切割天井的垂直中深孔拉槽法（见图9-14）。拉槽时先掘进切割天井和切割横巷，在切割横巷内钻凿上向扇形孔，以切割天井为自由面，逐排爆破形成切割槽。

（4）回采

拉底、辟漏和切割槽形成后，在分段凿岩巷道中钻凿上向扇形中深孔，以切割槽为爆破自由面，分次进行微差爆破，每次爆破1~5排炮孔。装药采用机械装药方式。崩落的矿石借助自重落到矿房底部，经漏斗溜到电耙巷道，通过电耙耙到溜井中，在阶段平巷中装车运出。

（5）通风

矿房回采时的通风，主要保证电耙道、凿岩巷道内风流畅通。线路是：新鲜风流从通风、人行天井进入，清洗电耙道和凿岩巷道后，污风经天井进入上回风平巷，由回风井排出地面。

（6）矿柱回采

分段凿岩阶段矿房法的矿柱可以采用空场法或崩落法回收。崩矿前首先在矿柱内施工凿岩巷道和放矿设施。

（7）底盘漏斗分段凿岩阶段矿房法

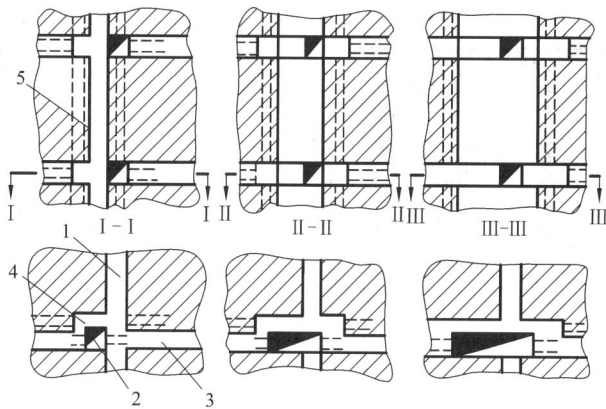

图 9 – 14　垂直深孔拉槽法

1—分段平巷；2—切割天井；3—切割横巷；4—环形绕道；5—中深孔

对于缓倾斜中厚至厚大矿体，不能像图 9 – 13 所示采用底部漏斗重力放矿，此时可采用底盘漏斗分段凿岩阶段矿房法。该方法采场布置方式、采切与回采工艺与图 9 – 13 基本相同，只是漏斗和电耙道沿矿体底盘倾斜布置。

2）铲运机出矿分段凿岩阶段矿房法

随着采矿装备进步，越来越多的矿山倾向于舍弃电耙等落后采矿设备，转而开始采用铲运机出矿。铲运机出矿分段凿岩阶段矿房法（见图 9 – 15）除底部结构与漏斗电耙出矿方法不同外，其他方面，如采场布置、采场结构参数、切割工作、回采工作基本相同。

"V"形受矿堑沟由堑沟巷道钻凿上向扇形中深孔爆破形成。即在出矿水平掘进堑沟平巷，在此平巷内钻凿扇形孔，边孔少装药，角度控制在 45°左右，以形成平整的堑沟斜面。堑沟爆破可与回采同时进行，无须一次形成，只超前于回采立面数排炮孔即可。

崩落矿石由铲运机经装矿进路（间距一般 10 ~ 12 m）沿出矿巷道卸入溜矿井。

随着无轨设备自动化水平的提高，也有大型矿山开始采用无堑沟的平底出矿方式，即图 9 – 15 中取消出矿巷道和出矿进路，直接在采场内掘进拉底巷道（相当于图 9 – 15 中的堑沟巷道），自拉底巷道向采场边界扩帮形成拉底空间。铲运机自拉底巷道进入采空区遥控出矿，如遇大块，可遥控铲运机将大块推至出矿口，进行二次破碎，或采用带有液压破碎装置的遥控铲运机、遥控液压破碎锤进行就地机械破碎。

3）评价

分段凿岩阶段矿房法是回采矿岩稳固的中厚以上矿体时常用的采矿方法，它具有回采强度大，劳动生产率高，采矿成本低，回采作业安全（凿岩、出矿均在专门巷道内进行，人员不进入空场）等优点。但该方法的缺点是矿柱矿量所占比重达 35% ~ 60%，回采矿柱时损失与贫化较大，而且采准工作量也较大，另外扇形炮孔药量分布不均匀，易产生大块，二次破碎工程量大。

国内部分分段凿岩阶段矿房法矿山主要结构参数如表 9 – 7、主要技术经济指标如表 9 – 8 所示。

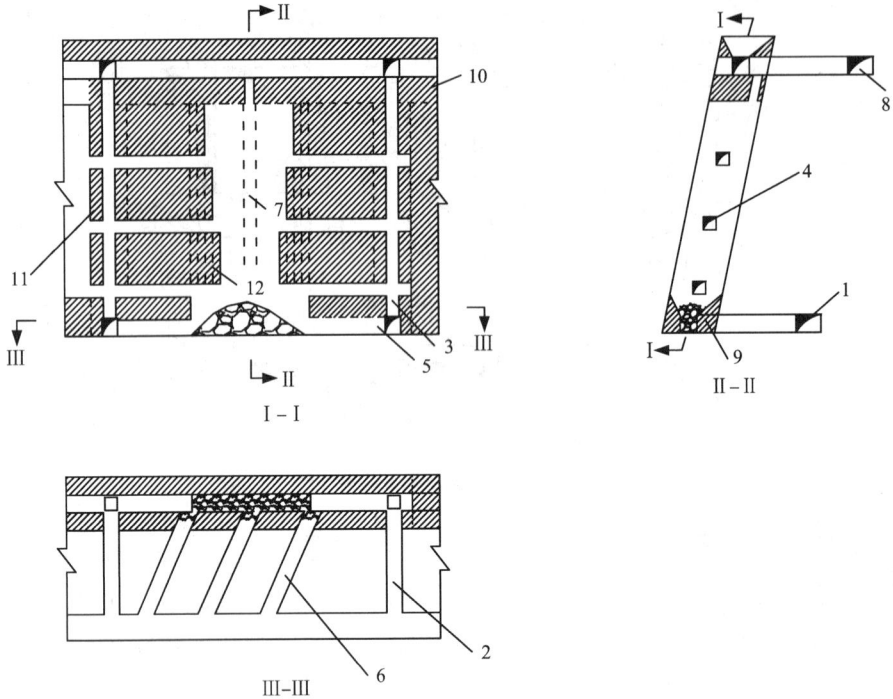

图 9 – 15　铲运机出矿分段凿岩阶段矿房法概念图

1—出矿巷道；2—穿脉；3—通风人行天井；4—分段凿岩巷道；5—堑沟巷道；6—出矿进路；

7—切割天井；8—回风平巷；9—底柱；10—顶柱；11—间柱；12—上向扇形中深孔

9.5.2　垂直崩矿阶段矿房法（VCR 法）

随着地下深孔钻机的发展和应用，炮孔的有效深度可达 40～60 m 或更深。在此情况下，可将分段凿岩改为阶段凿岩，形成阶段凿岩阶段矿房法，垂直炮孔的深度就是矿房的回采高度，深孔凿岩工作集中在一个水平上。与分段凿岩阶段矿房法相比，不但采准工作量大大减少，而且减少了钻机架设、移位次数，生产效率大大提高。

VCR 法（vertical crater retreat method）是 20 世纪 70 年代引入我国的一种阶段矿房采矿法，也称垂直漏斗后退式采矿法。该方法的实质是：利用地下潜孔钻机，按最优孔网参数，在矿房顶部的凿岩水平层钻凿下向垂直或倾斜深孔至拉底层，使用高威力、高密度、高爆速、低感度的炸药（"三高一低"炸药）以球状药包（直径与长度之比不超过 1∶6）自下而上的顺序，向下部拉底空间进行分层爆破，并采用高效率的出矿设备（铲运机）进行矿石装运工作（见图 9 – 16、图 9 – 17）。

1）采场布置

根据矿体的厚度，采场可沿矿体走向或垂直矿体走向布置。当矿体厚度在 20 m 以上时，一般垂直矿体走向布置。矿房长度一般等于矿体的厚度。矿房宽度视矿岩的稳固程度而定：矿岩稳固时，一般为 10～15 m 或更大；矿岩不太稳固时，为 5～8 m。阶段高度根据矿岩稳固性和潜孔钻机有效凿岩深度而定，一般 40～60 m。如果矿体厚度小于 20 m，矿房的长边则沿矿体走向布置，长度视矿岩稳固性而定。

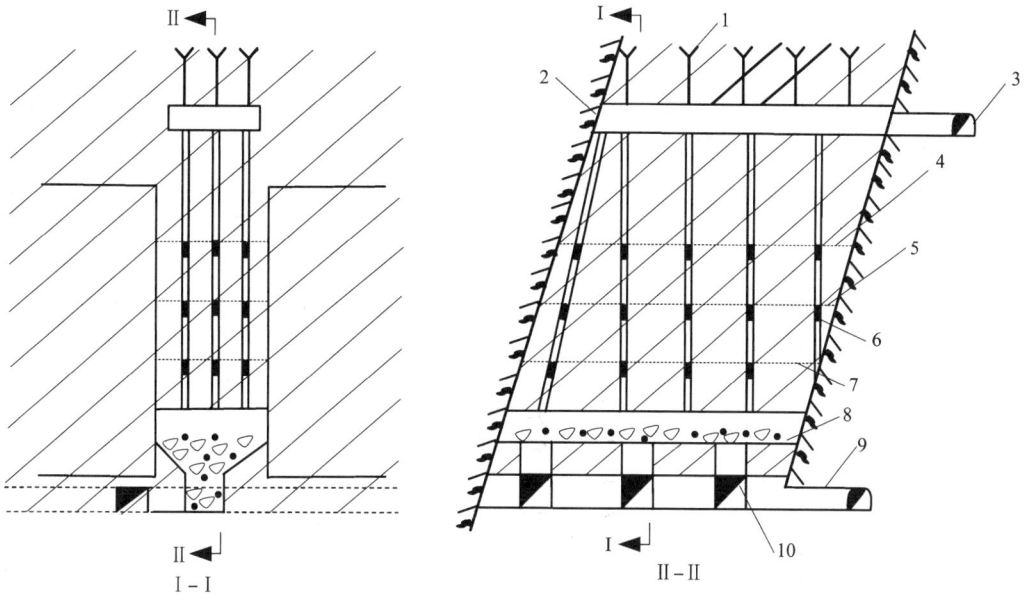

图 9 – 16　VCR 法示意图

1—支护锚杆；2—凿岩空间；3—运输平巷；4—第 3 爆破层；5—第 2 爆破层；
6—球状药包；7—第 1 爆破层；8—拉底水平层；9—装矿横巷；10—受矿堑沟

2）采准切割

在下盘围岩中掘进阶段运输平巷，从阶段平巷在矿房与间柱交界处中掘进装矿横巷，在横巷靠矿房一侧掘出放矿横硐和"V"形堑沟，形成拉底水平。在本阶段的上部掘进凿岩硐室并扩大形成凿岩空间。

3）回采

（1）凿岩

在凿岩空间内用深孔钻机钻凿平行深孔，炮孔偏斜率是衡量炮孔质量的主要指标之一，必须严格控制。一般孔深为 60 m 时，偏斜率应控制在 1% 以内。深孔凿岩一般采用自带移动式空压机的地下潜孔钻机。常用地下潜孔凿岩机包括 Simba 364、Atlas ROC – 360 等型号。

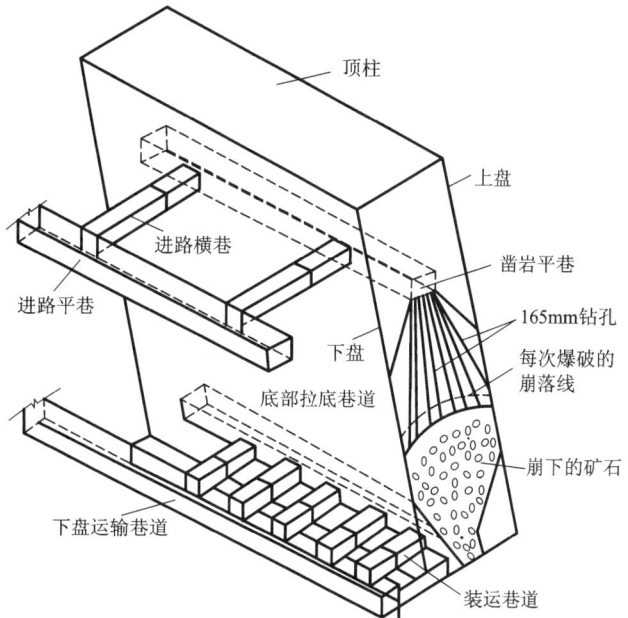

图 9 – 17　VCR 法立体图

（2）装药

VCR 法自下而上分段装药，分层爆破，因此，装药结构及施工顺序非常重要：

①凿岩炮孔凿完后，应及时采用测孔仪测量炮孔深度、偏斜率和底部补偿空间高度。如炮孔不合格，应重新打孔。

②堵孔。VCR 法炮孔内分段爆破，堵孔效果非常关键。常用的堵孔方式包括水泥塞堵孔、碗型胶皮堵孔和木楔堵孔等。

水泥塞堵孔：用尼龙绳吊放锥形水泥塞至孔内预订位置，再下放未装满河沙的塑料包堵住水泥塞与孔壁的间隙，然后向孔内填装散沙至预订高度。

碗型胶皮堵孔（见图9－18a）：用尼龙绳吊放碗型胶皮塞至孔底外，然后上提将孔塞拉人孔内 30～50 cm。由于橡皮圈向下翻转呈倒置碗型，紧贴于矿壁，具有一定承载能力。堵孔后，按设计要求填入适当河沙。

木楔堵孔（见图9－18b）：用尼龙绳吊放两块楔形木块至孔内预订位置，然后将上小下大木楔用力提起，利用两块木楔之间的摩擦力堵住炮孔。

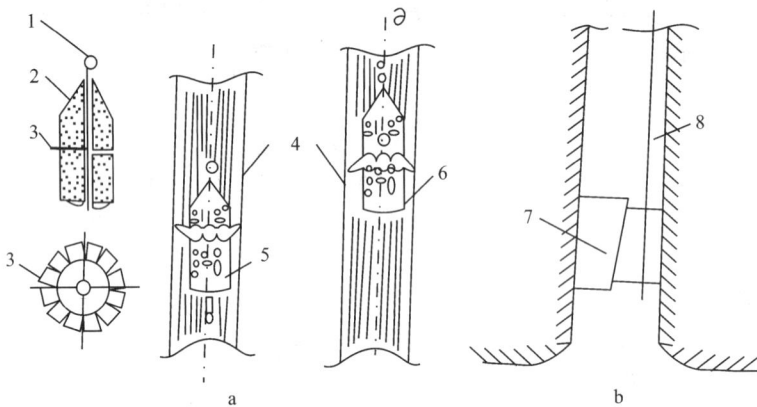

图 9－18　VCR 法堵孔方法示意图

a—水泥胶皮碗形堵孔塞；b—木楔堵孔塞

1—吊环；2—水泥塞体；3—碗形胶皮堵孔塞；4—炮孔；5—放下孔塞；6—上拉堵孔；7—木楔；8—尼龙绳

③装药。

根据计算的一次爆破炸药量，可采用连续耦合装药或间隔装药。连续装药是指无间隔装入药包或散装炸药；间隔装药可采用河沙、竹筒、空气间隔球等。

④填塞 b—木楔堵孔塞

用炮泥或河沙填塞炮孔，填塞高度以 2～2.5 m 为宜。

（3）爆破

采用导爆管起爆，为保证起爆可靠性，孔内采用导爆索辅助传爆。

VCR 法是伴随着球状药包爆破漏斗理论的提出而发展起来的。根据美国 C. W. Livingston 的研究成果，在中深孔至深孔爆破中，每次爆破装药长度小于炮孔直径的 6

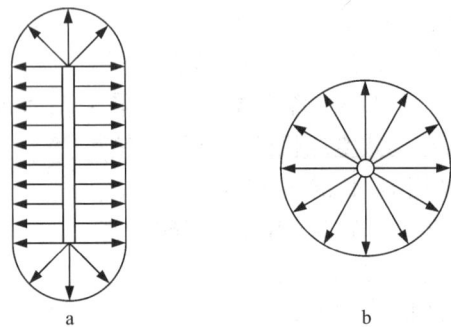

图 9－19　球状药包与柱状药包爆炸气体的做功形式

a—柱状药包；b—球状药包

倍时，破碎原理和效果与球状药包相似。

球状药包爆破时，爆炸气体所产生的全部能量自药包中心向径向方向呈整体球形均匀放射（见图9－19b），而柱状药包爆破时，爆炸能量绝大部分作用于垂直炮孔轴线的横向，仅有一小部分作用于柱状药包的两端（见图9－19a），因此，球状药包爆破矿岩的体积远大于柱状药包。

球状药包的爆破效果，取决于药包的埋藏深度。爆破崩落矿岩体积最大、爆破矿石块度最优时对应的药包埋置深度称为最佳埋置深度。

根据能量转化观点，炸药在岩石中爆炸，所释放出的爆炸能在岩石中形成4个带，即弹性变形带、震动破裂带、碎化带和空爆带。当药包质量 Q 固定时，若药包埋深 L 过大，炸药爆炸的全部能量均由震动传给了岩石，岩石只产生弹性变形而形不成漏斗。将药包由深处向自由面移动，则岩石开始由弹性变形带向震动破碎带靠近，当药包越过一临界深度 L_c 继续上移时，岩石即进入震动破碎带。此时，炸药爆炸释放的能量，主要消耗在岩石的弹性震动和碎化上，从而形成了爆破漏斗。爆破漏斗的体积随药包埋深的减小而增大，当 L 减少到一定程度时（如 L_o），药包能量得到了最大限度的利用，爆破漏斗体积达到最大值，此时的药包埋深称为最优埋深 L_o。

药包越过 L_o 继续上移，随着最小抵抗线的减小，表面岩石进入碎化带，甚至空爆带。炸药能量除了用于岩石的震动和破碎以外，还有相当大的一部分消耗于抛掷飞石和爆炸气体的膨胀，结果造成爆破漏斗体积逐渐减小。

根据上述原理，现场爆破漏斗试验中，可在采场内岩性相同的某一较有代表性的地段，使用同一种炸药，选取不同的埋藏深度进行系列爆破漏斗试验，测量爆破漏斗体积和大块率。以药包埋深为横坐标，以爆破漏斗体积和大块率为纵坐标，绘制爆破漏斗特性曲线，确定临界埋深 L_c 和最优埋深 L_o。

Livingston 根据大量爆破漏斗试验得出了 L_c 与药包质量 Q 的关系：

$$E = \frac{L_c}{\sqrt[3]{Q}} \tag{9－4}$$

式中：E 为岩石变形能系数；L_c 为药包临界埋深，m；Q 为药包质量，kg。

岩石性质、炸药性能一定的条件下，E 是一个常数。L_c 越大，则 E 也越大，岩石易爆；反之，L_c 小，E 也小，岩石难爆。因此可根据 E 值的大小来判定岩石爆破的难易程度。

将上式略加变形，得：

$$L_c = E \cdot \sqrt[3]{Q} \tag{9－5}$$

令 $\dfrac{L_o}{L_c} = \Delta$（称为最佳深度比），

则上式变为：

$$L_o = \Delta E \sqrt[3]{Q} \tag{9－6}$$

实际爆破设计时，可以通过爆破漏斗试验确定的最佳深度比 Δ 和变形能系数 E，及实际炸药量 Q，直接求出最优埋深 L_o，从而得到最小抵抗线 $W = L_o$，并以此作为爆破参数设计的重要参考依据。

（4）出矿

崩落的矿石借助自重落到矿房底部，经"V"形堑沟，由铲运机运出。每次出矿一般只放出崩矿量的 40% 左右，作为下一分层爆破的补偿空间，暂留 60% 左右的矿石于采场内，以支撑上、下盘围岩或两侧充填体。

4）通风

矿房回采时的通风，主要保证凿岩空间和出矿水平内风流畅通。

5）评价

VCR 法具有如下突出优点：

（1）采准、切割工程量小；

（2）凿岩、爆破、出矿均在专用空间或巷道内进行，人员不进入采场，作业安全；

（3）球状药包爆破能量利用充分，矿石破碎块度均匀，爆破效果好；

（4）生产能力大；

（5）采矿成本低。

其主要缺点是：

（1）凿岩、爆破技术要求严格；

（2）测孔、堵孔、装药、起爆等较为繁琐；

（3）矿体形态变化较大或矿岩不稳固时，损失与贫化较大。

国内部分 VCR 法矿山主要结构参数见表 9 - 7，主要技术经济指标如表 9 - 8 所示。

9.5.3　侧向崩矿垂直深孔阶段矿房法

VCR 法虽然自下而上分次爆破，无需开凿复杂的切割槽，爆破效果好，但其装药、爆破工艺复杂，因此，除少数几个矿山使用外，大部分阶段矿房法矿山均采用侧向崩矿的垂直深孔阶段矿房法。与 VCR 法自下而上分层爆破（见图 9 - 20a）不同，该方法采用的是向侧面切割槽方向的全孔爆破（见图 9 - 20b）。图 9 - 21 为某矿侧向崩矿垂直深孔阶段矿房法示意图。

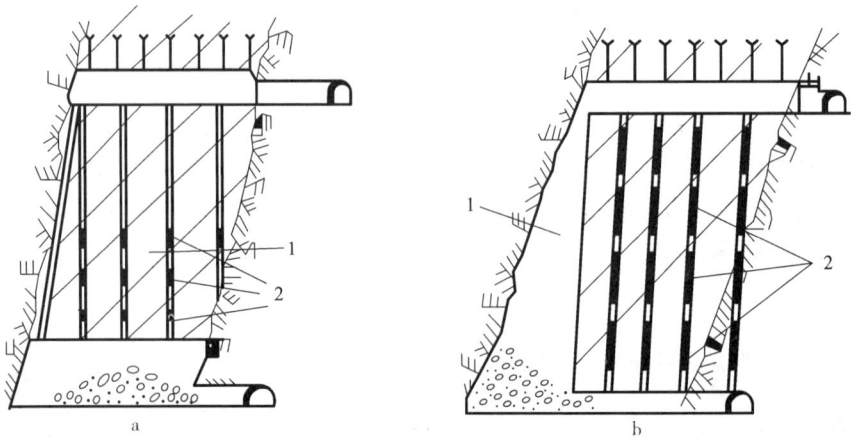

图 9 - 20　深孔崩矿方式

a—自下而上崩矿（1—爆破层；2—分段装药）；b—侧向崩矿（1—切割槽；2—全孔装药）

阶段凿岩阶段出矿的阶段矿房法采场布置方式和结构参数确定原则与分段凿岩阶段矿房法基本相同。

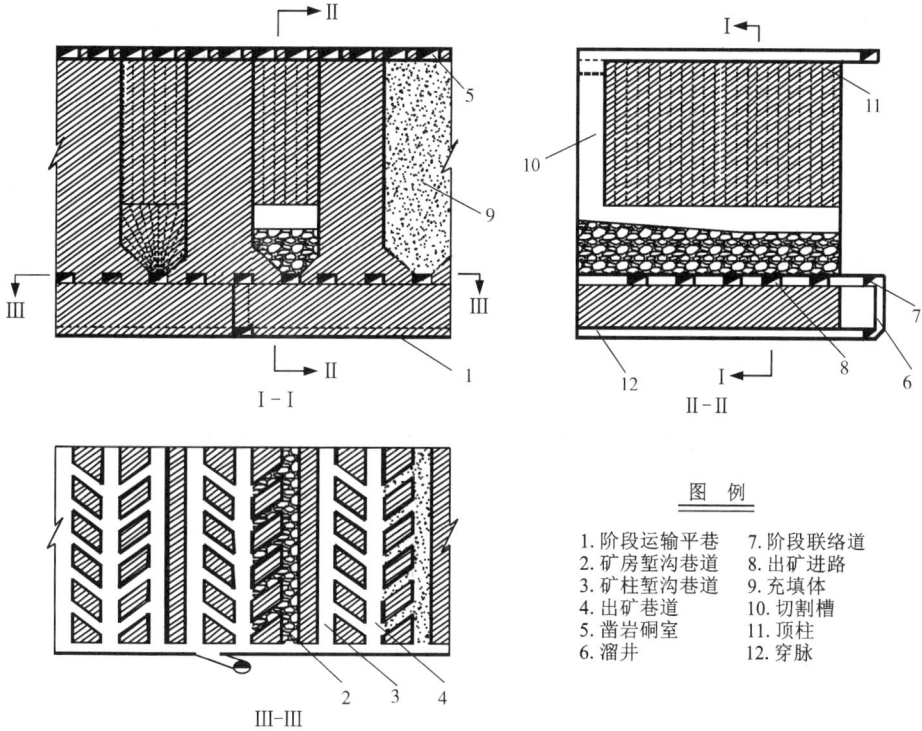

图例
1. 阶段运输平巷　　7. 阶段联络道
2. 矿房堑沟巷道　　8. 出矿进路
3. 矿柱堑沟巷道　　9. 充填体
4. 出矿巷道　　　　10. 切割槽
5. 凿岩硐室　　　　11. 顶柱
6. 溜井　　　　　　12. 穿脉

图 9 - 21　某矿侧向崩矿垂直深孔阶段矿房法示意图

1) 采准与切割

与铲运机出矿的分段凿岩阶段矿房法类似，可采用"V"形堑沟底部结构或采用遥控铲运机出矿的平底出矿方式。"V"形堑沟或拉底空间的形成方法与分段凿岩阶段矿房法相同。

与分段凿岩阶段矿房法分段拉槽不同，侧向崩矿垂直深孔阶段矿房法采用阶段拉槽，切割槽的形成质量更难以控制，必须高度重视。侧向崩矿垂直深孔阶段矿房法一般采用如下三种拉槽方式：

（1）VCR 拉槽法

该方法是在切割槽位置"V"形堑沟形成后，在凿岩水平利用潜孔凿岩台车施工垂直深孔，用 VCR 法自下而上分层爆破形成切割立槽。

（2）大直径深孔拉槽法

该方法是在切割槽位置施工若干个（一般 4 ~ 5 个）大直径深孔，不装药，作为切割槽爆破自由面，然后在其周围钻凿深孔，以大直径空孔为自由面，逐孔爆破形成掏槽，然后以掏槽为自由面，扩大形成切割槽（见图 9 - 22）。

（3）天井钻机拉槽法

随着天井钻机的广泛应用，现在普遍采用天井钻机直接钻凿直径 1. 2 ~ 2. 0 m 的圆形切割天井，以切割天井为自由面，扩大爆破形成切割槽（见图 9 - 23）。

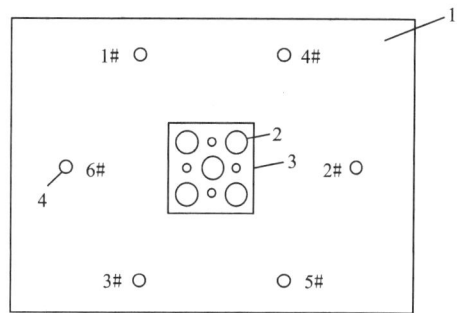

图 9 - 22　某矿大直径深孔拉槽法
1—切割槽；2—空孔；3—掏槽区；4—爆破孔

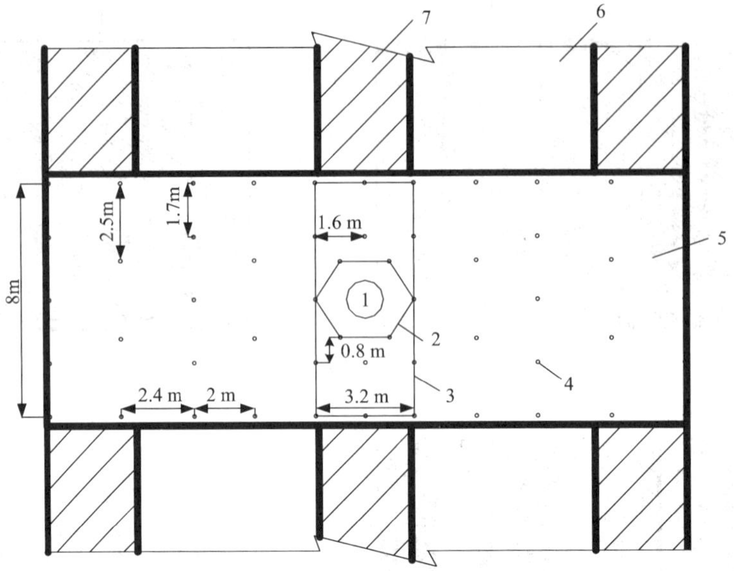

图 9 - 23　某矿天井钻机拉槽法

1—切割天井；2—掏槽区；3—辅助区；4—炮孔；5—切割槽；6—凿岩硐室；7—矿柱

2）回采

（1）凿岩

本方法有两类典型方案，即垂直深孔方案和垂直/倾斜深孔与上向中深孔组合方案。图 9 - 24 为某矿垂直深孔与上向中深孔组合方案炮孔示意图。在凿岩硐室内利用潜孔钻机钻凿下向深孔。为降低大块率，在矿岩稳固条件下，宜尽量增大凿岩硐室宽度，以保证尽可能多的炮孔垂直平行布置（见图 9 - 24）。常用深孔直径为 102 ~ 160 mm。

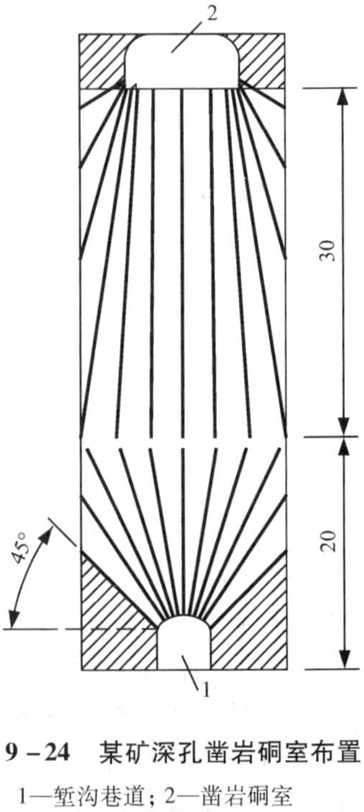

（2）装药爆破

测孔合格后，按照每次爆破排数，利用装药器进行风动装药。装药前，应先利用压气吹出孔内积水。为控制爆破震动对相邻矿房的影响，中间主炮孔可采用满孔装药，但边孔应尽可能采用多层间隔装药结构。可使用空气间隔球、竹筒等对药柱和空气进行隔离。图 9 - 25 为某矿深孔间隔装药示意图。

尽量采用孔间微差爆破，控制每段爆破炸药量，以减轻爆破作业对相邻采场或充填体的破坏。

（3）出矿

出矿方式与铲运机出矿的分段空场嗣后充填法基本相同。

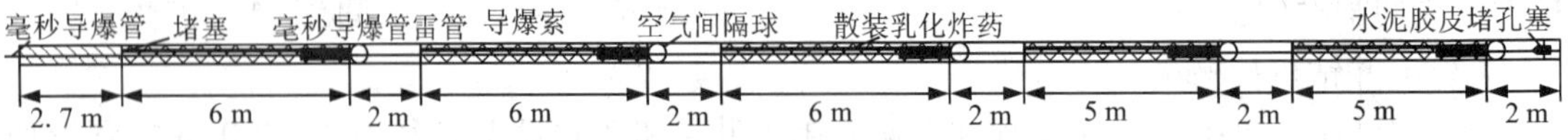

图 9 - 24　某矿深孔凿岩硐室布置图

1—堑沟巷道；2—凿岩硐室

图 9 - 25　某矿深孔间隔装药结构图

国内部分阶段空场法矿山主要结构参数见表9-7，主要技术经济指标如表9-8所示。

表9-7 国内部分阶段矿房法矿山矿块结构参数

矿山名称	阶段高度/m	分段高度/m	矿房长度/m	矿房宽度/m	顶柱高度/m	底柱高度/m	间柱宽度/m	采矿方法
金岭铁矿	60	10	30~40	矿体厚	12	12	10	分段凿岩阶段出矿
辉铜山铜矿	60	9~11	37~42	矿体厚	6~8	11	8	分段凿岩阶段出矿
大庙铁矿	60	9~12	30~35	矿体厚	6	6	8~10	分段凿岩阶段出矿
红透山铜矿	60		34		11~18	11~18	10	阶段凿岩阶段出矿
河北铜矿	60		15~40		13~16	13~16	6~10	阶段凿岩阶段出矿
司家营铁矿	100		48.5	20				阶段凿岩阶段出矿
安庆铜矿	50~120		矿体厚	15				阶段凿岩阶段出矿

表9-8 国内部分阶段矿房法矿山主要技术经济指标

矿山名称	矿块生产能力/(t·d⁻¹)	采切比/(m·kt⁻¹)	损失率/%	贫化率/%	孔径/mm	炸药单耗/(kg·t⁻¹)	凿岩设备
金岭铁矿	300~400	8.4	6.5	12.5		0.45	
辉铜山铜矿	300~370	7.68	6.3	9.49	55~65	0.46	YGZ-90
大庙铁矿	93~134		20~25	14~17		0.21	
红透山铜矿	300~400		20~25	18~20	100	0.26~0.49	BA-100
河北铜矿	10000~25000t/mon	5.2	6~20	12~19	100	0.23~0.34	YQ-100A
司家营铁矿	1200	2~3	10	8.2	120	0.45	Simba364
安庆铜矿	1061		8.5	2.6	165	0.44	Simba261

9.6 空场法矿柱回采和采空区处理

空场法当矿房回采以后，会残留大量矿柱。对于薄至中厚矿体矿柱矿量所占比例达15%~25%，而对于急倾斜的厚大矿体，其矿柱矿量甚至高达40%~60%。这部分矿柱如果不能及时回收，不仅会加快矿山下降速度，积压设备和器材，延长巷道及风、水管道维护时间，增加生产费用，而且由于矿柱长期存在，随着采空区增多、增大，矿柱所受压力越来越大，矿柱可能变形、破坏，为以后回收增添了难度和成本，甚至造成永久损失。

另一方面，矿房回采后在地下形成大量采空区，严重威胁下部生产中段及地表的安全，如不能及时处理，会成为以后大规模地压活动的隐患。采用空场法矿山，如不对采空区进行处理，或早或晚都会出现地压灾害，而且发生地压灾害事件越晚，危害越大。如湖南某矿山，采空区体积达230万m³，1965年发生2次、1971年发生1次大面积地压活动，井下冒落范围约17万m²，地表移动约80万m²，损失矿量达数十万吨，破坏巷道4000多米。江西盘古山钨矿于1966年6月、1967年9月先后发生两次严重大面积地压灾害，在3~4h之内，上万米巷道下沉，386个空区迅速倒塌，海拔高1100m的山脊拦腰折断，裂缝宽达0.8m，地面塌陷的面积达 10 万 m²。2004 年 5 月峰城石膏矿区发生一次矿区顶板大面积塌陷事故，塌陷释放的能量相当于一次 3.6 级地震，矿区塌陷的面积达 14.47 万 m²。目前，据不完全统计，在全国 20 个省、区内，共发生采空区塌陷 180 处以上，累计采空区塌陷面积超过 70 万 hm²。

如上所述，及时回收矿柱、处理采空区是空场法矿山极其重要的第二步回采工作，对于提高资源回采率，实现矿山企业可持续发展具有重要意义。

矿柱回收与采空区处理应同步进行，回收矿柱，必须首先进行采空区处理。

9.6.1 矿柱回采

矿柱回采方法主要取决于矿房的采矿方法及采空区的处理方法。如果矿房采用充填法开采，或对已形成的采空区进行充填处理时，矿柱一般采用充填法开采。矿房采用空场法，且空区未进行充填处理时，一般采用崩落法或空场法回采矿柱，但如果矿石价值大、品位高，也有的矿山，如锡矿山锑矿，为提高矿柱回采率，保护地表安全，也采用先充填空区，再用充填法回采矿柱的方法。

虽然有少数矿山在矿房回采完毕后即开始回收矿柱，但绝大部分矿山都将矿柱作为残矿，在中段开采末期或矿山回采基本结束后再考虑回收。回收方法详见 13.4 节"残矿开采"。

9.6.2 采空区处理

国内外大量的采空区灾害实例警示人们，采空区是矿山地压灾害事故的主要诱因之一。据统计，井下矿山的顶板冒顶片帮、爆炸、透水、煤与瓦斯突出、炮烟中毒、火灾、矿车脱轨跑车等 7 大类事故中，与采空区有关的顶板事故占到了 25% ~ 30%。采空区地压灾害危害巨大，轻者造成局部停产，严重者可能造成大量的人员伤亡，严重影响可持续发展和社会稳定，必须高度重视采空区治理工作。

对于矿山地下开采遗留的采空区，处理方法通常有封闭、崩落、加固和充填四大类。加固法处理采空区主要在采空区上方修建公路、隧道等工程时应用较多，由于成本较高，技术难度大，在矿山开采阶段应用较少。在具体的采空区处理过程中，由于各个矿山存在的采空区数量、其所处位置、形态特征不一样，必须针对各采空区的特点和条件，分别采取相应的处理方法。有时采用两类方法联合处理，如采用加固法与充填法联合、崩落法与充填法联合等；有时由同一类方法衍生出一系列亚类方法，如充填法可分：废石充填法、尾砂充填法、胶结充填法等。

1）崩落法处理空区

崩落围岩处理采空区的实质是：用崩落围岩充填空区或形成缓冲保护岩石垫层，以防止上部大量岩石突然崩落时，气浪冲击和机械冲击巷道、设备和人员的危害；缓和应力集中，减少岩石的支撑压力。

崩落围岩又分为自然崩落和强制崩落两种。从理论上讲，任何一种岩石，当它达到极限暴露面积时，应能自然崩落。但是由于岩体并非理想弹性体，往往还未达到极限暴露面积以前，因为地质构造原因，围岩某部位就可能发生破坏，形成自然崩落。当围岩无构造破坏，稳固性好时，需要在其中布置工程，进行强制崩落处理采空区。爆破的部位根据矿体的厚度和倾角确定。崩落岩石厚度一般以满足缓冲保护垫层的需要为宜，一般要达到 15 ~ 20 m 或以上。崩落的方法一般采用深孔爆破或药室爆破(崩落露天边破或极坚硬岩石)。

在崩落围岩时，为减少冲击气浪的危害，对离地表较近的采空区或相邻空区已与地表相通的采空区，应提前与地表或与相邻采空区崩透，形成"天窗"。强制放顶工作一般与矿柱回采同时进行，且要求矿柱回采超前爆破。如不进行回采矿柱，则必须崩落所有支撑矿（岩）柱，以保证强制崩落围岩的效果。

（1）地表强制崩落法处理采空区

该方法是利用采空区上方预先钻凿的中深孔或大孔，采用垂直倒漏斗爆破技术，将采空区上方中的岩石崩落，充填并消除采空区（见图9-26）。

该处理方法有两种具体实施方案，即VCR法强制崩落和侧向强制崩落。前者是在采空区位置全部钻凿好直径为150 mm左右的炮眼，其深度直接与采空区穿透，然后用带绳木块对所有炮眼进行堵塞，装入孔内导爆索和炸药后，再装填一定长度的隔离矿砂，采用孔内分层爆破，一次爆破长度5~10 m，直到采空区上方岩石完全崩落或填满

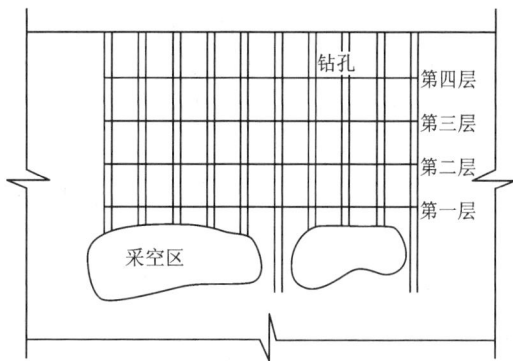

图9-26 深孔崩落法处理采空区示意图

采空区；后者是在采空区中央，采用多次爆破方法形成天井，以此为自由面和中心，在采空区上方钻凿大孔，然后侧向崩矿，将崩落矿岩填入采空区。

地表强制崩落法处理采空区具有效果好、经济、处理快速等优点，但其缺点是在采空区上方进行凿岩，爆破作业安全性差，易于卡钻等。

VCR法地表强制崩落法适用于采空区距离地表较浅，且采空区范围不大的情况，而大深逆向爆破多次成井侧向崩落法适用于距离地表深度大，边界不清，范围较大的采空区处理。

（2）井下崩落矿柱处理采空区

井下崩落矿柱方法是在原有的采空区中，在矿柱的适当位置开凿凿岩硐室，利用原有的巷道，在矿柱中钻凿深孔爆破处理采空区，分为垂直深孔方法与水平深孔方法两种。

2）充填法处理采空区

对于那些在其上部存在露天采场或有建构筑物需要保护的采空区，由于地表不允许塌陷，因此，崩落采空区的方法不可行，而对采空区用锚索或锚杆进行加固，也只是一种临时措施，要彻底根除采空区带来的安全隐患，比较可行的手段只能是"充填"。用充填料（废石、尾砂）充填采空区，可以减缓或阻止围岩的变形，以保持其相对的稳定，因为充填材料可对矿柱施以侧向力，有助于提高其强度。

用充填法处理采空区，一方面要求对采空区或采空区群的位置、大小以及与相邻采空区的所有通道了解清楚，以便对采空区进行封闭，构筑隔离墙，进行充填脱水或防止充填料流失；另一方面，采空区中必须有钻孔、巷道或天井相通，以便充填料能直接进入采空区，达到密实充填采空区的目的。

充填法用于采空区处理，具有效果好，见效快，充填密实等优点，但是充填法存在施工难度大，成本高等缺点。

在采用充填法处理采空区时要从安全和经济两方面加以考虑，选用合理的充填材料和经

济可行的充填工艺技术。

3）封闭处理采空区

随着采空区体积不断扩大，岩体应力的集中，有一个从量变逐渐发展到质变的过程。当集中应力尚未达到极限值时，矿石与围岩处于相对稳定状态。如果在此之前结束整个矿体的回采工作，而采空区即使冒落也不会带来灾难，可将采空区封闭，任其存在或冒落。封闭空区是一种最经济又简便的采空区处理方法，但其使用条件比较严格，仅用于下列两种情况：

（1）矿石与围岩极稳固，矿体厚度与延深不大，埋藏不深，地表允许崩落；

（2）埋藏较深的分散孤立的盲采空区，离主要矿体或主要生产区较远，采空区上部无作业区。

在封堵采空区时，要在采空区附近通往生产区的巷道中，构筑一定厚度的隔墙，保证采空区中围岩崩落所产生的冲击气浪不至造成危害。因此，构造充分的缓冲层厚度或通往采空区的通道封堵长度是采用封闭法处理采空区的关键。

9.6.3 采空区监测

井下采空区发生大的地压活动之前，一般都有一定的征兆，如地音、矿压变化及矿柱变形等，通过对这些变化的监控，可以对地压活动进行一定程度的预报。为配合对采空区的治理，掌握采场稳定性安全动态，应该对采空区围岩采取一定的现场监测手段。目前监测手段较多，较为常用的有岩体声发射监测定位仪、微震监测、水准测量、多点位移计、压力计、断面收敛测量以及光应力计等。矿山应根据采空区特点、分布状况，以及与回采作业的关系，选择一种或若干种适宜的采空区地压监测手段，为采空区治理和回采作业安全管理提供依据。

第10章 充填采矿法

在回采过程中，按照回采工艺的要求，用充填料回填采空区的采矿方法称为充填法。根据矿床开采技术条件和所采用回采方案的不同，充填料可以是分次或一次充入采空区，前者称为分层充填，后者称为嗣后充填或事后充填。

充填的目的是：

(1)支护岩层，控制采场地压活动；

(2)防止地表沉陷，保护地表地物；

(3)提供继续向上回采的工作平台(类似于留矿法功能)；

(4)改善矿柱受力状态(由单轴受压变为三轴受压)，保证最大限度地回收矿产资源；

(5)保证安全回采有内因火灾危险的高硫矿床；

(6)控制深井开采岩爆，降低深部地温；

(7)保证露天、地下联合开采时生产的安全；

(8)处理固体废料，保护环境。

由于充填采矿法能够最大限度地回收矿产资源，保护地下、地表环境，特别是近些年来，而随着充填材料、充填工艺、管道输送装备和技术的不断进步，充填采矿法在有色金属矿山和贵重金属矿山得到了广泛应用。随着充填成本的不断降低和矿产品价格的持续走高，充填法因其无可替代的优势，在煤矿、铁矿等传统上不宜采用充填法的矿山，应用比重也越来越大。

10.1 充填理论与技术简介

充填采矿法的关键技术在于充填，而矿山充填是一项复杂的系统工程，涉及充填材料选择、充填混合料配比优化、充填料浆制备及输送、采场充填工艺、充填质量保证等各个环节，每一个环节出现问题，都会严重影响矿山正常生产。同时，矿山充填是一项技术含量较高的生产环节，不仅需要先进充填理论与技术的指导，更需要吸取矿山充填实践中成功的经验和失败的教训，防患于未然。

10.1.1 充填历史与应用现状

由于国内外相关研究者的不断探索与实践，充填理论与技术得到迅速发展，为矿山从根本上治理与预防采空区灾害找到了行之有效的途径。现在，各种充填新工艺和新设备日臻完善，许多新型充填材料相继问世。废石干式充填、块石胶结充填、分级尾砂和碎石水力充填、混凝土胶结充填、以分级尾砂和天然砂作为充填料的细砂胶结充填、高浓度全尾砂胶结充填、高水速凝固化充填、膏体泵送充填等充填技术在国内外矿山都得到了广泛应用；为降低胶结充填成本，扩大充填应用范围，近年来水泥替代品研究取得了重大进展，粉煤灰、冶炼炉渣、铝厂赤泥等来源广泛、成本低廉的工业固体废料已在部分矿山推广应用，大大降低了矿山胶结充填成本，提高了矿山经济效益和社会环境效益。各种充填技术发展历程大致如图10-1所示。

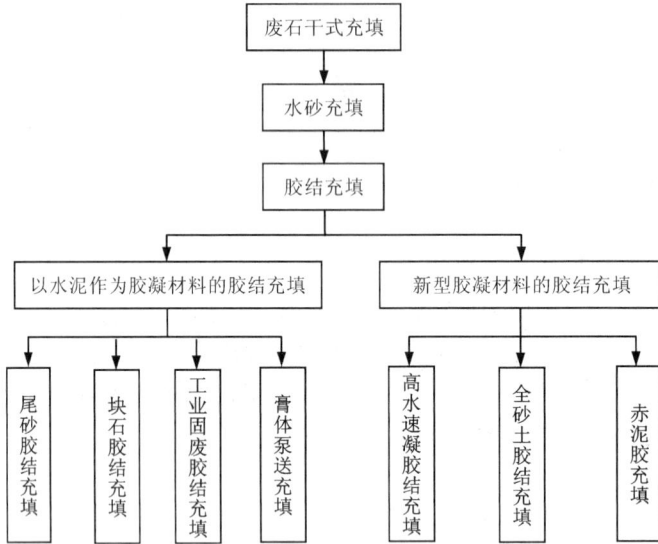

图10-1 充填技术发展历程

1）干式充填

我国早在20世纪50年代就采用了以处理废弃物为目的的废石干式充填工艺，废石干式充填法曾在50年代初期成为中国主要的采矿方法之一，如1955年有色金属地下开采矿山中该方法应用比例高达54.8%。随着回采技术的发展，废石干式充填因其效率低、生产能力小和劳动强度大，不能满足"三强"（强采、强出、强充）采矿生产的需要，因而，自1956年开始，国内干式充填法所占比重逐年下降，到1963年干式充填采矿方法在有色矿山的产量仅占0.7%，处于被淘汰的地位。

削壁充填是典型的干式充填工艺。首先回采矿脉上盘或下盘围岩并直接堆于空区作为充填料。尽管这种方法在原理上很有吸引力，但由于难以控制与矿脉一起崩落下的废石引起的过度贫化，该方法仅在部分薄矿脉开采矿山，如湘西金矿，得到应用。

2）水砂充填

1864年在美国宾夕法尼亚的一个煤矿区进行了第一次水砂充填试验，以保护一座教堂的基础安全。随后南非、德国、澳大利亚等国家也先后试验并成功运用了水砂充填工艺。进入20世纪后，美国和加拿大开发了基于采用选厂分级尾砂进行水砂充填的充填工艺，在悬浮液输送固体物料、水力旋流器脱泥等方面取得了进步，实现了低浓度（35%~50%）泵压或自流输送的水力充填采矿。

20世纪60年代，随着开采深度不断增加，岩爆引起的伤亡事故成为主要问题，同时以明显的闭合及能量释放作为震动和岩爆事故的度量使人们对充填法控制岩爆有了更深入的认识。人们建立了各种数学模型以预测能量释放速率，进行充填设计。20世纪70年代，采用充填的原因除控制岩爆外，还有一些其他因素的影响，如减少木材支护消耗并预防火灾，降低支护劳动强度,改善通风质量,减少热量的聚集,提高回采率,降低贫化率,掘进废石回窿以减轻提升压力,改善上盘岩层的局部支护能力等。

将充填用于区域支护的最早尝试之一,是1973 年由伊尔恩哥勒报道的。所采用的充填工艺是将掘进废石在采场内经颚式破碎机破碎至25 mm 以下,然后用压气增压机将废石和水吹送到采场已建好的方框中。10 年后在同一矿山又进行了进一步的试验,使用颚式破碎机及离心细碎机,将石料粒度破碎至5 mm 以下,采用高压泵水力输送。

我国的水砂充填工艺是从20 世纪60 年代开始采用的,1965 年在锡矿山南矿为了控制大面积地压活动,首次采用了尾砂水力充填工艺,有效地减缓了地表下沉;湘潭锰矿为防止矿坑内因火灾,从1960 年开始采用碎石水力充填工艺,取得了较好的效果;70 年代铜绿山铜铁矿、招远金矿和凡口铅锌矿等矿山都先后成功地应用了尾砂水力充填工艺;进入20 世纪80 年代后,分级尾砂充填工艺与技术应用更加广泛,安庆铜矿、张马屯铁矿、三山岛金矿等60余座有色、黑色和黄金矿山都推广应用了该项工艺技术。

3）尾砂胶结充填

由于非胶结充填体无自固能力,难以满足采矿工艺高回采率和低贫化率的需要,20 世纪60 ~ 70 年代,开始开发和应用尾砂胶结充填技术。

1977 年国外报道的加水泥的脱水尾砂胶结充填系统的建成使用具有重要意义。该系统借助重力将全尾砂以合适密度的浆体形式,通过竖井中的管道下放到采场附近的储存点,用离心机将料浆脱水成膏体状,添加水泥后利用喷浆机通过压气高速充填。尽管这一方法避免了使用密封墙或木垛,但离心脱水机存在不少实际问题,其中最大的缺点是泄出的水会带走不少超细固体颗粒。而且在某些情况下压气充填产生大量粉尘对健康有害。目前,有一些矿山在坑内用真空盘式过滤机脱水。这类过滤机过滤效果好,且可避免细泥浆处理问题。

20 世纪70 年代后期国外曾积极探索过在坑内设一段磨矿系统将矿石磨至 - 3 mm,磨矿系统与水力旋流分级机及起泡浮选槽形成闭路,产出的废弃物料用于充填,而精矿可用水力提升至地表。然而,粗磨不能使矿岩理想分离,相对于高品位的矿山来说损失太大。20 世纪80 年代初,许多矿山开始采用分级尾砂为基本的充填骨料,这种系统经济简单且适用于窄而深的采场。矿山使用分级尾砂的优点是所有制备工作均可在地表进行,对现有矿山基础设施影响最小,而且充填料的输送及充填不需要坑内泵脱水或机械脱水设施。

在这一阶段国内尾砂胶结充填技术研究内容主要包括充填骨料的物理力学性质和化学成分对充填体的影响、充填料与围岩的相互作用、充填体的稳定性和充填胶凝材料。这一时期的胶结充填均为传统的混凝土充填,即完全按建筑混凝土的要求和工艺制备输送胶结充填料,如凡口铅锌矿从1964 年开始采用风力输送充填料,充填体水泥单耗为240 kg/m³;金川集团公司龙首矿亦于1965 年开始应用戈壁集料作为充填骨料的胶结充填工艺,并采用电耙接力输送,其充填体水泥单耗为200 kg/m³。这种传统的粗骨料胶结充填输送工艺复杂,且对物料的级配要求较高,因而一直未获得大规模推广使用,到20 世纪70 ~ 80 年代,几乎被细砂胶结充填完全取代(如凡口铅锌矿、招远金矿和焦家金矿等矿山)。细砂胶结充填以尾砂、天然砂和棒磨砂等材料作为充填骨料,以水泥为主要胶结剂,集料与胶结剂通过搅拌制备成料浆后,以两相流管道输送方式输入采场进行充填。因细砂胶结充填兼有胶结强度和适于管道水力输送的特点,自20 世纪80 年代开始在凡口铅锌矿、小铁山铅锌矿、康家湾铅锌矿、黄沙坪铅锌矿、铜绿山铜矿等20 多座矿山得到推广应用。

尾砂胶结充填虽然具有较高充填体强度和良好的管道输送特性，但由于使用大量水泥作为胶结剂，使充填成本增加，而且受自流管道输送浓度限制，普通的尾砂胶结充填质量浓度不高(一般70%以下)，充入采场后，大量的水分必须通过滤水设施排出，不仅增加了排水费用、污染了井下环境，而且降低了充填体强度。为了进一步降低充填成本，提高充填质量，保护地表环境，20世纪80~90年代，发展了块石胶结充填、高浓度全尾砂胶结充填和膏体充填等新型充填技术。

以往尾砂胶结充填的主要骨料是分级脱泥尾砂，尾砂分级脱泥不仅降低了尾砂利用率(一般只有50%左右)，而且细泥尾砂堆坝更加困难。为了提高尾砂利用率和充填浓度，20世纪70年代后期，全尾砂高浓度充填技术成为攻关目标。20世纪80年代以来，全尾砂胶结充填技术首先在德国、南非等国进行了试验研究，取得了一定进展，并在一些矿山得到成功应用，如南非的德瑞方登金矿，砂浆质量浓度达到70%~78%。

20世纪80年代末期，我国开始在金川有色金属公司和广东凡口铅锌矿分别进行了高浓度(质量浓度为78%)全尾砂胶结充填技术的攻关试验研究，试验均取得成功，并用于工业生产。该工艺是以物理化学和胶体化学的理论为基础，直接采用选厂的尾砂浆，经高效浓密机和真空过滤机两段脱水获取湿尾砂，应用带破拱架的振动放矿装置和强力机械搅拌装置，将全粒级尾砂与适量的水泥和水合成高浓度的均质胶结充填料，以管路输送、宾汉流体的方式充入采场。尾砂质量流量、水泥质量流量、加水量和混合料的质量浓度等参数均由微机处理系统自动检测。全尾砂胶结充填的尾砂利用率达到95%以上。该技术的成功应用，解决了许多矿山充填料不足的问题，而且有效地避免了环境污染，大大减少了尾矿库筑坝费用，充填成本也显著下降。但该工艺需用机械方法进行浓缩、过滤，工艺复杂，成本较高。中南大学与康家湾铅锌矿合作进行了立式砂仓内化学方法直接快速浓缩全尾砂工艺研究，试验获得成功，并已成功应用多年。

4)块石胶结充填

为进一步提高充填体质量，降低充填成本，减少井下掘进废石出窿量，20世纪70年代在澳大利亚芒特艾萨矿进行了块石胶结充填工业试验并取得成功，随后许多国家也采用了该项技术，如加拿大的基德克里克矿和吉科矿、苏联捷格佳尔斯克矿等。国内大厂铜坑矿、新桥硫铁矿于20世纪90年代初期率先试验成功了块石砂浆胶结充填技术，随后该项技术在红透山铜矿、鱼儿山金矿、金山金矿、东沟坝金矿、济钢张马屯铁矿等矿山也都相继得到应用。块石砂浆胶结充填的块石粒径一般小于300 mm，砂浆为尾砂浆或细砂浆。块石胶结充填与尾砂胶结充填相比，可以节约水泥150~200 kg/m³，成本降低近50%，而同龄期抗压强度可提高1~2倍。

该技术是根据混凝土理论，在废石干式充填和砂浆胶结充填基础上发展起来的一种充填工艺。其实质是利用块石或井下掘进废石作为为充填骨料，水泥砂浆填充块石间隙将其胶结成一个整体，充填于采场或采空区，以控制矿山地压、防止地表塌陷。它可分为嗣后充填和分层充填两大类。

嗣后充填实质上是向采空区倾卸废石，同时按一定配比注入水泥砂浆或水泥浆，使料浆包裹废石形成胶结充填体；或者将块石与水泥砂浆按照一定的配比分别输送至井下，同时同点下放到采空区自行混合形成胶结体。分层充填是废石经采场充填井下放到充填工作面，用电耙或铲运机平场后，再用胶结料浆浇面以减少矿石损失和贫化。由于分层充填需电耙或铲运机平场，工艺复杂，因此，块石胶结充填更多地应用于阶段空场法、VCR法、分段空场法等大空场采矿法的嗣后充填。

块石胶结充填由于块石与砂浆分开输送，利用砂浆的穿透性固结块石，无需搅拌，其充填体强度接近于混凝土胶结充填强度，但与混凝土胶结充填相比，充填效率明显提高，工艺更为简单，工人劳动强度大大降低。

5）膏体充填

传统的水力充填工艺，料浆浓度很难提高到70%以上，且通常需要对尾砂进行分级脱泥，其结果是充填尾砂的利用率低，充入采场后的充填体需脱水。充填料浆脱水时会带走充填料中的水泥，造成水泥流失，削弱充填体的强度，且会造成井下严重污染。提高充填料浆的浓度是解决这类问题的关键，但由于受管道自流输送的限制，要想进一步提高料浆浓度，必须借助适当的设备，实现膏体充填。

膏体充填技术是1979年德国在格隆德铅锌矿首先发展起来的，已先后在南非几个金矿陆续使用，效果良好。这种新工艺的实质是将尾砂经浓密机浓缩和真空过滤机过滤后与其他充填骨料混合，形成浓度达85%左右的膏体，用往复式活塞泵经管道以结构流形式压送到待充地点。水泥的添加方式通常有两种，其一是将水泥制成砂浆后在井下泵站内添加，其二是在膏体出口前约30 m处安装一个45°角的喷射头，由压风吹入干水泥，使之与膏体混合。

澳大利亚于1997年8月建成的大型矿山卡宁顿（Cannington）矿，就采用了膏体泵送充填系统，芒特艾萨（Mount Isa）矿业公司为开采所属的3500#矿体，也于1998年底建成了一个膏体泵送充填系统；在加拿大，1992年萨德伯里地区（Sudbary）的克莱顿（Creighton）矿首先使用膏体泵送充填技术，随后有10多个金属矿山已建立或正在建设该充填系统；其他如美国、南非、德国、瑞典等国家，政府部门、大学、科研机构、矿业集团、设备制造公司等也都投入大量的人力物力研究膏体泵送充填技术。

在我国，金川公司于1991年就建立和鉴定了膏体泵送充填试验系统，并于1996年正式建成了生产系统，随后铜绿山铜矿、山东湖田铝土矿也都建设了膏体泵送充填系统。

膏体泵送充填系统有一系列的优点，如可使用全尾砂，充填体不需脱水，降低了充填污染，节省了排水费用；充填体强度高且水泥消耗量少；充填体易于接顶，有利于采场稳定和采矿作业安全等。但该系统目前也存在一些缺点，如充填系统投资高，充填倍线要求小或需大功率泵送设备，充填管道容易堵塞等，因而该技术应用受到一定限制。进入21世纪后，特别是近十年来，随着膏体泵送设备的国产化，以及以深锥浓密机为代表的全尾砂高效浓缩设施的出现，全尾砂膏体充填又再度成为金属矿山主要的充填方式之一。

为解决膏体泵送充填料浆浓度过高，流动性能差，不利于采场充满的问题，部分矿山试验应用了膏体自流输送充填技术。膏体自流输送是介于普通两相流输送与膏体泵送充填之间的一种充填技术，有的矿山称为似膏体充填。其最大特点是输送浆体体积浓度较高，借助小充填倍线产生的压力，将体积浓度较高的浆体自流输送至待充采场，如金川公司、山东新汶矿业集团孙村煤矿等都采用了这种技术。实际上，为了兼顾充填体强度和流动性，当前的膏体泵送充填料浆也不是严格意义上的膏体，而应划归为似膏体。

6）高水速凝充填

高水速凝充填是与迄今为止的充填理念完全不同的一种新型充填工艺，它不刻意强调提高充填料浆的质量浓度，而是利用高水速凝材料混合后形成的钙矾石具有较强固水能力的特点，实现较广范围内浓度的胶结充填。该工艺 20 世纪 60 年代在英国率先研制成功，起初用于煤矿的巷旁充填支护，后推广应用到矿山分层充填工作中。我国在 20 世纪 80 年代初，研制了高水固结充填材料。一些矿山，如招远金矿、小铁山矿、新桥硫铁矿于 80 年代末进行了现场试验研究，取得了突破性进展。

这种工艺采用高水速凝固结材料作固化剂，使用时，将组成高水速凝固结材料的甲、乙两种固料分别用两套管路系统与全尾砂制成浓度为 30% 左右的充填料浆输送到井下，在采场附近经混合器混合后充入采场，1 h 实现初凝、2 h 内不用脱水便可凝结成固态充填体，8 h 即可上设备作业。为解决高水速凝充填需双管路输送，甲、乙两种固料配比要求严格的技术难题，北京有色研究院等科研院所携手合作，研制成功了高水基单浆胶凝材料。这种胶凝材料由磨细的硫铝酸盐特种水泥熟料、硬石膏、生石灰及各类添加剂按一定比例混合拌匀而成，简化了工艺流程，成本降低 30% 左右。中南大学开发了铁铝型高水速凝材料，解决了硫铝酸盐特种水泥来源有限的难题。

实践证明，高水速凝充填虽然存在许多不足之处：如充填料输送、混合工艺复杂；高水材料配比要求严格；在干燥条件下充填体易失水粉化；高水材料来源困难、成本高等，但该材料可以有效地解决金属矿山长期存在的胶结充填作业中尾砂浓缩工艺复杂、井下采场脱水困难、不易平场、充填体强度低、矿石损失贫化率高、采场生产能力低等一系列技术难题，为更好地利用全尾砂充填开辟了一个全新的领域，也为研制材料来源广泛、成本较低、性能更好的新型高水速凝材料奠定了基础。

表 10-1 是国内部分矿山充填工艺及充填采矿方法应用情况。

10.1.2 充填材料

随着科学技术日新月异的进步及国家可持续发展战略对环境问题的日益重视，矿山所用的充填材料已从传统的山砂、河砂、海砂、棒磨砂、细石等自然或人工砂石向以粉煤灰、尾砂、炉渣等工业废料过渡。通过矿山与各研究部门的合作努力，用工业废料甚至建筑垃圾作充填材料的应用技术也日渐成熟，因此无污染、低成本的无废开采是未来采矿技术的发展方向。

1）充填材料选择原则

充填材料的选择要遵循以下原则：

（1）保证安全生产的原则

安全是生产的前提，是各个生产单位的头等大事。特别是矿山企业，地下情况复杂，生产中的安全隐患多、作业条件艰苦，因此在做任何生产决策和技术改进时，必须优先考虑安全问题，其次才能考虑生产效率和经济效益问题。充填骨料要有一定的散体强度；粒级组成要采取优化方案，卵石或废石尽可能进行破碎或棒磨处理；尽量减少细泥含量，以提高充填体脱水速度和充填体质量；充填骨料要无毒、无害、无放射性污染；所采用的胶凝材料质量必须合格，防止因胶凝材料不合格而造成不凝固或固结质量偏低，影响生产安全。这一原则对下向胶结充填尤为重要，因为下向胶结充填采矿作业是直接在充填体构筑的人工顶板下进行的。

表 10－1　国内部分矿山充填工艺及充填采矿方法

序号	矿山名称	充填工艺	充填参数		输送方式	采矿方法
			质量灰料比	质量浓度/%		
1	金川公司	棒磨砂胶结	1:4	78～82	管道自流	下向进路胶结
		膏体充填		83	泵送	同上
2	新桥硫铁矿	江砂胶结	1:6	65～72	管道自流	上向水平分层
3	凡口铅锌矿	分级尾砂胶结	1:3～1:5	70～75	管道自流	上向水平分层
4	康家湾铅锌矿	全尾砂胶结	1:5～1:10	65～70	管道自流	上向水平分层
5	开阳磷矿	磷石膏胶结	1:2:8(水泥:粉煤灰:磷石膏)	68～70	管道自流	上向水平分层
6	孙村煤矿	煤矸石胶结	1:4:15(水泥:粉煤灰:矸石)	68～70	管道自流	综采充填
7	高峰公司	分级尾砂胶结	1:6	70	管道自流	上向水平分层
8	安庆铜矿	分级尾砂胶结	1:4	70～74	管道自流	空场嗣后充填
9	白银铜矿	全尾砂胶结	1:4～1:10	70	管道自流	空场嗣后充填
10	红透山铜矿	分级尾砂胶结	1:8	73	管道自流	上向水平分层
11	前河金矿	块石胶结	1:10～1:15	1.0～1.67(水灰比)	混凝土灌注	下向进路胶结
12	喀拉通克矿	分级尾砂胶结	1:5～1:8	80	混凝土泵送	下向进路胶结
13	三山岛金矿	分级尾砂胶结	1:4～1:10	65以上	管道自流	上向水平分层
14	锡矿山锑矿	分级尾砂胶结	1:6～1:10	60～70	泵送	空区处理
15	招远金矿	河砂胶结	1:4～1:6	60	管道自流	下向进路胶结

（2）成本最低的原则

矿山经营的目的是为了赢利，在条件允许的情况下，追求最大的利润、获取最高的经济效益一直是企业追求的目标。在保证充填体质量的前提下，使用最简单、实用的充填工艺，采用最廉价的充填材料达到充填的目的是充填法矿山充填技术选择的最基本要求。为此矿山要努力推进技术进步，不断寻求水泥等昂贵胶结材料的代用品（如细磨炉渣、粉煤灰等），降低水泥耗量；用尾砂、炉渣等工业废料部分或全部代替棒磨砂、河砂、风砂、海砂等充填骨料；在用分级尾砂充填的矿山，要设法提高充填料浆的输送浓度，减少料浆的脱水，提高尾砂的利用率。矿山也要不断研究充填体的作用机理，寻求符合矿山实际的、合理的充填体质量指标，实现质量与成本的平衡。

（3）环境保护的原则

采矿带来的环境问题已日益受到全社会的高度重视。冶炼炉渣、选矿尾砂、煤矿煤矸石、化工企业磷石膏、井下掘进废石等工业废料的地表排放，不仅大量占用耕地面积而且会污染河流、湖泊、海洋，严重影响本地的生态环境和人们的身心健康。以金川矿山为例，炉渣及尾砂等工业废料被认为还有利用价值，故一直排放于地表，不仅占地面积越来越大，更由于本地属干旱缺水地区，大风刮起，尾砂随之扬起，加剧了扬砂灾害，影响了农作物的生长，加重了企业的赔偿费用。因此使用无废料开采是各矿山共同面对的课题。

为满足矿山充填的需要，部分或全部使用炉渣、尾砂、废石等工业废料做充填骨料，用粉煤灰、细磨炉渣等具有火山灰性质的废料代替部分水泥，是降低充填成本、减轻环境污染的有效途径。近几年的矿山充填试验研究多围绕此项工作展开。现在针对工业废料做充填骨料的技术已经日渐成熟，因此建议新建的充填系统能尽可能的采取全废料充填。

值得一提的是，用山砂、河砂等地表采集物料进行充填，不仅对其采集和加工要增加矿山的生产成本，而且对环境也有一定程度的危害，应尽量少用或不用。

（4）材料来源充足的原则

充填材料的选择要立足于就地取材的原则，充填材料一定要来源充足，便于采集、加工和运输。用山砂、河砂等粗骨料充填的矿山，一定要考虑废石的掺和使用问题；在无铝矾土资源的地区，不提倡使用高水固化胶结充填工艺；对于无尾矿山使用工业废料甚至建筑垃圾充填有助于缓解充填材料来源紧缺的问题。

（5）考虑综合利用的原则

从理论上来讲，矿山充填材料一般应采用在当前和可预见未来无其他利用价值的废料。随着科学技术的发展和废物综合利用水平的提高，一些过去或当前认为无利用价值的废料可能成为新的二次原料。在采用这些材料进行充填时，应综合考虑其二次加工利用价值，避免将有二次利用价值的废料作为充填骨料充入井下，造成资源浪费。例如：随着矿产品市场的日益走强和选矿技术水平的提高，矿石可利用品位有越来越低的趋势，原来尾砂中的含矿品位在可预见的未来可能达到入选品位要求；随着建筑和交通工业的快速发展，井下掘进废石通过加工可能成为建筑和筑路材料；随着黏土砖的禁止使用，越来越多的尾砂被用作制砖原料；随着煤矸石综合利用水平的提高，煤矸石发电等已成为可能。

2）充填骨料

（1）充填骨料要求

国内外矿山使用的充填骨料品种很多，大多根据矿山实际条件，选用来源广泛、成本低廉、物理化学性质稳定、无毒、无害、具备骨架作用的材料或工业废料作为充填骨料。我国20世纪50年代广泛应用掘进废石或露天采矿场剥离废石为充填料进行干式充填；20世纪60~70年代，发展应用山砂、河砂、戈壁集料等作为混凝土胶结充填料的骨料或以河砂、脱泥尾砂等细砂为充填料或充填骨料，以两相流管道输送方式进行水砂非胶结充填或胶结充填；20世纪80年代以后，由于高浓度全尾砂胶结充填、碎石全尾砂膏体泵送充填、块石胶结充填和高水速凝全尾砂胶结充填的试验成功，全尾砂已成为最具发展应用前景的充填骨料。

充填材料应是惰性材料，不含放射性和挥发性有害气体，含硫不应过高（5%~8%或以上），以防止高温和二氧化硫产生，恶化井下大气或酿成井下火灾。而且高硫充填骨料的硫与水泥中的 SO_4^{2-} 离子反应，生产膨胀性的水化产物，降低充填体强度，甚至引起充填体的崩解破坏。

干式充填材料的最大块度一般不超过 200 mm，最大不超过 300 mm；使用抛掷机充填时，最大块度直径小于 70 mm，最大不超过 80 mm；使用风力输送时，最大粒径要小于管径的 1/3，一般不大于 50 mm。

水砂充填骨料除要求化学性质稳定以及颗粒本身要有一定的强度外，对渗透性能也有一定的要求。在国外一般要求 20℃ 条件下的渗透系数 K_{20} 为 10 cm/h；我国水工规范规定，渗透系数是以 20℃ 为标准，$K_{20} = 10$ cm/h，折算到 10℃ 时，$K_{10} = 7.7$ cm/h。我国生产矿山的实际

渗透系数 $K_{10} = 4 \sim 19$ cm/h，变化较大。

全尾砂中细泥含量较多，渗透系数很难达到上述要求，因此如要采用非胶结充填，为防止细粒全尾砂因难以脱水造成安全隐患，需采用水力旋流脱泥，即采用分级尾砂。尾砂充填矿山脱泥界限一般为 0.037 mm。

山砂、河砂、棒磨砂以及水淬炉渣等的粒径较尾砂大得多，在输送时最大粒径要小于管径的 1/3，且接近管径 1/3 的颗粒不宜超过 15%。

（2）常用骨料

①尾砂。

尾砂是金属矿山最常用的充填骨料，有时也称尾矿，是矿山开采出来的矿石经过选矿工艺的破碎、磨矿和选矿流程选出有用成分后，剩下的矿渣，即选矿后以浆体形态排出的排弃物。不同矿石尾矿的性质不同，相同矿石产生的尾矿也因矿体赋存条件不同和选矿方法不同，其各种性能也有很大的差别。矿山充填中常用的尾砂分类方法见表 10-2。

根据对充填材料的粒度要求，尾砂胶结充填时，一般应将选厂产出的尾矿进行分级，剔出细泥部分（剔出的细泥排到尾矿库堆积成尾矿坝）后进行充填，即分级尾砂充填。但由于细泥难以堆坝，加之剔出细泥减少了充填尾砂的供应量，因此，现在各矿山都在大力推进全尾砂充填技术的应用。

表 10-2 矿山充填常用的尾砂分类方法

分类方法	粗		中		细	
按粒级所占 百分含量	>0.074 mm	<0.019 mm	>0.074 mm	<0.019 mm	>0.074 mm	<0.019 mm
	>40%	<20%	20% ~40%	20% ~55%	<20%	>50%
按平均 粒径 d_{cp}	极粗	粗	中粗	中细	细	极细
	>0.25 mm	>0.074 mm	0.074 ~ 0.037 mm	0.037 ~ 0.03 mm	0.03 ~ 0.019 mm	<0.019 mm
按岩石 生成方法	脉矿（原生矿）			砂矿（次生矿）		
	含泥量小，<0.005 mm 细泥 少于 10%，如南芬矿尾砂			含泥量大，一般为 30% ~50% 或以上， 例如云锡大部分尾砂		

②炉渣。

用冶炼炉渣做充填骨料，主要目的是利用冶炼炉渣经过磨细处理后的胶结性能，一方面代替部分水泥，降低充填成本，另一方面解决冶炼炉渣地表堆积而造成的环境污染问题。国内用炉渣做充填料的矿山中，大多数是利用没有经过细磨的高炉铁渣和铜、镍冶炼炉渣，例如大冶有色金属公司铜绿山铜矿利用铜水淬渣做充填料，金川有色金属公司龙首矿的粗骨料充填系统中用镍冶炼闪速炉渣做充填骨料。

③棒磨砂、风砂及冲击砂。

棒磨砂是将戈壁集料等经过破碎、棒磨加工而成的粒级组成符合矿山充填要求的充填骨料。由于其加工方法较为简单，尽管加工费用高，但依然受到许多矿山尤其是位于西北戈壁滩地区矿山的青睐。风砂是自然采集到的天然细砂，如在沙漠地区，它是一种理想的充填材料，其颗粒呈圆珠状，类似小米，成分 90% 为石英砂。冲击砂是古河床中形成的细砂，也可作为充填骨料。此外，还有河砂、湖砂、海砂等均可作为充填骨料。

金川公司几种砂料物理性质和粒级组成分别见表 10 - 3 和表 10 - 4。

④废石。

大多数矿山将掘进废石尽可能井下就近处理，直接回填于采空区。也有部分国外矿山对废石进行棒磨或破碎处理，一般而言，棒磨废石的最大粒径为 5 mm，破碎废石依各矿山的不同需要，见于报道的有 -25 mm、 -33 mm、 -75 mm、 -100 mm、 -250 mm 等。因此，废石是否破碎或破碎到什么程度，要依据矿山对充填材料的具体要求而定。

⑤煤矸石。

煤矸石是煤炭生产和加工过程中产生的固体废弃物，每年的排放量相当于当年煤炭产量的 10% 左右，是我国排放量最大的工业废渣，约占全国工业废渣排放总量的 1/4。越来越多的煤矿利用煤矸石构筑似膏体进行充填置换煤柱。根据中南大学在山东新汶矿业集团孙村煤矿进行的充填试验，煤矸石应破碎到 8 mm 以下。

⑥磷石膏。

磷石膏是化工厂用磷灰石与硫酸作用，湿法生产磷酸时产生的工业废料。每生产 1 t 磷酸产生 5 t 磷石膏。磷石膏是排放量最大的化工废料。

由于磷石膏粒级较细、渗透系数较小（见表 10 - 5），易结块，不利于充填体脱水和快速硬化，必然影响胶结充填体强度，作为充填骨料是不理想的，但通过优化充填材料组成，仍有可能达到要求的充填质量和效果。中南大学与开阳磷矿等单位合作，在国内率先实现了磷石膏胶结充填，取得了良好的经济效益、社会效益和环境效益。

表 10 - 3　金川矿区棒磨砂、冲击砂的物理性质

样品名称	密度/(t·m^{-3})	松散密度/(t·m^{-3})	孔隙率/%	渗透系数/(mm·h^{-1})	含泥量/%
-3mm 棒磨砂	2.67	1.501	43.78	116.2	3.89
冲击砂	2.65	1.525	42.45	150.0	7.38

表 10 - 4　金川矿区棒磨砂、冲击砂、风砂的粒级组成

砂子种类	粒径、分计与累计	粒级组成							平均粒径	细度模数
-3 mm 棒磨砂	粒径/mm	2.5	1.25	0.63	0.35	0.154	0.074	-0.074	0.62	2.90
	分计/%	3.71	7.75	21.40	26.21	23.85	10.72			
	累计/%		11.46	32.86	59.07	82.12	93.64			
冲击砂	粒径/mm	2.5	1.25	0.63	0.35	0.154	0.074	-0.074	0.72	3.08
	分计/%	3.8	12.4	22.6	25.8	25.8	3.8	5.8		
	累计/%		16.2	38.8	64.6	90.4	94.2	100.0		
风砂	粒径/mm	+0.63	0.355	0.196	0.152	0.121	0.08	-0.08	0.213	2.09
	分计/%	0.72	6.92	35.45	14.52	25.19	15.91	1.27		
	累计/%		7.64	43.10	57.62	82.81	98.72	100.0		

表10-5 部分矿山充填用磷石膏物理力学性能

矿山名称	磷石膏性质	密度/(t·m⁻³)	孔隙比	渗透系数/(cm·s⁻¹)	中值粒径 $d50$/mm	有效粒径 $d10$/mm	不均匀系数	曲率系数	水上休止角	水下休止角
开阳磷矿	陈旧磷石膏	2.87	1.064 ~ 3.415	2.94×10^{-4}	0.043	0.014	3.71	1.00	47.0°	23.5°
新桥硫铁矿	陈旧磷石膏	2.50	1.84	2.10×10^{-4}	0.044	0.017	1.31		46.0°	22.5°
	新鲜磷石膏	2.48	2.10	1.90×10^{-4}	0.028	0.015	2.67		47.0°	21.5°

3)胶凝材料

国内外应用最广泛的充填胶凝材料为硅酸盐水泥,此外还有一些水泥代用材料如炉渣、粉煤灰等,近年来随着尾矿细度越来越大,陆续开发出一些适用于细粒尾砂充填的新型充填胶凝材料。

(1)水泥

充填采矿法的矿山,使用的胶凝材料大多为425#(32.5)普通硅酸盐水泥,也有少量矿山使用325#或525#普通硅酸盐水泥。

(2)水泥替代品

国内外绝大多数矿山都采用普通硅酸盐水泥作为胶凝材料,水泥虽然具有良好的胶凝性能,但其成本较高(占充填成本的60% ~ 80%)。为降低充填成本,国内外部分矿山根据各自条件,开发利用了各种水泥替代品。

①粉煤灰。

粉煤灰是从燃煤粉的热电厂锅炉烟气中收集到的细粉末,也称为飞灰,其成分与高铝黏土相近,主要以玻璃体状态存在。某些矿山已在充填材料中掺加粉煤灰以代替部分水泥。在高浓度或膏体充填料浆中,适量粉煤灰的存在可降低管道输送阻力并改善充填浆体的管道输送性能。

在炉膛中排出的燃烧后的煤渣(简称炉膛粉煤灰),经过破碎后排放至灰坝堆放,属热力发电厂固体废料,也具有一定的胶凝性能,也可作为充填胶凝材料替代品使用。

②水淬炉渣。

金属矿山企业的冶炼厂,其工业废料炉渣通常是冶炼铜、锌、铅等金属的生产中,在高温条件下从炉内排出的废渣,并通过水淬使之急剧冷却而成粒状,此时炉渣内的 SiO_2 呈玻璃质状态存在。这种玻璃质的 SiO_2 具备亚稳性和反应活性,将这种粒状水淬炉渣事先进行破碎并研磨至水泥比表面积(3000 cm²/g 左右)的细度后,即可作为水泥代用品使用。澳大利亚芒特艾萨矿曾做过多

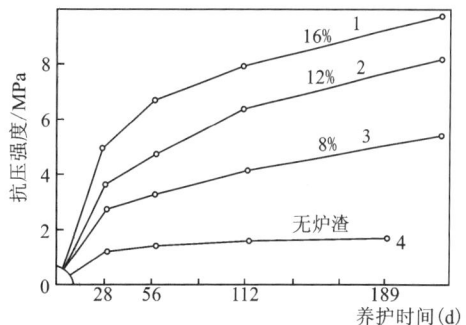

图10-2 尾胶料中添加水淬炉渣养护强度曲线

1,2,3—炉渣占炉渣与尾砂混合料的16%、12%和8%时的试块强度曲线;
4—不掺加炉渣试块强度曲线

组试验,用8%(质量分数)的水泥与炉渣和尾砂混合制成试块,改变炉渣与尾砂的质量比例,进行强度性能测试,其结果如图10-2所示。当水泥用量为8%时,添加水淬炉渣作辅助胶结剂,其效果比不添加炉渣的要好得多。

③硫化矿物。

硫化矿物,尤其是磁黄铁矿,与空气中的氧气和水发生缓慢反应,会产生由 Fe(HO)$_3$ 和各种硫酸盐组成的混合晶体。这种混合晶体具有胶凝特性。当这一过程在混合充填料中进行时,在硫化矿物颗粒与其他充填骨料之间的这种层状氧化反应物即开始发生黏结作用。在级配合理的充填混合物中,由于装填密实,颗粒之间能形成表面接触良好的结构,这些少量的氧化反应物可将各种物料胶结在一起。磁黄铁矿的这种胶凝特性称为自胶作用,利用其自胶作用,尾矿中存在磁黄铁矿时可以减少水泥用量。但由于磁黄铁含量过高时,会引发充填体崩解,故对尾矿中磁黄铁含量有一定限制。

④其他胶凝材料。

为提高选矿回收率和共伴生有用元素的综合回收利用水平,选矿工艺中磨矿粒度越来越细,对于超细全尾砂,普通硅酸盐水泥的胶凝效果不理想,迫使研究单位和矿山企业研究开发新型的满足超细全尾砂充填需要的特种胶凝材料。

表10-6为焦家金矿开发的固结材料与普通32.5硅酸盐水泥的对比试验结果,对于200目以下占比40%以上的细粒焦家金矿尾砂,尾砂固结材料(价格与32.5硅酸盐水泥相当)强度比普通硅酸盐水泥普遍搞高3~4倍以上。

表10-6 焦家金矿水泥与尾砂固结材料对比强度试验结果

编号	灰砂比	质量浓度/%	抗压强度/MPa				备注
			1 d	3 d	7 d	28 d	
S1	1:4	68	0.13	0.43	1.05	2.01	水泥
S2	1:4	70	0.17	0.51	1.12	2.20	水泥
S3	1:10	68	0.10	0.14	0.21	0.25	水泥
S4	1:10	70	0.11	0.21	0.22	0.37	水泥
W1	1:4	68	1.27	3.05	4.75	7.91	尾砂固结材料
W2	1:4	70	1.29	3.63	5.33	8.61	尾砂固结材料
W3	1:10	68	0.43	0.83	1.21	2.44	尾砂固结材料
W4	1:10	70	0.47	0.85	1.33	2.38	尾砂固结材料
W5	1:20	68	0.21	0.41	0.48	0.50	尾砂固结材料
W6	1:25	68	0.19	0.34	0.44	0.48	尾砂固结材料

根据中南大学所作的河北钢铁集团矿业有限责任公司司家营铁矿红矿(赤铁矿)系列超细全尾砂(200目以下占比80%以上)普通硅酸盐水泥胶结充填配比试验结果,灰砂比1:4、质量浓度63%(因粒级超细,该浓度充填体已接近于膏体)充填体28d强度仅为0.5 MPa,而使用专门开发的新型胶凝材料,同配比强度可达2.5 MPa。

马鞍山钢铁集团矿业有限责任公司姑山矿业公司所属的和睦山铁矿细粒全尾砂充填系统采用普通硅酸盐水泥，即使灰砂比达到1:4，充入采场后，7d 都不能实现初凝，最后改用特殊固结材料后，充填效果才得以改善。

4）水

水是胶凝材料发生水化反应必不可少的要素，也是各种外加剂的溶剂，同时又是充填物料输送的载体。因此，水的性质，如酸碱度、杂质含量等对胶凝材料的水化反应性能有一定的影响。

充填一般采用中性水。某矿山的试验结果表明，弱碱性的矿山工业用水可使水泥尾砂胶结体的强度略有提高（见表10－7），而酸性水中的 SO_4^{2-} 离子侵蚀水泥后会产生难溶的硫酸盐晶体，发生体积膨胀而降低充填体强度，甚至破坏充填体。因此，如果采用酸性工业用水进行胶结充填时，必须预先进行酸碱中和，使水变为中性或弱碱性。

表 10－7 碱性水对水泥尾砂胶结体强度的影响

灰砂比	质量浓度/%	水的类别	pH 值	抗压强度/MPa				
				1d	4d	14d	28d	90d
1:6	68	碱性矿井水	10.1	0.225	1.420	2.220	2.400	—
		工业水	7.2	0.137	0.940	1.870	2.040	—
1:20	68	碱性矿井水	10.1	—	—	0.225	0.300	0.520
		工业水	7.2	—	—	0.210	0.250	0.420

5）外加剂

在运用充填法的矿山，管道输送的胶结充填料浆类似于大流动性的素混凝土，从理论上而言，完全可以引入外加剂，以改善浆体的流动性能和物理力学指标。但由于矿山充填的量大、连续、快速、低成本、简单化等要求，相对于混凝土工程中的广泛应用，外加剂在矿山充填中的研究和应用非常有限。甘肃金川公司等几个大、中型矿山，虽然对外加剂在矿山充填中的应用进行了一定程度的研究，但由于上述原因，并未得到大规模推广应用。随着矿产品价格的日益提高，对通过提高充填体质量提高资源回采率的要求超过了对单纯降低充填成本的要求，为外加剂（主要是早强剂、减水剂、缓凝剂）在矿山充填，尤其是似膏体胶结充填中的应用提供了有利的条件。

10.1.3 充填材料物理力学性质

充填材料物理力学性质不仅是评价材料可否用于充填的重要依据，也影响到所建成充填系统的运行可靠性和充填体的质量。矿山在选择充填材料，尤其是骨料时，一般都要测定拟选材料的物理力学性质，如充填料密度、松散密度、孔隙比（率）、渗透系数、粒级组成、压缩性能等。

1）密度

密度（density）是充填料在密实状态下单位体积的质量，即：

$$\rho = \frac{G}{V} \tag{10-1}$$

式中：ρ 为充填料密度，t/m^3；V 为密实状态下充填料的体积，m^3；G 为密实状态下充填料的质量，t。

充填料的密度一般采用密度计进行测定。

应用过程中应注意密度与比重的区别，后者是单位体积密实物料质量（物料密度）与 4℃ 同体积水的质量（水的密度）之比，因此是无量纲单位。由于 4℃ 水的密度为 $1.0\ t/m^3$，故物料密度与其比重数值相等，单位不同，因此物料密度也可采用比重瓶法求其数值。

2）松散密度

松散密度（旧称容重）是充填料在松散状态下单位体积的质量，又称堆密度、相对密度，其相近的名称还有体积质量（体重），即：

$$\rho_d = \frac{G_s}{V_s} \tag{10-2}$$

式中：ρ_d 为充填料松散密度，t/m^3；V_s 为松散状态下充填料的体积，m^3；G_s 为松散状态下充填料的质量，t。

由于散体物料的松散性与物料堆放时间（自然压缩）、环境温度与湿度等密切相关，因此，物料松散密度有最大松散密度和最小松散密度之分。

最大松散密度采用振动锤击法、最小松散密度采用漏斗法和量筒法测定。

3）孔隙比与孔隙率

散体物料的松散密度一般低于其密度，这是因为散体物料中存在孔隙。评价散体物料孔隙多少的参数是孔隙比或孔隙率，前者是定量散体物料中孔隙体积与固体物料体积之比，而后者是孔隙体积占散体物料总体积的百分比，即：

$$\varepsilon_k = \frac{V_k}{V_g} \tag{10-3}$$

$$\omega_k = \frac{V_k}{V_g + V_k} \times 100\% \tag{10-4}$$

式中：ε_k 为孔隙比；V_k 为定量散体物料中孔隙体积，m^3；V_g 为定量散体物料中固体物料体积，m^3；ω_k 为孔隙率。

很明显：

$$\omega_k = \frac{\varepsilon_k}{1 + \varepsilon_k} \tag{10-5}$$

而且由于孔隙比（率）与物料密度、松散密度密切相关，因此，三者之间存在如下关系，可以据此求出物料的孔隙比（率）：

$$\rho_d = \frac{\rho}{1 + \varepsilon_k} = (1 - \omega_k) \cdot \rho \tag{10-6}$$

如同松散密度有最大松散密度和最小松散密度之分一样，孔隙比（率）也分为最大孔隙比（率）和最小孔隙比（率），分别按下式计算：

$$\varepsilon_{max} = \frac{\rho_w \cdot \gamma_s}{\rho_{d min}} \tag{10-7}$$

$$\varepsilon_{\min} = \frac{\rho_{\mathrm{w}} \cdot \gamma_{\mathrm{s}}}{\rho_{d\max}} - 1 \tag{10-8}$$

式中：$\varepsilon_{\max}$、$\varepsilon_{\min}$ 为最大孔隙比和最小孔隙比；ρ_{w} 为水密度；γ_{s} 为物料干密度；$\rho_{d\min}$、$\rho_{d\min}$ 为物料最小相对干密度和最大相对干密度。

4）含水率

含水率是衡量充填物料水含量的指标，是计算充填体密度、孔隙比、含水饱和度等指标的依据，对非胶结充填体的力学性质也有一定的影响，图 10-3 表示了两种物料含水率对充填体强度的影响。从图中可以看出，当含水率 w_{c} = 10% ~ 12% 时，水砂充填体抗剪强度 τ 值最高。

5）充填料颗粒形状与粒级组成

不同充填物料颗粒形状对充填管道的磨损程度是不同的，管道磨损随充填骨料颗粒形状的不规则而呈现增长趋势，棱角尖锐的棒磨砂比外形光滑的圆球形河砂对管道的磨损要严重

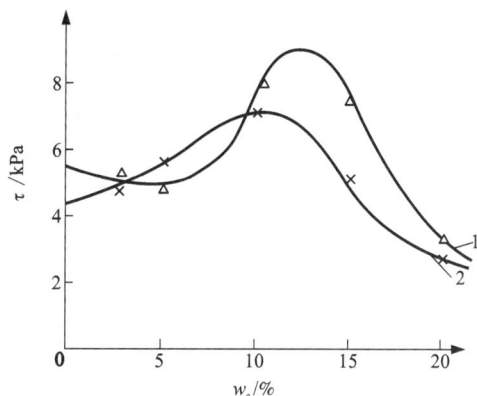

图 10-3 含水率 w_{c} 与抗剪强度 τ 的关系曲线

得多，因此，在可能条件下，尽量选用具有光滑颗粒形状的物料，如尾砂等。

物料粒径及其粒级的组成对充填料浆制备与输送工艺、充填体强度等都具有重大的影响。一般而言，在一定的范围内，充填物料粒径越大，越有利于降低物料的加工（如破碎）成本，对提高充填体强度也有利。但粒径过大，会发生大颗粒物料在输送过程中沉淀，容易造成堵管等事故，而且大颗粒物料与水泥等细粒胶结物料一起充填时，大颗粒物料率先沉淀，容易造成充填体分层和胶凝材料的离析，进而影响胶结充填体的整体强度。

由于充填物料不可能是标准的圆球形颗粒，因此其粒级可采用等效粒径来表示：

$$d_{\mathrm{gd}} = \sqrt[3]{\frac{6V_{\mathrm{g}}}{\pi}} \tag{10-9}$$

式中：d_{gd} 为物料等效粒径，mm；V_{g} 为被测颗粒体积，mm³。

实际应用过程中，考虑管路输送堵管的可能性，一般用各方向的最大尺寸 d_{g} 来表示。

颗粒粒径有时也用"目"来表示。"目"是指在 2.54 cm（1 英寸）长度内所具有的网孔数，常用目数与 mm 的对应关系如表 10-8 所示。

表 10-8 粒级"目"与 mm 的对应关系

目数	2.5	3	4	5	6	7	8	9	10	12	14	16
mm	7.925	5.880	4.599	3.692	3.273	2.794	2.362	1.981	1.651	1.397	1.165	0.991
目数	20	24	27	32	35	40	60	65	80	100	110	180
mm	0.833	0.707	0.589	0.495	0.417	0.350	0.245	0.220	0.198	0.165	0.150	0.083
目数	200	250	270	325	425	500	625	800	1250	2500	3250	12500
mm	0.074	0.061	0.053	0.047	0.033	0.025	0.020	0.015	0.010	0.005	0.002	0.001

不同粒级的含量变化情况可用粒级组成曲线(见图 10 - 4)来表示。在粒级组成曲线中,横坐标一般为粒径的常用对数,而纵坐标则为该粒径以下颗粒累计质量百分比。粒级组成曲线可以反映物料粒径的分布特点和均匀程度。

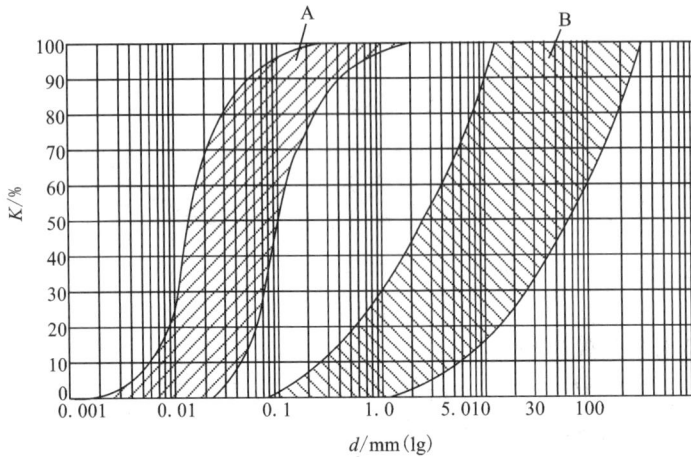

图 10 - 4 粒级组成曲线

(1)中值粒径

中值粒径是指粒级组成曲线上累计含量为 50% 时对应的颗粒粒径,用 d_{50} 表示,它表示在物料中大于该粒级的颗粒与小于该粒径的含量一样多。如图 10 - 4 中,A 物料的中值粒径为 0.015 ~ 0.1 mm,而 B 物料的中值粒径则为 2.5 ~ 65 mm。

(2)有效粒径

有效粒径是指粒级组成曲线上累计含量为 10% 时对应的颗粒粒径,用 d_{10} 表示。如图 10 - 4 中,A 物料的有效粒径为 0.006 ~ 0.048 mm,而 B 物料的有效粒径则为 0.25 ~ 5.5 mm。

(3)平均粒级

物料粒径的平均值一般用加权平均粒级表示,权数为该粒径含量,即:

$$d_j = \frac{d_{pi} K_i}{100} \qquad (10 - 10)$$

式中: d_j 为物料的加权平均粒径, mm; d_{pi} 为第 i 组粒径值, mm,如果该组粒径给定的是一个范围值,则 d_{pi} 可取其算术平均值; K_i 为第 i 组粒径颗粒的含量,% 。

按照上式计算的表 10 - 9 所示某充填料的平均粒径为 0.93 mm。

(4)不均匀系数

衡量物料颗粒粒径分布是否均匀可采用不均匀系数。对于粗颗粒物料,如河砂、棒磨砂,不均匀系数 α_1 定义为:

$$\alpha_1 = d_{90}/d_{10} \qquad (10 - 11)$$

而对于细颗粒物料,如尾砂,不均匀系数 α_2 定义为:

$$\alpha_2 = d_{60}/d_{10} \qquad (10 - 12)$$

式中: d_{90} 、 d_{60} 、 d_{10} 为粒级组成曲线上累计含量分别为 90% 、60% 和 10% 时对应的颗粒粒径, mm。

不均匀系数越大，说明物料颗粒大小越不均匀。一般认为，当 $\alpha_1 = 3$ 或 $\alpha_2 = 5$ 时，充填物料的密实度最佳。

表 10-9　某充填物料不同粒径组成

粒径范围/mm	>5	5~2	2~0.5	0.5~0.25	0.25~0.075	0.075~0.05	0.05~0.005	<0.005
该组颗粒平均粒径/mm		3.5	1.25	0.375	0.1625	0.0625	0.0275	0.005
含量/%		12.0	33.0	15.0	20.0	5.0	13.5	1.5

6) 渗透系数

充填料浆进入充填采场后，超过胶凝材料水化反应需水量的多余水分必须尽快通过渗透、溢流等方式排出，以加快充填体固结速度，提高充填体强度，尤其是早期强度。因此，对充填材料的渗水性能有较高的要求。充填材料的渗水性能用渗透系数来表示，渗透系数是水在20℃条件下通过充填充填料集合体的速度，单位为 mm/h，或 cm/h。

不同物料渗透系数差别较大，一般而言，粗粒充填料的渗透系数要优于细粒物料。表6-10为凤凰山铜矿不同粒级组成充填料的渗透系数，从表中可以看出，随着细粒含量的减少和粗粒含量的增加，渗透系数逐渐增大。锡矿山锑矿的试验结果也显示出同样规律，使用全尾砂充填，渗透系数仅0.648 cm/h；采用分级尾砂时，如果粒径大于0.037 mm的颗粒占总量的80%以上，渗透系数提高到0.9728 cm/h，而如果粒径大于0.074 mm的颗粒占总量的80%以上，渗透系数高达4.4648 cm/h。此时相应的尾砂利用率分别仅为69.78%和54.58%。因此，确定尾砂脱泥界限时应综合考虑渗透性能和尾砂利用率的要求。

目前，在技术上细泥难于全部脱除。其实，只要满足渗透系数的要求，充填料中残留部分细泥还可提高充填浆体悬浮性能，减轻管道磨损，提高充填体的密实程度和强度。

表 10-10　凤凰山铜矿不同粒级组成充填料的渗透系数

尾砂粒级组成/%				渗透系数	标准温度
+0.074mm	+0.037mm	+0.020mm	-0.020mm	/(cm·h⁻¹)	/℃
52.70	32.55	5.75	9.00	14.92	20
57.49	34.64	4.38	3.46	15.95	20
60.00	36.99	2.01	1.00	18.16	20

10.1.4　充填料浆配比参数

充填料浆配合比是影响两相流输送特性的关键指标之一，包括灰砂比和水灰比(或浓度)。

充填料浆配合比的决定因素包括充填材料、系统情况、充填倍线、采矿对充填体质量的具体要求等，通常采用室内试验进行优化设计。充填材料的配合比关系到充填成本和充填质量的具体指标，任何新材料、新工艺的应用首先要经过配合比试验来确定具体参数。

(1) 灰砂比

灰砂比即充填混合料中胶凝材料(通常为32.5号普通硅酸盐水泥)与骨料质量的比例，如尾砂胶结充填灰砂比1:5，表示充填混合料中水泥与尾砂质量之比为1:5。灰砂比是影响胶结充填体强度的最重要因素,灰砂比越小(即水泥含量越高),充填体强度越高,但成本也相应增加。

如果混合料中还有其他物料,则灰砂比可称为灰料比,如添加粉煤灰后灰料比为 1:1:8,表示混合料中水泥、粉煤灰、尾砂质量之比为 1:1:8;如果骨料由两种材料(如块石和尾砂,比例为 2:3)组成,灰料比 1:5,表示水泥与混合骨料质量之比为 1:5,而混合骨料中块石和尾砂质量之比为 2:3。

(2)水灰比或质量浓度

水灰比是混凝土工程中衡量混凝土流动性能和质量的重要技术指标,表示混凝土中水与水泥的质量之比,如水灰比 1.8 表示充填料浆中水与水泥之比为 1.8。在部分文献中,也有用固液比来表示的,分体积固液比和质量固液比,前者是混凝土中固体物料与液体物料(通常为水)的体积之比,而后者是混凝土中固体物料与液体物料(通常为水)的质量之比。

矿山充填料浆一般均采用浓度来衡量浆体的流动性能和质量指标。浓度有质量浓度和体积浓度之分。体积浓度 m_t 表示充填浆体中固料体积所占的百分比,即:

$$m_t = Q_g / Q_j \qquad (10-13)$$

式中:Q_g 为浆体中固料体积或流量(单位充填时间内流过某一断面固料的体积);Q_j 为浆体体积或流量(单位充填时间内流过某一断面浆体的体积)。

质量浓度 m_z 表示固料质量在整个充填体(包括固料和水)质量中的百分比,即:

$$m_z = \frac{Q_g \rho_g}{Q_j \rho_j} = \frac{\rho_g}{\rho_j} \cdot \frac{Q_g}{Q_j} = \frac{\rho_g}{\rho_j} \cdot m_t \qquad (10-14)$$

式中:ρ_g 为固料密度(单位体积固料的质量);ρ_j 为浆体密度(单位体积浆体的质量)。

很明显,浆体浓度和水灰比有如下关系:

$$m_z = \frac{1}{1+M_z} \qquad (10-15)$$

式中:M_z 为质量水灰比。

体积固液比、质量固液比、体积浓度、质量浓度之间的关系如表 10-11 所示。

表 10-11 充填料浆体积固液比、质量固液比、体积浓度、质量浓度之间的关系

算 式	水密度 ρ_w、固料密度 ρ_g、砂浆密度 ρ_j	体积浓度 m_t	质量浓度 m_z	体积固液比 M_t	质量固液比 M_z
体积浓度 m_t	$m_t = \dfrac{\rho_j - \rho_w}{\rho_g - \rho_w}$	1	$m_t = \dfrac{\rho_j}{\rho_g} \cdot m_z$	$m_t = \dfrac{M_t}{1+M_t}$	$m_t = \dfrac{M_z}{\rho_g/\rho_w + M_z}$
质量浓度 m_z	$m_z = \dfrac{\rho_g(\rho_j - \rho_w)}{\rho_j(\rho_g - \rho_w)}$	$m_z = \dfrac{\rho_g}{\rho_j} m_t$	1	$m_z = \dfrac{M_t}{\rho_w/\rho_g + M_t}$	$m_z = \dfrac{M_z}{1+M_z}$
体积固液比 M_t	$M_t = \dfrac{\rho_j - \rho_w}{\rho_g - \rho_j}$	$M_t = \dfrac{m_t}{1-m_t}$	$M_t = \dfrac{m_z}{\rho_g/\rho_j - m_z}$	1	$M_t = \dfrac{\rho_w}{\rho_g} M_z$
质量固液比 M_z	$M_z = \dfrac{\rho_g(\rho_j - \rho_w)}{\rho_w(\rho_g - \rho_j)}$	$M_z = \dfrac{m_t}{\rho_j/\rho_g - m_t}$	$M_z = \dfrac{m_z}{1-m_z}$	$M_z = \dfrac{\rho_g}{\rho_w} M_t$	1

10.1.5　充填料浆流动性能参数

（1）流量和流速

充填系统生产能力可用浆体流量来表示。流量是指单位时间内充填系统所能输送的浆体的体积，单位 m^3/h。充填料流量取决于充填料配比、管道直径、充填倍线等指标。

流速是指充填管道中浆体的流动速度，单位 m/s。管道输送充填浆体，流速如果太低，固体颗粒容易沉底，造成管道堵塞。为维持充填料浆输送过程中固料处于悬浮状态，避免堵管，流速必须大于一临界值，称为临界流速。在临界流速下，管道水力损失最小，固体颗粒能够保持悬浮状态。管道自流输送充填浆体流速一般为 $3 \sim 4 \, m/s$。

（2）水力坡度

浆体在管道中的流动必须克服与管壁产生的摩擦阻力和产生湍流时的层间阻力，统称摩擦阻力损失，也即水力坡度。

水力坡度在水力输送固体物料工程中占据极其重要的地位。在充填中，它关系到管道直径的选择、输送速度的确定、满管输送措施的选择、耐磨管型的选取等关键参数，因此其作用尤为突出。

（3）坍落度和坍落扩散度

充填料拌合物的流动性是表示充填料在自重或外力的作用下，流动的顺畅性及充填采场的难易程度。流动性在充填料的搅拌、运输直到充填的过程中都是一个重要的性质。充填料拌合物的流动性随物料不同有很大的差别，有的在自重作用下几乎不发生任何变形，非常坚硬，也有的像流体一样呈现出非常高的流动性，即具有自流的特性。评价充填料浆流动性能的参数包括坍落度和坍落扩散度等。

坍落度实验是测定充填料拌和物的稠度大小、评价充填料的变形性能或抵抗流动变形性能的实验方法。虽然到目前为止还难以确定坍落度值和流变力学参数之一的塑性稠度间的关系，但是已经证明坍落度与屈服值之间具有良好的相关关系。

坍落度可以使用坍落度筒进行测定（见图 10 - 5），坍落度筒可自行加工，筒高 300 mm，上口直径 100 mm，下口直径 200 mm，上、下口要保持平整光滑，以防止漏浆。试验时，将坍落度筒放置在平整平面上，用力压紧，将搅拌好的充填料浆倒入筒中，灌满后将坍落度筒小心平稳地垂直向上提起，不得歪斜，提离过程约 $5 \sim 10 \, s$ 内完成，将筒放在拌和物试体一旁，量出坍落后拌和物试体最高点与筒的高度差，即为该拌和物的坍落度 S。从开始装料到提起坍落度筒的整个过程应在 150 s 内完成。

坍落度筒实验装置简单，操作容易，且能达到实用上所要求的精度，故在实验室和施工现场被广泛应用。

坍落扩散度试验是适应高流动性拌和物的开发和应用而出现的，是一种能够同时反映拌和物的变形能力和变形速度的试验方法。

坍落扩散度的测定方法是在测定坍落度的同时，提起坍落度筒后充填料拌和物向下坍陷，向水平方向扩展成圆形，此时测定扩散度后圆形试料的长径和短径并求其平均值，即为坍落扩散度值。

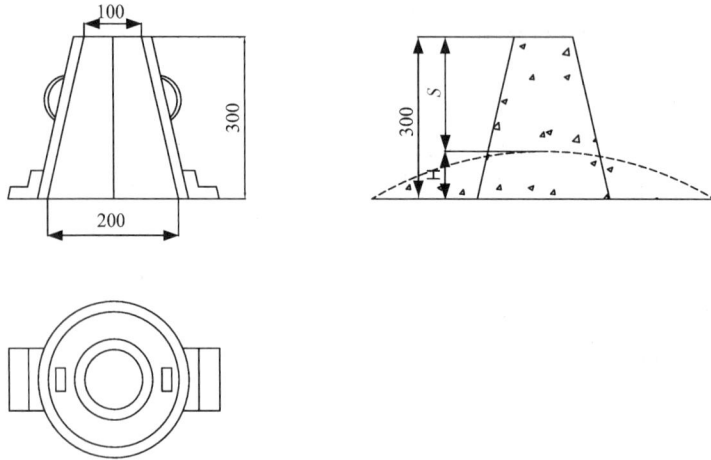

图 10 - 5　坍落度、坍落扩散度测试

10.1.6　充填方式

充填方式分类如图 10 - 6 所示。

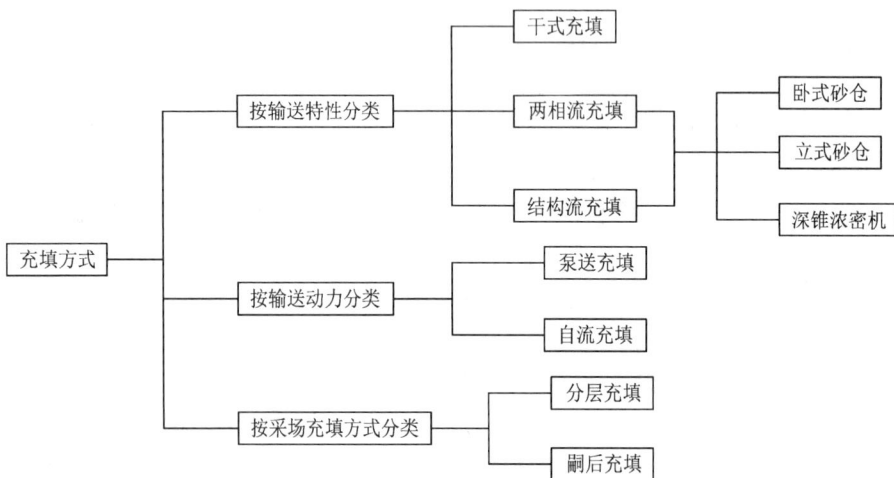

图 10 - 6　充填方式分类图

1）按充填料输送方式分类

（1）干式充填

废石干式充填法在 20 世纪 50 年代初期是中国主要的采矿方法之一，但因其效率低、生产能力小和劳动强度大，已处于被淘汰的地位。为减少废石提升量，近年来不少矿山开始采用废石不出井就地充填技术，但废石充填一般与尾砂胶结充填一起构成块石胶结充填。

（2）两相流充填

水砂充填、普通细砂（尾砂、棒磨砂等）胶结充填均属固液两相流充填，充填料浆以非均质伪塑性体形式流动（图 10 - 7 中 3 线），两相流输送的典型特征是沿管道横断面的垂直方向有明显浓度梯度(见图 10 - 8a),流动过程中浆体完全处于紊流状态,固体颗粒在水流的带动下呈悬浮、跳跃、滑动或滚动等方式向前运动,粗颗粒容易沉淀引起堵管事故。为抑制粗细颗粒分离,料浆必须以不小于维持管道或沟槽无沉积完全悬浮所对应的流速(称临界流速)输送。

(3)结构流充填

当充填料中 - 20 μm 颗粒含量达到15% ~ 20%、充填料浆塌落度为 23 ~ 25 cm 时,充填料浆沿管道横断面的垂直方向无明显浓度梯度(见图 10 - 8b),管道内流体自身不产生相对运动,

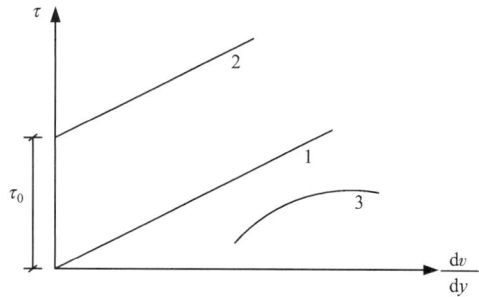

图 10 - 7 流体切应力与剪切速率曲线

1—牛顿体;2—宾汉姆塑性体;3—伪塑性体

不同半径处的流层之间不产生质点交换,即产生所谓的柱塞流或称"结构流"。

结构流充填又称膏体充填或似膏体充填,其最显著特点是浓度高,充入空区或采场后脱水量少、沉缩小,有利于提高早期强度和接顶率。

图 10 - 8 管道内浆体浓度分布图

膏体或似膏体在管道中呈宾汉姆塑性体形式流动(图 10 - 7 中 2 线,1 线为均质细砂浆呈现的牛顿体,充填中很少出现),产生的摩擦阻力可由下式表示:

$$\tau = \tau_0 + \eta \frac{dv}{dy} \qquad (10 - 16)$$

式中:τ 为管壁剪切应力,Pa;τ_0 为初始剪切应力(或屈服剪切应力),Pa;η 为黏性系数,Pa·s;dv/dy 为剪切速率,s^{-1}。

2)按输送动力分类

尾砂料浆输送分为管道自流输送和加压泵送两种形式。

自流充填是利用垂直管道内的浆体柱压力克服水平管道阻力,将充填料浆输送至待充地点的无外来动力充填方式。该输送方式工艺简单,无需人工动力,投资少,但因其动力是浆体柱压力,对充填倍线有较高要求。根据国内外充填矿山经验,管道自流输送一般要求管路系统几何充填倍线在 5 ~ 6 以下。几何充填管路倍线 N 按下式计算(见图 10 - 9):

$$N = \frac{\sum L}{\sum H} \qquad (10 - 17)$$

式中:$\sum H$ 为管道起点和终点的高差;$\sum L$ 为包括弯头、接头等管件的换算长度在内的管路

总长度，$\sum L = L_1 + L_2 + L_3 + L_4 + L_5$。

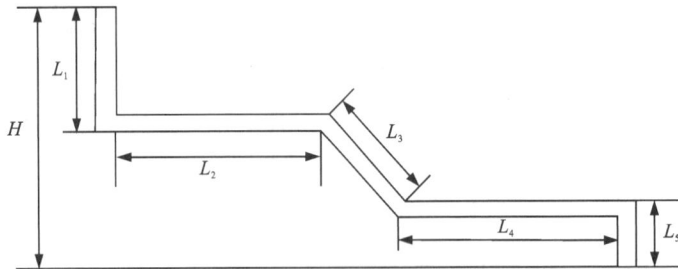

图 10 - 9　充填倍线计算示意图

加压泵送是在高差不足、充填倍线过大情况下，采用充填工业泵提供额外动力，将充填料浆加压输送至待充地点的人工动力充填方式。该输送方式可以不受充填倍线限制，使用范围广，而且可输送高浓度充填料浆，从而可显著提高充填质量，降低充填成本，缩短充填体养护时间，减少充填体脱水率。但需要充填泵送设备，投资较大。

过去由于充填工业泵严重依赖进口，设备价格高，零配件供应困难，故膏体泵送充填应用受到限制，但随着充填工业泵国产化水平的提高，价格大幅度下降，越来越多的矿山开始采用膏体或似膏体泵送充填技术。图 10 - 10 为湖南飞翼股份有限公司生产的 HGBS200/14 - 800 充填工业泵，表 10 - 12 列出了其部分系列充填工业泵性能参数。

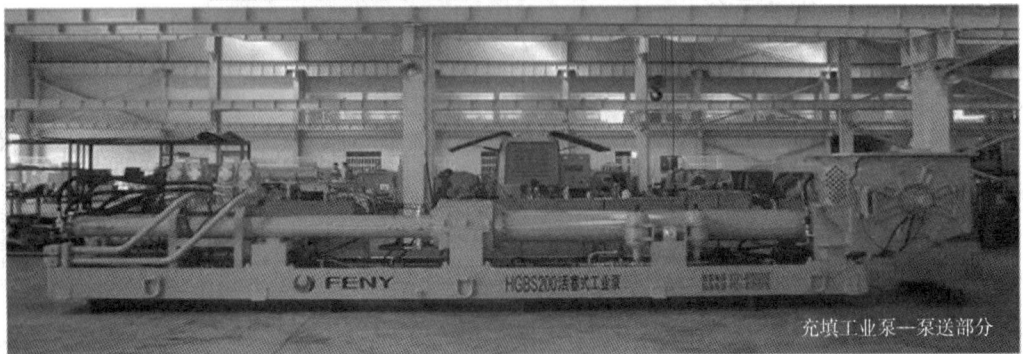

图 10 - 10　HGBS200/14 - 800 充填工业泵

表 10 - 12　充填工业泵性能参数表

型号	HGBS200	HGBS150	HGBS100
最大泵送压力/MPa	14	15	15
理论泵送方量/($m^3 \cdot h^{-1}$)	193	143	97
输送缸内径/mm	300	300	300
输送缸行程/mm	3100	2500	2100
换向形式	S 管	S 管	S 管
料斗容积/m^3	1.3	1.3	1.3
最大骨料尺寸/mm	25	25	25
泵出口通径/mm	200	180	150
电动机额定功率/kW	400 + 400	250 + 250	315/250
电动机额定电压/V	6k/380	660/380	660/380

3）按采场充填方式分类

按采场充填方式可分为分层充填和嗣后充填。

10.1.7　充填设施与充填设备

1）充填物料储存与输送设施和设备

（1）骨料储存与输送

①干式骨料。

干式骨料（干尾砂、棒磨砂、煤矸石、磷石膏等）一般直接堆放在地面堆场内（见图 10 - 11），或储存在卧式砂仓（见图 10 - 12）内。充填时，通过装载机、电耙、抓斗提升机、水枪等，经过稳料漏斗，由皮带输送机或螺旋输送机输送至搅拌设备。

②选厂低浓度尾砂。

选厂排出的低浓度尾砂浆可以排入卧式砂仓，自然滤干水分后，通过装载机、电耙、抓斗提升机、水枪等，经过稳料漏斗，由皮带输送机或螺旋输送机输送至搅拌设备（见图 10 - 13）。卧式砂仓系统投资小，系统简单，但生产能力有限，一般用于充填能力不大的矿山。

图 10 - 11　骨料堆场

对于充填能力较大矿山，一般采用立式砂仓（见图 10 - 14）或深锥浓密机（见图 10 - 15）形式浓缩低浓度尾砂浆。

各种充填骨料储存设施的比较及应用推荐情况如表 10 - 13 所示。

（2）胶凝材料储存与输送

胶凝材料一般由水泥罐车压气输送至钢制水泥仓内储存，充填时通过螺旋输送机输送至搅拌设备。

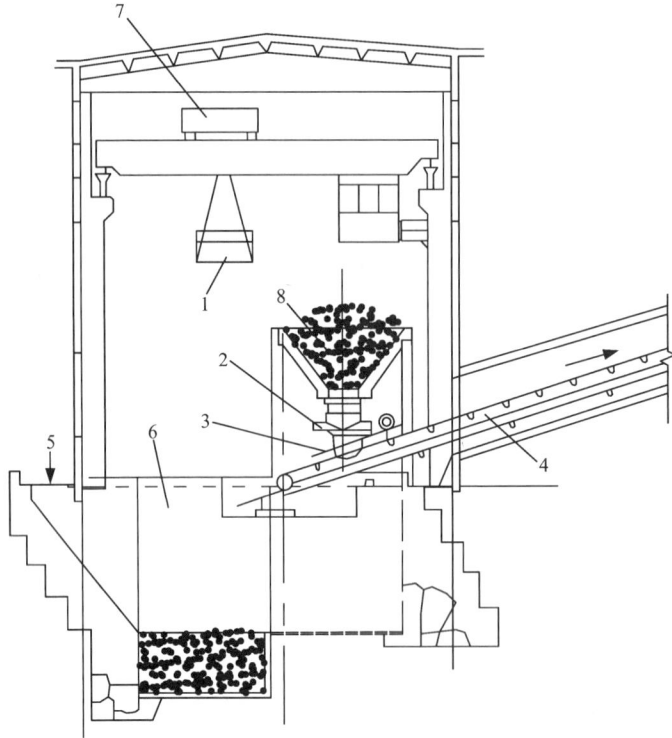

图 10 – 12　抓斗出砂的卧式砂仓

1—抓斗提升机；2—圆盘给料机；3—振动筛；4—皮带输送机；
5—卸砂口；6—卧式砂仓；7—桥式行车；8—稳料漏斗

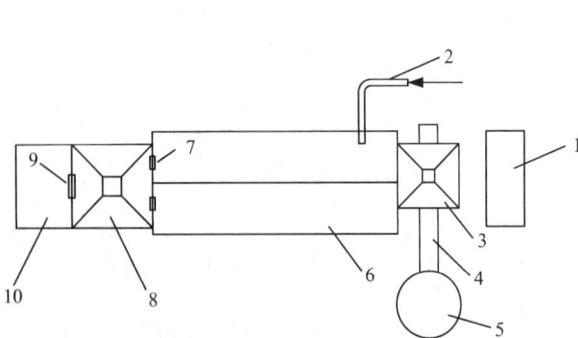

图 10 – 13　卧式砂仓尾砂充填系统

1—绞车房；2—进砂管；3—稳料漏斗；4—皮带输送机；
5—搅拌桶；6—卧式砂仓；7—滤水孔；
8—沉淀池；9—溢流槽；10—清水池

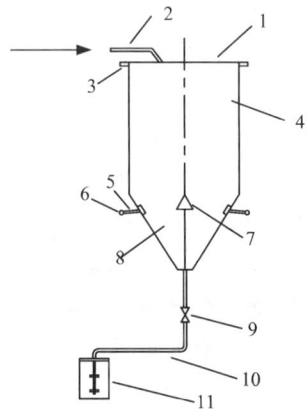

图 10 – 14　立式砂仓尾砂充填系统

1—仓顶；2—进砂管；3—溢流管；4—仓体；5—风水
造浆喷嘴；6—压风水环管；7—锥形帽；8—环形放砂
圈；9—放砂阀门；10—放砂管；11—搅拌桶

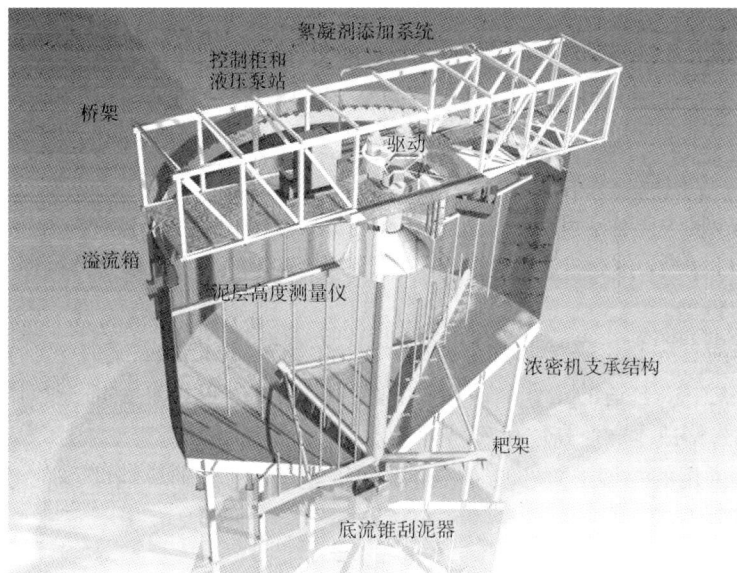

图 10-15 深锥浓密机尾砂充填系统

表 10-13 充填骨料储存设施对比表

项目	堆场	卧式砂仓	立式砂仓	深锥浓密机
适应物料	干式物料(含压滤后尾砂滤饼)	干式物料或选厂排放低浓度尾砂	选厂排放低浓度尾砂	选厂排放低浓度尾砂
结构复杂程度	简单	简单	复杂	较复杂
放砂浓度	可调	可调	较高	较高
放砂连续性	一般	一般	好	好
放砂自动化控制程度	一般	一般	好	好
占地面积	大	大	较小	小
推荐使用情况	(1)干式骨料; (2)尾砂需干排时	(1)分级尾砂; (2)充填能力不大时	充填能力较大的尾砂充填矿山	充填能力较大的尾砂充填矿山,未来发展前景较好

(3)水储存与输送

充填用水一般储存在高位水池内,充填时自流或泵送至搅拌设备。

2)搅拌设备

骨料、胶凝材料和水按一定比例通过卧式双轴搅拌机或立式搅拌桶制备成合格的充填料浆。

3)充填料浆输送设施

制备好的充填料浆一般通过钻孔和井下管道系统自流或泵送至充填地点。为防止充填爆管事故影响正常生产,一般不采用竖井或斜井内布设管道的输送方式。

4）计量设备

（1）立式砂仓砂浆计量：电磁流量计、密度计、核辐射浓度计（尽量少用）；

（2）卧式砂仓或堆场骨料计量：螺旋电子称、皮带秤；

（3）胶凝材料计量：螺旋电子秤、冲板式流量计、转子秤、核子秤（尽量少用）；

（4）水计量：电磁流量计；

（5）搅拌桶砂浆浓度：密度计、核辐射浓度计（尽量少用）；

（6）充填流量计量：电磁流量计。

5）采场封堵设施

采场充填前应首先封堵采场与外部通路，以防止充填料浆随水流失。工作面封堵是充填技术的关键工艺之一，合适的工作面封堵材料和封堵技术，可以在保证充填质量和充填安全的条件下，降低封堵成本，提高矿山经济效益。

目前国内外常用的挡墙形式主要有：金属网柔性挡墙、砼砌块挡墙、砖（空心砖、建筑用红砖）砌墙和木质挡墙。

（1）金属网柔性挡墙

柔性密闭滤水挡墙的构筑工艺：先清理底脚、打支撑锚杆，之后在锚杆上焊接钢筋，构成网格为 0.3m×0.5m 的钢筋网，最后将钢板网、尼龙编织布和草帘等滤水材料绑扎在钢筋网上，组成一个完整的密闭滤水挡墙。

（2）混凝土挡墙

混凝土挡墙的构筑方法是先用混凝土砖砌筑外层，再浇灌 0.5m 厚混凝土作为内层，总厚度 0.8m 左右。施工工艺：底脚清理、打支撑锚杆→扎钢筋支模→浇筑混凝土→混凝土养护拆模→与原岩接缝抹灰。

（3）空心砖挡墙

空心砖挡墙构筑工艺：混凝土铺底且接触硬岩，空心砖内部用混凝土填实，墙体形成弧高为墙体宽度 1/10 的内弧，抹平墙体全部内外墙面。为保证滤水，挡墙每隔两层砖留两个滤水窗，从墙中间向外用滤布包裹滤水孔（见图 10－16）。

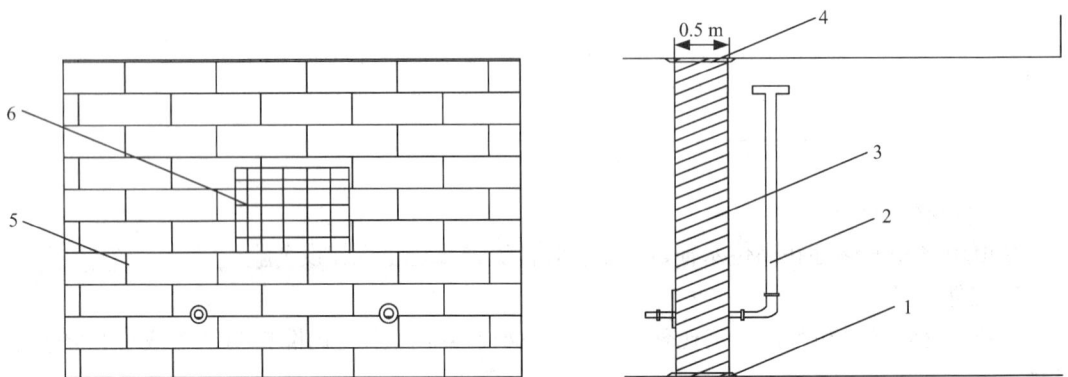

图 10－16　砖砌充填挡墙示意图

1—砼基础；2—排水管；3—砖砌墙；4—销钉；5—土工布；6—观察窗

（4）木质挡墙

木质挡墙的施工工艺：在要封堵进路端部设置 4~5 条立柱（两边立柱距巷道边应小于0.5m）和 2~3 条横撑，用模板封堵，并在木板上设置两层土工布，便于滤水且防止跑砂。在木质挡墙的木板上钻凿若干小孔，用于设置排水管。设置斜撑顶住横撑可较好维持木板挡墙的稳定性（见图 10 - 17）。

各种挡墙技术对比见表 10 - 14。

6）采场脱滤水设施

对于水力充填，水是输送充填料的载体，充填料浆充入采场后，胶凝材料水化反应所需水分有限，多余水分（包括充填洗管水）必须通过脱滤水设施排出采场，以加快充填体硬化速度。

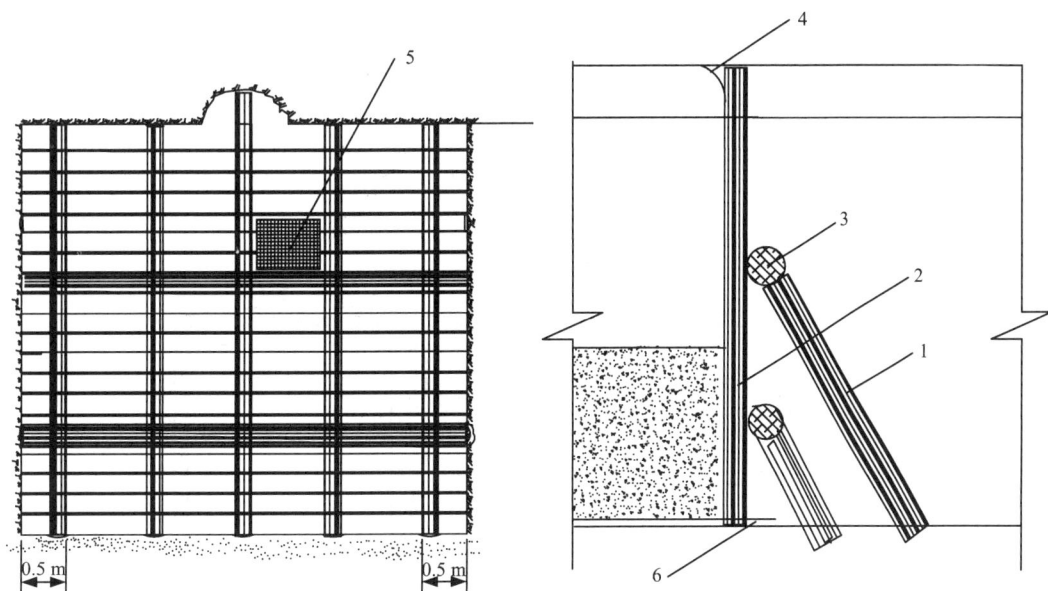

图 10 - 17 木制充填挡墙示意图

1—斜撑；2—立柱；3—横撑；4—土工布；5—观察窗；6—排水管

表 10 - 14 充填挡墙技术对比表

项目	钢筋网挡墙	钢筋混凝土挡墙	空心砖挡墙	木质挡墙
墙体成型时间	铺设简单、成型时间短	凝结时间长	砌墙时间较长	成墙时间较短
铺设成本	低	高	低	较高
墙体柔韧性	柔性	刚性	刚柔兼具	刚柔兼具
劳动强度	机械辅助，强度小	人工劳动强度大	较大	较小
隔离效果	效果较差	承载性好	强度较高	中等

充填采场脱水工艺形式较多，主要形式为泄水井、泄水笼、泄水管等，尺寸及规格可结

合采场规模调整。

（1）泄水井

泄水井可以用钢筋砼预制件、木材、砖砌等形式随工作推进顺路架设。图 10 - 18 为钢筋砼预制件人行泄水井结构示意图。由于泄水井构筑时间长，成本高，劳动强度大，现已较少使用。

（2）泄水笼

泄水笼是采用钢线和直径 6 mm 钢筋制作成的孔网为 10 mm × 10 mm、直径为 0.4 m 左右的钢筋网笼。网笼下底面开口与外接滤水管道用似梯柱形钢片接口相接。泄水笼外表面用 80 目尼龙布缠绕，并用细铁丝扎紧。

（3）泄水管

由于脱滤水井人工架设工程量大，施工困难，为降低充填成本，提高分层充填效率，可采用 PVC 塑料脱水管（$\phi 100 \sim 150$ mm），在管壁均匀钻凿泄水孔，管外包裹两层砂布，进行脱滤水。为提高脱滤水效果，在采场中按单管负担 20 ~ 30 m 脱水距离（单侧）布置多条脱水管，脱水管采用快速活动接头，每分层充填前首先接长脱水管。脱滤水通过布置在采场底部的水平管导入底盘沿脉平巷水沟。

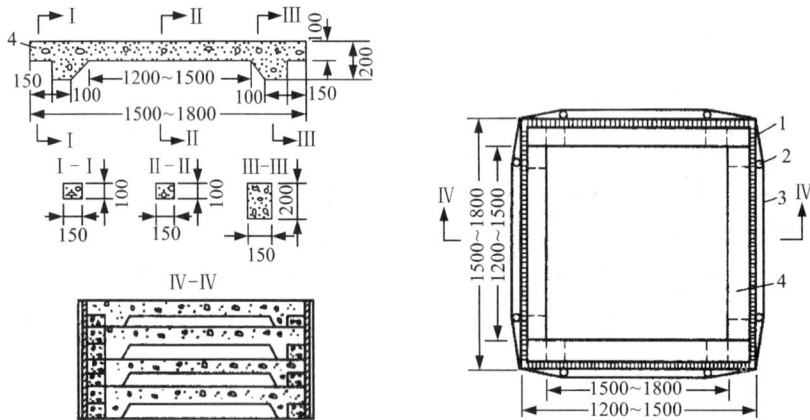

图 10 - 18　钢筋砼预制件人行泄水井结构图
1—麻布、草袋；2—固定木条；3—箍紧铁丝；4—砼预制件

10.1.8　充填计算

1）充填量计算

矿山年需充填体积 Q_a（m³/a）按下式计算：

$$Q_a = \frac{Q_o}{\gamma} \times Z \quad\quad (10 - 18)$$

式中：Q_o 为年采矿生产能力，t；γ 为矿石体积质量，t/m³；Z 为采充比，$Z = 0.8 \sim 1.0$。

日充填能力 Q_d（m³/d）按下式计算：

$$Q_d = \frac{Q_a}{T} \times K_1 \quad\quad (10 - 19)$$

式中：T 为年充填天数，d；K_1 为充填不均衡系数，$K_1 = 1.5 \sim 2.0$。

2) 充填管道

充填管道内径一般采用 75 ~ 110 mm,材质可采用无缝钢管、高锰钢管、钢编塑料管、内衬耐磨管道等。为防止内衬材料脱落堵塞钻孔,垂直钻孔内管道一般不采用内衬管道。

管道壁厚按下式计算:

$$\delta = \frac{PD_1}{2[\sigma]} + K \tag{10-20}$$

式中:P 为管道所受最大压强,自流输送按垂直钻孔内料浆重力计算;如采用膏体泵送,P 主要考虑来自充填工业泵的泵压;$[\sigma]$ 为钢材抗拉许用应力,铸铁管取 20 ~ 40 MPa,焊接钢管取 60 ~ 80MPa,无缝钢管取 80 ~ 100 MPa;K 为磨损腐蚀量,钢管取 2 ~ 3 mm,含铬或含锰铸铁管取 5 ~ 7mm。

3) 临界流速

浆体临界流速是浆体流动阻力最小时的流速。充填浆体欲实现顺利输送,其实际工作流速必须大于临界流速,否则,固体颗粒会沉淀于管道底部,造成管路堵塞。当管径 D_1 小于 200 mm 时,可利用杜拉德公式估算,临界流速 v_1:

$$v_1 = F_1 \sqrt{2gD_1 \frac{\gamma_m - \gamma_1}{\gamma_1}} \tag{10-21}$$

式中:F_1 为与粒径、浓度等有关的速度系数,根据充填料中值粒径(粒级组成曲线上累积含量 50% 时对应的颗粒粒径)和体积浓度 C_V,查图 10-19;D_1 为管道内径,m;g 为重力加速度;γ_m 为充填混合料密度,t/m³;γ_1 为输送载体(水和 100 μm 以下细颗粒)密度,t/m³。

4) 最大允许充填倍线

对于一个既定的充填系统,式(10-17)所示的几何充填管路倍线 N 反映输送系统客观上所具有的输送能力。实际上,几何充填管路倍线受许多经常变化的因素所支配,如满水点的位置、砂浆浓度、负压区段的范围、水头损失及垂直管段的满管度等;另外,还受开拓系统、作业方式、充填地点的变化等因素的影响。因此,在实际生产中,几何充填管路倍线是个经常变化的数值。设计中应根据开采要求,按最大允许充填倍线考虑输送能力。为保证顺利实现管道自流输送充填料浆,几何充填管路倍线 N 应小于最大允许充填倍线 N_{max}。

充填系统最远输送距离取决于系统最大允许充填倍线。最大允许充填倍线 N_{max} 是根据实际压力和浆体密度计算的,实际应用中可按下式估算:

$$N_{max} = \frac{K_c \gamma_j}{K_j i} \tag{10-22}$$

式中:K_c 为垂直段满管系数,$K_c = 0.6 ~ 1.0$;γ_j 为浆体密度,t/m³;K_j 为管路局部阻力系数,$K_j = 1.05 ~ 1.2$;i 为砂浆水力坡度,×10⁴Pa/m;γ_1 为输送载体(水和 100 μm 以下细颗粒)密度,t/m³。

式(10-22)中关键参数是输送浆体的水力坡度。充填料浆水力坡度的计算在水力输送固体物料工程中极其重要。两相流输送理论是在紊流理论的基础上发展起来的,至今还不完善。目前主要流行的有扩散理论(适合 d_{cp} 为 0.25 ~ 2 mm 或以下的情况)、重力理论和扩散—重力理论(适合于平均粒径大于 5 mm 的情况)。可以采用两个比较接近全尾砂浆体输送且误差较小的公式——金川公式和陕西省水利科学研究院公式进行估算,取两种计算方法所得最大值作为相关数据。

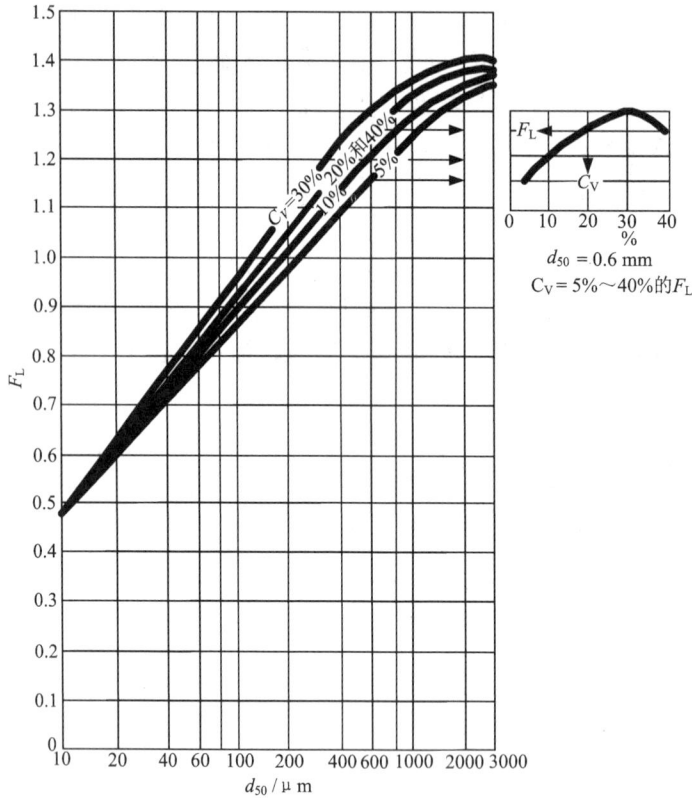

图 10 - 19　与粒径、浓度有关的速度系数

（1）金川公式

$$i = i_0\left\{1 + 10C_v^{3.96}\left[\frac{gD_1(\gamma_m - 1)}{v^2\sqrt{C_x}}\right]^{1.12}\right\} \tag{10 - 23}$$

式中：i 为水平直管单位长度料浆水力坡度，$\times 10^4\text{Pa/m}$；i_0 为水平直管单位长度清水水力坡度，$\text{mH}_2\text{O/m}$，计算式为：

$$i_0 = \lambda\frac{v^2}{2gD_1} \tag{10 - 24}$$

λ 为清水摩擦阻力系数，按下式计算：

$$\lambda = \frac{K_f \cdot K_1}{\left(2\lg\dfrac{D_1}{0.00024} + 1.74\right)^2} \tag{10 - 25}$$

式中：K_f 为管道敷设系数，根据管道敷设的平直程度选取，为 1.1 ~ 1.2；K_1 为管道连接质量系数，直径 178 mm 以上管道取 1 ~ 1.05；100 mm 以下管道取 1.2 ~ 1.357；C_v 为料浆体积浓度；γ_m 为干料的平均密度，t/m^3；v 为料浆流速，m/s；C_x 为颗粒沉降阻力系数，按下式计算：

$$C_x = \frac{1308(\gamma_j - 1)d_{cp}}{\omega^2} \tag{10 - 26}$$

d_{cp} 为充填料平均粒径，cm；ω 为颗粒平均沉降速度，cm/s；

$$\omega = k\sum\omega_i a_i \tag{10 - 27}$$

式中：ω_i 为第 i 级颗粒的沉降速度，cm/s；为计算 ω_i，引入系数 A：$A = \sqrt[3]{0.0001/(\gamma_j - 1)}$。

a_i 为第 i 级粒径的产率；k 为颗粒形状系数，对于尾砂和人工砂，$k = 0.8$。

如果第 i 级粒径为 d_i，当 $d_i < 0.3A$ 时，

$$\omega_i = 5450 d_i^2 (\gamma_j - 1) \tag{10-28}$$

当 $0.3A \leq d_i < A$ 时，

$$\omega_i = 123.04 d_i^{1.1} (\gamma_j - 1)^{0.7} \tag{10-29}$$

当 $A \leq d_i < 4.5A$ 时，

$$\omega_i = 102.71 d_i (\gamma_j - 1)^{0.7} \tag{10-30}$$

当 $d_i \geq 4.5A$ 时，

$$\omega_i = 51.1 \sqrt{d_i (\gamma_j - 1)} \tag{10-31}$$

（2）陕西省水利科学研究院公式

$$i = 1.96 \left(\frac{\gamma_m - \gamma_w}{\gamma_w} \right)^{1/6} \cdot \frac{v^2}{2gD_I} \cdot \frac{\gamma_j}{100} \tag{10-32}$$

式中：γ_w 为水的密度，t/m³；其他符号同前。

5）工作流速

合理的工作流速 v，应是输送能力大、水砂比小、工作稳定的流速，与管道直径、充填倍线、浆体阻力损失等有关，对于尾砂充填可按下式估算：

$$v = 3.3 \sqrt{gD_I} \cdot \sqrt[3]{\frac{(1+N)^2}{X \cdot N^2}} \tag{10-33}$$

式中：N 为几何充填倍线；X 为体积水砂比，$X = \dfrac{\gamma_m - \gamma_j}{\gamma_j - \gamma_w}$；其他符号同前。

计算得出的工作流速应大于临界流速。

6）充填系统能力校核

根据管道内径 D_I(m)、工作流速 v(m/s) 可计算充填系统的小时充填能力 Q_h(m³/h)：

$$Q_h = 3600 \times \frac{\pi}{4} D_I^2 v \tag{10-34}$$

计算能力与充填采矿能力要求比较，可以评价设计充填系统能力是否满足要求。

7）计算举例

（1）已知条件

某矿充填采矿能力为 50 万 t/a，矿石体积质量为 3.2 t/m³。充填骨料为压滤后的干式全尾砂，密度 3.1 t/m³，松散密度 1.42 t/m³，渗透系数 2.3×10^{-5} cm/s。粒级组成如表 10-15 和图 10-20 所示，经计算，平均粒径 $d_{cp} = 0.041$ mm，中值粒径 $d_{50} = 0.024$ mm。胶凝材料为 32.5 普通硅酸盐水泥，充填配比参数为：灰砂比 = 1∶6、质量浓度 $C_w = 66\%$，全尾砂充填体 28d 龄期的抗压强度为 1.07 MPa，浆体体积质量 $\gamma_j = 1.8$ t/m³，泌水率为 4.32%，坍落度 26.8 cm，坍落扩散度 76 cm。充填系统垂直钻孔深度 265 m，最大几何充填倍线 $N = 4$，采用自流充填方式。

（2）充填能力计算

按式（10-18），年充填量 Q_a 为：

$$Q_a = \frac{Q_o}{\gamma} \times Z = \frac{50}{3.2} \times 0.9 = 14.06 \ 万 \ m^3/a$$

按年充填 250 d 计算，由式(10-19)得日充填量为 844 m^3/d(不均衡系数取 1.5)，按日充填 12 h 计算，小时充填能力应为 70.3 m^3/h。设计取 100 m^3/h。

(3)管道选择

根据国内充填矿山经验，选取 100 mm 内径管道。系统垂直钻孔深度 265 m，料浆体积质量1.8 t/m^3，则管道所受最大压强约为 4.67 MPa，按式(10-20)计算管道壁厚为：

$$\delta = \frac{PD_1}{2[\sigma]} + K = \frac{4.67 \times 100}{2 \times 80} + 2.5 = 5.42 \ mm$$

表 10-15　某矿全尾砂粒径组成

充填料粒径/mm	0.5~0.25	0.25~0.075	0.075~0.05	0.05~0.005	<0.005
质量比例/%	0.8	7.8	5.2	80.9	5.3

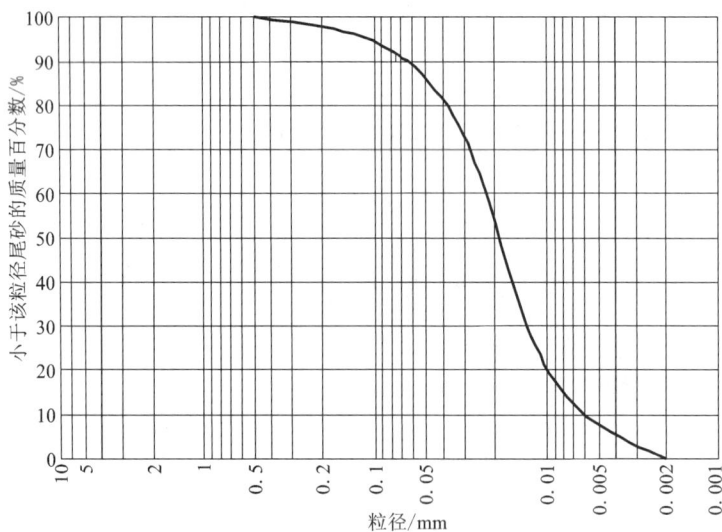

图 10-20　某矿全尾砂粒径组成曲线

为提高充填管道耐磨性能，充填管道采用 M16 高锰钢管，选取管道外径 114 mm，钢管壁厚 7 mm，实际管道有效内径 100 mm，理论重量 18.74 kg/m，水平管道之间用快速接头连接。

(4)临界流速

临界流速按式(10-21)计算，公式中各参数为：

①充填混合料密度 γ_m

全尾砂和水泥密度分别为 3.1 t/m^3 和 3.0 t/m^3，灰砂比=1:6，故：

$$\gamma_m = \frac{7}{1/3.0 + 6/3.0} = 3.09 \ t/m^3$$

②输送载体(水和 100 μm 以下细颗粒)密度 γ_1，按下式计算：

$$\gamma_1 = \frac{G_{100} + G_w}{Q_{100} + Q_w}$$

式中：G_{100} 为粒径小于 100 μm 的混合料质量。对于全尾砂充填，粒径小于 100 μm 的颗粒含量约为 94%，水泥粒径小于 100 μm 的颗粒含量约为 92%。按小时充填能力 100 m³/h、灰砂比 1∶6、质量浓度 66% 计算，小时水泥用量为：100 m³/h × 1.8 t/m³ × 0.66 × 1/(1 + 6) = 17 t，全尾砂小时用量为 102t，故：$G_{100} = 17 × 0.92 + 102 × 0.94 = 111.52$ t/h；G_w 为水的质量，每小时充填用水量 $G_w = 100$ m³/h × 1.8 t/m³ × 0.34 = 61.2 t/h；Q_{100} 为粒径小于 100 μm 的混合料体积：$Q_{100} = 17/3.0 + 102/3.1 = 38.57$ m³/h；Q_w 为水的体积，$Q_w = 61.2$ m³/h。

将有关参数代入上式得，全尾砂似膏体充填浆体的载体密度 γ_1 为 1.73 t/m³。

③ 与粒径、浓度等有关的速度系数 F_1

充填料浆的体积浓度 C_v 为：

$$C_v = C_w × \frac{\gamma_j}{\gamma_m} = 66\% × \frac{1.80}{3.09} = 38.45\%$$

根据 C_v 和全尾砂中值粒径，查图 10 - 15 得 $F_1 ≈ 1.14$。

将有关数据代入式(10 - 21)得临界流速为 1.26 m/s。

（5）工作流速

按式(10 - 33)估算系统工作流速：

$$v = 3.3 \sqrt{gD_1} · \sqrt[3]{\frac{(1 + N)^2}{X · N^2}} = 3.3 \sqrt{9.81 × 0.1} · \sqrt[3]{\frac{(1 + 4)^2}{1.61 × 4^2}} = 3.24 \text{ m/s}$$

计算中充填料浆体积水砂比为：$X = \dfrac{\gamma_m - \gamma_j}{\gamma_j - \gamma_w} = \dfrac{3.09 - 1.8}{1.8 - 1} = 1.61$。工作流速大于临界流速，工作可靠。

（6）水力坡度

分别按式(10 - 23)和式(10 - 32)计算，各参数取值为：

① 金川公式。

a. 清水摩擦阻力系数：

$$\lambda = \frac{K_f · K_1}{\left(2\lg\dfrac{D_1}{0.00024} + 1.74\right)^2} = \frac{1.12 × 1.15}{\left(2\lg\dfrac{0.1}{0.00024} + 1.74\right)^2} 0.0264$$

b. 清水摩擦阻力：

$$i_0 = \lambda \frac{v^2}{2gD_1} = 0.0264 × \frac{3.24^2}{2 × 9.81 × 0.100} = 0.14$$

c. 尾砂颗粒平均沉降速度：

沉降阻力系数按照式(10 - 26)至式(10 - 31)计算，全尾砂颗粒平均沉降速度为 0.117 cm/s，计算过程及结果如表 10 - 16 所示。

d. 沉降阻力系数：

按式(10 - 26)计算沉降阻力系数为 305.76。

e. 水力坡度：

$$i = i_0 \left\{ 1 + 108C_v^{3.96} \left[\frac{gD_1(\gamma_m - 1)}{v^2 \sqrt{C_x}} \right]^{1.12} \right\}$$

$$= 0.14 \left\{ 1 + 108 \times 0.3845^{3.96} \left[\frac{9.81 \times 0.1(3.09-1)}{3.24^2 \sqrt{305.76}} \right]^{1.12} \right\} = 0.14$$

②陕西省水利科学研究院公式。

$$i = 1.96 \left(\frac{\gamma_m - \gamma_w}{\gamma_w} \right)^{1/6} \cdot \frac{v^2}{2gD_1} \cdot \frac{\gamma_j}{100} = 1.96 \times (2.09/3.09)^{1/6} \times \frac{3.24^2}{2 \times 9.81 \times 0.1} \times \frac{1.8}{100} = 0.18$$

③水力坡度。

取两公式计算最大值，即 $i = 0.18$。

表 10 - 16   全尾砂颗粒沉降速度计算结果

粒径/cm	0.0375	0.01625	0.00625	0.00275	0.0005
产率 a_i/%	0.8	7.8	5.2	80.9	5.3
密度/(t·m^{-3})	1.8	1.8	1.8	1.8	1.8
A	0.05	0.05	0.05	0.05	0.05
ω_i 计算公式	(10-29)	(10-29)	(10-28)	(10-28)	(10-28)
ω_i	2.842	1.133	0.1703125	0.0329725	0.00109
$\omega_i a_i$	0.022736	0.088374	0.00885625	0.026674753	0.00005777
沉降速度/(cm·s^{-1})			0.117		

（7）最大允许充填倍线

按式（10-22）计算最大允许充填倍线：

$$N_{max} = \frac{K_c \gamma_j}{K_j i} = \frac{0.7 \times 1.8}{1.15 \times 0.18} = 6.1$$

最大几何充填倍线 $N = 4 < N_{max}$，说明充填料浆可以顺利输送到最远距离。

（8）充填能力校核

充填系统的小时充填能力可达：

$$Q_h = 3600 \times \frac{\pi}{4} D_1^2 v = 3600 \times \frac{\pi}{4} \times 0.1 \times 0.1 \times 3.24 = 91.6 \text{ m}^3/\text{h}$$

大于要求的 70.3 m³/h，满足充填能力要求。

10.1.9   常用充填系统简介

充填方式是随着市场变化和充填技术进步而不断变化的，早期的干式充填、水砂充填（见图 10-21）因效率低、质量差，已逐渐淘汰，代之以效率和自动化程度更高、充填成本更低、充填质量更好的新型充填系统，本节将重点介绍当前常用以及具有发展前景的充填系统。

1）尾砂胶结充填

尾砂胶结充填是金属矿山应用最广的充填系统，包括分级尾砂胶结充填和全尾砂胶结充填。充填骨料可以利用卧式砂仓，也可利用立式砂仓或深锥浓密机储存与放砂，输送系统可以利用重力自流，也可采用膏体或似膏体泵送。

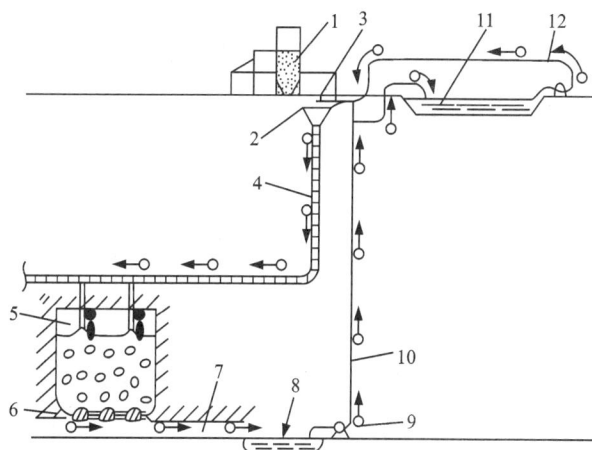

图 10 – 21　水砂充填系统流程图

1—砂仓；2—混合沟；3—水仓；4—充填管道；5—待充空区；6—滤水墙；7—排水巷道；
8—井下沉淀池；9—水泵；10—排水管；11—地面沉淀池；12—向水仓注水的供水管路

（1）尾砂卧式砂仓泵送充填系统

图 10 – 22 为锡矿山锑矿（湖南冷水江闪星锑业有限公司）采用的分级尾砂卧式砂仓泵送充填系统。选厂将 15% ~ 20% 的质量浓度的全尾砂泵送至充填站，经旋流器分级，粗颗粒进入两个卧式砂仓，溢流部分排至尾矿库。

分级后全尾砂在卧式砂仓内沉淀，滤水通过砂仓端部的滤水孔进入沉淀池沉淀，沉淀后清水用作充填生产用水，泥浆通过泥浆泵与旋流器溢流细泥一起排至尾矿库。

浓缩后全尾砂通过电耙耙至稳料漏斗，经皮带输送机输送至搅拌桶，与来自水泥仓、粉煤灰仓的水泥和粉煤灰加水搅拌形成似膏体，由充填工业泵加压输送至井下采场或采空区。

如进行非胶结充填，停用水泥系统即可。如果充填倍线小于 4 ~ 5，且流动性满足要求，也可采用自流充填。

（2）尾砂（分级或全尾砂）立式砂仓（或深锥浓密机）泵送（或自流）胶结充填系统

如图 10 – 23 所示，来自选厂质量浓度为 15% ~ 20% 的全尾砂或经普通浓密机浓缩后质量浓度为 40% ~ 50% 的浓缩全尾砂经立式砂仓或深锥浓密机浓缩后（需要时可利用旋流器分级），自流放砂至双轴强制搅拌机（也可进入普通立式搅拌桶），按配比要求与来自水泥仓的水泥（需要时也可添加粉煤灰）强力搅拌形成合格的充填料浆。如采用双轴强制搅拌机，还需接高频活化搅拌机进行二次搅拌（如采用搅拌桶，一般不再接高频活化搅拌机）。合格料浆用充填工业泵（或自流）经钻孔和井下管道输送至充填采场或采空区。

全尾砂胶结充填由于不需分级，减轻了尾矿库堆放压力，故应用前景更为广阔。但全尾砂由于脱水困难，一般不用作非胶结充填。

该类充填系统是国内外金属矿山应用最广的充填方式，如安徽铜陵冬瓜山铜矿、新桥硫铁矿，广东凡口铅锌矿，湖南黄沙坪铅锌矿、水口山康家湾矿，山东焦家金矿等许多大中型金属矿山均采用尾砂立式砂仓 + 搅拌桶 + 自流充填方式；安徽姑山矿业公司和睦山铁矿采用深锥浓密机 + 搅拌桶 + 自流充填方式；安徽徐楼铁矿等则采用立式砂仓 + 搅拌桶 + 泵送充填方式。

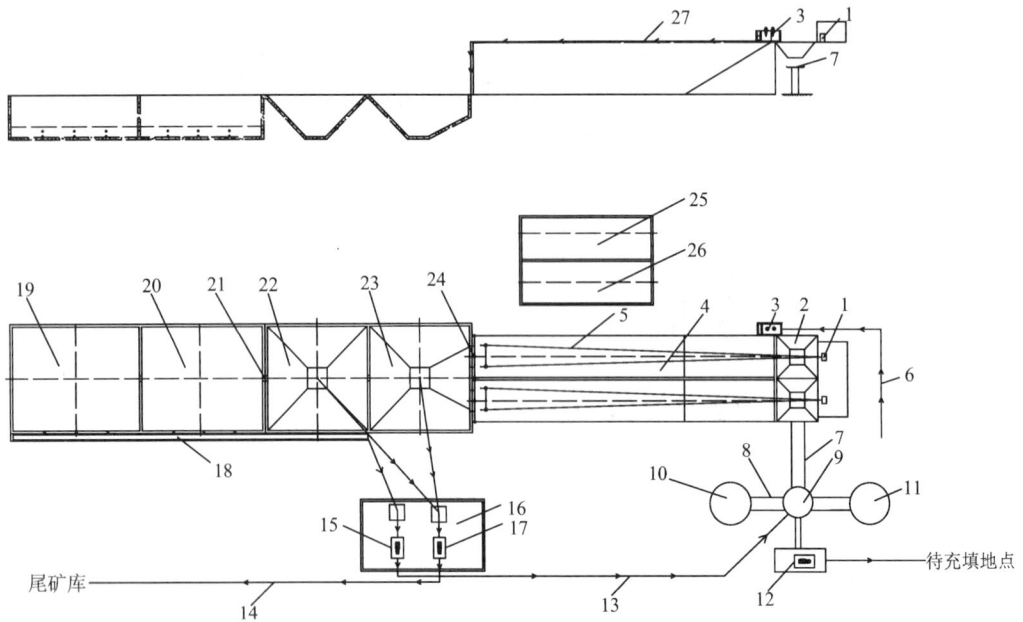

图 10 – 22 锡矿山锑矿分级尾砂卧式砂仓泵送充填系统示意图

1—绞车；2—稳料仓；3—旋流器；4—卧式砂仓；5—电耙；6—全尾砂进砂管；7—皮带输送机；8—螺旋给料机；9—搅拌桶；10—水泥仓；11—粉煤灰仓；12—充填泵；13—进水管；14—排泥管；15—清水泵；16—泵房；17—渣浆泵；18—水沟；19—二级沉水池；20—一级沉水池；21—溢流槽；22—二级沉砂池；23—一级沉砂池；24—泄水孔；25—库房；26—配电室；27—分级细砂排砂管

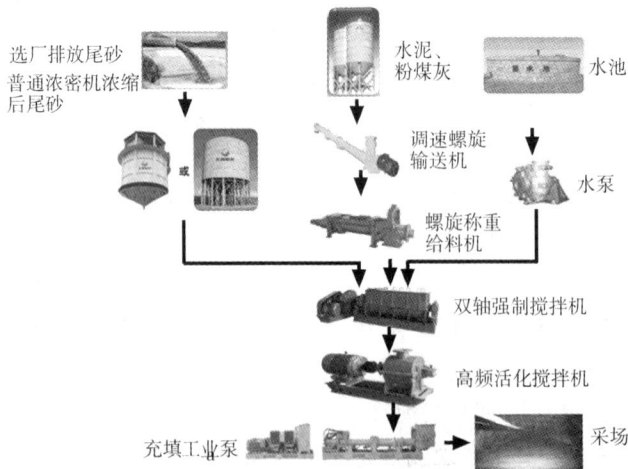

图 10 – 23 全尾砂立式砂仓(或深锥浓密机)泵送充填系统示意图

金川公司二矿区是国内较早采用膏体泵送充填的矿山，设计能力为 $60 \sim 80$ m³/h，年充填能力为 20 万 m³/a，主要设备包括两台德国 Schwing 公司生产的 KSP140 – HDR 双缸液压活塞泵、一台 PM 公司生产的 KOS2170 双缸液压活塞泵，控制系统采用美国 Honeywell 公司的

TDC3000 集散控制系统；水泥活化搅拌、水平带式过滤机、双轴搅拌槽、尾砂旋流分级系统等设备均为国内自行设计制造。膏体搅拌系统工艺流程如图 10-24 所示。

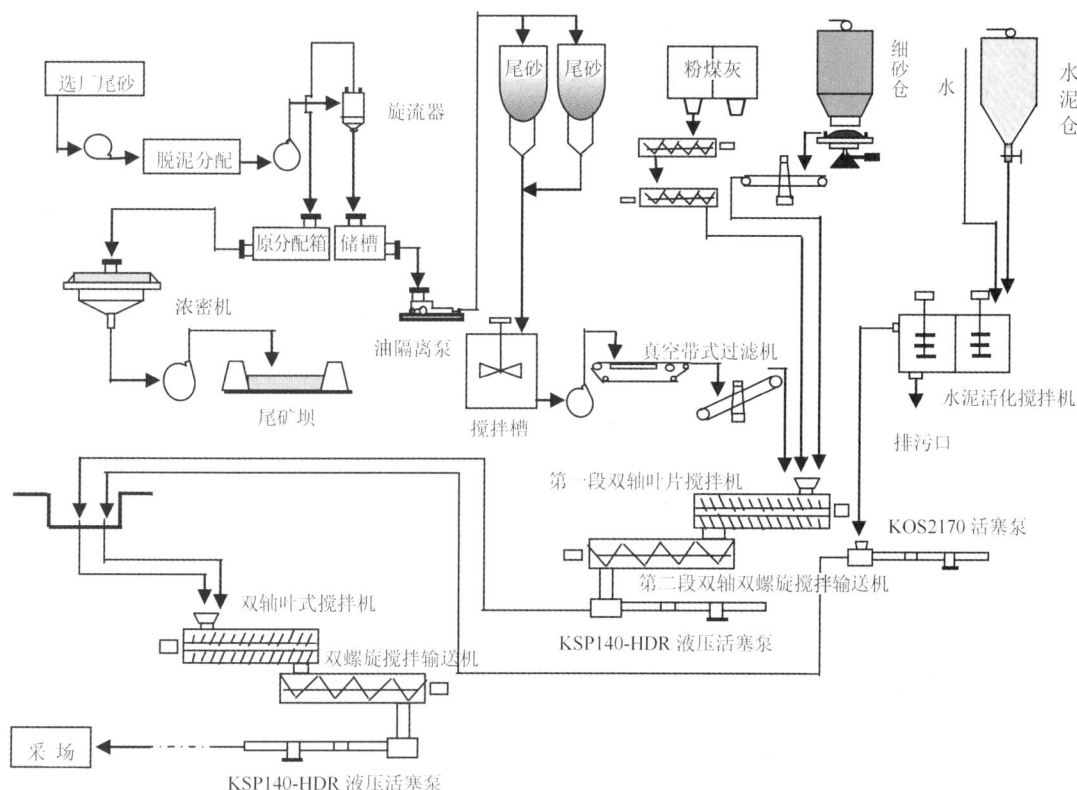

图 10-24 金川公司二矿区膏体泵送充填系统示意图

2）干料堆场胶结充填系统

对于干式骨料，为简化工艺，可以采用地面堆场形式储存。充填时利用装载机、推土机等向稳料漏斗供料。图 10-25 为开阳磷矿磷石膏堆场胶结充填系统示意图。磷石膏储存在带有雨棚的地表堆场，充填时由装载机铲装至稳料漏斗，经振动放矿机向底部皮带输送机供料。由于磷石膏容易结块，皮带输送机输送来的磷石膏经过自制打散机打散后进入双轴搅拌机，与来自水泥仓的水泥和来自高位水池的水强制搅拌，初步搅拌后的料浆进入高频活化搅拌机二次搅拌后，通过充填钻孔和井下充填管道进入充填采场。

3）块石胶结充填

块石胶结充填实际上是废石干式充填和管道胶结充填的混合充填方式。地表块石可由地表通过废石溜井，经井下转运系统（矿车或皮带输送机）运至充填采场或空区（见图 10-26）；井下掘进废石可直接用铲运机倒入采场，或者经集料系统，通过转运卸至采场（见图 10-27）。胶结充填料浆由管道输送，灌入块石缝隙中，将块石胶结成一个整体。

成规模应用废石胶结充填的矿山有新桥硫铁矿、丰山铜矿、铜坑锡矿和吉林镍矿等，局部应用的矿山较多，如金川二矿、凡口矿和金山金矿等，主要利用井下掘进废石进行就地胶结充填。

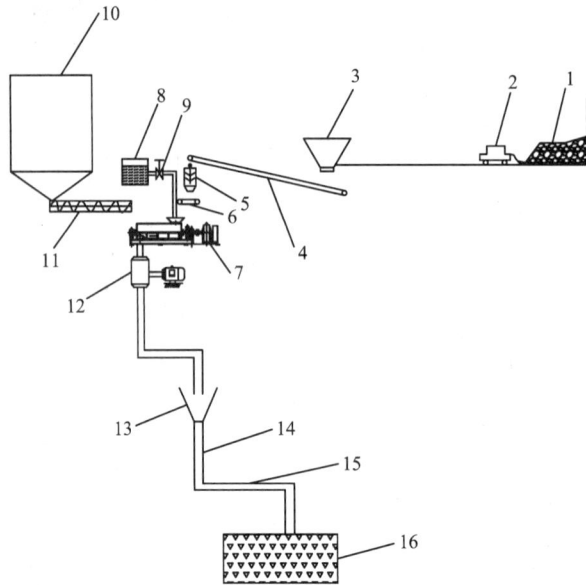

图 10-25　开阳磷矿磷石膏堆场自流充填系统示意图

1—磷石膏堆场；2—装载机；3—稳料漏斗；4—皮带输送机；5—打散机；6—皮带输送机；7—双轴搅拌机；8—高位水池；9—阀门；10—水泥仓；11—螺旋输送机；12—高频活化搅拌机；13—钻孔漏斗；14—充填钻孔；15—井下充填管道；16—待充采场

10.1.10　充填体作用机理

充填采场属于人工支护的范畴，类似于采用锚杆、喷射混凝土等人工措施支护采场巷道，其目的在于维护采场围岩的自身强度和支护结构的承载能力，防止采场或巷道围岩的整体失稳或局部垮塌冒顶。

总结各种充填体的作用机理认识，可将充填体作用分为三个层面：

（1）充填体力学作用机理

充填体充入采场，改变了采场帮壁的应力状态，使其单轴或双轴应力状态变为双轴或三轴应力状态，大大提高了围岩强度，增强了围岩的自支撑能力。因此，充填体不仅起到支撑作用，更重要的是提高了围岩自身强度和自支撑能力。

（2）充填体结构作用机理

通常岩体中的断层、节理裂隙将岩体切割成一系列结构体。这些结构体的组成方式决定了结构体的稳定状况。地下开挖时，岩体原始的结构体系受到破坏，其本来能够维持平衡和承受载荷的"几何不变体系"变成了几何可变体，导致围岩的连锁破坏，或称渐进破坏。采场充填后，尽管充填体的强度不高、承载时变形大，但是它可以起到维护原岩体结构的作用，使围岩维持稳定，避免围岩结构系统的突变失稳。

（3）充填体让压作用机理

由于充填体变形远大于原岩体，因此，充填体能够在维护围岩系统结构体系的情况下，缓慢让压，使其围岩地压能够缓慢释放（从能量的角度来看，是限制能量释放的速度）；同时，充填体施压于围岩，对围岩起到一种柔性支护的作用。

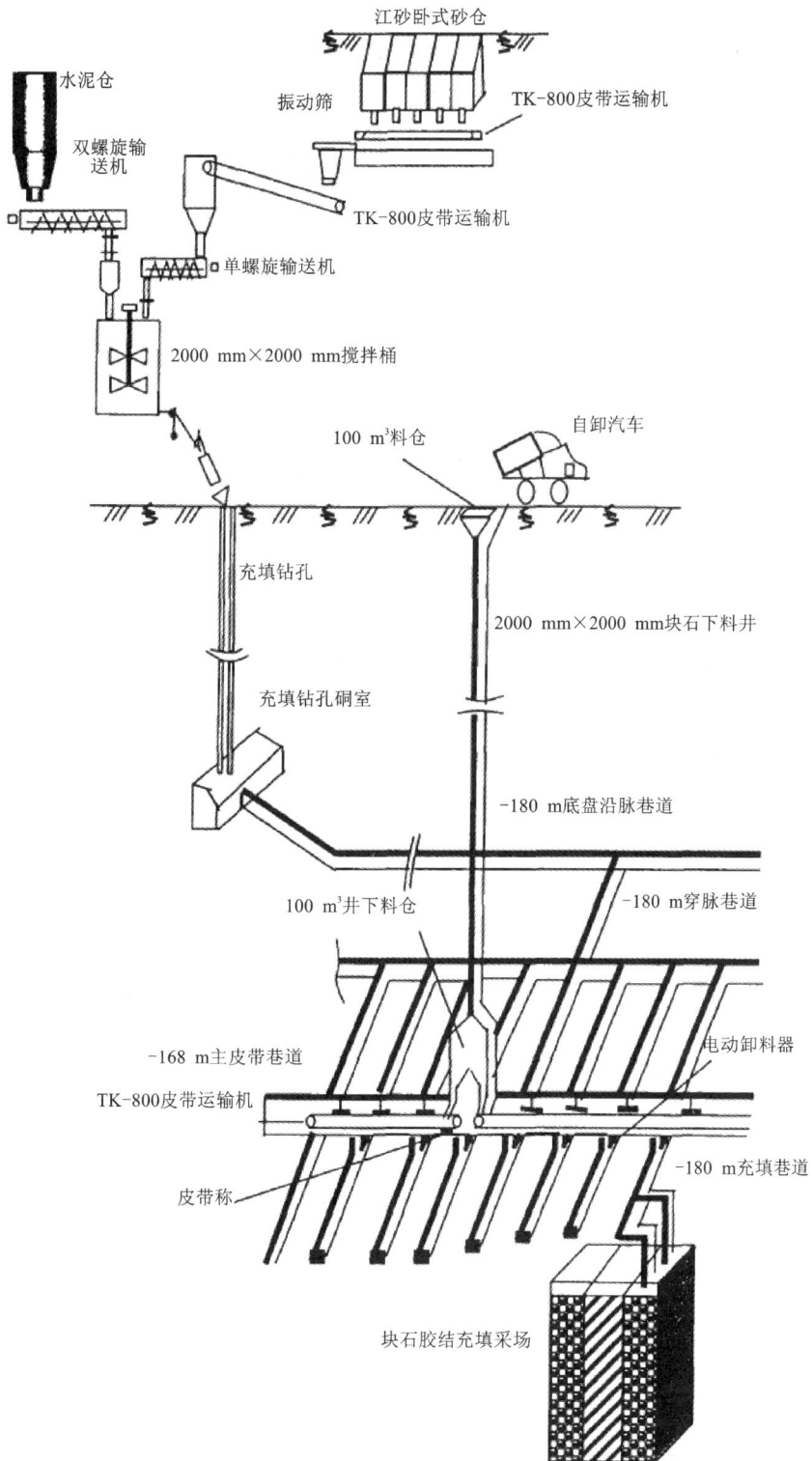

图 10 – 26 新桥硫铁矿地表块石胶结充填系统示意图

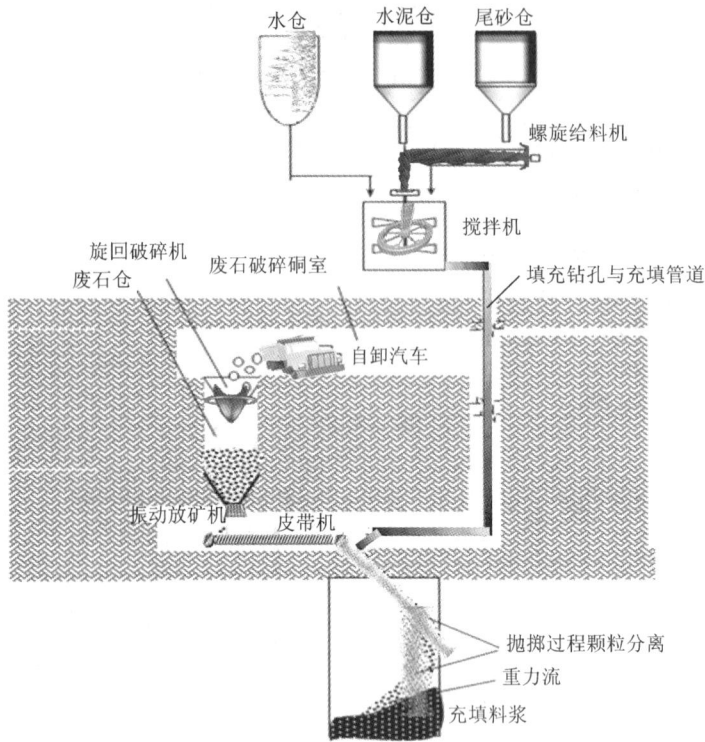

图 10 – 27　井下块石胶结充填系统示意图

10.2　上向水平分层充填法

上向水平分层充填法是国内外应用最广泛的充填采矿法之一，其特征是：将矿块划分为矿房、矿柱，先采矿房，后采矿柱。矿房自下而上分层（水平分层或倾斜分层）回采，每回采一个或若干个分层后，及时进行充填以维护上下盘围岩稳固，并创造不断上采的作业条件；矿柱按合理的回采顺序用充填法或其他合适的方法开采。

由于该方法具有采切、回采工程布置灵活，适应性强等特点，在经济合理的前提下，适用于任何倾角、任何厚度的顶板及围岩稳固的矿体。如果矿岩稳固性稍差，可以将分层开采、充填改为分层进路开采、充填（称为上向进路充填法）。

10.2.1　机械化上向水平分层充填法

图 10 – 28 为新桥硫铁矿机械化上向水平分层充填法示意图。

1）采场布置及采场结构参数

根据矿体的厚度，采区可沿矿体走向或垂直矿体走向布置：矿体厚度 $H \leqslant H_0$（$H_0 = 10 \sim 15\,\text{m}$）时，采场长轴方向沿走向布置；$H \geqslant H_0$ 时，垂直走向布置。采场沿走向布置时，宽度为矿体厚度，长度一般为 $30 \sim 60\,\text{m}$，最长可达 $100\,\text{m}$ 以上。采场垂直走向布置时，长度一般控制在 $50 \sim 60\,\text{m}$，宽度根据矿体稳固性确定，一般 $10 \sim 18\,\text{m}$。

图 10 – 28 为垂直矿体走向布置。采场划分矿房、矿柱,两者交替布置,先用上向水平分层胶结充填法回采矿柱,待充填体达到强度要求后,再用上向水平分层非胶结充填法回采矿房。为在保证第二步矿房回采安全的同时,降低充填成本,第二步矿房尺寸应大于矿柱尺寸(因胶结充填成本大大高于非胶结充填,因此,矿柱尺寸小有利于降低充填成本)。新桥硫铁矿矿房、矿柱宽度分别为 14 m 和 10 m。

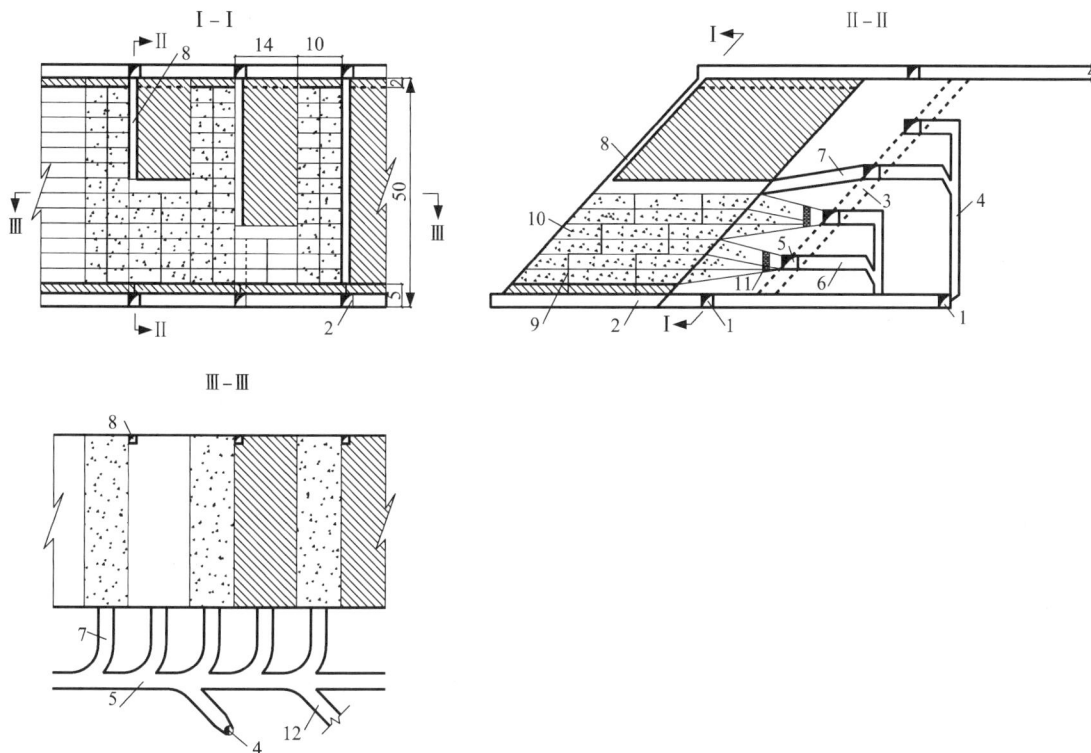

图 10 – 28 新桥硫铁矿机械化上向水平分层充填法示意图

1—底盘阶段运输平巷;2—装矿穿脉;3—斜坡道;4—溜矿井;5—分段平巷;6—卸矿横巷;7—采场联络道;
8—充填回风天井;9—泄水管;10—分层充填体;11—充填挡墙;12—斜坡道入口

阶段高度一般为 30 ~ 60 m,倾角大时取大值,倾角缓时取小值。如果矿体倾角较大,倾角和厚度变化较小,矿体形态规整,阶段高度还可增加。

2)采准切割

在矿体下盘掘进两条沿脉阶段平巷,每隔 4 ~ 5 个采场施工一条穿脉平巷,连通运输平巷,形成环形运输系统。采用下盘脉外采准有如下优点:

①采准工程受采空区影响较小,便于维护和应用。

②采场经脉外采场联络道、分段平巷与主斜坡道相通,无轨设备可在全矿调度使用,可充分发挥无轨设备效率高、移动灵活的优势,而且维修方便;

③若采用顺路溜井,虽可缩短出矿运距,但因矿体倾角缓,一条溜井不能担负矿块全高的出矿任务,且溜井架设困难,采用脉外溜井可以克服以上矛盾;

④主要采准工程布置在下盘脉外,可以实现无底柱开采,提高资源回采率。

图 10-28 所示主要采准、切割工程布置分述如下：

(1) 斜坡道

斜坡道是凿岩台车和铲运机在不同分层间实现自由快速移动的重要通道，因需要布设必要的管线电缆，且要考虑行人需要，因此，斜坡道应有一定规格要求，坡度应满足无轨设备最大爬坡能力要求。

(2) 分段平巷

分段平巷的布置是影响采准工程量和采准比的重要因素，也是采准优化设计最值得研究探讨的关键问题之一。分段平巷布置时需考虑如下因素：

① 为充分发挥无轨设备的效率，提高采矿强度，缩短作业循环，减少采空区暴露时间，在安全条件允许的情况下，尽量采用高分段回采。

② 分段平巷应满足无轨设备的行走要求。

③ 每个分段平巷应负责 2～3 个分层的回采。

④ 分段平巷到采场的距离，应保证采场联络道坡度要求；采场联络道与分段平巷之间保证 6 m 以上的转弯半径，并使铲运机有一定的直线铲装距离，在此前提下，尽量缩短采场联络道的长度。

(3) 采场联络道

每个分层均布置一条采场联络道，沟通采场和分段平巷。其中，下向采场联络道从分段平巷用普通掘进方法形成，水平采场联络道则在向下的采场联络道顶板上挑顶形成，而上向联络道则由水平联络道挑顶形成。挑顶崩落的废石，可用来充填该采场联络道。

采场联络道布置在采场中央，以利于台车和铲运机作业，且采场开口阶段作业效率高，采场两侧边界易于控制。采场充填时，用木板或其他方式封闭采场联络道。

(4) 通风充填上山

为减少采准工程量，每两个采场共用一条通风充填上山。通风充填上山布置在两采场交界处、第二步回采的矿房内。在保证上盘岩体稳定、顶板安全的条件下，通风充填上山尽量靠近上盘布置，以改善采场通风效果。

(5) 溜矿井

采用电耙出矿时，一般每个采场都要布置 1～2 个溜矿井，其溜矿井一般布置在脉内，随回采、充填工作进行，顺路架设。采用铲运机出矿时，溜矿井一般布置在脉外，且几个采场共用一套溜矿井系统。溜井底部由装矿平巷与主运输平巷相连。

(6) 泄滤水措施

水力输送充填料的充填采矿法矿山，充填料进入采场后，多余的水分必须及时泄滤出去，以加快充填体凝固速度。

(7) 切割

在采场底部掘进拉底巷道，向两侧扩帮形成拉底空间；为提高爆破效果，除拉底外，还应形成垂直方向上的切割槽。

3) 回采

(1) 凿岩爆破

采用凿岩台车或气腿式浅孔凿岩机钻凿水平孔或垂直孔，装药爆破。

(2) 通风

新鲜风流经斜坡道、分段平巷及采场联络道进入采场，冲洗工作面后，经上盘充填通风天井，排入上阶段回风巷。每次爆破，必须经充分通风(通风时间不少于40 min)后，人员方能进入采场。

(3)采场顶板地压管理

采场爆破并经过有效通风排除炮烟后，安全人员操作采场服务台车，清理顶帮松石，如顶板矿岩异常破碎，经撬毛处理后，仍无法保证正常作业时，可考虑其他顶板支护方式，如悬挂金属网，布置锚杆等。

第二步矿房回采，由于受相邻充填采场充填接顶不充分、充填质量难以保证、充填渗水效果差等影响，采场稳固性比第一步矿柱采矿要差，顶板安全管理任务更加繁重。除了采用上述安全技术措施外，在生产过程中，要加强适时安全监督，保证每个工作班组都有专职安全人员，在各生产工作面进行不间断安全检查，发现问题，及时处理。

(4)出矿

采用铲运机，将崩落的矿石卸入溜矿井，装车运出。

(5)充填

每分层出矿结束后，及时进行充填。充填前应做好如下准备工作：

①延长脱水管道。充填之前，首先利用活动接头，延长脱水塑料管。

②构筑与采场联络道间的密闭墙。

③接通采场充填管路。在延长脱水管道与构筑密闭墙的同时，从上中段充填回风平巷，通过通风充填天井，往采场接通充填塑料管，并将充填塑料管用木质三脚架固定在适当地方，以便采场均匀充填。

④检查地表充填制备站与充填采场之间的通讯系统。

⑤检查充填线路。

4)评价

上向水平分层充填法是最常用的充填法，其突出优点是矿石损失率与贫化率低，有利于地压管理，安全性好，采场布置灵活，可以实现不同矿种分采；其缺点是由于增加了充填工序，使回采作业管理复杂，成本提高。但其缺点可以为提高资源回采率所带来的效益增加所补偿，因此，该方法使用比重越来越大。

国内外部分机械化上向水平分层充填法矿山应用条件和采场结构参数如表10-17所示。

10.2.2 电耙出矿上向水平分层充填法

机械化上向水平分层充填法采用凿岩台车凿岩、铲运机出矿，机械化程度高，工人劳动强度低，生产能力大，采下矿石损失小(铲运机出矿干净)，条件允许情况下应优先选用。但机械化上向水平分层充填法因需通行无轨设备，一般需脉外采准。对于薄矿体，脉外采准会造成采切比过大，而且薄矿体内无轨设备通行不便，因此，在一些矿体厚度不大的矿山，仍然采用电耙出矿方式。

国内外部分电耙出矿上向水平分层充填法矿山应用条件和采场结构参数如表10-17所示。

表 10 – 17 国内外部分上向水平分层充填法矿山简况

矿山名称	矿体赋存条件		稳固性		采场布置方式	出矿设备	充填料
	厚度 /m	倾角 /(°)	矿石	围岩			
凡口铅锌矿	20 ~ 30	70 ~ 80	中稳	中稳	垂直走向布置,矿房宽 14 m,间柱 8 m	铲运机	尾砂胶结
黄沙坪铅锌矿	2 ~ 30	30 ~ 80	中稳	中稳	沿走向布置:矿房 23 ~ 53 m,间柱 7 ~ 8 m;垂直走向布置:矿房 10 ~ 20 m,间柱 7 ~ 8 m	铲运机、电耙	尾砂胶结
湘西金矿	0.3 ~ 0.7	21 ~ 30	稳固	不稳固	削壁充填,采场长 40 ~ 60 m	电耙	废石
新桥硫铁矿	23	12,40	稳固	中稳	矿厚 < H_0(H_0 = 10 ~ 15 m)时,沿走向布置,长度 30 ~ 60 m;矿厚 > H_0 时,垂直走向布置,长 50 ~ 60 m,两步骤回采,矿房 14 m,矿柱 10 m	铲运机	江砂胶结、全尾砂胶结
凤凰山铜矿	15	70 ~ 80	稳固	稳固	沿走向布置,长 100 m	装运机、电耙	分级尾砂
711 铀矿	4 ~ 40	60 ~ 80	稳固	稳固	垂直走向布置	电耙	废石
(澳)Mount Isa 铅锌银矿	4 ~ 11	65	中稳	中稳	沿走向布置,长度无限制	铲运机	分级尾砂、膏体
(澳)Broken Hill 铅锌银矿	1 ~ 50	急倾斜	稳固		矿厚 < 11 m 时,沿走向布置,长度 50 ~ 100 m	铲运机	尾砂胶结
(瑞典)Benstrom 铜矿	4 ~ 18	78	稳固	稳固	沿走向布置,长 100 ~ 300 m	铲运机	分级尾砂
(加拿大)Thompson 镍矿	3 ~ 5	60 ~ 70			沿走向布置,长 180 ~ 350 m	铲运机	尾砂胶结

1)采场布置及结构参数

电耙出矿上向水平分层充填法将矿块划分为矿房、矿柱(矿柱后期可以设法回收)。以水平分层形式自下而上回采矿房,依次进行充填以维护上下盘围岩,并创造不断上采的作业平台。为了方便电耙出矿,减少矿石损失贫化,每分层上部用高配比胶结充填料构筑一层高强度胶面(厚度 200 ~ 400 mm),称作胶面充填。为确保后期阶段间顶底柱回采安全,矿房第一分层采用高配比胶结充填构筑较高强度人工胶结底柱,称作打底充填。

对于薄矿体,矿块一般沿走向布置,矿块宽度即为矿体厚度,矿房长度以满足电耙有效耙运距离为原则,一般 30 ~ 50 m,间柱宽度取决于矿岩稳固性、间柱未来回采方法、间柱内采准工程布置情况等,一般 6 ~ 8 m,稳固性差取大值。阶段运输巷道或穿脉布置在脉内时,一般需留设顶底柱。顶柱厚度 3 ~ 5 m,底柱高度 5 ~ 6 m。如果矿石价值较高,为减少矿石损失和贫化,也可采用人工底柱。

图 10 – 29 为湖南宝山铅锌银矿电耙出矿上向水平分层充填法示意图。

2)采准切割工程

在薄和中厚矿体中,一般掘进脉内运输巷道;在厚大矿体中,一般掘进脉外沿脉巷道和穿脉巷道,或上、下盘沿脉巷道和穿脉巷道。

图10-29为下盘沿脉采准方式。在矿柱中央布置人行天井(内设梯子),人行天井断面规格(1.8～2.5) m×(1.8～2.5) m。人行井与采场用联络道连通,采场联络道间隔5m,矿房两侧采场联络道错开布置。自阶段运输巷道在底柱内掘进溜矿井和泄水井。溜矿井断面 2 m×2 m,泄水井断面可根据需要确定。溜矿井和泄水井随着回采工作的进行,逐步顺路架设。

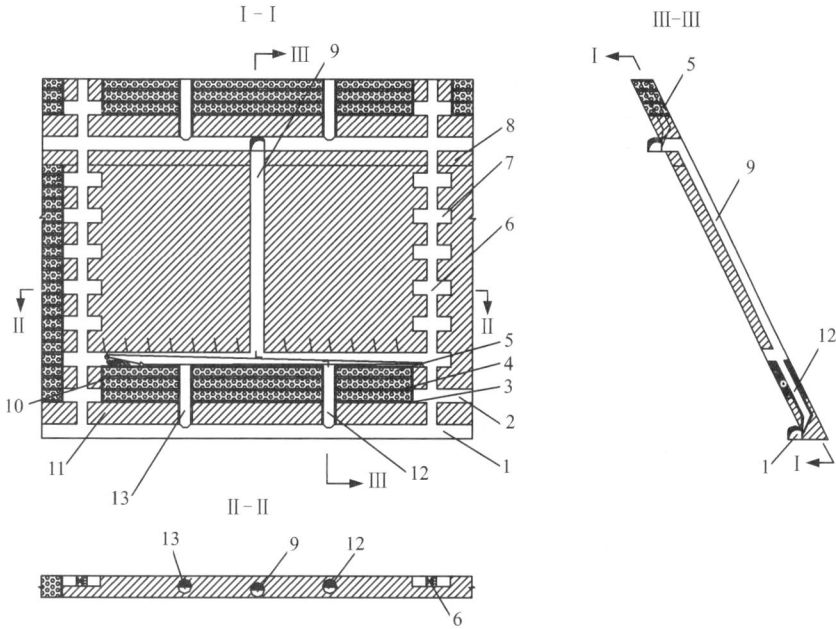

图10-29 宝山铅锌银矿电耙出矿上向水平分层充填法示意图

1—底盘沿脉阶段运输平巷;2—拉底巷道;3—钢板垫层;4—胶面;5—分层充填体;6—人行天井;7—采场联络道;
8—顶柱;9—充填回风天井;10—充填挡墙;11—底柱;12—溜矿井;13—泄水井

切割工作主要是拉底,在采场最下一分层掘进一连通两侧采场联络道的拉底平巷,然后以拉底平巷为自由面和补偿空间,用 YSP-45 或 7655 凿岩机扩帮至采场两边边界,在采场底部全断面形成拉底空间。

自拉底平巷靠近矿体上盘掘进脉内充填回风天井至上阶段运输平巷。

3)回采

本方案回采工艺与机械化上向水平分层充填法基本相同,不同之处在于:崩落下的矿石在采场进行二次破碎后采用电耙耙入采场溜井。

10.2.3 点柱上向水平分层充填法

点柱上向水平分层充填法实际上是普通上向水平分层充填法的变形方案,将矿房间柱分割为若干方形或圆形矿柱,作为永久损失不予回收。采准系统、回采和充填工艺均与上向水平分层充填法相同。由于矿房中点柱和采场间的间柱(盘区矿柱或壁柱)不再回采,故可采用低标号的胶结充填料充填。

图10-30为三山岛金矿点柱上向水平分层充填法示意图,表10-18为国内外部分点柱

上向水平分层充填法矿山点柱规格尺寸。

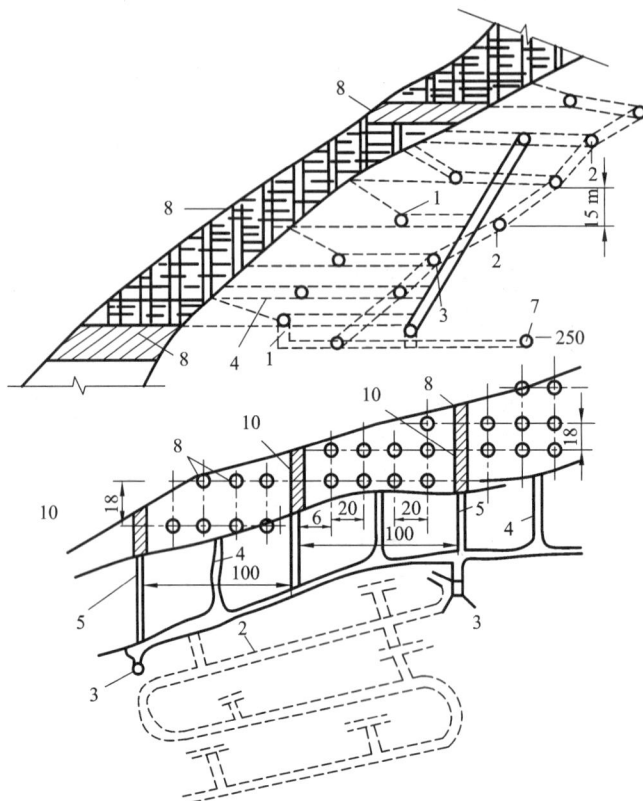

图 10 – 30　三山岛金矿点柱上向水平分层充填法示意图

1—分段巷道；2—斜坡道；3—溜矿井；4—采场联络巷道；5—通风排水巷道；
6—点柱；7—阶段运输道；8—顶柱；9—间柱；10—通风滤水井

表 10 – 18　国内外部分矿山点柱上向水平分层充填法点柱规格

矿山名称	矿柱尺寸/m	矿柱中心距/m	
		沿走向	垂直走向
三山岛金矿	6×6	20	18
凤凰山铜矿	φ5	15	
铜绿山铜矿	5×5	18	15
加拿大斯特拉思科纳镍矿	6×6	18	15
澳大利亚王岛多尔芬白钨矿	6×6	14	14
印度达里巴铅锌矿	6×6	20	
赞比亚木富利腊铜矿	8×8	18	16
南斯拉夫波尔铜矿	8×8	18	18

点柱上向水平分层充填法的主要优点是：可充分发挥无轨设备回采的优势，增大矿房尺寸，提高采场综合生产能力。其主要缺点在于：矿石损失量大，点柱作为永久性矿柱而无法回收，我国几个矿山的矿石总损失率均接近20%；点柱留在矿房中不仅影响出矿设备运行，而且在主要回采作业外包的体制下，如果控制不严，外包采矿单位容易超剥点柱，使点柱规格达不到设计值，存在因点柱尺寸不够而引起安全事故的隐患。故该方法应慎重应用，在可能情况下，可以采用两步回采工艺，减小采场跨度，取消点柱和间柱，以提高资源回采率。

10.3　上向分层进路充填法

上向分层进路充填法是一种自下而上，以巷道掘进方式进行回采，在进路掘至设计位置后进行充填的采矿方法。它是在每一水平分层布置若干条进路，按间隔或逐条进路的顺序回采，整个分层各条进路回采充填后，再统一升层，回采上分层进路。该法与普通上向水平分层充填法不同之处在于其工作面暴露面积小，安全性好。

上向分层进路充填法虽然安全性好，回采率高，但与普通上向水平分层充填法相比，效率和生产能力低，成本高，故在我国应用较晚，于20世纪80年代中期才开始进行试验和在生产中推广应用。随着矿产品价格的提高，该方法的优越性愈加突出，在矿岩不稳固矿山，如山东焦家金矿、金川公司、小铁山多金属矿、新城金矿、马钢姑山矿业公司等得到较好应用，取得了较好的技术经济指标。

瑞典是采用上向进路充填采矿法较早和矿山较多的国家，如波立登公司克里斯汀贝格（Kristinberg）铜锌矿和伦斯吐姆（Renstrom）多金属矿等。此外，法国马林锌矿、德国梅根（Meggen）铅锌矿等矿山采用该采矿法均获得较好指标。

上向进路充填采矿法用于回采其他充填采矿法的顶、底柱和间柱也是一种安全有效的方法，且矿石损失与贫化低，经济效益较好，如我国辽宁红透山铜矿、铜绿山铜矿、琅琊山铜矿、南斯拉夫波尔（Bor）铜矿等。

1）采场布置及采场结构参数

进路回采采场划分并不严格，采场长度和宽度均可根据矿体赋存条件灵活确定，一般以溜矿井负担范围作为一个采场。当矿体厚度 $H \leqslant H_0$（$H_0 = 15 \sim 30$ m）时，矿块沿走向布置，进路长度一般取 $50 \sim 100$ m，最大不超过150 m；如果矿体厚度 $H \geqslant H_0$，则矿块垂直或斜交走向布置，进路长度等于矿体厚度。

阶段高度一般为 $40 \sim 60$ m，分段高度为 $9 \sim 12$ m（服务 $2 \sim 3$ 个分层），最大不超过15 m。进路断面尺寸应根据矿岩的稳固性和无轨设备正常运行要求合理确定。一般而言，进路规格越大，回采效率越高，但断面尺寸过大，不利于顶板管理和作业安全，且加大了支护维修费用，通风风速亦难以满足规范要求，一般宽度不大于5 m，高度不大于5 m。国内外部分矿山的采场布置和构成要素见表10-19。

2）采准切割

采准切割工作主要包括掘进斜坡道、分段巷道、分层联络巷道、充填回风井、卸矿溜井及泄水进风井等。

表 10 – 19 国内外部分矿山上向进路采场布置和构成要素

矿山名称	矿体长度/m	矿体厚度/m	矿体倾角/(°)	采场布置形式	采场长度/m	阶段高度/m	分段高度/m	分层高度/m	进路断面/m
焦家金矿	1200	1 ~ 45	25 ~ 40	沿走向或垂直走向	35 ~ 45	40	9 ~ 10.5	3 ~ 3.5	3 × (3 ~ 3.5)
金川公司		95	>75	垂直走向	矿体厚度	50	12	4	5 × 4
小铁山矿	1100	1 ~ 45	70 ~ 80	沿走向	100	60	12	4	4 × 4
姑山矿	1350	2 ~ 108	20 ~ 45	沿走向或垂直走向	50	50	12	4	4 × 4
铜绿山矿	350	5 ~ 120	50 ~ 80	垂直走向	矿体厚度	60		4	4 × 4
克里斯汀贝格矿	130	<60	45 ~ 70	沿走向	150		12 ~ 15	4 ~ 5	(3 ~ 6) × (4 ~ 5)

上向分层进路充填采矿法一般采用脉外下盘斜坡道采准系统;当矿体上盘围岩较下盘稳固时,也可布置在上盘,如金川二矿区等;如果需要多工作面同时开采以提高产量,则可同时布置上下盘斜坡道,如姑山矿业公司等。

上向进路充填法,需将阶段划分为分段,分段再划分为分层进行逐层回采、充填。因此分段平巷布置是影响采准工程量和采准比的重要因素,也是采准优化设计最值得研究探讨的关键问题之一。为充分发挥无轨设备的效率,提高采矿强度,缩短作业循环,减少采空区暴露时间,在安全条件允许的情况下,宜尽量采用高分段回采。分段巷道一般布置在脉外。

分层联络巷道、充填回风井则多布置在脉内;溜矿井可布置在脉外,也可布置在脉内顺路架设;泄水进风井多布置在脉内,顺路架设。

为提高进路稳固性,应尽量采用光面爆破方式,合理布置炮孔参数,力争在进路宽度内形成微小拱形顶板,如采用 1/5 拱断面形状等。

生产实际过程中,如果矿岩稳固性较好,可采取刷帮方式将进路宽度加大,如果矿岩稳固性差,可将进路宽度适当缩小。

图 10 – 31 为上向分层进路充填法典型方案图,图 10 – 32 为焦家金矿上向分层进路充填法示意图。

3) 回采

进路回采顺序比较灵活,只要保证进路作业不相互影响,可灵活选择。一般情况下,沿矿体走向布置进路时,多由下盘向上盘方向顺序或间隔回采进路;若上盘岩石稳固,用胶结充填时,也可以自上盘向下盘方向间隔回采。垂直矿体走向布置进路时,多从盘区两端向中央进路间隔回采,以便于提高无轨自行设备的效率和盘区生产能力,减少分层巷道的维护费用。

(1)凿岩爆破

进路回采凿岩一般采用液压凿岩台车(小断面进路或短进路也可采用普通气腿式凿岩机凿岩),炮孔深度为 2.5 ~ 3.2 m,炮孔直径为 38 ~ 43 mm。为使矿岩和相邻充填体受爆破破坏较小,保持其自身的支承能力,形成较为规则的断面形状,进路回采应尽量采用光面爆破,且与充填体接触一侧的炮孔距充填体应保持 0.3 ~ 0.5 m 距离。

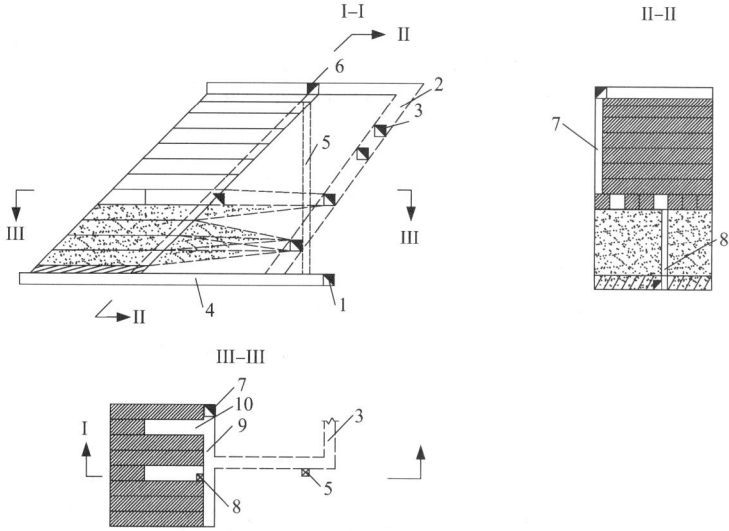

图 10 – 31 上向分层进路充填法典型方案图

1—阶段运输巷道；2—斜坡道；3—分段巷道；4—穿脉；5—溜矿井；6—充填回风巷道；
7—充填回风天井；8—泄水井；9—分层联络平巷；10—回采进路

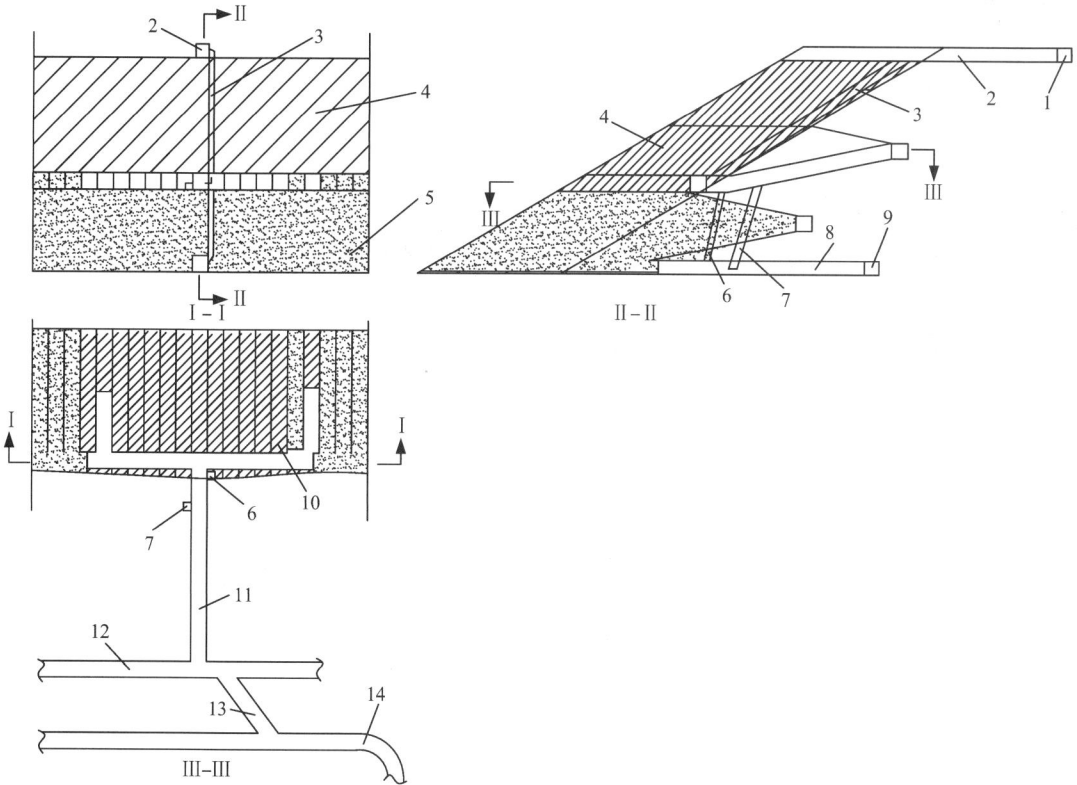

图 10 – 32 焦家金矿上向分层进路充填法典型方案图

1—回风巷；2—穿脉；3—通风充填井；4—待回采矿体；5—充填体；6—泄水井；7—溜矿井；8—出矿巷道；
9—阶段运输巷道；10—回采进路；11—分层联巷；12—分段平巷；13—分段联络巷道；14—主斜坡道

（2）通风

采场通风一般采用压入式通风方法，通风用的风筒通常采用 PVC 软管或人造帆布风筒。新鲜风流从斜坡道、分段联络道、分层巷道，进入回采进路内清洗工作面，污风经盘区两端布置的通风天井，排至上中段回风水平。

（3）采场顶板管理

上向分层进路充填法采场顶板管理措施与上向水平分层充填法基本相同，但由于单进路采矿生产能力有限，需多进路同时生产方能满足产能要求，相邻进路爆破作业可能相互影响。因此，回采进路一定范围内（如 50 m）其他进路爆破，本进路工作人员躲炮后回到进路继续工作前，必须首先检查顶板，以避免相邻进路爆破对本进路顶板稳固性造成破坏而引发的安全事故。

（4）出矿

在清理完回采进路顶板浮石和进行必要的支护后即可出矿，采场崩落矿石由铲运机铲装后，经分层联络巷道、溜矿井联络道卸入脉外溜井，或者卸入采场内的脉内顺路溜井。由设在溜井底部的振动出矿机向矿车放矿。

4）充填

进路采场充填系嗣后充填。进路回采结束后，清理进路，拆除设备及管线，在与分层联络巷交界处砌筑挡墙，然后按要求进行充填作业。

（1）充填准备

①出矿完成之后，将设备、管线等移出采场。

②悬挂充填管。

一般采用锚杆钢圈吊挂法。首先将长度 500 mm 左右的锚杆一端切割好裂缝，并备好楔块以便悬挂充填管道，另一端与钢圈焊接固定；将锚杆钢圈锚入预先布设在进路顶板中央位置的锚杆眼内，挂钩间距 3~4 m（见图 10-33）。由于充填料浆有一定的自然流动坡度，根据研究成果和矿山充填实际经验，为了提高接顶充填率，充填管距进路末端保持 15~20 m 距离为宜。对于较长进路，可以同时预挂 2 根充填软管，第二根软管末端距离第一根末端 30~40

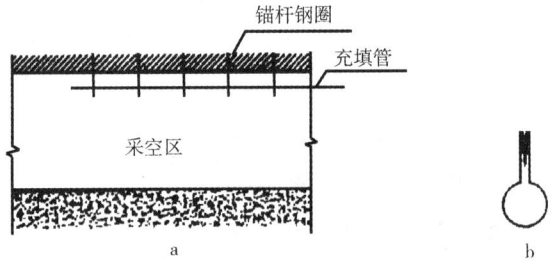

图 10-33　锚杆钢圈及吊挂示意图

a—吊挂图；b— 锚杆钢圈图

m。第二根软管可以保证靠近挡墙部分的充填率，同时也起补充接顶充填的作用（见图 10-34）。

进路内预挂的充填软管一般不予回收。充填软管与主充填管道之间可以采用预热方法直接连接，充填结束后自挡墙外切断即可。

③架设泄水井。

每个采场布置 1~2 个泄水井，泄水井可用 2~3 mm 厚的钢板顺路焊接而成，在钢板上均匀钻凿 5~10 mm 的泄水孔，外包 1~2 层土工布或 100 目滤布滤水。

④构筑挡墙。

上述工作结束后，在进路入口处构筑挡墙。挡墙上留设充填管口、通气泄水孔和充填观

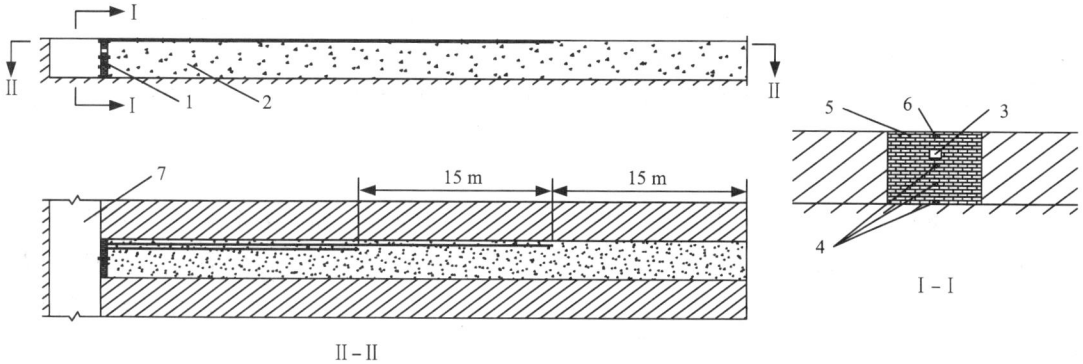

图 10-34 充填挡墙与充填软管示意图

1—充填挡墙；2—充填体；3—观察窗；4—泄水孔；5—充填管；6—排气管；7—分层联络巷

察窗。为提高泄水质量，通气泄水孔沿高度方向每隔 1 m 布置一个，采用充填软管，长度穿过挡墙即可，里侧包裹土工布或 100 目滤布。同时，在挡墙两侧与巷道接触处用水泥砂浆密闭，以防止跑砂。

为防止充填引流水和洗管水进入进路采场，可于充填挡墙外安装放水三通阀排水（见图 10-35），以提高充填体硬化速度和强度。

⑤检查地表充填制备站与充填采场之间的通讯系统与充填线路。

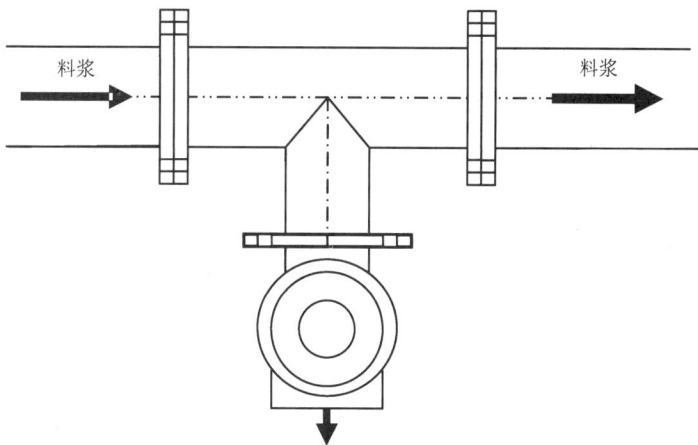

图 10-35 三通及充填洗管水排放示意图

（2）充填工作

所有充填准备工作完成后，即可按配比进行进路充填。根据地表充填料浆制备站充填材料储备情况和进路充填体积，确定连续充填的时间。

一步采进路充填体 28 d 抗压强度一般不低于 1.0 MPa，二步采进路可进行非胶结充填。为降低损失与贫化，采场一、二步采进路均应进行胶面充填（28 d 抗压强度一般不低于 1.5 MPa），胶面厚度 30～40 cm，以利上分层回采时无轨设备的行走。为提高下阶段回采作业安全，减少矿柱矿量，采场第一分层所有进路在回采结束后，最好先施工厚度不低于

0.4 m、强度不低于15 MPa的钢筋混凝土假底或充填厚度$H \geqslant H_0$($H_0 = 1 \sim 2$ m)、强度$\sigma \geqslant \sigma_0$($\sigma_0 = 4 \sim 5$ MPa)的高灰砂比胶结假底,并铺设钢筋网,作为下中段采场回采时的假顶。

所有进路充填完毕后,封闭联络道,用同样方法充填分层联络道,然后统一升层,进行上分层进路回采工作。

(3)接顶充填

由于进路断面小、长度大,接顶难度较高,但为保证上分层进路回采作业安全,减少矿石损失和贫化,进路充填过程中,每个进路采场都应尽可能接顶。接顶充填可以采用下述两种方法:

①微倾斜进路设计,即在采矿工艺设计方面,采用微倾斜进路布置,以改善充填料浆在进路内的流动性能,提高进路充填接顶率。

微倾斜进路倾角的确定,应考虑铲运机、液压凿岩台车等采矿机械能正常高效作业。而且,微倾斜进路倾角应与充填料浆的自然坡积角一致,以最大限度提高进路的充填接顶率。目前,国内外矿山根据微倾斜进路的长度、充填料浆的塌落度等为计算依据,通常微倾斜进路倾角确定为6°~8°。为便于进路通风、采矿、充填废水排泄及充填料浆的凝固,微倾斜进路坡度应取沿进路采矿方向为正坡(上坡)方向。

②贯入式充填接顶,即利用高浓度充填料浆不易沉淀和较好的触变性等特点,通过地表到采场的高差而形成的流体静压力或加压泵送,挤压塑性极强的高浓度料浆体进行接顶充填。

5)方案评价

(1)适用条件

上向分层进路充填法除满足普通上向分层充填采矿法的适用条件外,尚需符合以下条件:

①矿岩不稳固,矿石品位较高的矿体和稀有、贵重金属矿床;

②矿体厚度不小于2 m;

③形态复杂和产状变化大的矿体;

④其他充填采矿法的矿柱回采。

(2)评价

该方法的优点:

①适应性强,能有效回采形态复杂和产状变化大的矿体;

②回采进路顶板暴露面积小,安全性好;

③矿石损失与贫化率低,据国内外矿山统计,矿石的总损失率和总贫化率均不超过5%,最大不超过10%。

主要缺点:

①采场为独头巷道掘进,通风效果差;

②生产效率低,生产能力小,成本高。

6)预控顶上向进路充填法

为提高上向水平分层进路充填法生产效率,降低开采成本(包括回采成本、支持成本和充填成本),中南大学与马钢(集团)控股有限公司姑山矿业公司合作研究,发明了"一种预控顶上向进路充填采矿法"(专利证书号:ZL201310125403.4)。

该方法的实质是将上向水平分层进路充填法"自下而上单分层回采"变为"自下而上双层合回采",是将空场法与充填法进行技术性融合,通过预先拉顶加固顶板,下向采矿形成较大空场然后充填的一种采矿方法。

其基本特征是：将两个分层作为一个回采单元，首先回采上分层(控顶层)，采用措施加固顶板后，再回采下分层(回采层)，两分层回采完毕后，进行充填；本采场所有上下两层进路回采充填完毕后，再升层至上两个分层。

图10-36为进路垂直矿体走向布置时预控顶上向进路充填法示意图。

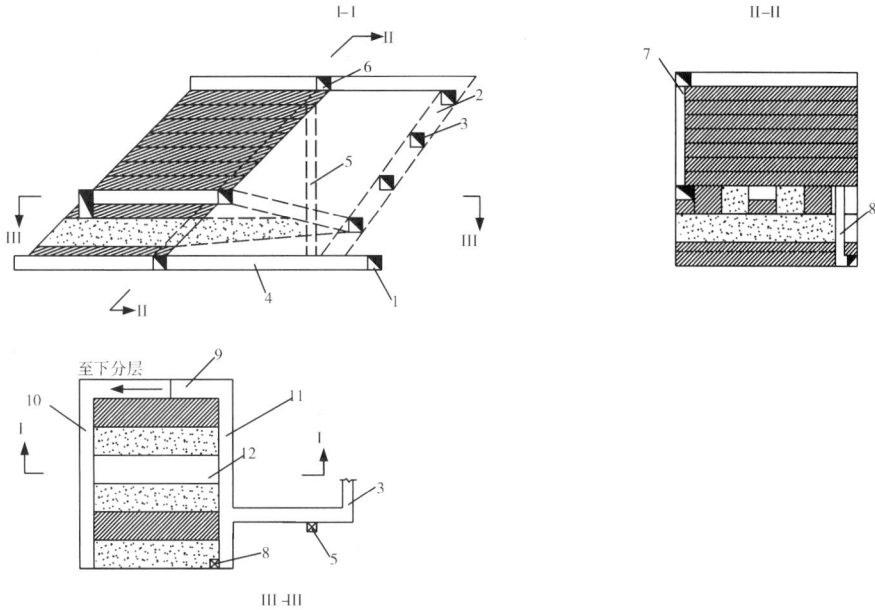

图10-36　垂直矿体走向布置预控顶上向进路充填法示意图

1—阶段运输巷道；2—斜坡道；3—斜坡道入口；4—穿脉；5—溜矿井；6—充填回风平巷道；7—充填回风天井；
8—泄水井；9—上、下分层联络下山；10—下分层联络巷道；11—上分层联络巷道；12—上分层回采进路

回采进路高度6~8 m，分两层回采，上层(控顶层)回采后加固顶板，必要时可扩大进路宽度(5~10 m)，然后回采下分层(回采层)。

布置上、下盘脉内或脉外或沿脉分层联络道。其中一条分层联络道高度可为一条进路(3~4 m)高度，也可采用两条进路高度(6~8 m)，负责下分层(回采层)进路的回采；另一条分层联络道高度为一条进路(3~4 m)高度，负责上分层(控顶层)进路的回采。

上分层(控顶层)为巷道采矿；下分层(回采层)回采时，布置水平炮孔，以控顶层进路为自由面进行采场爆破，或者在控顶层内以回采层联络道为自由面钻凿垂直孔进行下向台阶采矿。

可在矿体上、下盘分别布置溜矿井，上、下分层独立出矿，也可仅在上盘或下盘布置溜矿井，上、下分层都向矿体上盘或下盘布置溜矿井出矿。

由于预控顶上向进路充填法采用预切顶方式，使进路高度翻倍，与普通上向水平分层进路充填法相比，减少了不稳固顶板的支护工程量和支护成本(下分层无需支护)，改善了下分层回采崩矿条件，减少了充填次数，从而使生产效率大大提高，开采成本也大幅度降低。

10.4　下向分层进路充填法

对于矿石价值特别高、但矿岩均不稳固的金属矿床，上向水平分层充填法(包括上向分

层进路充填法)不能保证回采作业安全时,可以考虑采用下向分层进路充填采矿法。

下向分层进路充填采矿法是20世纪60年代试验成功的一种新型的采矿方法,主要应用于回采矿岩极不稳固、地应力大的高品位矿体和矿柱。该种采矿方法的成功使用,取代了分层崩落采矿法和方框支护充填采矿法,为降低坑木消耗,实现无轨化开采,提高采场生产能力和劳动生产率创造了有利条件。该种采矿方法最初是在瑞典波立登(Boliden)矿物股份有限公司的加彭贝里(Garpenbery)铅锌矿采用,随后在加拿大、日本、德国和美国等国家得到推广应用。

其主要特征是:在阶段内,自上而下在分层人工假顶保护下顺序分层进路(巷道)回采、进路充填。该方法由于生产环节多,人工假顶要求强度高、整体性好,因此生产成本较高。

图10-37和图10-38分别为甘肃金川集团公司二矿区和焦家金矿下向分层进路充填法示意图。

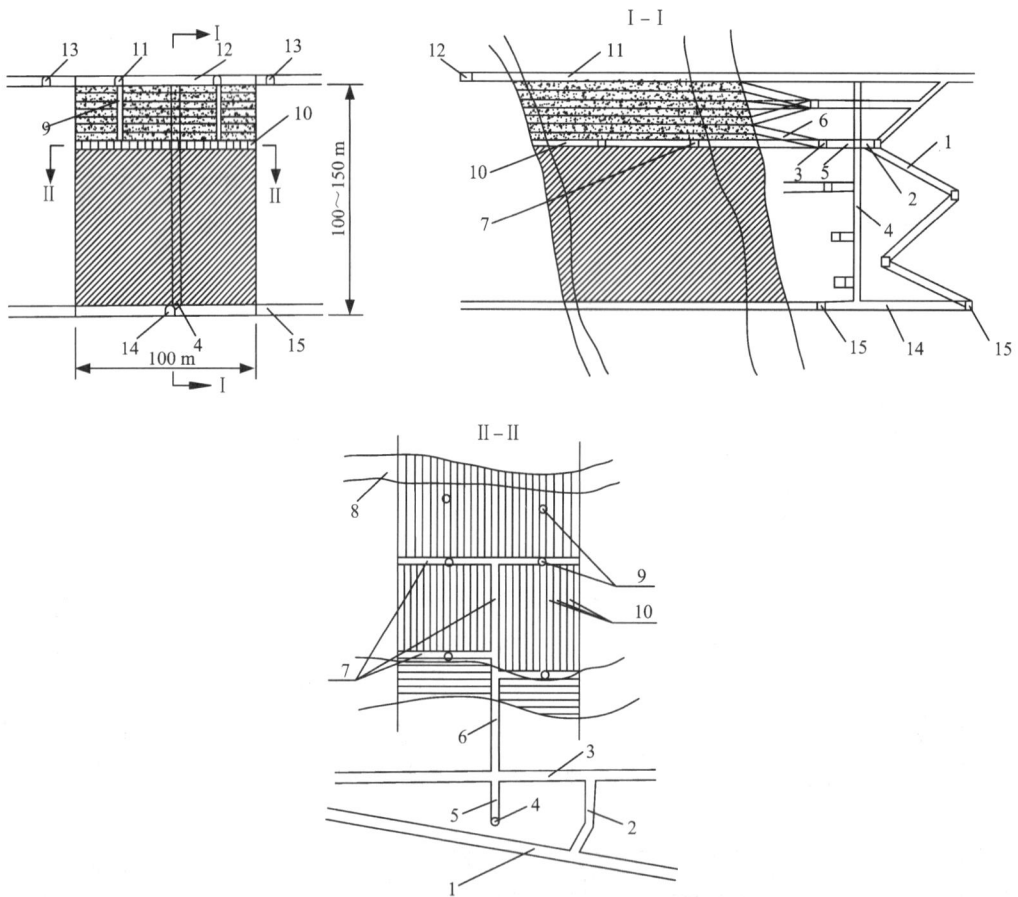

图10-37 金川二矿区下向分层进路充填法示意图

1—斜坡道;2—分段联络道;3—分段巷道;4—溜矿井;5—卸矿平巷;6—分层联络道;7—分层联络平巷;
8—下盘贫矿;9—回风充填小井;10—回采进路;11—上阶段穿脉;12—回风充填巷道;
13—上阶段运输巷道;14—本阶段穿脉;15—本阶段运输巷道

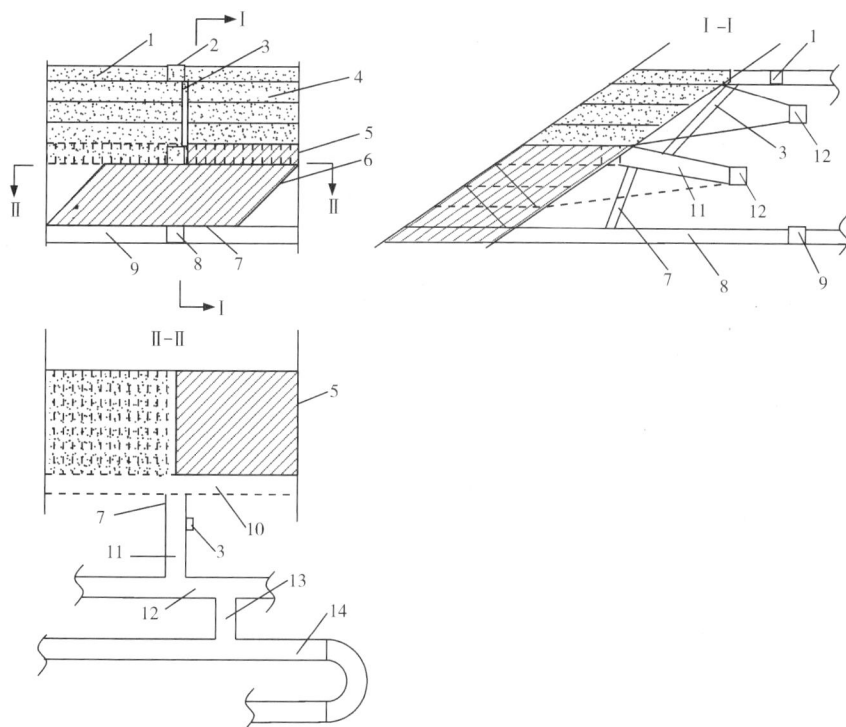

图 10 – 38　焦家金矿下向分层进路充填法示意图

1—上阶段运输巷道；2—上阶段穿脉；3—回风充填小井；4—充填体；5—回采进路；6—矿体；7—溜矿井；
8—出矿巷道；9—阶段运输巷道；10—分层联络平巷；11—分层联络道；12—分段巷道；13—分段联络道；14—斜坡道

1）采场布置和采场结构参数

下向分层进路充填采矿法采场布置形式与上向分层进路充填采矿法基本相同。

进路多为矩形或正方形，断面规格为(2～5)m×(2～5)m。为提高进路稳定性，金川公司龙首矿利用仿生学原理，将正方形断面进路改为六角形断面，使充填体呈蜂窝状镶嵌结构，进路跨 2 个分层，高 4～5 m，顶底宽 3 m，腰宽 5～6 m。这种断面结构改善了进路受力状况，有效地控制了地应力作用，提高了进路稳定性(见图 10 – 39、图 10 – 40)，但施工技术难度较高，故未得到推广应用。

图 10 – 39　龙首矿六角形进路采场照片

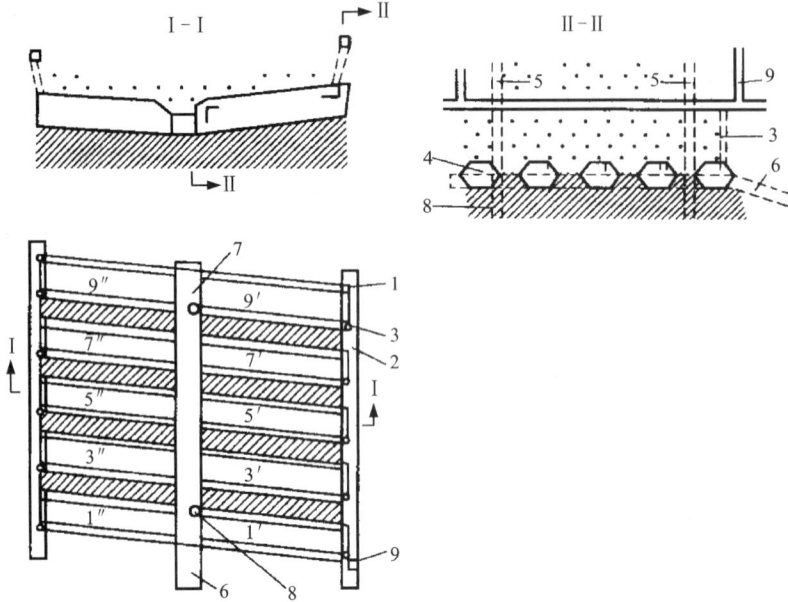

图10-40　龙首矿下向分层倾斜六角形进路充填法示意图

1—主充填井；2—充填回风巷道；3—进路充填小井；4—六角形进路；5—回风井；

6—分层联络道；7—分层巷道；8—溜矿井；9—充填道人行井

进路采场可平行布置或斜交(垂直)布置，如图10-41所示。在回采顺序相同的情况下，采用垂直交错布置(见图10-41b)，比平行布置(见图10-41a)更有利于维护采场结构的稳定。大量研究表明，上下分层进路采用垂直交错布置，较平行布置能够更好改善充填体中的应力分布，减少回采区域充填体中的应力集中，有利于提高进路人工假顶的稳定性，而且上下分层进路垂直交错布置有助于控制围岩的变形，减少围岩的下沉量，更好的发挥充填体的支撑作用。从人工假顶塑性区范围大小分析，当采用垂直交错方式布置进路时，人工假顶进入塑性状态面积，明显少于进路采用平行布置方式，说明采用垂直交错方式布置进路，有利于改善充填体内的受力状态，减少充填体的破坏程度。

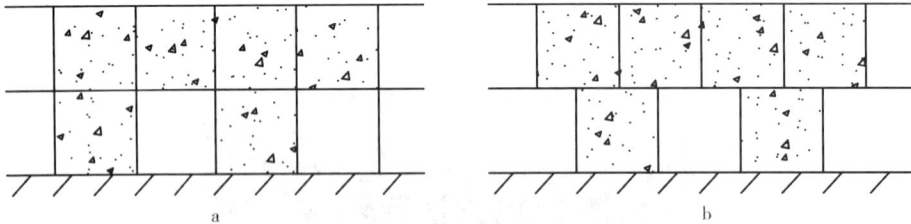

图10-41　上下进路布置形式

a—平行布置；b—交错布置

另外，采用平行布置上下分层进路时，往往会发生上下进路完全对应的情况。此时，在下分层进路回采时，人工假顶近似悬臂"梁"，将在回采工作面处产生极大的应力集中，从而导致人工假顶失稳。

为利于矿石运搬和充填接顶，下向进路还可设置一定的倾斜度（见图10-40），倾角应略大于充填料浆自流坡面角（6°～8°）。

国内外部分矿山下向分层进路充填法采场布置和构成要素见表10-20。

表10-20 国内外部分矿山下向分层进路充填法采场布置和构成要素

矿山名称	矿体长度/m	矿体厚度/m	矿体倾角/(°)	采场布置形式	采场长度/m	阶段高度/m	分段高度/m	分层高度/m	进路断面/(m×m)
金川龙首矿*	1300	15～110	70～80	垂直走向	50	60	12	2.5	5×(3～6)
金川二矿区	1600	98	60～75	垂直走向	100	50	12	4	5×4
焦家金矿	1200	0.5～30	25～45	沿走向	30～90	40	10	3～4	(3～4)×(3～4)
武山铜矿	1600	16.8	56～64	沿走向	100	40	10	3.3	3×3.3
柏坊铜矿		16	20～70	沿走向	53	30		2.5～3	(3.5～4)×(2.5～3)
德国格伦德铅锌矿		>2	急倾斜	沿走向	150～250	60～90	9.9	3.3	3×3.3
德国拉梅尔斯贝格铅锌矿	500	15～30	40	垂直体走向	矿体厚度		15	3	3.3×3

*六角形进路，高5 m，顶底宽3 m，腰宽6 m。

2）采准切割

下向分层进路充填采矿法采准切割工艺与上向分层进路充填采矿法基本相同。

自斜坡道掘进分段联络道与分段平巷连通，自分段平巷分别依次掘进上向、水平和下向分层联络道，与分层联络平巷连通。自分层联络平巷设计回采进路。

3）回采

普通下向分层进路充填采矿法回采工艺与上向分层进路充填采矿法基本相同。六角形进路回采时，在进路全断面上布置20～24个炮孔，孔深一般为1.6 m。为保证六角形断面的形成，第一次崩下的矿石运出后，需要再打少量炮孔扩帮。

4）充填

下向分层进路充填采矿法要求充填体具有较高的强度，使之形成稳固的人工假顶，以确保人工假顶下作业人员和设备的安全。同时在进路回采过程中，一般要求不再进行支护。为提高接顶充填率，进路充填一般分2次进行。第1次为打底充填，充填高度1～2 m，采用高配比充填料；第2次为进路上部普通充填，充填配比可适当降低。进路人工假顶的稳定性主要取决于打底层，必须保证其有足够的强度和稳定性。《冶金矿山安全规程》规定：下向胶结充填法充填用砼标号不得低于50号，如加钢筋网，则不得低于40号；《有色金属采矿设计规范》（GB 50771—2012）规定：分层假顶应充填完整坚实，充填体强度不应小于3 MPa。由于各矿山工程地质条件、进路断面尺寸、充填材料及工艺等因素的不同，对充填体强度的要求不可能一致。国内外部分下向进路胶结充填采矿法人工假顶承载层材料及强度要求见表10-21。一般而言，在回采进路充填体人工假顶打底厚度为1～2 m的情况下，打底层充填体单轴抗压强度要求$R_{28}=4～5$ MPa或以上，进路上部普通充填体强度须控制在$R_{28}=1.6～3.5$ MPa。

表 10 - 21　国内外部分下向进路充填法矿山应用情况

矿山名称	进路断面/m	充填骨料	28 d 抗压强度/MPa	备注
金川二矿区	5×4(宽×高)	尾砂、棒磨砂	5	
金川龙首矿	顶底宽 3、腰宽 6、高 5	戈壁集料	5	六角形断面
山东新城金矿	4×(3~3.5)	分级尾砂	1.5~2	顶底柱回采
山东灵山金矿		高水固结尾砂	3~5	
山东界河金矿		海砂	1.5	
江西武山铜矿	3×3.3	分级尾砂	4.5	
新疆喀拉通克铜矿	(3.5~5)×(3.5~5)	戈壁集料	4~5	
吉林富家矿	宽 8、高 6	废石、尾砂	3~4	六角形断面
德国格隆德铅锌矿	3.3×3	尾砂	2~5	

　　为提高人工假顶整体性,多数矿山采用钢筋砼假顶,即在进路打底充填层构筑钢筋网,以提高充填体综合强度。研究表明,铺设钢筋网的充填体整体强度比没有铺设钢筋网的充填体强度提高 30% 以上。在地应力大、构造应力复杂的采场,充填体中加铺钢筋网尤为重要。配置钢筋时应对假顶的传力特点进行受力分析,掌握其受力特点,以达到钢筋铺设实用和经济的目的。下向分层进路充填采矿法中,由于进路顶板的暴露形状一般为长方形,并且长边往往大于短边,因此,在铺设进路钢筋时,主受力筋也应当有明显的方向性,即沿主传力方向的短边布置主受力筋,而沿长边方向布置短筋。

　　金川二矿区人工假顶钢筋网的主筋直径为 $\phi12$ mm,网度 1000 mm×1500 mm;副筋 $\phi6.5$ mm,网度 300 mm×500 mm。利用直径 $\phi12$ mm 的吊筋,将钢筋网直接吊挂在顶板预埋圆环内,吊筋网度为 1000 mm×1500 mm,即沿进路长度方向间距 1 m,沿进路宽度方向间距 1.5 m。吊筋必须连接到底筋网片的主筋节点上,并至少向上缠绕 1 圈。底筋网片搭接处的所有副筋必须钩连牢固,因主筋用手工弯钩困难,其搭接处用 24# 铁丝绑扎即可。钢筋网具体构筑工艺见图 10 - 42。钢筋网铺好后,即可进行打底充填,料浆灰砂比 1:4,人工假顶打底充填层厚度为 2 m,应保证钢筋网全部被料浆包裹,充填体强度 $R_{28}=3~5$ MPa。

　　武山铜矿采用 $\phi14$ mm 的螺纹钢按 200 mm×200 mm 的网度扎制钢筋网,用块石将钢筋网垫高,使之距底板 5 cm。最后铺设砼,厚度为 300 mm,钢筋保护层厚度为 50 mm。每回采完一个进路铺设一次钢筋砼假底,作为下分层人工假顶。后经改革采用 $\phi20$ mm 钢筋作竖筋,网度最大为 1.6 m×1.6 m,竖筋长度取回采跨度的 1/3 加 500 mm 计算。竖筋两端预先车好丝,并各旋入一块 150 mm×150 mm×5 mm 的铁板,外加螺母固定,铁板也可直接电焊在竖筋端部。在底板上铺设砼,铺设前先按网度要求插入竖筋,或浇筑假底时逐一埋入竖筋,竖筋的底端深入砼底部。假底铺设厚度为 300 mm,假底形成后需要充分凝固,然后再进行普通充填。

　　新疆喀拉通克铜镍矿钢筋网分底筋和吊筋,基本形式与金川二矿区相同。网度及筋的大小可根据理论分析及现场经验确定。底筋铺设主筋为 $\phi12~14$ mm,网度 1.5~2 m;副筋 $\phi5$ mm,网度 500 mm×500 mm。钢筋纵横交叉点用细铁丝固定,吊筋 $\phi10~14$ mm,间距 1.2~1.5 m,排距为 1.5~2 m。吊筋悬吊在顶板锚杆或分层筋网上,钢筋相互搭接 100~150 mm,所有搭接处都用 20~24# 铁丝捆扎牢固,相邻进路及分层道内主筋连接成一体。在布置好钢筋网后,进行打底充填，厚度 1.5 m。这样在整个采区内形成一个大型组合加强筋网，与充填体共同组成一个完整的人工假顶。钢筋网对防止充填体冒落、离层、爆破冲击破坏和保证安全回采起到重要作用。

5）评价

下向进路胶结充填法是成本最高，技术要求最严格的采矿方法之一，只有在矿石价值高、品位富，而矿石和顶板岩石极不稳固不能采用上向水平分层充填法或上向分层进路充填法的情况下，才考虑采用。

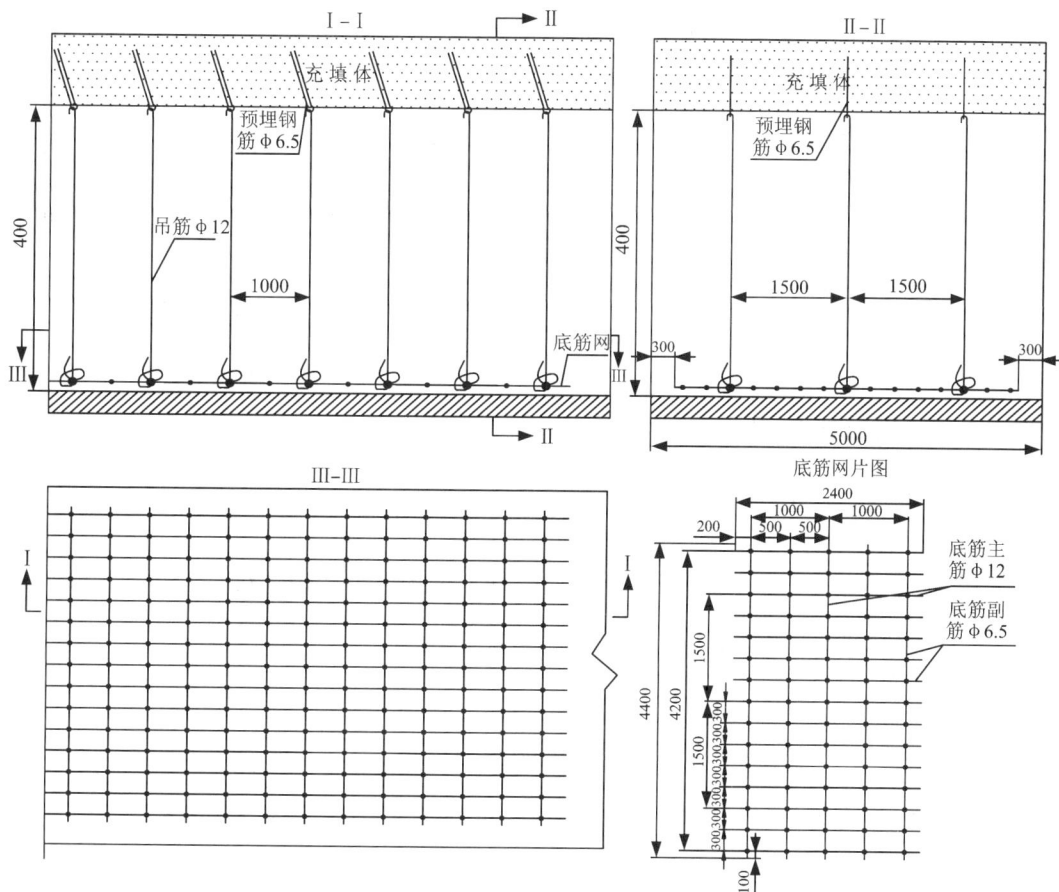

图 10-42　金川二矿区人工假顶钢筋网构筑示意图

10.5　嗣后充填采矿法

分层充填采矿法虽然具有回采率高、贫化率低等突出优点，但由于充填次数较多，不仅工艺复杂，而且每次充填后都需要一定的养护时间，才能进入下一个回采作业循环，致使成本增加，生产能力受到影响。在矿岩稳固性较好的条件下，可以采用嗣后（事后）充填法。由于充填工作是在矿块的整个阶段内一次完成，因此，该方法亦称为阶段充填法。

根据矿块布置方式和回采顺序，嗣后充填法分两种形式，即两步骤回采的空场嗣后充填法和单步骤连续回采的空场嗣后充填法。其中，两步骤回采的空场嗣后充填法应用最为广泛，其主要特征是：在阶段内将矿体交替划分为矿房和矿柱，先用空场法回采矿柱，待整个矿柱回采完毕后，一次进行胶结充填，形成人工矿柱；胶结体达到养护时间后，在人工矿柱保护下，用同样的方法回采矿房，矿房回采完毕后，进行非胶结充填或低强度胶结充填(见图10-43a)。两步骤回采空场嗣后充填法同时具有空场法和充填法的优点，在国内外大中型地下金属矿山得到广泛的应用。部分两步骤回采空场嗣后充填法矿山生产应用情况如表10-22所示。

表10-22　国内外部分两步骤回采空场嗣后充填法矿山应用情况

矿山名称	采矿方法	采场布置方式	采场构成要素/m				灰砂比或水泥用量/(kg·m⁻³)	充填材料
			长度	矿房宽	矿柱宽	阶段高		
安庆铜矿	大直径深孔嗣后充填法	垂直矿体走向	30~50	12~15	15	60~120	1:4~1:12	分级尾砂
新桥硫铁矿	分段空场嗣后充填法	框架式	40	22	11	50	1:4, 1:10,	江砂
铜绿山铜矿	阶段深孔嗣后充填法	"品"字形布置	36~42	8~9	8~9	60	1:5, 1:7	分级尾砂
白银深部铜矿	分段空场嗣后充填法	垂直矿体走向	50~80	20	10	60	1:4, 1:10	分级尾砂
凡口铅锌矿	VCR嗣后充填法	垂直矿体走向	矿体厚度	8~10	8~10	40	1:8	分级尾砂
锡矿山南矿	房柱采矿嗣后充填法	垂直矿体走向	50~70	10	8			水泥:尾砂:块石1:3:6
大厂铜坑锡矿	分段空场嗣后充填法	垂直矿体走向	60~100	15~18		35~60	1:8~1:12	棒磨砂
红透山铜矿	阶段空场嗣后充填法	垂直矿体走向	矿体厚度	20	12	60	250	尾砂
湘西金矿	分条密接充填法	沿矿体走向	40~70			35	1:4~1:6	全尾砂
澳大利亚芒特艾萨矿	分段空场嗣后充填法	按网格划分	40	40	40	80~240	0.9:1.8:39.3:68	水泥:磨细炉渣:分级尾砂:块石
澳大利亚恩特普赖斯矿	分段空场嗣后充填法	按网格划分	25	25	25	150	3:6:91	水泥:磨细炉渣:脱泥尾砂
加拿大洛克比矿	阶段深孔嗣后充填法	垂直矿体走向	12~37	11	11	45~61	1:12	分级尾砂
爱尔兰纳范铅锌矿	阶段深孔嗣后充填法	垂直矿体走向	60	12	12	50	1:15	分级尾砂
西班牙鲁别尔斯矿	VCR嗣后充填法	垂直矿体走向	20~25	12	12	50		
芬兰凯雷蒂多金属矿	房柱采矿嗣后充填法	垂直矿体走向	50~100	8	6		110	砾石分级尾砂

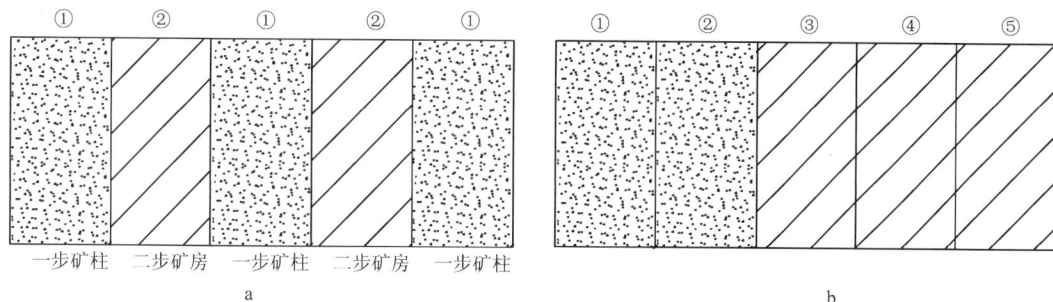

图 10 – 43　嗣后充填法采场布置及回采顺序

a—矿房矿柱交替布置两步骤回采顺序；b—连续采场单步骤回采顺序

两步骤回采空场嗣后充填法在盘区内可同时回采采场数多，第二步矿房可采用非胶结充填或低强度胶结充填，充填成本低。但第二步矿房回采时，两侧或四周(矿体厚大时)均为充填体，如果充填质量，尤其是接顶充填质量和充填体自立性差，容易造成充填体垮落，从而引起矿石损失和贫化。此时，可采用单步骤连续回采的空场嗣后充填法，其主要特征是采场连续布置，顺序回采。每个采场回采完毕后进行嗣后充填，待充填体达到养护要求后，再回采下一个采场(见图 10 – 43b)。湘西金矿的"分条密接充填法"即属于单步骤连续回采的空场嗣后充填法。该回采方式采场始终保持一侧为充填体，另一侧为矿体，有利于回采安全和降低矿石贫化损失率。但该回采顺序中新采场回采必须要等已采完采场充填完毕并达到养护指标后方能进行，同时回采采场数受到限制，生产能力可能受到影响。为解决这一矛盾，可以将矿体划分为若干个盘区，盘区间暂留盘区矿柱，每个盘区内采用单步骤连续回采的空场嗣后充填法。暂留的盘区矿柱最后回采(见图 10 – 44)。

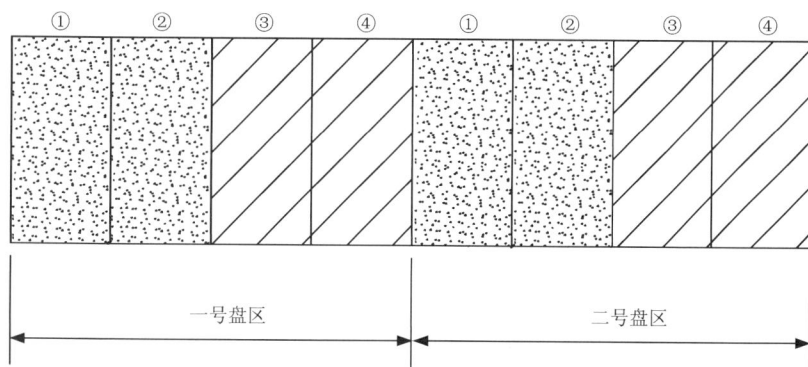

图 10 – 44　盘区连续单步骤回采采场布置及回采顺序

根据空场法的不同，嗣后充填采矿方法也分为分段空场嗣后充填法、阶段空场嗣后充填法(包括 VCR 嗣后充填法)、留矿采矿嗣后充填法、房柱采矿嗣后充填法等。

1)采场布置和采场结构参数

两步骤回采空场嗣后充填法大致可分为两类：一类是空场法回采，采场布置与空场法基本相同，但不留设间柱，而是交替划分为矿房、矿柱，矿房、矿柱尺寸根据矿岩稳固性确定，为降低充填成本，一般第一步胶结充填回采矿柱跨度小于第二步非胶结充填矿房跨度。如新桥硫铁矿过去采用的底盘漏斗分段空场嗣后充填法，第一步矿柱宽度10 m，第二步矿房宽度22 m，如图10-45所示。另一类是根据矿岩稳固性、矿体的厚度与倾角、出矿设备等将矿块划分为分条进行连续回采，如湘西金矿采用的"分条密接充填法"，电耙沿倾向耙矿，矿块沿走向长度为40~70 m，斜长50 m左右，分条宽度6~12 m，如图10-46所示。

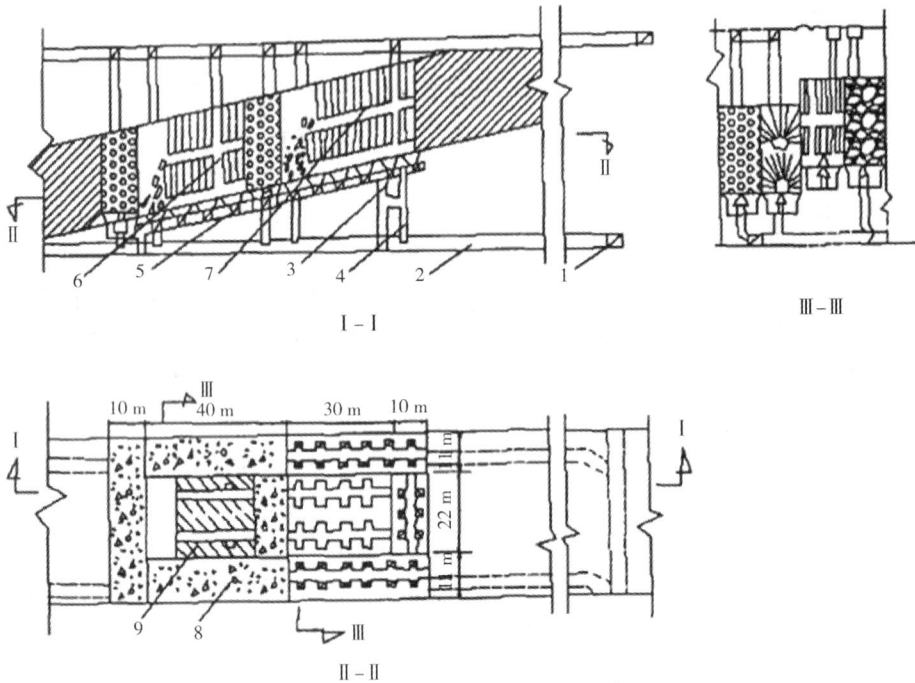

图10-45 新桥硫铁矿分段空场嗣后充填采矿法示意图
1—阶段运输平巷；2—穿脉巷道；3—电耙道；4—溜矿井；5—底盘漏斗；
6—切割天井（兼作充填井）；7—分段凿岩巷道；8—充填体矿柱；9—矿房

2）采准切割

以图10-45为例说明空场嗣后充填采矿法的主要采准切割工艺。

布置上盘和下盘运输平巷，由穿脉巷道形成环形运输系统。将阶段利用分段凿岩巷道划分为分段，分段高度依凿岩设备有效凿岩高度确定。由于矿体缓倾斜（平均倾角12°），厚度较大（平均真厚度23 m），沿矿体底盘布置两条电耙道，自电耙道施工漏斗，漏斗间距5~6 m。自穿脉巷道掘进人行天井和溜矿井。自上阶段穿脉平巷施工切割天井，该天井同时兼作回风井和充填井，以切割天井为自由面，在凿岩巷道内凿岩爆破形成切割槽。

3）回采

在凿岩巷道内钻凿上向扇形中深孔，几个分段同时装药爆破。崩落矿石进入漏斗，经电耙耙运至溜矿井。整个矿柱（或矿房）回采完毕后，一次进行胶结充填（或非胶结充填）。

4）评价

嗣后充填法的主要优点是：

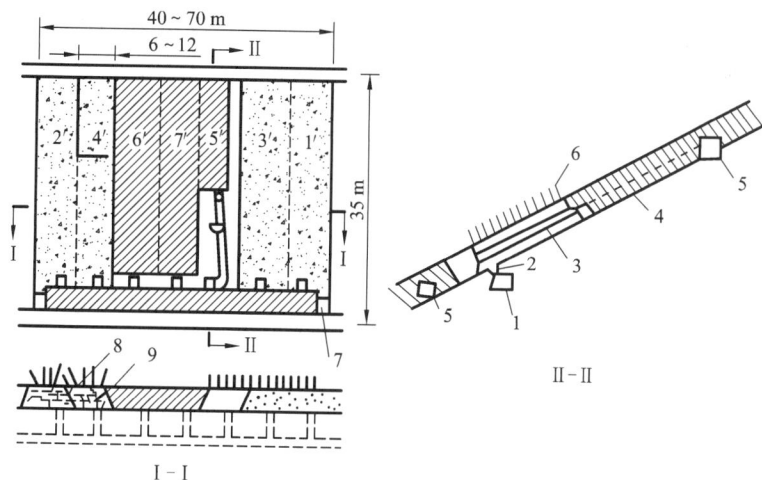

图 10 – 46 湘西金矿分条密接充填法

1—底盘运输平巷；2—溜矿井；3—电耙；4—切割上山；5—回风平巷；6—护顶锚杆；
7—滤水墙；8—充填斜壁；9—尾砂充填体；1'、2'、3'……7'—分条回采顺序

（1）兼有空场法回采工艺简单和充填法回采率高及保护地表的优点，克服了分层充填繁杂作业循环的缺点；

（2）多使用中深孔穿爆，生产能力大；

（3）一次充填量大，有利于提高充填体质量，降低充填成本；

（4）回采与充填工作互不干扰。

其主要缺点是：

（1）充填采场砌筑密闭滤水设施工作量大；

（2）贫化损失指标较分层充填法差。

5）嗣后充填采矿法的关键技术

嗣后充填采矿法，尤其是两步骤回采的分段空场或阶段空场嗣后充填采矿法，其采准切割和回采工艺与分段空场法阶段空场法基本相同，关键在于嗣后充填环节，包括第一步采场人工矿柱充填质量要求、第二步采场回采靠近人工矿柱时的凿岩爆破控制技术，以及嗣后充填体的封堵技术和泄滤水技术等。

（1）第一步人工矿柱充填质量要求

第一步采场充填后形成的人工矿柱质量直接影响相邻第二步采场回采的安全性和矿石贫化损失指标。第一步人工矿柱充填质量包括充填体强度和二步采场揭露后充填体的自立性，由于受影响因素众多，因此没有统一标准。与国内片面强调充填体强度不同，国外采矿业发达国家对充填体强度要求不是很高，如澳大利亚芒特艾萨铜矿分段空场嗣后充填采矿法一步采充填体矿柱（高度 60 m）56 d 单轴抗压强度仅要求 0.2 ~ 1.0 MPa，养护 4 个月后可进行相邻二步采场的回采工作。

（2）第二步采场回采靠近人工矿柱矿体时的凿岩爆破控制技术

为保证第二步采场回采过程中第一步采场人工充填体的自立性，一般要求在回采靠近人工矿柱矿体时采用特殊的凿岩爆破控制技术。如调整二步采爆破参数，靠近充填体时采用少

装药、预留护壁层，采用孔间微差爆破并控制单段爆破炸药量等措施，在降低水泥耗量（不刻意要求过高的充填体强度）的情况下，保证二步采场回采作业安全，并控制矿石损失率和贫化率。

（3）嗣后充填体封堵技术

嗣后充填一次连续充填时间长，充填量大，对充填挡墙构成较大的压力，应采用可靠的挡墙构筑技术，提高挡墙质量和滤水效果。

（4）嗣后充填泄滤水技术

因工人无法进入高大空场布置泄滤水设施，因此，嗣后充填泄滤水效果较差，必须高度重视嗣后充填泄滤水工作。为提高脱水效果，对于分段空场嗣后充填法采场，可将聚乙烯脱水管一端吊挂在上一分段巷道，另一端下放到下一分段巷道进行脱水。

10.6　充填采矿法矿柱回采

由于充填法矿山多采用两步骤回采方式，不留间柱，故一般不存在间柱回收问题。充填法矿山所留矿柱多为顶、底柱和每隔一定距离留设的连续盘区矿柱。在充填法矿柱回采过程中，充填体能起人工矿柱的作用，因而扩大了矿柱采矿方法的选择范围，为选用和矿房回采效率与工艺基本相同的矿柱采矿方法提供了有利条件。

充填法矿柱可以采用空场法和充填法进行回采，其回采工艺与矿房回采基本相同。

第11章 崩落采矿法

与空场法或充填法利用围岩本身稳固性和矿柱或充填体支撑顶板岩层、被动管理地压不同，崩落法是通过有计划地强制或自然崩落围岩，消除地压存在和产生的根源，主动管理地压。其主要特点是：随采矿工作面的推进，有计划地强制崩落，或借助自然应力崩落采场顶板或两帮围岩，充填采空区，以控制和管理采场地压。

崩落采矿法能实现单步骤连续回采，消除回采矿柱时安全条件差、损失与贫化大的弊端。但其首要前提条件是地表允许陷落，而且由于放矿是在覆盖岩石下进行的，总体损失与贫化率较高，因此，一般适应于价值不高的矿体或低品位矿体的回采。随着环保问题的日益重视，该类采矿方法使用比重有越来越小的趋势。

国内外常见的崩落法回采方案包括：有底柱分段崩落法、无底柱分段崩落法、阶段崩落法、分段留矿崩落法、自然崩落法等。过去应用的壁式崩落法、分层崩落法等因效率低、成本高已基本淘汰。

11.1 有底柱分段崩落法

有底柱分段崩落法的主要特征是：矿体自上而下将阶段划分为分段，沿矿体走向按一定顺序，用强制崩矿或利用地压与矿石自重落矿，实现单步骤连续回采；崩落矿石是在覆盖岩石的直接接触下，借助矿石的自重和振动力的作用，经底部结构放出。随着矿石的放出，覆盖岩石随之下降，充满采空区，实现地压管理。

1) 采场布置

急倾斜和倾斜矿体，厚度 $H \leqslant H_0 (H_0 = 15 \sim 20 \text{ m})$ 时，矿块沿走向布置；厚度 $H \geqslant H_0$ 时，矿块垂直走向布置。图 11 – 1 为胡家峪矿沿走向布置的有底柱分段崩落法示意图。

2) 构成要素

（1）阶段高度

倾斜、急倾斜矿体阶段高度一般为 40 ~ 60 m。

（2）分段高度

分段高度主要取决于凿岩设备，采用深孔钻机时不大于 25 m，中深孔凿岩时不大于 15 m。

（3）矿块宽度

矿块宽度一般为 10 ~ 15 m。

（4）矿块长度

电耙水平耙矿矿块长度一般为 20 ~ 40 m，电耙倾斜耙矿时，矿块长度可达 50 m，铲运机出矿时矿块长度还可增大。

（5）底柱高度

漏斗底部结构高度 5 ~ 8 m，堑沟底部结构高度 10 ~ 15m 。

3）采准切割

采准工程包括掘进阶段运输巷道、溜井、电耙道、人行天井、分段凿岩平巷和联络道等。为提高矿块出矿和运输能力，阶段运输平巷可采用环形运输系统，布置脉外双巷，采用穿脉连接。上下阶段运输平巷间掘进矿石溜井和人行材料井（无轨设备出矿时，施工斜坡道），在每个分段出矿水平掘进联络道，与人行材料井和电耙道联通。在出矿水平上方施工凿岩平巷，负责凿岩工作。

切割工作包括掘进堑沟平巷、斗穿与斗颈、切割天井、切割横巷等。与漏斗底部结构相比，堑沟底部结构工艺简单，效率高且易保证质量，因此应用较为广泛，但堑沟对底柱切割较大，故底部结构稳定性受到一定影响。

切割立槽是为了给落矿开掘自由面和提供补偿空间。根据切割天井和切割横巷的相互位置不同，切割立槽有"倒T形（也称倒"丁"形）和"V"形（也称倒"八"形）两种拉槽方法。

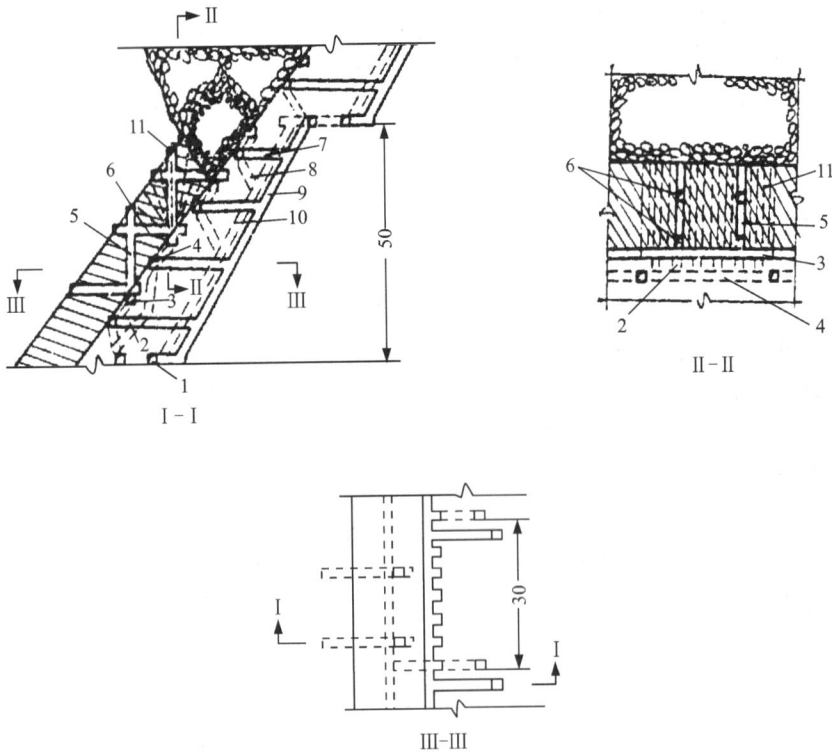

图 11 - 1　胡家峪矿有底柱分段崩落法示意图

1—下盘阶段运输平巷；2—漏斗颈；3—凿岩平巷；4—电耙道；5—切割天井；6—切割平巷；
7—联络道；8—矿块出矿小井；9—人行材料井；10—溜矿井；11—炮孔

（1）倒"T"形拉槽法，如图 11 - 1 或图 11 - 2a 所示，掘进的切割天井和切割横巷组成倒"T"字形，自切割横巷钻凿若干排上向垂直平行中深孔，以切割天井为自由面和爆破补偿空间，爆破形成切割立槽。每排 2 - 3 孔，这些孔可与崩矿孔同次装药分段爆破。

（2）倒"八"形拉槽法，如图 11 - 2b 所示，掘进两组倾向相反的切割天井，组成"V"字形，自下盘侧切割天井内钻凿若干排平行于上盘切割天井的中深孔,以上盘切割天井为自由面爆破形成切割立槽。

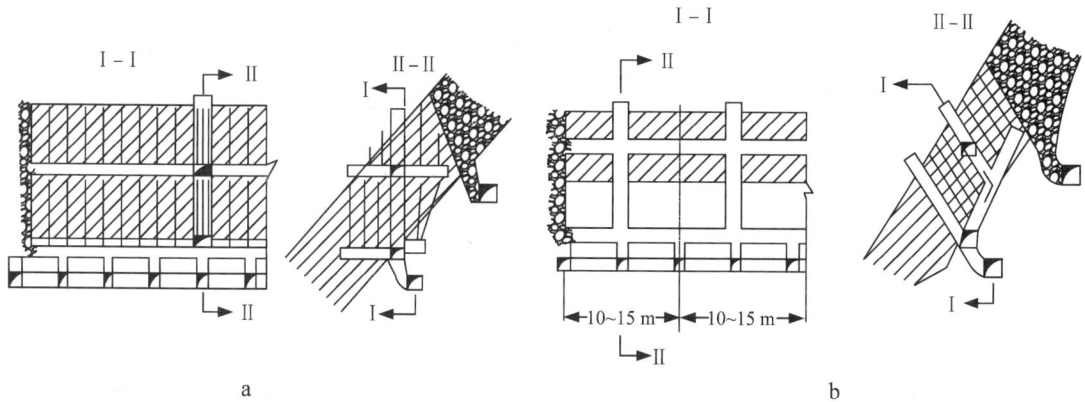

图 11-2 有底柱分段崩落法拉槽方法

a—倒"T"形拉槽法;b—"V"形拉槽法

国内部分有底柱分段崩落法矿山矿岩性质及采场结构参数如表 11-1 所示。

表 11-1 国内部分有底柱分段崩落法矿山矿岩性质和采场构成要素

矿山名称	矿体厚度/m	矿体倾角/(°)	矿体稳固性	上盘围岩稳固性	采场布置形式	采场长度/m	矿块宽度/m	阶段高度/m	分段高度/m
易门铜矿狮山分矿	3~50	60~85	不稳固	中稳	垂直走向	30~50	10	50	25
中条山胡家峪矿	10~15	35~55	中稳	不稳固	沿走向	25~30	10~15	50	10~12
铜陵有色松树山矿	8~10	25~30	中稳	不稳固	沿走向	40	10	40	8~10
大姚铜矿	1~35	10~35	中稳	不稳固	垂直走向	30~50	12~15	15	单段

4)回采

(1)凿岩

采用中深孔或深孔钻机,在凿岩平巷内钻凿上向扇形中深孔或深孔,向切割槽方向进行挤压爆破。中深孔孔径一般为 55~75 mm,孔深不大于 15 m,排距一般为 1.2~2 m,孔底距一般为排距的 1~1.15 倍。深孔孔径一般为 95~120 mm,孔深不大于 25 m,排距一般为 2.5~3.5 m。

(2)爆破

有底柱分段崩落法一般采用挤压爆破,挤压爆破补偿空间系数一般为 12%~20%。按爆破时获得补偿空间的不同条件,可分为向小补偿空间挤压崩矿、向崩落矿岩挤压崩矿及混合崩矿方案。

①向小补偿空间挤压崩矿:所需的补偿空间由分段中的井巷空间提供(见图 11-3),该崩矿方式由于补偿空间有限,对爆破技术要求较高。其主要优点是省却了复杂的拉槽工艺,且补偿空间分布均匀,便于各分段一次集中爆破。对于因复杂条件(如上部存在状况不明空

区)无法拉槽的区域,可通过施工多个切割天井创造小补偿空间进行集中爆破。

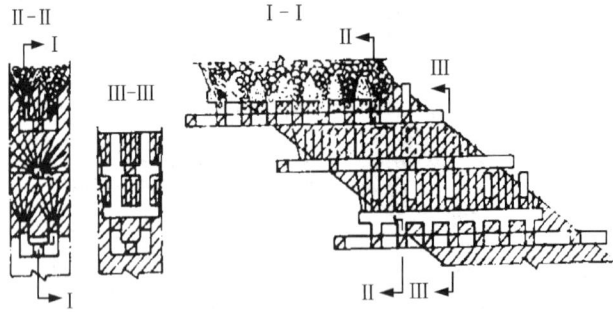

图 11-3　向小补偿空间挤压崩矿方案

②向崩落矿岩挤压崩矿:分段下部(切采)是用向小补偿空间挤压爆破形成堑沟,中部和上部(回采)向相邻崩落矿岩挤压崩矿(见图 11-4)。每次向相邻崩落矿岩挤压崩矿前,需对前次崩落的压实矿石松动出矿 15%~20%,以获得补偿空间。

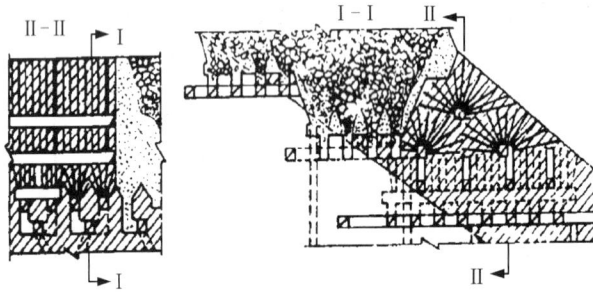

图 11-4　向崩落矿岩挤压崩矿方案

③混合崩矿方案:靠崩落区外半部向崩落矿岩挤压,内半部向小补偿空间挤压(图 11-5)。

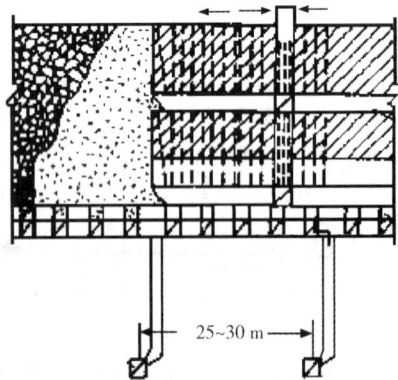

25~30 m

图 11-5　混合崩矿方案

（3）出矿

在"V"形堑沟内的崩落矿石，通过安装在电耙道内的电耙耙入矿块小井（或利用铲运机通过出矿进路与出矿巷道），最终汇入主溜矿井。由于崩落矿石直接与上部覆盖岩石接触，为减少矿石损失与贫化，应使矿石与废石接触面保持一定的状态（水平或倾斜）下降。因此，各分段出矿时，应综合考虑上下分段、相邻矿块的出矿情况，制定周密的放矿顺序，确定合理的放矿量。上下分段同时出矿时，上分段超前的水平距离应不小于分段高度的1.5倍。

（4）通风

通风的重点是电耙道或铲运机出矿巷道，电耙道的风向应与耙运方向相反。

5）分段底柱回采

用有底柱分段崩落法开采急倾斜或倾斜厚大矿体时都有分段矿柱回采的问题。分段矿柱中坑道密集，并经过落矿、出矿、二次破碎等过程使其受到强烈的震动与破坏，其稳固程度大大降低，回采条件一般较差。分段矿柱可以采用以下方法进行回采：

（1）当分段中某矿块出矿结束后，有条件在电耙道中凿岩爆破时，可在电耙道中向桃形矿柱和漏斗间柱钻凿垂直扇形中深孔，并在电耙道之间的三角矿柱两端开凿岩硐室，在硐室中钻凿水平深孔与桃形矿柱、漏斗间柱一起崩落；

（2）利用下一分段与其相对应矿块的凿岩巷道，隔一定距离向上开凿天井和凿岩硐室，在硐室中向上分段底柱打束状孔与下分段同时崩矿；

（3）利用下分段的凿岩巷道向上开凿天井后再掘进水平凿岩巷道，并在其中钻凿垂直扇形孔与下分段落矿的同时崩落上分段底柱；

（4）对倾斜厚大矿体，矿块垂直走向布置时，其底盘留有三角矿柱，可在脉外底盘加设沿走向的水平底部结构和凿岩巷道，对这部分三角矿柱进行回收。

6）评价

（1）优点

①有底柱分段崩落法可采用不同的回采方案以适应各种地质条件，灵活性高；

②开采强度大，安全性高；

③设有专用进、回风通道，通风效果好。

（2）缺点

①底部结构复杂，采切比大，回采率低；

②底柱稳固程度差，巷道维护工程量大；

③放矿管理难度大，贫化率高。

7）适用条件

①厚度大于5 m的急倾斜矿体或任何倾角的厚至极厚矿体；

②矿体规整性好；

③地表允许崩落。

8）主要技术经济指标

部分国内有底柱分段崩落法矿山主要技术经济指标如表11-2所示。

表 11 – 2 国内部分有底柱分段崩落法矿山主要技术经济指标

矿山名称	矿块生产能力/(t · d⁻¹)	损失率/%	贫化率/%	孔径/mm	炸药单耗/(kg · t⁻¹)	凿岩设备	出矿设备
易门铜矿狮山分矿	200 ~ 250	20 ~ 30	5 ~ 10	105 ~ 110	0.35 ~ 0.5	YQ – 100	30 kW 电耙
中条山胡家峪矿	200 ~ 300	15 ~ 20	10 ~ 15	65 ~ 72	0.6 ~ 0.76	YGZ – 90	30 kW 电耙
铜陵有色松树山矿	200 ~ 250	15 ~ 20	20 ~ 27	100	0.4 ~ 0.5	YQ – 100	30 kW 电耙
大姚铜矿	180 ~ 220	20 ~ 30	25 ~ 35	65 ~ 72	0.4 ~ 0.5	YGZ – 90	55 kW 电耙

11.2 无底柱分段崩落法

有底柱分段崩落法由于留设了一定量的底柱，底柱矿量虽然可以通过专门的回采设计进行回收，但因回采条件恶化，回采率较低，造成资源的浪费。为解决有底柱分段崩落法底柱矿量较多的弊端，国内外推广应用了无底柱分段崩落法。无底柱分段崩落法已成为占主要统治地位的崩落法，其主要特征是：以分段巷道将阶段划分为分段，自上而下分段进路回采，回采时，在进路中钻凿上向扇形中深孔，以很小的崩矿步距向充满废石的崩落区挤压崩矿；崩落的矿石自回采进路端部进行端部放矿，用出矿设备装运至溜矿井；随着矿石的放出，覆盖岩石随之下降，充满采空区，实现地压管理。

按矿块装运设备的不同，无底柱分段崩落法有无轨和有轨两种运输方案。前者的出矿设备是铲运机，后者是装岩机和矿车。

1）采场布置

矿块布置根据矿体厚度和出矿设备的有效运距确定。一般情况下，矿体厚度 $H \leq H_0$（$H_0 = 20 \sim 40$ m）时，矿块沿走向布置；厚度 $H \geq H_0$ 时，矿块垂直走向布置。图 11 – 6 为姑山矿业公司垂直走向布置的无底柱分段崩落法示意图。

分段高度和进路间距是无底柱分段崩落法的主要结构参数。为减少采准工程量，降低采矿成本，在凿岩能力允许、不降低回采率的条件下，应尽量加大分段高度和进路间距。目前，我国矿山采用的分段高度一般为 10 ~ 12 m；进路间距略小于分段高度，一般为 8 ~ 10 m。

2）采准切割

（1）采准

阶段运输平巷、溜矿井、斜坡道（无轨开采时）或设备井（装运机有轨开采时），一般布置在矿体下盘岩石中。每个矿块原则上设置一处溜矿井。溜矿井个数根据矿石产品种类而定，单一矿石产品时，设一条溜井；多种产品时，相应地增加溜井个数。当采用铲运机出矿时，可根据铲运机的合理运距确定矿石溜井的间距。当矿块的废石量较多时，还需考虑设置废石溜井。

回采进路分垂直走向和沿走向两种布置方案，具体布置根据矿体厚度、倾角、出矿设备及其合理运距、地压管理、通风及安全因素等确定。上下相邻的分段，回采进路应呈菱形布置（见图 11 – 7），以便最大限度地回收上分段回采进路间的脊部残留矿石。回采进路的规格和形状对矿石的贫化损失指标有较大影响，要根据采掘设备尺寸和采掘工艺而定。在保证进路顶板和眉线稳固的条件下，进路宽度应尽可能加大。进路高度应与凿岩设备、装运设备和

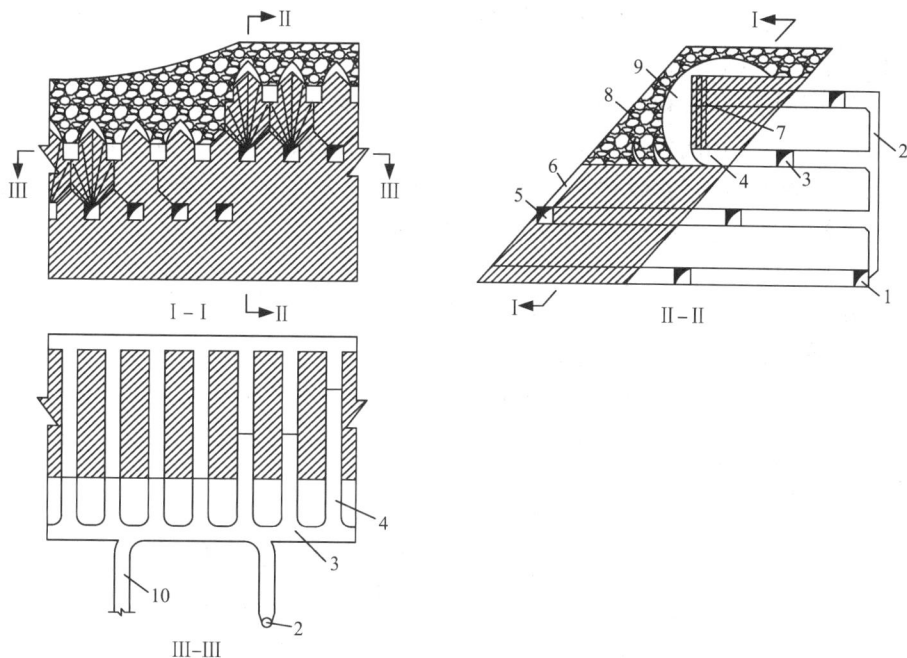

图 11 - 6　姑山矿业公司无底柱分段崩落法示意图

1—阶段运输平巷；2—溜矿井；3—分段巷道；4—凿岩出矿进路；5—分段切割横巷；6—切割天井；
7—上向扇形中深孔；8—上覆围岩；9—崩落矿石；10—斜坡道入口

通风风管规格相适应，尽可能降低，进路的顶板以平直为宜。

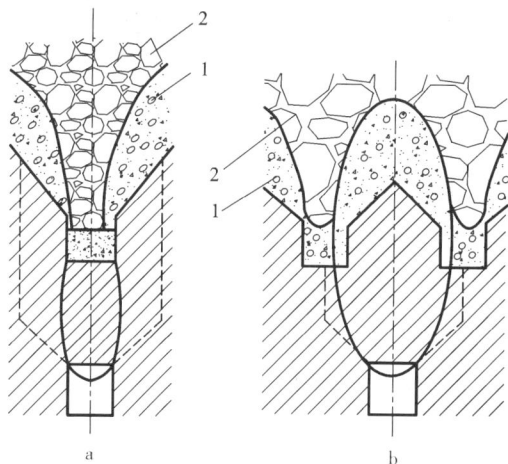

图 11 - 7　回采巷道布置形式与矿石回收程度之间的关系

1—矿石；2—废石
a—平行布置；b—菱形布置

（2）切割

在回采工作前必须首先在回采进路末端形成切割槽。回采巷道沿走向布置时，爆破受上下盘围岩夹制作用大，爆破宽度可能会越来越小，为改善爆破效果，常采用增大切割槽面积或每隔一定距离重开切割槽的方法来解决。

切割槽的形成方法包括：

①切割平巷与切割天井拉槽法。

该方法是被广泛采用的切割拉槽方法，在回采进路的顶端，开凿切割平巷(亦称切割横巷)和切割天井，在切割平巷内钻凿扇形孔，以切割天井为自由面逐排爆破形成切割立槽，其切割槽形成工艺与分段空场法(见图9－14)基本相同。

②切割天井拉槽法。

该拉槽方法如图11－8所示，无需开掘切割平巷，只在回采进路端部掘进切割天井，在回采进路内切割天井两侧钻凿上向扇形孔，以切割天井为自由面，爆破形成切割槽。

与切割平巷和切割天井拉槽法整个矿块各回采巷道一次形成矩形切割立槽不同，切割天井拉槽法需在每条回采进路端部均掘进切割天井，各回采进路形成独立的"V"形切割立槽。

③无切割天井拉槽法。

施工切割平巷连通回采进路端部，在切割平巷内首先钻凿若干排倾角逐渐增大的扇形炮孔，形成实际上初期切割空间(相当于切割天井)，然后在切割横巷内钻凿上向扇形炮孔，以此空间为自由面爆破形成切割立槽(见图11－9a)。由于本方法无需提前施工切割天井，因此，对于矿岩条件差不便于施工切割天井的地段较为合适。但因该方法无切割天井，如果切割槽高度过大，受上部矿体强烈夹制作用影响，切割立槽形成质量较差，会出现切割槽高度逐渐降低现象(见图11－9b)，影响矿石回采率，因此，无切割天井拉槽法仅用于切割立槽不高的情况(一般不超过15～20 m)。

国内外部分无底柱分段崩落法矿山矿岩性质及采场结构参数如表11－3所示。

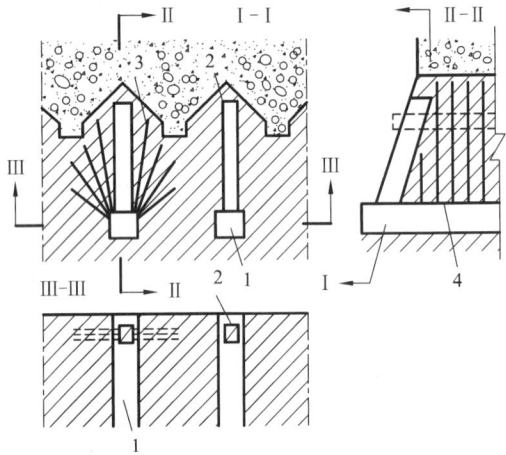

图11－8　切割天井拉槽法

1—回采进路；2—切割天井；3—切割炮孔；4—回采炮孔

表11－3　国内外部分无底柱分段崩落法矿山矿岩性质和采场构成要素

矿山名称	矿体厚度/m	矿体倾角/(°)	矿体稳固性	上盘围岩稳固性	矿块规格长×宽/(m×m)	阶段高度/m	分段高度/m	进路间距/m	进路宽×高/(m×m)
大庙铁矿	10～50	80～90	稳固	稳固	50×(20～50)	63～73	10～13	10	4×3
镜铁山铁矿	15～150	60～90	稳固	稳固	40×50	60～120	10～12	10	3.5×3.5
梅山铁矿	120～200	20～30	稳固	中稳	60×50	120	10～13	10	4×3.2
金山店铁矿	8～75	58～87	不稳固	不稳固			8～12	10	2.8×2.8
云台山硫铁矿	30～150	30～50	稳固	稳固	50×48	50	7～14	6～10	3.5×2.5
向山硫铁矿	150～200	20～30	不稳固	不稳固	50×35	28～43	7～14	7～8	(1.8～2.5)×(3～3.5)
瑞典Kiruna铁矿	90	50～60	稳固	稳固	200×80	235	12	11	5×3.7

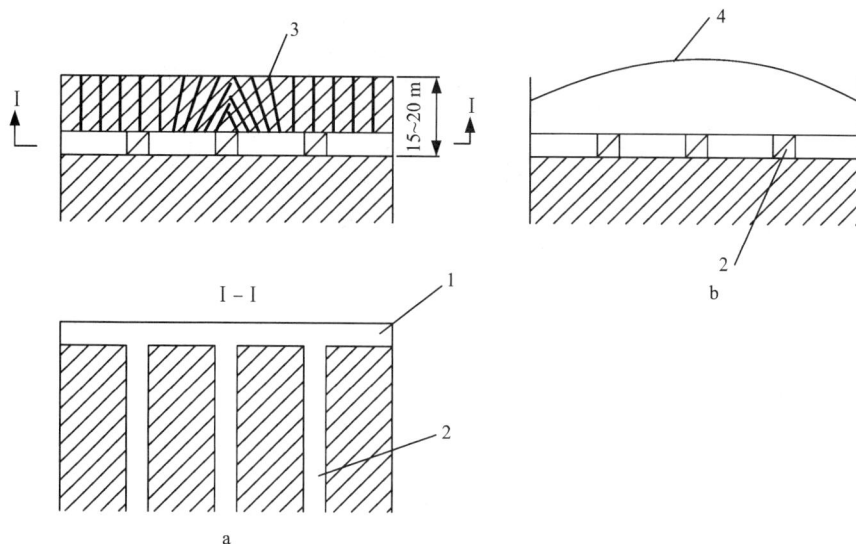

图 11 – 9 无切割天井拉槽法

1—切割横巷；2—回采进路；3—切割炮孔；4—切割高度过高时易出现拉槽高度逐渐降低的情况

3）回采

在凿岩平巷内钻凿上向扇形中深孔，以小崩矿步距向充满废石的崩落区挤压崩矿。崩落矿石由铲运机或装岩机配矿车运至溜矿井。为降低损失与贫化，每分段各回采进路应平行后退回采，保证矿岩接触面在水平上保持一致。

（1）凿岩

在回采进路内利用凿岩设备（国内常用 YGZ – 90、CTC – 700 采矿台车）钻凿上向扇形孔。凿岩参数包括炮孔扇面倾角、扇形炮孔边孔角、崩矿步距、孔径、最小抵抗线、孔底距等。

①炮孔扇面倾角。

炮孔扇面倾角是指扇形炮孔排面与水平面的夹角，分为前倾和垂直两种形式。前倾布置倾角一般为 70° ~ 85°，这种布置方式可以推迟上部较小块度废石提前混入，装药方便，但炮孔方向难以掌握；垂直布置炮孔方向易于掌握，但装药条件较差。矿山一般采用垂直扇面倾角布置形式。

②边孔角。

在分段高度一定条件下，边孔角越小，回采进路间距越大，反之进路间距则越小。综合考虑回采进路间距（进路规格一定条件下，进路间距决定了两条进路之间矿柱的宽度，即进路稳固性）、崩落矿石自然安息角等条件，扇形炮孔边孔角一般为 45° ~ 55°。

③崩矿步距。

崩矿步距是指一次爆破崩落矿石层厚度。崩矿步距应与铲运机铲装宽度相适应，如果崩矿步距过小，放矿体（参见 7.6 节）很快伸入正面废石中，废石提前渗入，上部矿石损失增大（见图 11 – 10a）；反之，如果崩矿步距过大，超过铲运机铲装宽度，放矿体很快伸入上部废石中，废石提前渗入，正面矿石损失增大（见图 11 – 10b）。根据炮孔最小抵抗线和铲运机铲装宽度，一般每次爆破 1 ~ 2 排炮孔，即崩矿步距是最小抵抗线的 1 ~ 2 倍。

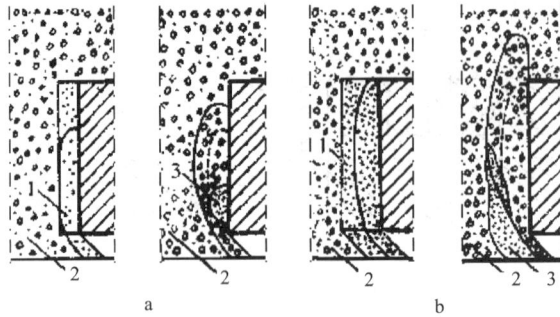

图 11 - 10　崩矿步距与矿石损失之间的关系

1—崩落矿石；2—覆盖废石；3—损失矿石

a—崩矿步距过小；b—崩矿步距过大

④孔径、最小抵抗线、孔底距。

孔径、最小抵抗线、孔底距取决于所采用的凿岩设备。一般孔径 d 为 52～72mm，最小抵抗线 w 一般为孔径的 30 倍左右且与崩矿步距相适应。扇形炮孔孔底距 a 一般等于最小抵抗线，但这种布置方法孔底距过小，每扇面炮孔数目过多，孔口炮孔过于密集。为使矿石破碎均匀，可采用加大孔底距，减小最小抵抗线，使 $a \times w$ 之积不变的炮孔布置方式。

随着凿岩设备的进步，也有大型矿山，将无底柱分段崩落法的进路回采改为全断面回采，即缩短矿块宽度，每分层全断面拉开，进行支护，钻凿上向平行中深孔，以改善爆破效果。

（2）爆破

为避免扇形炮孔孔口装药过于集中，造成孔口部位矿石过于粉化，破坏放矿眉线，除边孔及中心孔装药较满外，其余各孔交错调整装药长度（见图 11 - 11。图中，粗线为装药段，细线为填塞段）。采用装药器装药，每次爆破 1～2 排炮孔。

（3）出矿

采用铲运机自回采进路端部出矿。出矿过程中适时测定出矿品位，达到放矿截止品位后结束出矿工作。为

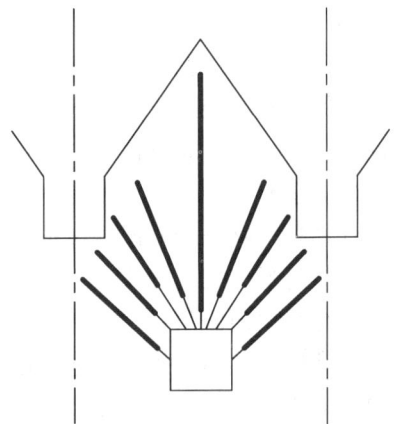

图 11 - 11　扇形炮孔装药结构示意图

尽可能降低损失率和贫化率，应严格出矿管理，各进路均衡出矿，以保证正面矿岩接触面尽量在一条直线上。

（4）通风

由于回采进路均为独头巷道，无法形成贯穿风流，且巷道纵横交错容易形成复杂的角联网络，风量调节困难，因此，无底柱分段崩落法通风效果较差，一般采用局扇通风方式。

局扇通常安装在上部回风水平（见图 11 - 12a），新鲜风流经本阶段运输平巷、分段联络道进入回采进路，清洗工作面后，污风由风筒经回风天井引至上水平回风巷道。该通风方式的风筒安装、拆卸和维护工作量大，且影响本进路出矿工作。

为避免在天井内安装风筒，也可将局扇安装在本分段水平，但需利用密闭墙将新鲜风流与污风流隔开（见图 11 - 12b）。

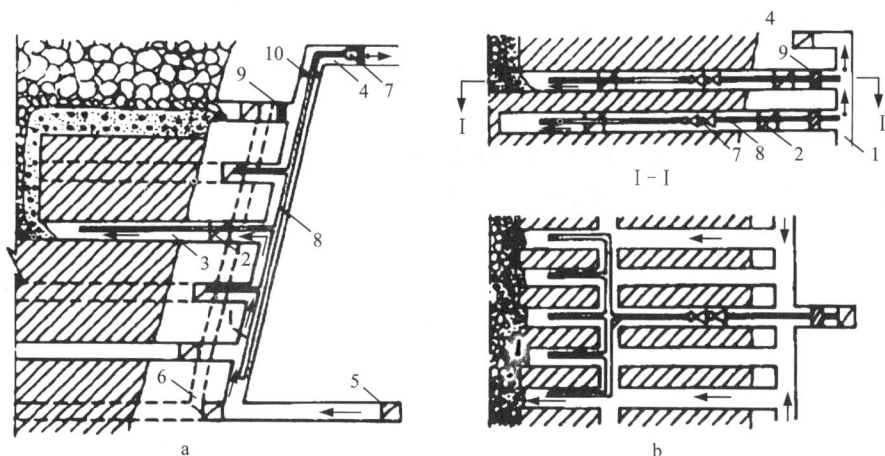

图 11-12 无底柱分段崩落法回采进路通风方式

a—局扇安装在回风水平的通风方式；b—局扇安装在分段水平的通风方式

1—通风天井；2—分段联络巷道；3—回采进路；4—回风巷道；

5—阶段运输巷道；6—溜矿井；7—局扇；8—风筒；9—密闭墙；10—隔风板

4）回采顺序

由于无底柱分段崩落法为覆盖岩石下放矿，上下分段之间、同一分段回采进路之间的回采顺序是否合理，对于矿石的损失和贫化、回采强度及地压管理都有重大影响。

（1）分段间回采顺序

分段之间一般采用自上而下、上分段超前于下分段的回采顺序。超前距离以下分段回采时，矿岩移动范围不影响上分段回采安全为原则。

（2）同分段进路间回采顺序

沿走向方向可以采用自中央向两翼、自两翼向中央或自一翼向另一翼推进的回采顺序。走向长度较大时可沿走向划分为若干个回采区段，多翼回采，每个区段内各进路平行推进。当地压大或矿石不稳固时，应避免采用自两翼向中央的回采顺序，以防止最后几条进路承受较大的压力。

各进路自端部向分段联络道方向后退式回采。

5）评价

（1）优点

①结构简单，灵活性大，不需留设矿柱；

②与有底柱分段崩落法相比，采切工程量少；

③回采工艺简单，机械化程度高，生产能力大；

④巷道中作业，安全性好。

（2）缺点

①覆盖岩石下放矿，损失率和贫化率高；

②独头巷道作业，通风条件差。

6）适应条件

除崩落法一般适用条件，如地表允许崩落外，还应符合：

（1）急倾斜厚矿体，或缓倾斜极厚矿体；

（2）矿石中等稳固，上覆岩石不稳固或中等稳固。

7）无底柱分段崩落法改进方案

为改善通风条件，进一步降低损失率和贫化率，提高矿块生产能力，部分矿山提出了高端壁无底柱分段崩落法方案，如浬渚铁矿（见图11–13）。与普通无底柱分段崩落法相比，高端壁方案具有如下特点：

（1）变单分段凿岩、单分段出矿为两分段（或以上）凿岩，下部分段出矿，生产能力增大；

（2）新鲜风流经局扇加压，清洗工作面后的污风，穿过矿岩爆堆回流到上分段回采巷道中排出，即采用爆堆通风方式，改善了通风效果。

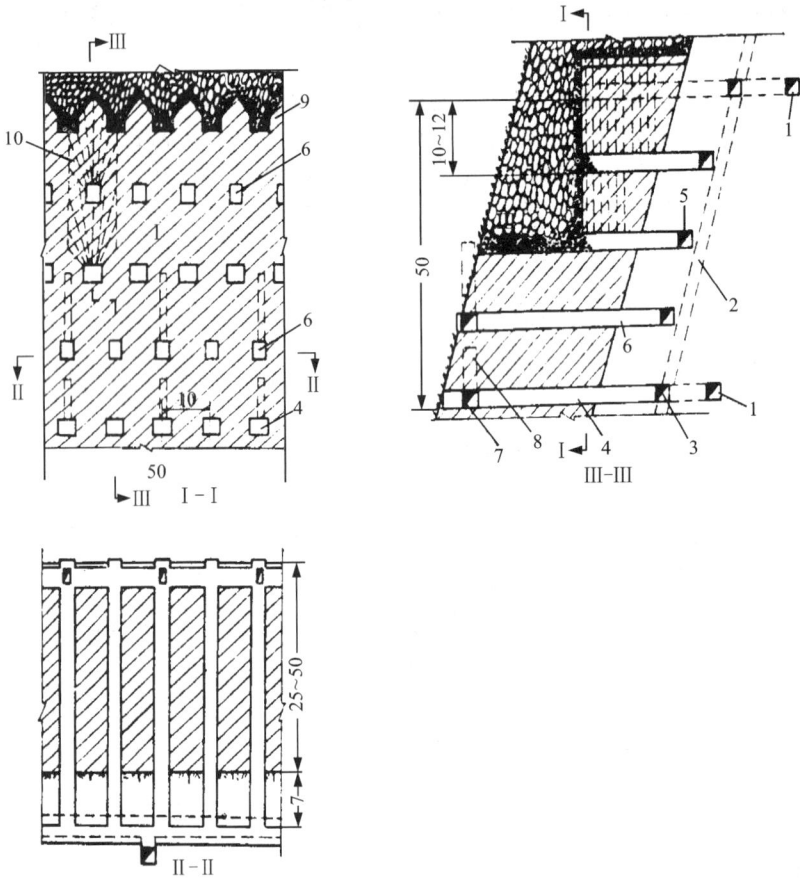

图 11–13　浬渚铁矿无底柱分段崩落法示意图

1—阶段运输平巷；2—溜矿井；3—联络道；4—出矿凿岩进路；5—运输联络道或分段平巷；6—凿岩进路；7—切割平巷；8—切割天井；9—脊部矿柱；10—炮孔

国内部分无底柱分段崩落法矿山主要技术经济指标如表11–4所示。

表 11-4 国内部分无底柱分段崩落法矿山主要技术经济指标

矿山名称	千吨采切比/(m·kt⁻¹)	回采率/%	贫化率/%	炸药单耗/(kg·t⁻¹)	
				采矿	掘进
大庙铁矿	3.27	84	25		
镜铁山铁矿	6.46	87	14	0.52	3.19
梅山铁矿	5.92	82	16	0.45	2.4
金山店铁矿	8.05	53	18		
云台山硫铁矿	5.77	92	13	0.42	3.1
向山硫铁矿	8.54	67	11	0.14	1.38

11.3 阶段强制崩落法

分段崩落法是在阶段内划分若干分段,分段凿岩、分段出矿,故采准切割工程量大。随着凿岩技术水平的提高,可以将分段崩落改为阶段崩落,以进一步提高回采效率和生产能力,降低矿石损失和贫化。

阶段强制崩落法的实质是在阶段全高上划分成一个或数个凿岩分段,阶段或分段崩矿,以阶段全高在覆盖岩石下进行大量出矿(见图 11-14)。

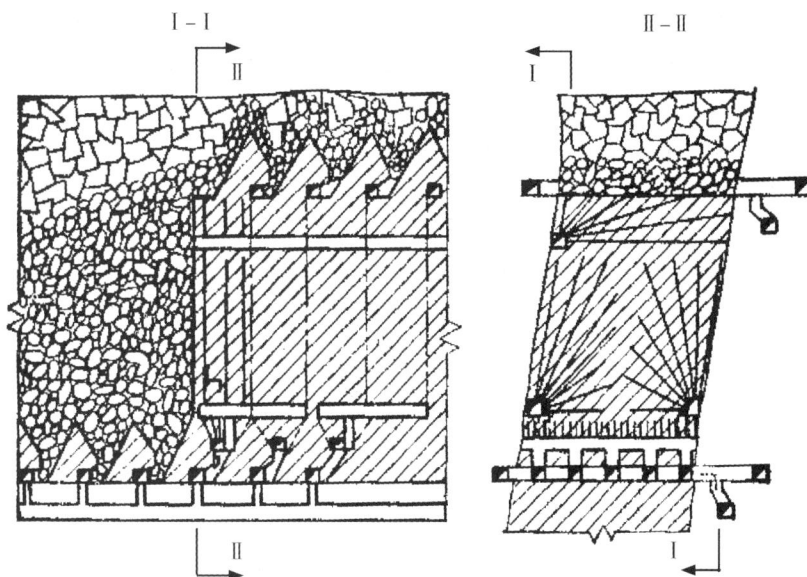

图 11-14 阶段强制崩落法示意图

该方法适应条件与分段崩落法基本相似,但由于阶段全高出矿,对矿体规整性提出了更高的要求。

按照回采爆破方向,可以分为垂直侧向崩矿方案、水平下向崩矿方案两种形式,前者需要开掘切割立槽,后者需要拉底空间。

该方法开采强度大、采切工程量小、劳动生产率高，但放矿要求较高，如果放矿管理不善，矿石损失和贫化严重。

如果每次崩矿仅放出少量矿石，大部分留在原处，待矿块全部崩矿工作结束后，再自矿块底部进行集中出矿，则此方法可称为分段留矿崩落法，是分段崩落法与阶段强制崩落法的组合方案。

11.4　自然崩落法

自然崩落法也是一种阶段崩落法，其实质是将待采矿体划分成一定规模的矿块，以矿块作为开采对象，通过对矿块的拉底、切槽等采矿工程，使矿岩体内产生拉、压、剪等集中应力，迫使矿体在诱导的集中应力作用下产生破坏而崩落，从而减少采矿工程，降低开采成本。一般情况下，自然崩落法适用于围岩稳定性较好，而矿体节理裂隙发育、稳定性差的厚大急倾斜矿体。

自然崩落法由于落矿时间和落矿量难以精确控制，放矿技术要求较严，因此，虽然在国外，如美国、澳大利亚、加拿大、智利、赞比亚等国家得到较广泛的应用，但国内仅在部分矿山，如铜矿峪矿、丰山铜矿等进行了试验研究。

1）可崩性

矿岩可崩性是指一定的矿块对于崩落法总的适用性，是评价矿体能否应用自然崩落法的一个综合性的矿岩特性指标，是矿体自然崩落可行性研究中的主要内容，对采矿方法的经济效益影响较大，直接支配着拉底、爆破和放矿时间，进而直接影响矿石的贫化损失指标。

矿岩可崩性有两个方面的含义，一是在矿体一定的水平面积范围内拉底后矿岩能自然崩落，二是矿岩在崩落时能破碎成适于运搬的块度。

（1）理想的矿体崩落条件

①一经拉底即容易崩落；

②能崩落成小的块度而又不致压紧难以放出；

③能抗御不打算崩落的采准巷道中的地压。

（2）可崩性影响因素

①岩体质量指标 RQD。RQD 是以岩体构造的发育情况、构造方位和岩体强度为基准，间接地从钻孔岩芯中获得的评价岩体完整性的一个重要指标。RQD 越大，矿岩越难以自然崩落。

②构造频率。构造频率系指岩体内节理间距和发育状况，节理越发育，越容易崩落。

③矿岩强度。矿岩强度越低，越容易崩落。

④节理面粗糙度和充填物。硅化作用和硅化胶结增强矿岩强度；节理面被黏土、绢云母、绿泥石、黑云母等充填，节理裂隙容易张开并增加矿岩间润滑移动作用；石膏和硬石膏充填物形成的软弱夹层，虽然容易破碎，但易堵塞放矿口。

⑤节理组的排列和连续性。通常三组节理、相等频率、互成角度关系（两组节理近于垂直，另一组近于水平），能使崩落矿石块度更加均匀。

⑥地下水。地下水能降低岩体强度和滑动摩擦，裂隙水压力作用可增强绿泥石、云母等沿构造面的滑动作用。

⑦原岩应力大小和方位。一般崩落线方向垂直于主应力方向，小的水平应力有利于矿岩崩落，如果水平应力高，节理会受压闭合，增加摩擦力，提高应力拱的稳定性。

2）采场布置

根据矿体规模，矿块可以采用如下3种采场布置方式：

（1）按一定规格在平面上划分为长方形、正方形或近似正方形矿块，崩落矿石和覆盖岩层在整个面积上均匀并大致保持一个水平面崩落；

（2）将矿体水平面划分为垂直矿体走向的崩落盘区，从盘区一侧向另一侧后退式崩矿，崩落矿石和覆盖岩层接触面始终保持一斜面状态；

（3）矿体水平面不划分固定盘区，从矿体一端向另一端后退式崩矿，崩落矿石和覆盖岩层接触面始终保持一斜面状态。

3）矿块构成要素

（1）阶段高度无严格限制，国内一般为50～60 m，国外一般为150～200 m，最高可达450 m，主要取决于矿体倾角和矿体可崩性。矿体倾角陡，可崩性好，矿块侧面无崩落岩石时可取大值。

（2）矿块水平面积主要受矿体可崩性影响，如果矿块尺寸过小，矿体可能不会自然崩落；尺寸过大，会引起重力问题，影响底部巷道稳定性。根据国外自然崩落法经验，矿块宽度一般为30～90 m，长度为40～120 m。开始取大值，摸清矿体可崩性后，可逐步减小矿块尺寸。

（3）根据出矿设备不同，底部结构可分为电耙底部结构和铲运机底部结构，现多采用铲运机出矿的底部结构，底柱高度一般为18～20 m。

4）采准与切割

采准包括运输平巷和横巷、溜井、二次破碎巷道（电耙道、格筛道或铲运机道）、漏斗颈、人行天井、回风巷道、联络道、观察天井、水平观察巷道等；切割包括切帮天井、切帮平巷和横巷、拉底平巷和横巷等。

普通电耙出矿采切工程布置如图11－15所示，主要包括切帮和拉底两个步骤。自然崩落法立体状况如图11－16所示。

（1）切帮

切帮的目的是：沿矿块边界削弱矿块与原矿和岩体的联系，破坏矿石自然崩落过程中形成的平衡拱基；圈定矿块的崩落边界，使其不发展到相邻未采矿块或两帮的围岩；切断或降低平衡拱角的应力，提高崩落边界附近处于高应力区的巷道稳定性。

采用巷道切帮时，在矿块边角布置2～4条切帮天井，自切帮天井沿矿块界面掘进切帮平巷和横巷，其垂直间距为6～14 m，矿石可崩性好时取大值；采用槽切帮时，除了布置切帮巷道外，自水平切帮巷道钻凿数排垂直平行深孔，分次爆破形成2.5～3 m宽的切帮槽；或钻凿一排孔距较小的垂直平行预裂深孔，随拉底进行一次同段爆破形成预裂面。

（2）拉底

拉底的目的是：在矿块底部形成自由空间，促使矿石自然崩落，影响其效果的有拉底高度、拉底方式和拉底方向等。根据拉底的高度分为低拉底和高拉底，低拉底的高度为3～4 m，高拉底的高度为4～8 m。

拉底方式分为浅孔、中深孔和深孔拉底，分别自拉底巷道钻凿水平浅孔、上向扇形中深孔和水平平行深孔。

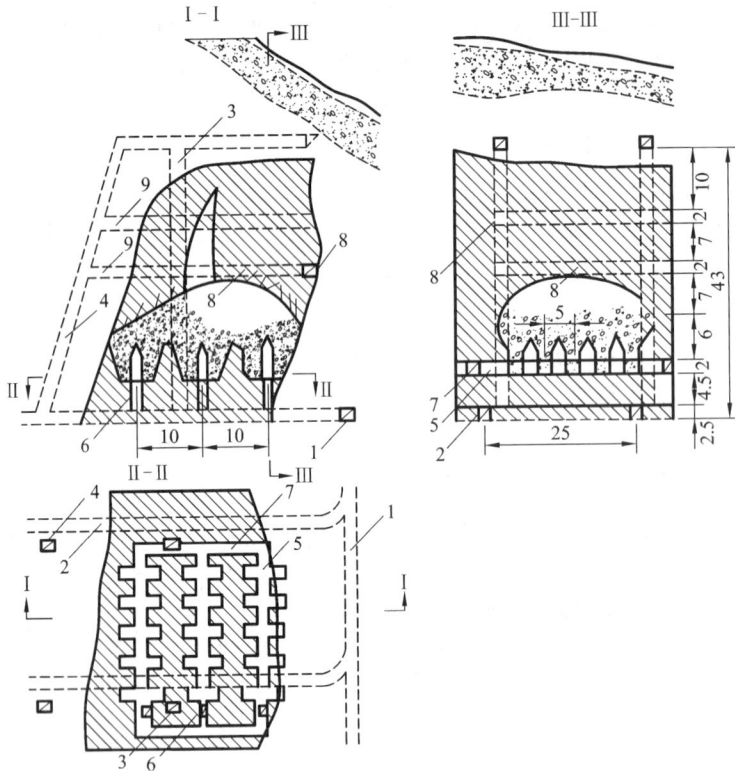

图 11－15　电耙出矿自然崩落法示意图

1—运输平巷；2—横巷；3—切帮天井；4—观察天井；5—电耙道；6—溜矿井；

7—电耙联络道；8—切帮巷道；9—观察巷道

5）回采

自然崩落法回采主要是指出矿工作。出矿分为两个阶段：第一阶段是在矿石自然崩落过程中的局部出矿；第二阶段是矿石自然崩落结束后，在崩落岩石覆盖下的大量出矿。局部放矿的作用是形成矿石继续崩落的补偿空间，并控制放矿速度，使之与矿石的自然崩落速度相适应。

为了最大限度地降低矿石损失和贫化，在矿块回采中一般实行均匀等量放矿，以保持矿岩接触面水平下降。而在盘区和全面连续回采时，均保持倾斜的矿岩接触面，斜面角保持在45°左右为宜。矿岩接触面太陡容易增加贫化，太缓势必扩大放矿区面积（见图 11－17）。

6）评价

（1）优点

①安全性好；

②效率高，生产能力大，日生产能力可达数千吨，甚至数万吨，集中生产，便于管理；

③成本低；

④通风条件好。

（2）缺点

①矿块准备工作量大，时间长；

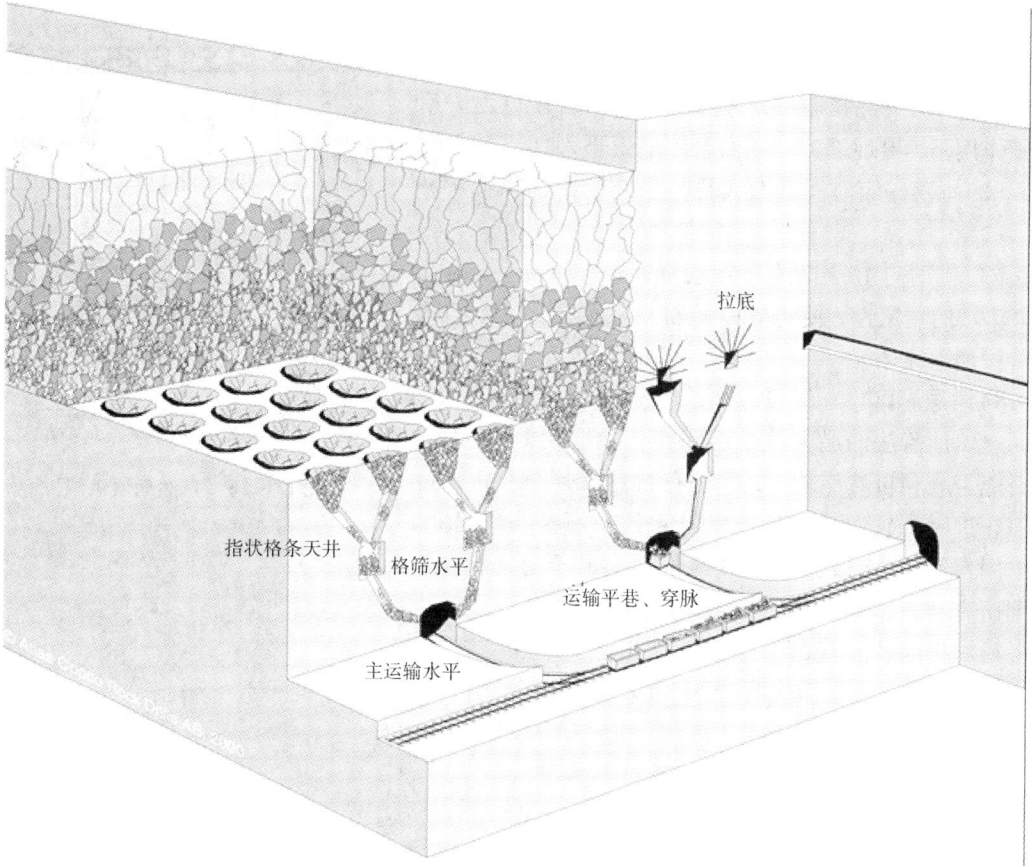

图 11-16 电耙出矿自然崩落法立体图

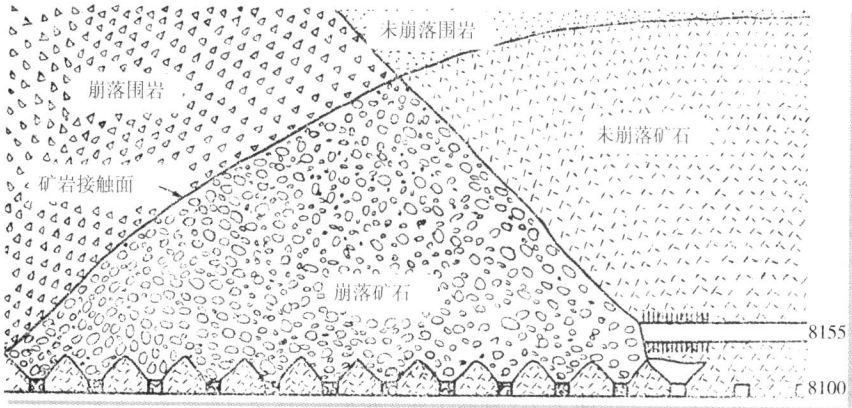

图 11-17 理想矿岩接触面示意图

②适用条件严格，方法灵活性差，较难改变成其他采矿方法；

③对切帮、拉底和出矿的管理水平要求高，如果放矿控制不好，矿石贫化与损失大；

④出矿巷道的支护和维修工作量大，产量调节比较困难。

7) 自然崩落机理

矿石自然崩落包括如下过程(见图 11 – 18)：

(1) 矿块下部拉底后，失去支撑的矿石在重力 P 和地压作用下，出现裂隙破坏而自然崩落下来；

(2) 冒落一定时间后形成暂时稳定的平衡拱而停止崩落；

(3) 借助向上开掘的切帮巷道，破坏拱(首先是拱脚 A、B)的稳定性，使边界内矿石自然崩落下来，直至全阶段崩落完毕。

8) 诱导崩落

自然崩落法的最大技术难题在于拉底切割完成后，矿石能否顺利自然崩落。如果矿石自然冒落至一定高度后停止进一步冒落，则会造成巨大的矿石损失。因此，在采用自然崩落法之前，必须科学研究矿石可崩性，并根据研究结果，探寻各种再诱发崩落的方法。

最常用的诱导崩落方法包括切帮天井、深孔边界预裂爆破等。澳大利亚 North Parkes 铜金矿根据水对岩石构造的稳定性有不利影响的原理，提出了用水加压勘探钻孔以诱导崩落矿块失稳的设想，即水力压裂诱导崩落法，并取得了成功。

该方法采用一种膨胀式双用封隔器和柴油驱动三缸泵进行注水。将双用封隔器连接到 AQ 钻杆，并用金刚石钻机将之送入选定的钻孔。一旦封隔器在钻孔中就位，便可向封隔器注水到预定压力(通常为 5 Ma)使之膨胀。然后，用三缸泵沿着注入管向封隔器间选择地段注入高压水。岩体受压沿孔壁诱发张应力，最后使岩石开裂或使原裂隙张开。随后继续注水，迫使水进入这些裂缝，使之开裂并延伸到周围岩体(见图 11 – 19)。

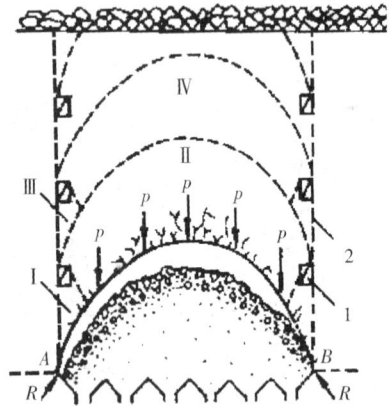

图 11 – 18 自然崩落机理

1—切帮巷道；2—崩落边界；
Ⅰ、Ⅱ、Ⅲ、Ⅳ—崩落顺序

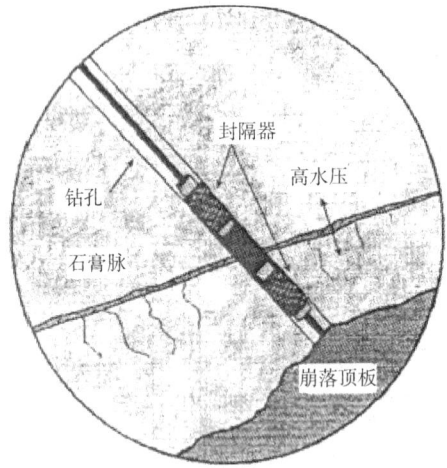

图 11 – 19 North Parkes 铜金矿水力压裂原理图

11.5 覆盖层形成与观测

崩落法是在覆盖岩石下进行放矿的，因此在回采初期必须形成覆盖层。为防止覆盖围岩提前混入崩落矿石，造成矿石提前损失与贫化，覆盖岩层的块度应大于崩落矿石的块度。对于有底柱分段崩落法，覆盖层的厚度应大于分段高度，一般为 15 ~ 20 m；对于无底柱分段崩落法，崩落的覆盖岩石垫层厚度应不小于两个分段高，即 20 m 左右。

1)覆盖层的形成

覆盖层的形成主要是根据矿体赋存条件、距地表的距离、地面和井下现状、废石来源等情况确定。选择形成方法时，首先考虑自然冒落，其次才考虑强制崩落。

(1)自然冒落法

顶板围岩不稳固时，可采用自然冒落形成覆盖层。有自然冒落条件的矿山应尽量采用这种方法，必要时，可辅之少量爆破处理(见图11－20a)。

(2)强制崩落法

顶板围岩不能自然冒落的矿山，应采用强制崩落法形成覆盖层，具体方案包括：

①露天转地下开采矿山，采用大爆破崩落边坡围岩形成覆盖层。

②矿体上部先用其他方法开采(空场法)，下部采用崩落法时，可崩落上部矿柱及围岩形成覆盖层，以降低下部崩落法开采时的损失率和贫化率。

③盲矿体直接采用崩落法。围岩较稳固时，一般均采用中深孔或深孔强制崩落围岩形成覆盖层。按崩落围岩与回采工作的关系可分为先落顶后回采、边回采边落顶、回采后集中落顶3种方式(见图11－20b)。

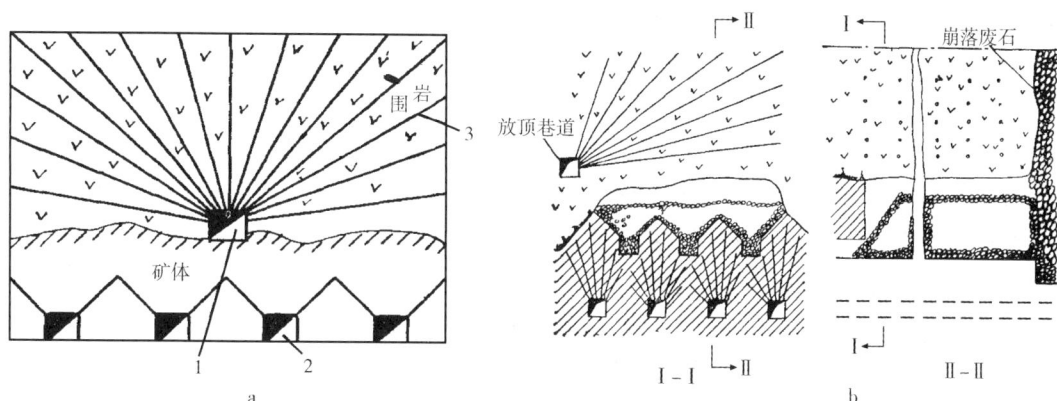

图11－20 覆盖层形成方法

1—辅助放顶巷道；2—回采进路；3—放顶炮孔
a—自然放顶(少量辅助爆破)；b—强制放顶

(3)暂留矿石作为覆盖层

采用强制崩落法形成覆盖层，有时工程量大，时间长，投资多，矿石损失贫化大。因此，对于急倾斜矿体，或上部采用其他采矿方法的矿体，可预留部分崩落矿石作为覆盖层，待顶板围岩冒落或开采结束后，再放出覆盖矿石层。

(4)人工回填废石

露天转地下开采矿山，如果上部面积不大，且废石来源充分，可以采用废石回填露天坑作为崩落法覆盖层。

2)覆盖层观测

随着开采强度增加，覆盖层厚度可能变小，应随时掌握覆盖层变动情况，及时补充覆盖围岩。

为了掌握顶板围岩冒落情况、覆盖层厚度，在未冒落到地表之前，应在地表通过钻孔或其他手段对顶板围岩加强观测；清除地面黄土层，设置隔档和排水设施，避免黄土随降水进入井下，恶化放矿条件；即将冒落到地表时，应在地表划定危险区，防止人员进入，并设立地面观测线，测量地面下沉量和陷落范围。

11.6 崩落矿岩散体整体流动特性

崩落法是在覆盖岩石下进行出矿作业的，受矿石与覆盖废石块度、物理力学性质不同等因素影响，在出矿过程中，矿、岩移动速度不可能完全一致，矿岩接触面也难以做到均匀下降，因此容易造成矿石损失与贫化。为尽可能降低矿石损失与贫化，应深入研究放矿过程中矿岩整体移动特性，利用放矿理论指导崩落法采矿设计和放矿管理。

有底柱分段崩落法崩落矿石是借助重力流至出矿巷道的，上部崩落的覆盖岩层，随着矿石的放出而向下移动。崩落矿岩散体放出过程中的整体流动研究，主要是放出椭球体理论的研究。

首先研究单一漏斗的放出情况。图 11-21 为单漏斗实体放矿模型，其底部开有放矿漏斗口，在漏斗口下部安有启闭闸门。放矿前，首先向模型内装填颗粒均匀的松散矿石，每隔一定高度铺放一层水平彩色标志带。当装填到 $A-B$ 水平后，停止装矿，改装松散废石，$A-B$ 水平即为矿岩接触面，和前面一样每隔一定高度铺放标志带。待模型装好以后，打开漏斗闸门进行放矿。放矿时发现，不是所有的矿石和废石都投入运动，仅仅是位于漏斗口上部的一部分矿石和废石进入运动状态。这一现象可以透过玻璃壁观察彩色带的移动状况清楚地看出。受漏斗口的影响，在距离漏斗口中心线不同点的矿石的流动速度不同，愈靠近漏斗中心线，其流动速度愈大。随着放矿的进行，这些彩色带对称漏斗轴线 ox 不断向下弯曲（下降），当其中 $A-B$ 水平和轴线交点上的颗粒 P 到达漏斗口时，表示纯矿石已经放完。根据大量观察证明，此时以前放出的矿石，它原来在模型内散体中所占的空间位置为一个近似的旋转椭球体，称为放出椭球体，如图 11-21 中的 1。曲线所包络的漏斗状形体称为放出漏斗，由于漏斗内充满废石，故也称之为废石漏斗，如图 11-21 中的 2。废石漏斗的形成标志着纯矿石回收的结束。$A-B$ 水平层以上各水平所形成的下凹漏斗称为移动漏斗（图 11-21 中的 3）。随着放出椭球体内矿石的流出，其周围矿石随即发生二次松散，占据放出矿石原来所占据的空间。据实验观测，二次松散矿岩原来所占有的空间，也是一个椭球体，称为松动椭球体，如图 11-21 中的 4。松动椭球体以外的矿岩不发生移动，松动椭球体的体积随放出椭球体体积的增大而加大。

废石漏斗形成后，贫化矿石的回收即将开始。随着贫化矿石的放出，废石漏斗随之扩大，废石漏斗母线的倾角随之变缓。当放到一定程度后，废石漏斗母线倾角趋于稳定（通常在 70°以上），此时的废石漏斗称为极限废石漏斗，相应的漏斗母线倾角称为极限漏斗倾角。在极限漏斗倾角以外的矿石是放不出来的。相邻漏斗间放不出来的脊部矿石造成的损失称为脊部损失，脊部损失矿石量由极限漏斗倾角确定。

放矿时，小颗粒矿岩的流动速度通常大于大颗粒矿岩的流动速度，如果废石块度小于矿石块度，则废石向下流动的速度快于矿石，放出椭球体内的矿石未放完之前，就会出现贫化，因此，覆盖岩层的块度应大于崩落矿石的块度，以优化贫化损失指标。

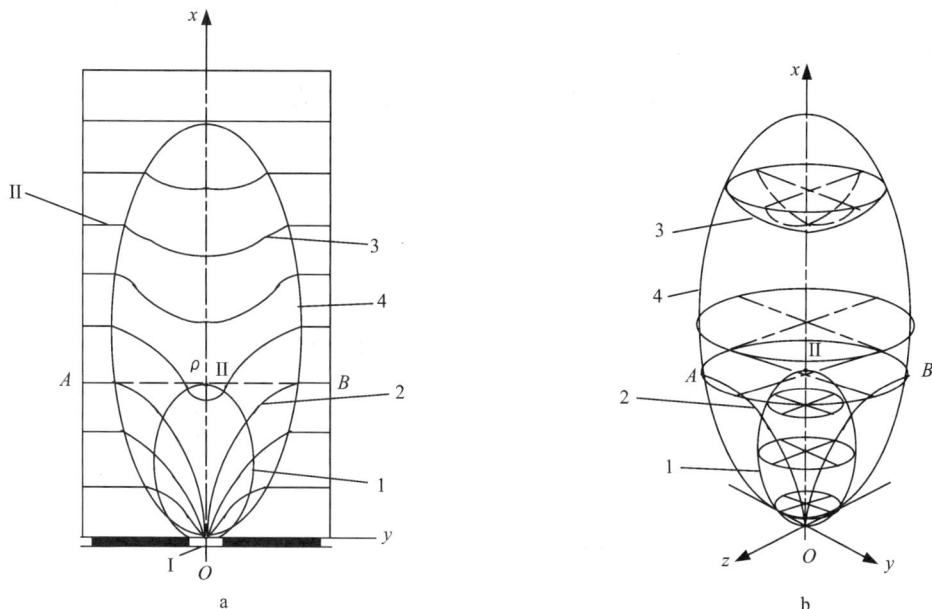

图 11 - 21 放出椭球体、废石漏斗、移动漏斗和松动椭球体

a—纵剖面图；b—三维空间图；A - B—松散矿石与松散废石接触面；

I—放矿漏斗；II—彩色标志带；1—放出椭球体；2—放出漏斗；3—移动漏斗；4—松动椭球体

11.6.1 放出椭球体

放出椭球体又称放出体，指从采场通过漏斗放出的一定大小的松散矿石体积 Q，该体积的矿石不是从采场内任意形体中流出的，而是从具有近似椭球体形状的形体中流出来的。也就是说，放出的矿石在采场内所占的原来空间为旋转椭球体，其下部为放矿漏斗平面所截，且对称于放矿漏斗轴线（见图 11 - 22）。这一点，可以通过放矿实体模型实验来证实。首先向模型内装填松散矿石，装填时按一定的空间位置放置带号的标志颗粒，并作详细记录。装填完毕后进行放矿，每放出一定的矿石 Q_1、Q_2、…、Q_n，记下相应放出的标志颗粒，然后根据所放出的标志颗粒，圈绘出放出 Q_1、Q_2、…、Q_n 原来所在的空间位置，即可得出放出椭球体，如图 11 - 22 所示，其体积为：

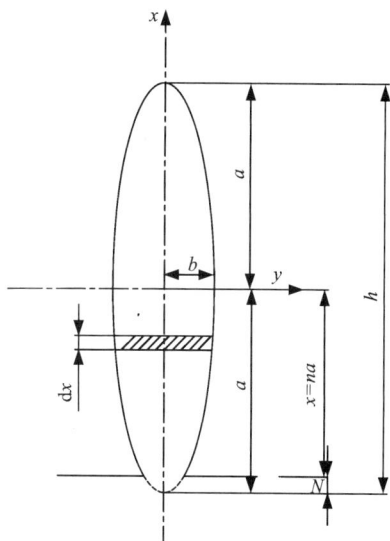

图 11 - 22 放出椭球体图

$$Q = \frac{2\pi}{3}ab^2 + V_x = \frac{2}{3}\pi a^3(1 - \varepsilon^2) + V_x \quad (11-1)$$

$$V_x = \pi \int_{x=0}^{x=na} y^2 \mathrm{d}x = \pi \int_{x=0}^{x=na} (a^2 - x^2)\frac{b^2}{a^2}\mathrm{d}x$$

$$= \frac{1}{3}\pi a^3(1 - \varepsilon^2)(3n - n^3) \quad (11-2)$$

式中：Q 为截头椭球体积，m^3；a 为椭球体长半轴，m；b 为椭球体短半轴，m；ε 为椭球体偏心率。

为应用方便，用被截椭球体高度 h 和放矿漏斗半径 r 来表示 a，则得：

$$a = \left[1 + \frac{r^2}{h^2(1-\varepsilon^2)} \right] \qquad n = \frac{x}{a} = \frac{1 - \dfrac{r^2}{h^2(1-\varepsilon^2)}}{1 + \dfrac{r^2}{h^2(1-\varepsilon^2)}}$$

经推导，最后得出：

$$Q = \frac{\pi}{6} h^3(1-\varepsilon^2) + \frac{\pi}{2} r^2 h \approx 0.523 h^3(1-\varepsilon^2) \qquad (11-3)$$

从上式可以看出，放出矿量与放矿层高度和椭球体偏心率密切相关。若块度组成偏细，压实度、黏结性和湿度大，则放矿体瘦长，甚至呈"管子状"，这时 ε 值就大，放矿情况差，漏斗间残留的脊部损失大；反之，ε 值小，椭球体胖短。

11.6.2 二次松散系数与松动椭球体

当从底部漏斗口放出散体 Q 后，其所占空间由上覆散体下落递补。散体下移过程中会产生二次松散（矿岩爆破后产生松散而增大体积，发生第一次松散），松散程度用二次松散系数表示。由于移动场内各处移动速度不同，因此各处的松散程度也随之有所不同。由于当前还没有二次松散与移动速度之间的定量关系式，故只能采用平均的二次松散系数 K_ε 来表示。平均二次松散系数 K_ε 的含义是：散体一旦投入移动后，在移动场内各处松散程度都是一致的。

松散系数按下式计算：

$$K_\varepsilon = \frac{Q_s}{Q_s - Q} \qquad (11-4)$$

式中：Q_s 为松动椭球体积。

对一般较松软的矿石，二次松散系数 K_ε 约为 1.17 ~ 1.22，因此，$Q_s = (5 \sim 7)Q$，取 $Q_s = 6Q$，按照式(11-4)，有：

$$Q_s = 6\left[\frac{\pi}{6} h^3(1-\varepsilon^2) + \frac{\pi}{2} hr^2 \right] \qquad (11-5)$$

而

$$Q_s \approx \frac{\pi}{6}(1-\varepsilon_s^{\ 2}) H_s^{\ 3} \qquad (11-6)$$

式中：ε_s 为松动椭球体的偏心率；H_s 为松动椭球体高度。

于是：

$$H_s = \sqrt[3]{\frac{6Q_s}{\pi(1-\varepsilon_s^{\ 2})}} \qquad (11-7)$$

同时，近似取：

$$Q \approx \frac{\pi}{6} h^3(1-\varepsilon^2) \qquad (11-8)$$

则：

$$Q_s = 6Q = 6\left[\frac{\pi}{6} h^3(1-\varepsilon^2) \right] \qquad (11-9)$$

将式(11-9)代入式(11-7)，得：

$$H_S = 1.82h\sqrt[3]{\frac{1-\varepsilon^2}{1-\varepsilon_s^2}} \tag{11-10}$$

再将$\sqrt[3]{\frac{1-\varepsilon^2}{1-\varepsilon_s^2}}$近似地取作1，得：

$$H_S = 1.82h \approx 2h \tag{11-11}$$

此式表示松动椭球体高约为放出椭球体高的2倍。

上述松动椭球体与放出椭球体在体积和高度上的数量关系，是按二次松散系数$K_\varepsilon = 1.20$的条件下取得的。若二次松散系数不同，它们之间的数量关系也不相同。

根据式(11-4)、式(11-6)、式(11-8)和式(11-11)可以计算出放出体短半轴与松动椭球体短半轴的关系为$b_s = 2b$。

11.6.3　放出漏斗性质

(1)放出漏斗形状

放出漏斗的形状取决于漏斗母线曲率。放矿层高度大，曲率半径减小，母线与原矿岩接触面交汇处较平缓；散体流动性好，放出体偏心率小，母线曲率半径大。

(2)放出漏斗体积

单漏斗放矿时，放出漏斗的体积和放出椭球体体积，以及放出纯矿石体积，近似地相等，即：

$$Q_1 \approx Q \approx Q_f \tag{11-12}$$

式中：Q_1为放出漏斗体积；Q_f为放出纯矿石体积。

三者只是近似相等，因为放出过程中散体发生了二次松散，而放出后的体积又往往是根据矿石质量折算而得出的。

(3)放出漏斗的最大半径R及高h

放出漏斗的高度等于矿石层高，其半径等于松动椭球体和矿岩接触面相截的圆横断面的半径。

根据椭圆方程：$y^2 = (a^2 - x^2)(1-\varepsilon^2)$，令：

$$a = \frac{H_S}{2} \quad x = \frac{H_S}{2} - h \quad R = y$$

于是得：

$$R = \sqrt{(H_S - h)h(1-\varepsilon_s^2)} \tag{11-13}$$

式中：ε_s为松动椭球体偏心率；H_S为松动椭球体高度；h为放出椭球体高度，也就是矿石层高度。

11.6.4　多漏斗放矿时矿岩运动规律

矿山生产实际过程中，不可能只有一个漏斗出矿，属于多个放出口同时放矿。研究在这种条件下进行放矿时崩落矿岩的运动规律，可以有效地解决采场结构参数优化问题。实践证明，多漏斗进行放矿时，相邻漏斗的松动椭球体有不相互影响(相离)、相切和相交三种情形。多漏斗进行均衡放矿时，贫化开始的高度不是极限高度，而是低于这个高度的某一高度。

多漏斗放矿时相邻漏斗的相互关系研究中，以相邻松动椭球体相交的情况放矿效果最好，漏斗脊部残留的矿石量最小。多漏斗放矿与崩落矿石层高度 h、漏斗轴线间距 l_d 和漏斗口直径 d 有关。要提高矿石回采率，就要增大 h 和 d，减少 l_d，使相邻漏斗放出时所产生最终松动椭球体相交，并采用均衡放矿，使矿岩接触面较持久地保持水平下降。

（1）松动椭球体相离时矿岩运动规律

在相邻松动椭球体相互不影响的情况下，

$$R < \frac{l_d}{2} > b_s, \quad \frac{l_d}{2} > b \qquad (11-14)$$

式中：l_d 为放矿漏斗轴线间距；b_s 为松动椭球体短半轴；b 为放出椭球体短半轴；R 为放出漏斗最大半径。

如图 11-23 所示，在相邻松动椭球体相离情况下，当放完与崩落矿石层 h 同高的全部纯矿石后，相邻漏斗所形成的最终松动椭球体和放出漏斗不相交，相互不影响，各放矿漏斗处于单独放矿的状态。放矿一开始，崩落矿岩接触面便产生弯曲，漏斗间的脊部残留大量矿石，引起较大的脊部损失。脊峰高等于崩落矿石层高 h。

（2）松动椭球体相切时矿岩运动规律

在相邻松动椭球体相切的情况下，

$$R < \frac{l_d}{2} = b_s, \quad \frac{l_d}{2} > b \qquad (11-15)$$

如图 11-24 所示，当放完与崩落矿石层 h 同高的全部纯矿石体积后，相邻漏斗所形成的最终松动椭球体正好相切，与其相应的放出漏斗在崩落矿岩接触面处接近于相交。在这种情况下，各漏斗放矿仍然单独进行。漏斗脊部亦残留大量矿石，虽然比上一种情况损失稍小一些，但是这种情况仍不够理想。

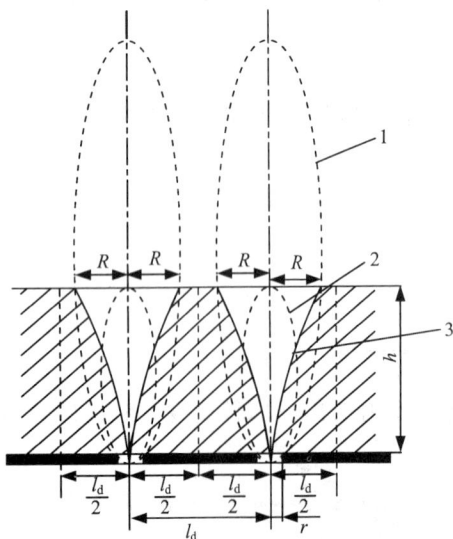

图 11-23　相邻漏斗松动椭球体相离

1—松动椭球体；2—放出椭球体；3—放出漏斗

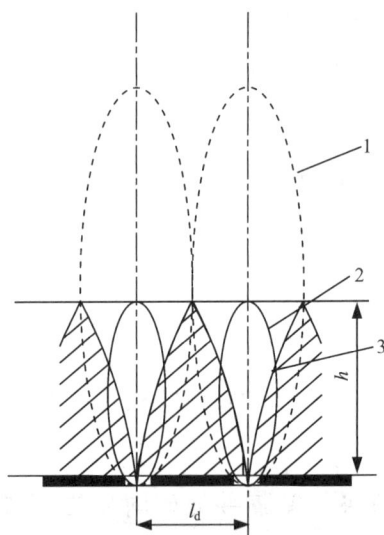

图 11-24　相邻漏斗松动椭球体相切

1—松动椭球体；2—放出椭球体；3—放出漏斗

（3）松动椭球体相交时矿岩运动规律

在相邻松动椭球体相交的情况下，

$$b_s > \frac{l_d}{2} < R, \; \frac{l_d}{2} = b \tag{11-16}$$

如图11-25所示，在相邻松动椭球体相交情况下，当放出一定的矿石体积后，放出椭球体的高度等于极限高度 h_{jx}，而这个高度又远远小于崩落矿石层的高度 h 时，那么它将与达到极限高度的相邻漏斗的放出椭球体相切。相邻松动椭球体和放出漏斗在崩落矿石层 h 范围内相互交叉。这时相邻漏斗放矿时相互影响、相互作用，可以使矿岩接触面保持水平下降。

从图中可以看出，在放矿过程中位于矿岩接触面和放矿漏斗1、2轴线相交点上的颗粒 A 和 A_1，在均衡放矿时沿着各自的漏斗轴线向下运动。而在相邻漏斗轴线中间的颗粒 B，先在第一个放矿漏斗的松动椭球体内运动，然后又在相邻的第二漏斗，以及在其他前后相邻漏斗的松动椭球内依次向下运动。所以实际上颗粒 B 是沿着折线向下运动的。在它各方向上依次向下运动一个周期后，矿岩接触面又趋于平坦。由此可见，颗粒 B 的运动轨迹是周围相邻漏斗放矿时对该点所产生的运动叠加的结果。

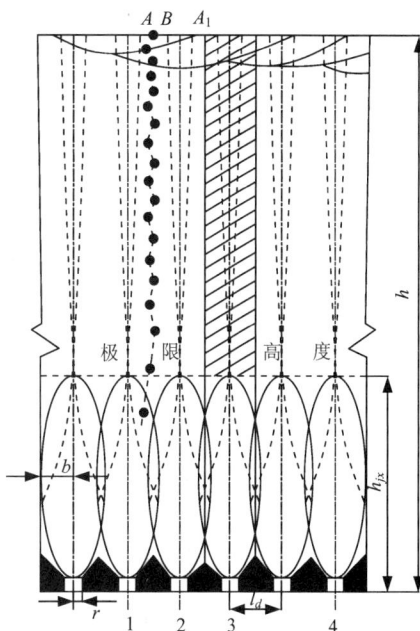

图11-25　相邻漏斗松动椭球体相交

颗粒 B 的移动过程描述如下：当从漏斗1放矿时，B 点沿着颗粒运动轨迹曲线所决定的轨迹移动到新的位置，这个位置离开中线偏向漏斗1。当从漏斗2放出等量的矿石时，B 点又从该位置沿下述方程所决定的轨迹，回到中线上。如此反复进行，最后形成了"之"字形的运动轨迹：

$$y = y_0 \sqrt{\frac{x}{x_0}} \tag{11-17}$$

若不采用均衡的等量顺序放矿，则 B 点将离开中线偏向放矿量多的漏斗一边，不再回到中线上，矿岩接触面开始弯曲，并随着矿石的放出，不断加深弯曲度，造成较大的矿石贫化与损失。

然而，即使在均衡、顺序、等量放矿条件下，矿岩接触面的平坦状态也只能保持到一定的高度。因为相邻漏斗放矿相互影响范围逐渐缩小，到最后相互影响消失时，每个漏斗开始单独放出。当相互影响范围缩小到 B 点的下降速度小于 A 和 A_1 点的下降速度时，矿岩接触面开始弯曲，最后形成漏斗状凹坑。这种现象可以用松动椭球体的形状来解释，因为它越接近放出水平，松动范围越小。

11.6.5　端部放矿时矿岩运动规律

与有底柱分段崩落法底部放矿不同，无底柱分段崩落法属于端部放矿。在进路的横剖面图上，放矿椭球体、松动椭球体和废石漏斗这三种几何体(简称三体)的形状同有底柱放矿时差不多，它们对于流轴是对称的，但在进路的纵剖面图上，三体因受端壁的阻碍，发育不完全，放矿体形状是扁椭球体，体积大小因端壁倾角和轴偏角(三体流轴偏离端壁的角度)大小而异。

如图 11-26 所示，端壁前倾时，三体也前倾，轴偏角(进路纵剖面图上放出椭球体长轴线与垂直线的夹角)较小或为零，放矿体也较小；端壁垂直时，三体稍前倾，轴偏角和放矿体均较大；端壁后倾时，三体垂直，轴偏角和放矿体最大。由于端壁后倾凿岩、装药安全性差，综合考虑放出矿量和作业便利性及安全性，无底柱分段崩落法一般采用端壁垂直方式。

端部放矿时放出椭球体体积 Q 按下式计算：

$$Q = \pi abc \left(\frac{2}{3} + \frac{a\tan\theta}{c} \right) \tag{11-18}$$

式中：a 为放出椭球体长半轴；b 为进路横剖面上放出椭球体的短半轴；c 为进路纵剖面上放出椭球体的短半轴；θ 为放出椭球体的轴偏角。

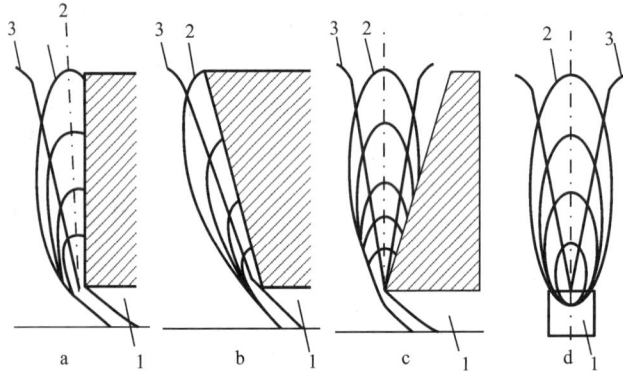

图 11-26　端部放矿时矿岩移动规律

a、b、c—端壁垂直、前倾、后倾时进路纵剖面；d—三种端壁的进路横剖面
1—进路；2—放矿椭球体；3—废石漏斗

11.6.6　放矿截止品位与端部放矿矿石损失

(1)放矿截止品位

废石漏斗形成后，开始逐步混入废石，放矿品位逐渐降低，达到放矿截止品位时即停止放矿。放矿截止品位是分段或阶段崩落法的每个漏斗或进路当次(瞬时)停止放矿时的矿石极限品位，此品位是采选盈亏平衡点对应的临界品位 a_i，按下式计算：

$$\alpha_j = \frac{C\beta_j}{\rho P_j} \tag{11-19}$$

式中：C 为每吨采出矿石的放矿、运输、提升和选矿等项费用；β_j 为精矿品位；ρ 为选矿回收率；P_j 为精矿价格。

放矿截止品位是选矿的允许最低入选品位，是影响矿山经济效益的重要指标。放矿过程中，应适时监测、化验出矿品位，到达截止品位后应立即停止出矿作业，此时留在采场内的矿石成为永久性损失。

（2）端部放矿矿石损失

无底柱分段崩落法进路出矿品位降低到截止品位停止出矿后，在相邻的进路间留下脊部矿石堆积，这堆积中的大部分矿石能在下分段回采时回收，只有部分放不出来成为脊部损失（见图11－27a）；同时，在进路的正面还留下被废石覆盖的正面矿石堆积，这堆积（是崩矿层厚度大于出矿设备铲斗的铲取深度所致）中的大部分矿石在下分段不能回收而成为正面损失（见图11－27b），即使少部分能回收的，也贫化极大。因此，应尽量避免正面损失。

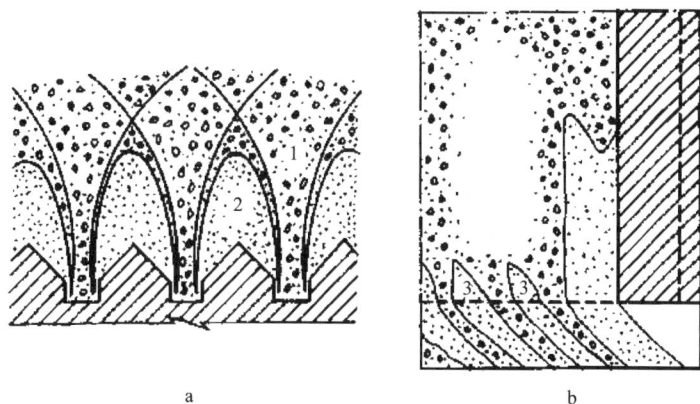

图11－27 端部放矿损失
a—脊部损失；b—正面损失
1—废石漏斗；2—进路侧边脊部损失；3—进路正面损失

11.6.7 放矿管理

崩落法是在覆盖岩石下出矿的，因此，放矿管理是控制矿石损失率和贫化率的重要一环。所谓放矿管理是指规定不同漏斗或进路放矿顺序及放矿量的放矿方案和放矿制度。

（1）放矿方案

按照矿岩界面的下降状态，放矿方案有水平放矿和倾斜放矿两种。所谓水平放矿是指通过调整漏斗或进路放矿顺序及放矿量，使矿岩接触面呈水平状态均衡下降；倾斜放矿是指通过调整漏斗或进路放矿顺序及放矿量，使矿岩接触面呈斜线均衡下降。

（2）放矿制度

放矿制度是实现放矿方案的手段。根据不同的放矿顺序、一次放矿量和放矿方案，放矿制度有顺序等量均匀放矿、顺序不等量均匀放矿和依次放矿三种。顺序等量均匀放矿是指漏斗或进路按一定顺序依次放出等量的矿石，周而复始，直至漏斗或进路达到截止品位；顺序不等量均匀放矿是指漏斗或进路按一定顺序依次放出不等量的矿石，周而复始，直至漏斗或进路达到截止品位；依次放矿是指漏斗或进路按一定顺序依次放出全部矿石。由于依次放矿矿岩接触面不能保证均衡下降，矿石损失率和贫化率较大，故生产中多采用前两种放矿方案。顺序等量均匀放矿和顺序不等量均匀放矿都是以矿岩接触面呈水平或倾斜均衡下降为目的，根据漏斗或进路距上下盘的位置，确定各漏斗或进路每个循环放出矿量的。

（3）放矿图表

放矿图表是执行放矿制度的措施和指导放矿的依据，通过图表可以及时掌握放矿过程中矿岩界面的空间形状和位置及品位变化，借此分析漏斗或进路发生过早贫化和纯矿石量回收量少等放矿异常原因，并及时采取相应对策。

11.7 放矿理论在无底柱分段崩落法设计中的应用

放矿理论在无底柱分段崩落法设计中的重要应用在于可基于放矿椭球体及松动椭球体理论优化选择采场结构参数。

（1）分段高度

根据放矿理论得知，为了使贫化开始前纯矿石回收量最多，对无底柱分段崩落法采场而言，应使两相邻分段上回采进路在空间上呈菱形布置，使两相邻回采进路的侧壁正好与最大纯矿石放出体相切。这时，最大纯矿石放出体的短轴长度正好等于回采进路间矿柱的宽度，而它的长轴长度加上 2/3 进路高度可以称之为极限高度。它应是无底柱分段崩落法分段高度确定的主要依据之一。合理的分段高度应为极限高度之半。

如某矿经现场测定和理论分析，椭球体长半轴 a 的取值范围是 10.28 ~ 10.70 m，而其进路高度为 2.8 m，故合理的分段高度取值范围是：（10.28 ~ 10.70）+ 2/3 × 2.8 m = 12.15 ~ 12.57 m。

（2）回采进路间距

按放矿理论应使两相邻进路间距尽可能地减小，直到两回采进路间矿柱宽度等于进路宽度，形成所谓"筒仓式"崩落矿石多面体放矿，此种状态贫化损失指标最好，但这一般是不可能实现的，因为间距越小，进路地压越大，进路越难维护。根据国内外无底柱分段崩落法实施经验，要保持进路间矿柱具有足够的稳定性，矿柱宽度不应小于 4 m。

如某矿经现场测定和理论分析，放出椭球体短半轴 b 的取值范围是 2.95 ~ 3.98 m，进路宽度 $M = 3.5$ m，根据最优回采进路间距经验公式：$L = 2b/1.2 + M = 8.42 ~ 10.13$ m，即回采进路间距以 8 ~ 10 m 为宜。

（3）崩矿步距

崩矿步距是回采过程的重要指标。如前所述，步距过大，岩石从顶面混入，截止放矿时在进路端面前残留较大的端部损失（正面损失）；反之，步距过小时，正面岩石混入后将崩落矿石截断为上下两部分，上部矿石尚未放出时已达截止品位停止放矿。因此，其值过大或过小都会造成矿石损失和贫化的增大。

根据椭球体理论，最优放矿步距应为：

$$Y = a\tan\theta + 0.77b \qquad (11-20)$$

如某矿理论分析，周偏角 $\theta = 3°$，因此，最优放矿步距为 2.23 ~ 3.11 m。合理崩矿步距一般比放矿步距小 0.5 m，因此，该矿山崩矿步距以 1.7 ~ 2.6 m 为宜，即每次爆破 1 ~ 2 排炮孔。

第四篇　深部矿床与特殊矿床开采

第 12 章 深部矿床开采

随着社会对矿产资源需求的不断增长和浅部资源的日趋枯竭，采矿业必然向深部发展。截至目前，世界上开采深度超过千米的矿山已过百座：如印度戈拉尔金矿的吉福德矿井开采深度为 3260 m；澳大利亚的芒特艾萨铜多金属矿开采深度达 2600 m，后来通过加大勘查投入，在 3000 m 深度又发现储量超过 3000 kt 的富铜矿床；南非而巴伯顿金矿采矿深度达 3800 m；威特沃特斯兰德盆地，采矿深度已接近地表以下 4000 m，而最深竖井已达 4176 m，而且 5500 m 最深钻孔勘探资料表明，5000 m 甚至 6000 m 以下资源仍有很大潜力，因此可以预计，在不远的将来，开采深度将会超过 5000 m 甚至 6000 m。虽然与世界深井开采先进国家相比，我国开采深度一般不大，但随着浅部资源的逐渐枯竭和深部资源勘探力度的加强，我国将会很快步入深井开采国家行列。实际上，国内不少矿山开采深度早已超过 1000 m，如山东新汶孙村煤矿开采深度已达 1350 m，云南会泽铅锌矿 3# 竖井井深已达 1526 m。

虽然深部矿床开采(俗称"深井开采")开拓系统、采矿方法与浅部和中深部矿床开采差别不大，但随着开采深度增加，要求采用特殊的工程技术措施，以应对深井开采带来的高地压、高地温等不利的特殊开采环境。

12.1 深井开采的定义

根据矿床开采工作所面临的地压问题，可按开采深度将矿山分为以下几类：

(1)开采深度小于 300 m，称浅井开采。在此深度内采矿时，一般地压显现不严重，即使发生地压活动，也属静压问题，易于处理。

(2)开采深度 300～800 m，称为中深井开采。根据矿体赋存条件、矿岩的物理力学性质，在掘进或开采过程中，可能发生轻度岩爆，如岩石弹射等现象。

(3)开采深度超过 800 m，为深井开采。在此深度内具有二类变形特征的岩石会发生频繁的岩爆，影响作业安全。

12.2 深井开采面临的主要问题

与浅井和中深井开采相比，深井开采面临一系列技术、经济、安全、卫生难题，突出表现为：

(1)深井热害和通风降温问题。随着开采深度增加，井下温度越来越高。深井生产实践证明，高岩温是井下工作面气温高、工作条件差的主要原因。除此之外，设备运行放出的热量、水温、矿石氧化放热难以及时排出也是影响因素之一。澳大利亚北帕克斯铜矿用于深孔凿岩的潜孔钻机配备移动式空压机，其放出的热量使工作面温度达到50°以上。有效降温，改善工作面生产条件是深井矿山面临的主要问题之一。

（2）高地压问题。深井矿山地应力较大，岩石力学特性发生变化，地压管理是深井矿山开采需高度重视的突出问题。岩爆是深井采矿地压的一个普遍显现，如冬瓜山铜矿在矿山基建过程中就发生过多起岩爆事件。

（3）深井涌水问题。由于不可预测的岩石裂隙及岩石移动，深井开采过程中更容易发生大量地下水突然涌出现象，影响作业安全，必须高度重视防治水工作。

（4）深井提升问题。随着开采深度及提升高度的增加，提升钢丝绳重量越来越大，提升作业因钢丝绳自重带来的无效耗能愈加突出，应研究与开发新型的深井矿石提升技术。

12.3 岩爆

岩爆，也称冲击地压，是一种岩体中聚积的弹性变形势能在一定条件下突然猛烈释放，导致岩石爆裂并弹射出来的现象。岩爆是深井矿山面临的主要安全隐患之一。

1）岩爆发生的条件

（1）近代构造活动造成深部矿岩内地应力较高，岩体内储存着较大的应变能，当该部分能量超过了岩石自身的强度时，就会发生岩爆事件；

（2）坚硬、新鲜完整、裂隙极少或仅有隐裂隙，且具有较高的脆性和弹性的围岩，能够储存能量，而其变形特性属于脆性破坏类型，当因工程开挖解除应力后，由于回弹变形很小，极有可能造成岩石爆裂并弹出；

（3）如果地下水较少，岩体干燥，也容易发生岩爆；

（4）开挖断面形状不规则，大型洞室群岔洞较多的地下工程，或断面变化造成局部应力集中的地带，是岩爆容易发生区域。

2）岩爆分级

岩爆一般根据烈度分为轻微岩爆、中等岩爆、强烈岩爆和剧烈岩爆 4 个级别。

（1）轻微岩爆

围岩表层无声响或仅有不易察觉的微弱响声，劈裂的岩块自由下落或松弛后下落，规模小。表现为爆落岩片尺寸小、数量少，多为破裂剥落型，对施工作业影响较小。

判断标准：

$$\sigma_e / \sigma_c = 0.3 \sim 0.5 \tag{12-1}$$

式中：σ_e 为矿岩最大切向应力；σ_c 为矿岩单轴抗压强度。

（2）中等岩爆

爆裂脱落、剥离现象较严重，岩屑或岩块向临空面弹出，伴有清脆爆裂声。表现为岩爆坑连续分布，规模较大，坑径可达数米，坑深一般小于 2 m，爆落岩石尺寸较大，数量多，多为弹射型及破裂剥落型，对施工作业有一定影响。

判断标准：

$$\sigma_e / \sigma_c = 0.5 \sim 0.7 \tag{12-2}$$

（3）强烈岩爆

岩爆时伴有巨响，具有锐利边棱的大小岩石碎片迅猛飞出。表现为岩爆坑连续分布，坑深一般都在 2 m 以上，爆落岩石尺寸大，数量多，且造成围岩大面积开裂失稳，严重威胁施工人员及设备安全。

判断标准：

$$\sigma_e/\sigma_c = 0.7 \sim 0.9 \qquad (12-3)$$

(4)剧烈岩爆

剧烈的爆裂弹射甚至抛掷性破坏，有似炮弹巨响声，岩爆具有突发性，并迅速向围岩深部发展，影响深度可大于 2 m，严重影响甚至可以摧毁工程，释放的能量可相当于 200 多吨 TNT 炸药。严重的岩爆像小地震一样，可在 100 km 之外测到。

判断标准：

$$\sigma_e/\sigma_c > 0.9 \qquad (12-4)$$

3)岩爆特点

深井矿山岩爆有如下特点：

(1)突发性

在未发生前，并无明显的征兆，甚至可能听不到空响声，一般认为不会掉落石块的地方，也会突然发生岩石爆裂声响，石块有时应声而下，有时暂不坠下。

(2)部位集中性

虽然岩爆发生地点也有距新开挖工作面较远的个别案例，但大部分均发生在新开挖的工作面附近。常见的岩爆部位以拱部或拱腰部位为多。

(3)时间集中性与延续性

岩爆在开挖后陆续出现，多在爆破后 24 h 内发生，延续时间一般为 1 ~ 2 个月，有的延长 1 年以上，事前一般无明显预兆。

(4)弹射性

岩爆时，岩块自洞壁围岩母体弹射出来，一般呈中厚边薄的不规则片状。

4)岩爆预防措施

深井开采过程中，应采取积极主动的预防措施和强有力的支护措施，确保岩爆地段的作业安全，将岩爆发生的可能性及岩爆的危害降到最低：

(1)研究确定开采区域地应力的数量级以及容易出现岩爆现象的部位，优化施工开挖和支护顺序，为岩爆防治提供初步的理论依据。

(2)加强超前地质探测，预报岩爆发生的可能性及地应力的大小。

(3)采用充填采矿法，并采取强采、强出、强充的"三强"采矿技术，尽快消除岩爆发生的空间条件。

(4)优化爆破参数，尽可能减少爆破对矿岩的影响并使开挖断面尽可能规则，减小局部应力集中发生的可能性。

(5)采矿作业线推进应规整一致，不应有临时小锐角的出现。沿走向前进式回采顺序比后退式回采更有利于控制岩爆。单向推进采矿工作面不能满足生产规模要求时，应采用从中央向两侧推进的回采顺序。一个中段生产规模不足而实行多中段同时生产时，一般下中段推进速度要快于上中段，且中段间尽可能不留尖角矿柱。

(6)多层平行矿脉开采时，先采岩爆倾向性弱或无岩爆倾向矿脉，解除其他岩爆倾向性强的矿脉的应力，防止岩爆的发生；岩爆倾向性强烈的单一矿脉回采时，先回采矿块的顶柱并用高强度充填料充填，解除矿房的应力后再大量回采矿石。下向分层充填法比上向分层充填法更有利于控制岩爆。

（7）采场长轴方向应尽量平行于原岩最大主应力方向，或与其成小角度相交。能量释放率的绝对值不至于产生岩爆时，为了充分发挥能量释放率较大有利于提高爆破效果的作用，采场爆破推进方向要尽量与原岩最大主应力方向平行；能量释放率接近或超过设计极限时，爆破的推进方向应垂直原岩最大主应力方向，以防止岩爆的发生。

（8）利用岩爆特性，研究诱导崩落采矿技术。

（9）加强施工支护工作。支护工作要紧跟开挖工序进行，以尽可能减少岩层暴露的时间，减少岩爆发生概率。

5）岩爆监测技术

岩爆监测实际上是岩爆预测的现场实测，借助一些必要的仪器设备，对地下工程的现场或岩体直接进行监测和测试，依此判别岩爆可能性。迄今为止，岩爆的监测方法还在发展之中，没有一种方法能够较完善地解决岩爆的监测问题。国内外常用的岩爆监测技术包括：

（1）地震学预测法

该预测方法利用地震技术，研究开挖范围内岩体微震变化，通过安置在岩体内的地震传感器网确定破坏源，利用波辐射分析岩石的破坏程度。通过对连续的、长时期的微震监测数据进行分析，总结微震事件的时间序列和空间分布规律，找出地震学参数和地震活动与岩石破坏之间的关系模式，进而找出发生岩爆的趋势，圈定存在岩爆危险的大致区域。

（2）钻屑法

钻屑法是通过向岩体钻凿小直径钻孔，根据钻孔过程中单位孔深排粉量的变化规律和钻进过程中各种动力现象，了解岩体应力集中状态，达到预报岩爆的目的。在岩爆危险地段钻进时，钻孔排粉量剧增，最多可达正常值10倍以上，一般认为排粉量为正常值的2倍以上时，即有发生岩爆的危险。

（3）声发射法

声发射法，又称为亚声频探测法，是通过地音探测器（拾音器）探测岩石变形时发生的人耳听不到的亚声频噪音，并将其转化为电信号，根据地音探测器检测到的微细破裂，确定异常高应力区的位置。当岩石临近破坏之际，噪音读数会迅速增加。如果地音探测器平均噪音读数大于预定的目标，就意味着有岩爆来临。

（4）微重力法

在发生震动和岩爆前，岩体的体积会发生变化，从而使岩体密度改变。根据岩体的变形，重力的变化，以及密度分布的变化可以预测具有岩爆倾向的地带。

（5）电磁辐射法

采用特制的仪器，现场监测矿（岩）体变形破裂过程中发出的电磁辐射"脉冲"信号，通过数据处理和分析研究，来预报矿（岩）爆。

12.4 深井降温

高地温是深井矿山面临的突出技术、经济、安全与卫生难题，必须采用技术可行、经济合理的降温技术或热环境控制技术，将工作面温度控制在人感舒适的范围内，以保证井下工人健康，提高工人劳动效率。

1) **深井高温热源**

深井高温热源来自多个方面,包括:

(1) 地表大气变化

井下新鲜空区来自地表,因此,地表大气变化将对井下空气温度产生影响,但由于空气流入井下后,井巷围岩将产生吸热或散热作用,使风温和巷壁温度达到平衡,井下空气温度变化幅度逐渐衰减,因此,在采掘工作面上基本上觉察不到地表风温的剧烈变动。换言之,对于深井矿山,地表大气变化不是主要的高温来源。

(2) 空气自压缩升温

当可压缩的气体(空气)沿着井巷向下流动时,其压力与温度都要有所上升,称之为"自压缩"过程。空区自压缩产生的热源是无法消除的,而且随着采深的增加而增大。

(3) 围岩传热

井下未被扰动岩石的温度(原始岩温)随着与地表的距离加大而上升。原始岩温随着深度而上升的速度(地温梯度)主要取决于岩石的热导率与大地热流值,原始岩温的具体数值决定于温度梯度与埋藏深度。当围岩的原始岩温与在井巷中流动的空气的温度存在温差时,就要借热传导自岩体深处向井巷传热,或者经裂隙水借对流将热传给井巷产生换热。

(4) 机电设备放热

随着矿山机械化水平的提高,井下机械化装备越来越多,越来越大。设备运行产生的热量几乎全部散发到流经设备的风流中。

(5) 其他热源

除上述主要热源外,深井矿山还有其他热源,如矿石氧化放热、热水放热、人员放热等。

2) **深井降温技术**

深井矿山特殊热环境使深井降温及热害控制成为矿山日常工作之一。由于矿山开采深度大,降温技术难度相应也较高。

深井矿山降温从规模上分为整体降温、局部降温和个体降温3个层次。整体降温是建立全矿性降温系统,局部降温则是在需要降温的工作面采取局部降温措施,而个体降温则是个人通过可穿戴降温服等手段降低皮肤温度。国外矿山及部分国内大中型深井矿山一般采用整体降温措施,而中小型矿山则多采用局部降温措施。

按降温手段可分为矿井制冷空调降温和矿井非空调降温两种方式。

(1) 矿井制冷空调降温

整体降温多采用矿井制冷空调降温方式。矿井空调系统由制冷站、空冷器、输冷管道、高低压换热器等构成。空冷器一般都设在采掘工作面附近,而制冷站的位置是决定矿井空调系统的基本因素。制冷站可设置在地面、井下,或者地面井下同时设置。

澳大利亚芒特艾萨(Mount Isa)矿采矿深度最深达2600 m,地热反应较为明显,在通风不畅情况下,掌子面温度可接近60℃,故该矿配置了世界上最大的制冷系统,通风系统也较为健全完善。地表共设置制冷站两座,装机容量分别为25 MW和14 MW,制冷站的功能是将地表常温水进行制冷,然后送入井下换热器,通过换热器新鲜冷空气送往各作业区域进行降温通风。矿区共设11条进风井和7条回风井,安装有9台主风机,风机功率600~2000 kW/台,总通风风量为2600 m³/s;井下在不同区域共设置换热站5座,各换热站均配置了不同台数和功率的BAC型换热器(见图12-1)。地表制冷后水温一般在2℃左右,到达深井工作面,经换热降温后周围空气温度一般在14℃左右。

图 12-1　芒特艾萨矿井下工作面换热器

有的矿山采用矿井制冰降温系统，也能取得良好的效果。其基本原理是：在地面制备碎冰，通过管道输送到井下融冰池，碎冰溶成冷水后，通过管道输送到工作面。在输送过程中，管道内冷水与周围空气发生热交换，使周围空气温度降低，达到深井降温目的。如果需要可以在工作面布置喷雾系统，实现局部喷雾降温。管道内冷水温度升高后，返回融冰池继续融冰，形成闭路循环系统。

如果仅需在局部工作面降温，则可采用在工作面设置空调房的方法，人员轮流定期到空调房纳凉。

（2）矿井非空调降温

非空调降温一般用于局部降温和个体降温，非空调降温方法很多，如加大通风量、采用隔热材料喷涂岩壁减少围岩放热等，但效果不理想。

应该指出的是目前深井降温技术主要在煤矿应用，金属矿床鲜有应用的实例，但随着金属矿床开采深度越来越深，未来深井降温也会成为金属矿床不得不面对的问题。

12.5　深井开采技术

深井矿山采矿方法与浅井开采基本相同，包括空场法、充填法和崩落法三大类，但其结构参数、回采顺序、回采工艺等应根据深井矿山特点进行相应调整。而且由于深井矿山的特殊性，充填采矿法将成为主流采矿方法。

深井地应力增大，可利用这一特点，研究非爆破采矿技术的可行性。

深井提升费用、排水费用增大，应研究利用排水过程水力提升矿石的可行性。为降低水力提升成本，提高水力提升效率，矿石粒度应严格控制。将选矿厂，或者选矿厂的磨矿工序置于井下应是未来深井矿山井下采选一体化的发展方向，其优势在于：减少甚至取消原矿提升工序，降低原矿提升运输费用；水力提升精矿，降低成本；尾矿就地充填；地表环境得到根本改善。但选矿厂建于井下，也存在一些技术、安全和环境问题，如大断面硐室的维护，废气、噪音的治理，事故的处理等。

第 13 章 特殊矿床开采

前述采矿方法及开拓系统均是针对普通金属、非金属矿床而言，受矿体赋存条件、开采活动扰动等影响，许多矿床开采技术条件极为复杂，开采环境极为恶劣，特殊的条件要求设计人员在参照前述方法和工艺进行开采设计时，必须因地制宜采取相应的特殊技术措施。

13.1 "三下"资源开采

所谓"三下"资源是指建筑物下、铁(公)路下和水体下埋藏的矿体。由于"三下"开采活动可能会引起地表沉陷(包括下沉、倾斜变形、曲率变形、水平移动、水平变形及非连续变形等形式)，导致地面建筑物、铁(公)路及水体产生破坏等一系列安全问题，必须高度重视开采过程中的安全工作。

我国有相当部分矿产资源被积压在建(构)筑物、水体和铁(公)路下，如何安全地开采"三下"资源，不仅涉及到正确处理好矿山生产和地方经济发展之间的关系，而且直接影响到资源开发的合理性和安全性。与一般矿产资源开采相比，"三下"矿产资源开采技术条件更加复杂，制约因素更多，必须综合考虑经济、技术和安全等方面因素，研究出既能保证回采过程安全，地表建筑物、水体和铁(公)路稳定性不受破坏，又能保证最大限度地回收宝贵资源的合理回采技术。

13.1.1 "三下"资源开采基本理论

采矿活动将矿石从地下开挖出来，在地下形成自由空间，由于改变了原有的应力状态，从而引起地层变形和塌陷，通常形成三带，即冒落带、裂隙带和弯曲带(见图 13-1)。冒落带为采空区上方的塌落带，岩石在自重作用下发生明显的离层与位移现象；裂隙带位于冒落带上方，岩体内部出现大量强烈而明显的裂纹和断裂；弯曲带则位于裂隙带上方，岩体未发生整体破坏，但内部受弹性变形影响向下发生弯曲。

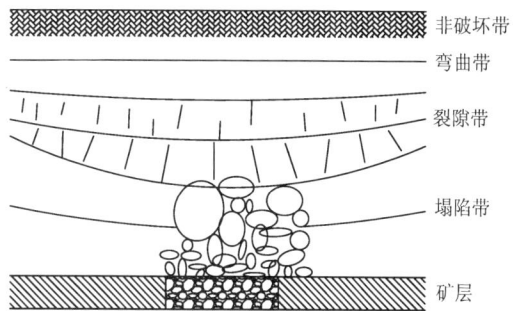

图 13-1 采空区对地表变形的影响

对于采空区岩层变形与移动规律，人们经过不断的理论探讨与试验研究，提出了多种研究方法与理论。目前最具代表性的是：

(1)拱形理论

该理论仅适用于松散介质。拱形理论认为上覆岩层呈块状冒落，当冒落为拱形后采空区应力趋于平衡而相对稳定下来，然后应力重新分布，冒落继续，直至新的平衡拱再次形成。

(2)棱柱体理论

随着开采向下延伸，采空区顶板会形成滑动棱柱体，从而引起地表的变形与移动。运用该理论可以根据地表的变形点或裂缝线与采空区边界的连线来圈定地表岩移范围。此理论在采深不大时与实际情况比较接近，但随着采深增加，岩移边界不是直线，会出现岩移发展不到地表的临界深度。

(3)覆盖总重理论

采场四周及其内部的点柱或间柱承受上覆岩层的载荷。当其承压超过矿柱或支柱的极限抗压强度时发生破坏，导致岩层发生位移或变形。作用在矿柱或支柱上的压力并不随采深呈正比增加，而主要与深跨比、空区形态、结构弱面等有关。

(4)悬臂梁理论

悬臂梁理论认为顶板岩体是层状的黏弹性梁。该梁随工作面向前推进而增长，作用在梁上的压力与载荷相应增大。当梁跨距增大至一定程度时，上覆岩层的载荷引起梁的固定端沿矿壁剪断。该理论在水平或缓倾斜矿体开采时，用于计算控顶距和支柱载荷比较实际。

(5)崩落块体理论

崩落块体理论是建立在相似材料模拟试验和井下观测基础上建立起来的，它认为岩体是非连续介质，采空区顶板的破坏由不规则冒落递变为规则冒落。其理论依据是下层岩体冒落产生体积膨胀，填塞空区，逐渐减缓岩层向上发展和冒落，致使上覆岩层由冒落转变为规则的裂隙带和弯曲带。

13.1.2 "三下"资源开采基本措施

(1)选择合理的采矿方法

在对矿体经济开采价值分析的基础上，确定出适合矿体的开采方法，然后用地压研究的成果与方法分析探讨矿体开采深度对地表的变形影响与破坏规律，进而从经济的角度确定采矿方法可行方案及其相应的贫损指标。

选择合理的采矿方法与采场结构参数，可以降低和减小采场暴露面积，充分利用岩石自身的强度，形成对上覆岩层的支撑，延缓和控制采空区上部岩石的塌落、变形与地表下沉，从而达到保护地表构筑物的目的。

充填采矿法具有资源回收率高、有利于环境保护等优点，是我国"三下"开采领域减沉技术主要方法之一。阻止采空区岩石塌落变形的有效方法就是对采空区充填，充填料可以是尾砂、掘进废石、煤灰及一切可以充分利用的废料。大量现场监测表明，充填对覆盖岩层有明显的减缓下沉作用，只要采用合理的回采顺序和结构参数，再用合适充填料进行充填，就可以将上部岩层的变形限制在有限的区域内，不致对地表产生明显的影响。

(2)科学评估开采活动对地表建筑物、水体和铁(公)路的影响程度

科学分析地下开采引起的地表变形值，主要是地表倾斜、曲率和水平变形值。如果计算得出的地表变形值超过地表建(构)筑物和铁(公)路允许值，则必须考虑留设保安矿柱。

水体下开采安全与否关键取决于矿体开采引起的导水裂隙带是否导通上部含水层。因此，可采用如下经验公式计算导水裂隙带高度和安全开采深度(指在此开采深度采矿不致形成破坏性裂隙导穿水体或泥砂层，不导致井下涌水增大而能使生产安全进行的深度)，如果

计算得出的安全开采深度不会导通含水层,则可认为只要采取"三强"措施(强采、强出、强充),就可以保证水体下开采安全:

$$H_a = h_m + h_d + h_b \qquad (13-1)$$

式中:H_a为安全开采深度,m;h_m为冒落带高度,m:h_d为导水裂隙带高度,m;

$$h_m = \frac{M}{(k-1)\cos\alpha} \qquad (13-2)$$

式中:M为采幅垂直厚度,m,胶结充填采矿法可取未接顶充填高度;α为矿体倾角,(°);k为冒落矿岩自由松脱的松散系数。

$$h_b = \frac{100M}{1.28M + 2.85} + 7.34 \qquad (13-3)$$

式中:h_b为保护层厚度,考虑井下地质与开采的复杂性及硬岩性脆容易开裂等特点,可取$h_b = 20$ m。

(3)建立完善的监测预报系统

"三下"资源开采应建立岩层变形破坏监测系统,准确反映矿体开采引起的岩体应力、变形规律,实现地压(位移、应力)实时预测和预报。监测系统应布设在采空区、采空区周围巷道、重要构(建)筑物及地表河流和重要路基处,以保证及时、准确地实时监测。

13.1.3 "三下"资源开采实例

自 20 世纪 80 年代以来,国内曾多次开展"三下"开采技术攻关,并取得了不少成功的经验:

(1)锡矿山南矿"三下"开采

锡矿山南矿地表分布有南炼厂、一号竖井、空压机房及俱乐部等重要建筑物,并且还有飞水岩河流经矿体上部。1956 年按照有关规定划定了南炼厂、1 号竖井,南矿办公室和河床等几个保安矿柱。保安矿柱的划定,给矿山带来了严重的影响,造成了资源积压。随着资源逐渐枯竭,迫使矿山不得不重视保安矿柱的回采研究。

经过长期的研究和探索,矿山采用两步回采的人工壁柱房柱法(又称胶结充填法)成功实施了大站分矿柱的回收工作。第一步回采后空区采用胶结充填,第二步回采后空区采用尾砂充填。当矿体厚度≤10 m 时实行整层回采,大于 10 m 时实行分层回采。

(2)开阳磷矿公路下难采矿体的开采

贵州开阳磷矿 W11 至 W17 线矿段位于公路及村庄安全移动范围之内。矿山唯一的出山公路(金阳公路),在 W11 至 W17 线距矿体的平均距离仅为 240 m。为保护该公路,留设了高达 2262 万 t 的高品位矿石作为保安矿柱。为了充分回收金阳公路下的积压矿量,利用有限元及模糊数学的方法优选出中深孔落矿嗣后胶结充填采矿法。具体布置为,盘区尺寸 400 m × 48 m,分段高度 8 m,从盘区的两端向中央后退式回采,采场长度 10~14 m,采矿步距可根据矿岩稳定性进行适当调整。采场与采场之间留 4 m 沿倾向的垂直条状间柱。采空区用磷石膏充填,或磷石膏与废石混合充填。

(3)高阳铁矿水体下采矿

高阳铁矿是典型的水体下矿床,若采矿过程中顶板失稳而破坏上部隔水层,砂砾石中丰富的地下水将给采矿带来巨大的威胁。根据复杂的地质条件和围岩稳定性,确定采用"浅孔留矿嗣后充填采矿法"。这是一种组合式采矿方法，它采用了房柱法的采准布置、留矿法的落矿—出矿方式及充填法的空区处理方法。

同时，其安全生产的重点是以探水、探矿、治水为主，逐步摸清富水区、含水层、溶岩带、地质构造等详细情况，掌握水的运动规律，指导矿山安全生产。

（4）其他"三下"难采矿体的开采经验

三山岛金矿水下矿体走向长度 1000 m，宽度 640 m，矿体南西端延伸至水体以下，北东端则紧临海边，采用点柱式机械化水平分层充填采矿法。

新汶矿业集团华丰煤矿采用在上覆岩层带注浆、地表积水疏放、局部充填、合理留取煤柱及煤柱加固等措施减少地面沉陷。

某煤矿在建筑物下采矿，采用条带式采矿，保留条带宽度为采高 1/3，但回采率只有50% ~65%。

淮南煤矿在煤层离铁路较近时，在线路正下方，沿铁路方向留条带煤柱，实施线路两侧工作面同步对称开采，使线路呈现大面积平缓沉陷。

13.2　露天转地下开采

除少数埋藏较浅的矿床全部采用露天开采外，大部分覆盖层不厚但延伸较深的中厚或厚大急倾斜的矿床，多采用先露天、后转入地下的开采方式。首先用露天开采方式开采浅部矿床，随着露天开采深度的不断增大，剥采比越来越大，最终接近经济合理剥采比，开采方式逐步由露天开采向地下开采过渡，并最终全面转入地下开采。

露天转地下开采的矿山，开采期一般要经过露天开采期、露天转地下联合开采过渡期和地下开采期三个阶段。在这三个阶段中，露天转地下开采过渡期联系露天开采与地下开采，起到至关重要的过渡作用，但又不仅是二者的简单集合。因此，要求露天转地下开采的矿山，在进行露天转地下开采的设计时，对前（露天）后（地下）期开采应统一全面规划。

13.2.1　露头转地下开采技术难点

矿山由露天转为地下开采须经历露天开采、露天转地下开采过渡期及地下开采三阶段，因而其建设模式、开拓系统和采矿工艺均具有特殊性。具体表现在：

（1）由露天转地下开采的矿山，露天开采已进行多年，并已形成完整的生产系统和生活福利设施，如选矿厂、机修厂、供电和供水管网、露天坑、排土场，以及生产和销售系统等。因此，在露天转地下开采设计时，应充分考虑利用露天开采原有的设施，注意研究地下开拓运输系统与露天开采系统的统筹规划，如地下开拓井筒的位置、出车方向，以及过渡时期的地下采矿方法等。

（2）露天转地下开采的矿山，深部矿体的勘探程度往往不够，因此，露天开采后期应加大生产探矿的力度，进一步掌握深部矿体的赋存状况与开采技术条件。

（3）从露天开采转为地下开采，其开拓工程相当于一个新建设的地下矿山，且地下采矿方法和回采工艺与露天开采截然不同。由于地下开拓工程的建设及投产过程均在空间和时间上与露天开采并行，因此，相互之间存在着很大的干扰与影响，除了过渡期露天与地下开采需要相互协调和保证生产安全外，对地下开采工艺的熟悉和适应也需要相当长的过程。

（4）露天转地下开采的过渡时期，露天开采已临近最终境界，地下开拓系统将逐步形成，并具备一定生产能力，此时可充分利用地下巷道和采空区，研究过渡期的矿石和废石运输系统以及采矿方法方案，研究露天废石回填地下采空区的可能性，或论证用地下开拓系统提升露天开采矿石的经济合理性。尤其是过渡期较长的矿山，注重露天与地下工程和工艺要素的组合，更能发挥联合开采的优越性。

（5）露天转地下开采的过渡时期，随着地下开采工作面的下降，在地下开采的上部逐渐形成塌陷区（除充填法外），并有较多井巷与露天采场连通，因此，过渡时期可能出现通风短路、漏风严重，露天大爆破有毒气体侵入井下巷道，以及在雨季引起地下短时径流量大等不利现象。应根据矿山具体特点，采取适宜的采矿方法和有效的通风及防洪措施。

（6）露天转地下开采矿山，由于地下开拓基建工程量较大，达产时间较长，而露天开采临近末期受作业空间限制，生产能力消失的比例较大，需要研究联合开采技术措施，以解决过渡期在时间和产量上的有效衔接问题。有的矿山采用回收露天境界外边角矿量的方法来补充过渡期产能的不足，但回采边角矿大都在露天边帮上进行，如果回采工艺不当可能引起露天边坡失稳，必须及时根据需要进行边坡处理。

13.2.2 露头转地下开采基本原则

对正在进行和将要进行露天转地下开采的矿山，应全面考虑露天转地下开采的过渡方式、地下采矿方法，以及过渡期的安全生产技术，确保过渡期时间衔接和产量衔接。一般应按以下原则进行露天转地下开采规划设计：

（1）在划分露天与地下开采界限时，应本着充分发挥露天开采优势的原则，合理确定露天开采境界。

（2）过渡期间的地下采矿作业应不影响露天作业的正常进行和安全生产，选择的地下采矿方法，应能避免发生露天开采与地下开采作业间的不协调现象，并易于实现持续生产。要结合矿岩条件，根据已选定的采矿方法，研究合理的回采顺序，注意其采掘顺序和回采工艺与露天采场开采的密切配合。

（3）因地制宜地选择边角矿体的回采方法和顺序。露天边坡下的回采，尽量采用由两端向边坡推进的回采顺序。

（4）制定边坡处理方案，建立必要的岩移观测队伍，采用先进的观测手段，随时掌握地下采空区上覆岩层的移动规律，确保露天边坡和生产作业的安全。

（5）确定合理的露天转地下开采的过渡方式。当矿体走向长度大时，应选用分期、分区交替过渡方式，以简化过渡期间复杂的时空关系，有利于维持过渡期间的生产能力。

（6）根据露天采掘进度计划，依露天减产的起始时间及地下开拓、采准和切割工程量，确定地下开拓、采准和切割工程的时间，以实现露天转地下无缝衔接。

（7）制定过渡期矿山安全生产技术措施。露天采掘最终境界与地下工程间应保持足够的距离，以避免或防止露天爆破对地下井巷和采场的破坏作用；临近露天底部的穿爆作业不要超深，应控制露天爆破的装药量，采用微差爆破、控制爆破等减震措施，避免使用硐室爆破；合理安排露天开采和地下开采的爆破时间，避免地下与露天爆破的相互影响。

（8）采取切实可行的通风、防洪措施。过渡期开采时，应防止地下井巷和采空区与露天坑相互贯通，造成风流的上下窜动和地表水下灌，影响地下正常生产；过渡期的通风，有条件的尽量采用抽压结合、中央对角式或分区通风等方式；为防止地表径流经露天采场涌入井下，应在地下开采移动界限以外设置防洪堤、截水沟；对地下与露天沟通的，要及时密闭井巷和空区，保持垫层的密实性，隔绝井巷与露天坑的连通，并设置地下防水闸门，确保地下水泵房的正常运转和防止泥沙突然溃入井下。

（9）编制好过渡期产量平衡表。在露天转地下开采过渡期间，一般有多种开采方式并存，如露天开采、地下开采和边角矿回采等。要根据不同开采方式的开采范围、生产能力与存在年限，确定出最佳的稳产过渡期开采方案。

13.2.3 露天转地下采矿方法

露天转地下开采采矿方法仍然包括前述空场法、充填法和崩落法三大类，但应根据露天转地下开采特点和要求，在具体工艺上进行适当调整。

为保证露天边坡稳定性和地下开采安全，露天转地下一般都需留设露天、地下境界顶柱，或称隔离层。露天转地下隔离层的厚度是一个关键的技术指标和经济指标。如果隔离层厚度过大，会造成资源的浪费，而隔离层厚度过小，则不能起到安全保障作用。国内外部分露天转地下开采矿山境界顶柱留设情况如表 13 – 1 所示。

表 13 – 1   国内外部分矿山实际境界矿柱厚度

矿山名称	地下采矿方法	隔离层厚度/m
凤凰山铁矿	过渡期深孔留矿，后改阶段崩落法	7 ~ 10
冶山铁矿	分段崩落法	无
金岭铁矿铁山区	过渡期分段空场法，后改分段崩落法	13
铜山铜矿	分段空场(留矿法)嗣后胶结充填	矿房顶柱
铜官山铁矿	水平分层干式充填法	矿房跨度一半或10
松树卯矿	峒室爆破阶段崩落法	无
加拿大 Kidd Creek 矿	分段空场法嗣后胶结充填	9
加拿大 Frood Stobie 矿	分段崩落法	12 m 护顶垫层
芬兰 Pyhasalmi 矿	过渡期分段空场法，后改分段崩落法	20

13.2.4 露天转地下开拓系统的统一性

露天转地下开采是集露天和地下两种工艺要素为一体的综合性技术，要求矿山在进行露天转地下开采设计时对前后期开采进行统一规划。露天开采后期的开拓系统要考虑未来转入地下后的利用可能性；而地下开采也应尽可能地利用露天开采的相关工程和设施等有利因素，使露天开采平稳地过渡到地下开采，保持矿山产量和经济效益稳定。

矿山采用的开拓系统通常根据具体开采技术条件分为：露天和地下各自独立的开拓系统、局部联合开拓系统和联合开拓系统三种类型。

1）露天和地下独立开拓系统

这类矿山的地下开拓工程一般都布置在露天采场之外，露天和地下使用各自独立的开拓运输系统。这类开拓方式主要适用于埋藏较深的水平或缓倾斜矿床，或因地质构造活动矿体上下部分错开分布的急倾斜矿床。还有些矿山由于地质勘探原因（如矿床深部勘探不足），或限于历史条件（如分期建设第一期仅开采露天境界内矿体），在设计时就没有或较少考虑露天与地下开采工艺系统的结合和相互利用。目前，我国不少露天转地下开采的矿山都采用这类开拓方式，例如冶山铁矿、白银厂（折腰山、火焰山）铜矿和新桥硫铁矿都属于这种类型。这类开拓方式的优点是露天与地下的生产系统互相干扰小；缺点是地下开拓工程量大、投资大、基建时间长，靠近露天境界底部的剥离量大，运输和排水费用高。

2）局部联合开拓系统

露天部分矿石利用地下开拓系统出矿，或者地下开拓系统局部利用露天的开拓工程，是国内外露天转地矿山应用较为普遍的局部联合开拓系统。它的使用条件大体上可归纳为两种情况：

（1）对于倾斜或急倾斜矿床，当露天深度较大时，可利用地下开拓巷道运输，回收露天残留矿柱的矿石（包括露天底柱和边帮矿柱），如铜官山铜矿、凤凰山铁矿、南非科菲丰坦金刚石矿等；

（2）当露天开采达到设计境界后，如果转入地下开采的储量不多、服务年限不长，在露天边坡稳定的情况下，通常是从露天坑的非工作帮开掘平硐、斜井（或竖井）开拓地下矿体。例如加拿大波古平公司某金矿和苏联某铁矿，分别采用平硐斜井和平硐斜坡道开拓地下井田，矿石则通过露天开拓系统完成地表运输。

这类开拓方式优点是井巷工程量较少、基建投资小、投产快，并可利用露天矿现有的运输设备和设施，缺点是露天矿后期的生产与地下井巷施工互相干扰，另外必须防止洪水季节露天坑积水灌入井下的安全隐患问题。

3）露天与地下联合开拓系统

这类开拓系统的实质是露天与地下采用统一的地下开拓巷道运输、排水系统。既可以从露天开采的初期，就利用地下开拓工程，也可以是露天矿的深部开采与地下联合开拓。对急倾斜矿体，如果露天开采年限较短，为了减少基建投资和露天剥离量，同时也为了给地下开采过渡有较充分的时间进行地下采矿试验，可以用地下巷道同时开拓露天和地下井田。例如芬兰哈萨尔米矿，就是用下盘竖井斜坡道同时开拓露天和地下矿。对于埋藏深度大的急倾斜矿床，当露天开采深度超过 150～200 m 时，其露天深部（一般 100～150 m）充分利用地下开拓工程，可能更加合理。这类开拓方式，在国外近几十年来使用广泛，例如瑞典基鲁纳瓦拉矿、苏联阿巴岗斯基铁矿等。

国内外的大量实践和经济计算结果均表明，露天转地下开采的矿山，除了特殊的矿床地质地形条件外，一般较少采用露天和地下各自独立的开拓系统。应根据矿床的开采技术条件，尽可能利用露天和地下开采工艺特点，选用露天与地下联合开拓或局部联合开拓系统。

13.2.5　露天转地下开拓方案

露天转地下开拓方案的选定除应满足地下矿山开拓设计所需考虑的各种因素和要求外，还应根据矿山的赋存条件和过渡期存在联合开采的特点，按露天采场与开拓工程位置的相对关系以及露天与地下开拓工程是否共用来研究确定开拓方案。经检索总结，国内外露天转地下开拓方案大致可以分为以下几种，即：露天采场内开拓、露天采场外开拓以及露天采场内外联合开拓。

(1)露天采场内开拓

当露天矿边坡稳定性较好,且深部或侧翼残存少量矿体时,可从露天边坡或坑底的适当位置掘进平硐或斜坡道,开采露天坑底或边帮残留矿(见图13-2)。

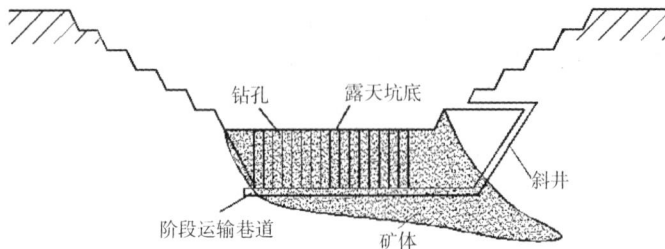

图13-2 露天采场内开拓系统

该方案属于局部联合开拓的第二种情形。

(2)露天采场外开拓

如果露天坑深部储量大,服务年限较长,而露天矿边坡稳定性又差,可在露天开采境界外布置完全独立的开拓系统,如图13-3所示。

该方案优点是露天与地下开采互不干扰,可实现平稳过渡,生产能力均衡,同时在露天采场结束后,边坡可不再维护。其缺点是井巷工程量大、基建时间长、投资大。

(3)露天采场内外联合开拓

该方法适用于上部露天开采服务年限较长、边坡稳定性较好的矿山。在露天转地下开采的过程中,选择适当时机,利用露天坑较低标高的台阶布置或开掘井巷工程以开拓深部矿体,保持矿山持续稳产。

场外布置的井巷大多是矿石提升和运输巷道,场内开拓的工程,大多是斜坡道或风井等辅助井巷(见图13-4)。该布置方式可达到节省基建投资与缩短基建工期、提前出矿的目的。

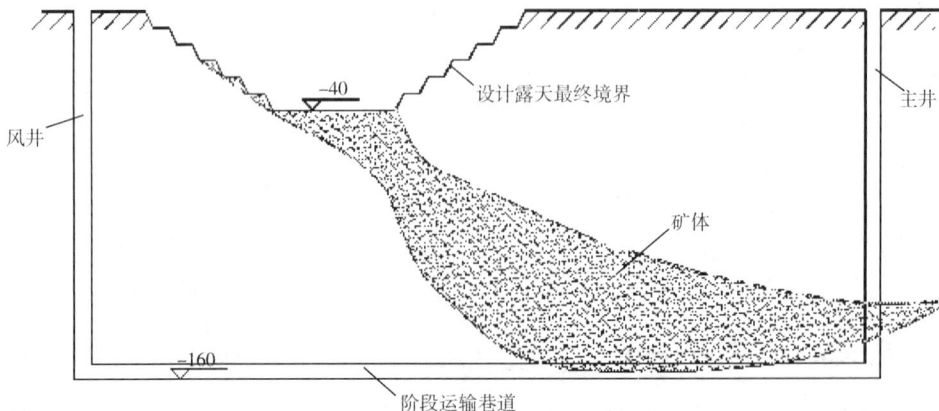

图13-3 露天采场外开拓系统

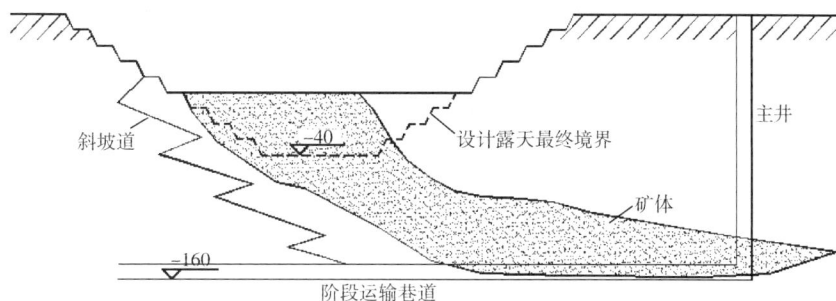

图 13 - 4　露天采场内外联合开拓系统

13.2.6　国内外露天转地下开采矿山实例

国内外露天转地下开采的矿山较多,涉及的矿山有金属矿山、非金属矿山和煤矿等,如瑞典的基鲁纳瓦拉矿、南非的科菲丰坦金刚石矿、加拿大的基德格里克铜矿、芬兰的皮哈萨尔米铁矿、苏联的阿巴岗斯基铁矿、澳大利亚的蒙特莱尔山铜矿;国内如江苏凤凰山铁矿和冶山铁矿、安徽铜官山铜矿和新桥硫铁矿、湖北红安萤石矿、甘肃白银折腰铜矿、江西良山铁矿、浙江漓渚铁矿、山东金岭铁矿、河北石人沟铁矿等。上述矿山根据地质、资源、生产、环境和经济等因素的不同情况,对合理确定露天开采的极限深度、露天开采向地下开采过渡时期的产量衔接、露天坑底境界顶柱或缓冲层、露天开采与地下开采的开拓系统衔接、露天开采的边坡管理与残柱回采、坑内通风与防排水系统等主要问题进行了研究,取得了较好的成果。国内外露天转地下开采矿山生产情况分别见表 13 - 2 和表 13 - 3。

表 13 - 2　国外露天转地下开采矿山情况

矿山名称	生产规模 /(万 t · a⁻¹)	地下开拓方式	地下采矿方法	过渡期年限 /a
刚果 Kamoto 矿	300	场外竖井	充填法、分段空场法	1970 ~ 1976
苏联高山铁矿	440	场外竖井	阶段强制崩落法	15
南非 Koffiefotein 石矿	>300	竖井、斜坡道		8
瑞典 Kiruna 铁矿	1200 ~ 2400	竖井、斜坡道	留矿嗣后充填法	1952 ~ 1962
加拿大 Frood Stobie 矿	>300	竖井、斜坡道	阶段强制崩落法	分区过渡
苏联阿巴岗斯基矿	150 ~ 200	竖井、溜井		1960 ~ 1969
加拿大 Steblok 矿	150	皮带斜井	阶段强制崩落法	1946 ~ 1950
加拿大 Kidd creek 矿	400 ~ 700	竖井、斜坡道	分段空场嗣后充填法	1969 ~ 1976
澳大利亚 KingIsland 矿	30 ~ 40	斜坡道	点柱充填法	1 ~ 2
澳大利亚 MountLycll 矿	170 ~ 250	竖井、斜坡道	矿房空场、矿柱崩落法	

表 13-3　国内露天转地下开采矿山情况

矿山名称	生产规模 /(万 t·a⁻¹)	地下开拓方式	地下采矿方法	过渡期年限 /a
凤凰山铁矿	30	场外主副井	初期分段空场法	12
冶山铁矿	30	场外主副井	分段崩落法	6
金岭铁矿铁山区	50~60	场内箕斗井	分段空场法	7
铜绿山铜矿	35	场外主副井	胶结充填法	
铜官山铜矿		露天溜井、混合井	废石充填法	
松树卯矿	78	场外主副井	阶段强制崩落法	
红安萤石矿	10	场外竖井		8
白银折腰山铜矿	100	场外主副井	分段崩落法	9
石人沟铁矿	60~100	场外主副井	分段空场嗣后充填法	3.5
建龙铁矿	85~100	场外主副井	分段空场法	5
板石沟铁矿	100	场外主副井	分段崩落法	4~6
海城滑石矿	10~14	场内平硐	分段崩落法	
红旗岭镍矿	30	场外竖井	下向胶结充填法	5
新桥硫铁矿	90	场外主副井	上向水平分层充填法	4

13.3　露天境界外驻留矿开采

驻留矿体，也称边坡矿或挂帮矿，是露天坑底以上，露天境界内开采矿体在境界外延伸的部分(见图13-5)，根据其赋存部位分为端部和上、下盘露天境界外驻留矿体三种。露天矿境界外驻留矿产资源开采是苏联采矿专家 B. N. 捷林切夫教授、阿戈什科夫教授等在20世纪70年代提出的一种新方法，其出发点是以矿产资源最大限度地综合开发利用为目的，在矿床露天开采过程中将露天境界外的驻留部分或挂帮部分利用露天或坑内开采方法加以回收，形成露天和地下开采不同工艺与技术要素在一个工艺系统中的有机配合。

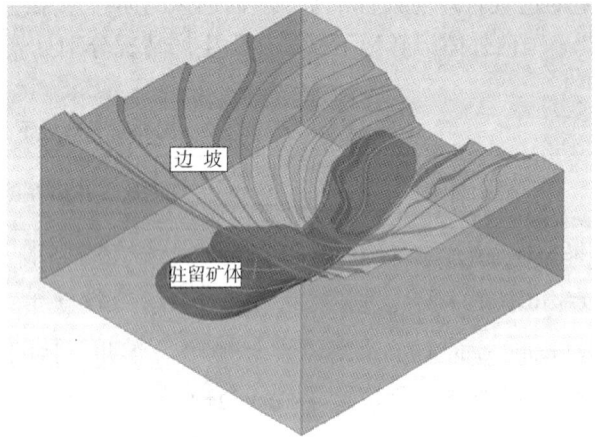

图 13-5　露天采场境界外驻留矿体

13.3.1　驻留矿体开采方法

根据矿体赋存条件和与其他工程结合程度等因素的不同，开采方法主要分为三类，即外扩境界露天开采、地下开采以及露天和地下联合开采。

(1)外扩境界露天开采

外扩境界露天开采是根据境界剥采比不大于经济合理剥采比的原则,圈定边帮外扩境界,然后在现有开采系统的基础上进行扩帮开采设计,以采出外扩境界内的露天境界外驻留矿体。国内外大多数露天矿均采用这种开采方法,如国内的马钢凹山、齐大山铁矿等;国外的乌克兰克里沃格罗铁矿、加拿大艾兰铜矿、美国卡斯尔山金矿等。

外扩境界露天开采方法具有露天开采的优点,生产连续性好,可充分利用原露天采场生产设备及运输系统,一般不影响露天采场正常生产,可充分回收驻留矿体,并且周期短、费用低,经济效益较好。但由于此法是在永久边坡上进行的,在开采过程中需特别注意边坡稳定和开采安全的问题。

(2)地下开采

驻留矿体地下开采是完全采用地下开采的方式对驻留矿体进行开采和出矿,通常适用于缓倾斜、向露采坑内延伸的驻留矿体,或者驻留矿体邻近处有可利用的地下开采系统。国内大冶铁矿的铁门坎矿体,国外乌克兰的奥尔忠尼矿的驻留矿体均采用这种开采方式。

地下开采方法将驻留矿体视为深埋地下的矿体,在采出其他地下矿石的过程中顺便将其采出,既减少了井巷开拓量,又可避免露天开采的诸多问题,安全易行。但使用这种方法对临近边坡部分的驻留矿体开采时,要特别注意安全,而且,地下开采一般相对周期较长、费用较高。

(3)露天和地下联合开采

露天和地下联合开采是利用露天或地下已形成的工程系统,采用地下开采的方式对驻留矿体进行开采,形成由地下方法采出、由露天系统运出的开采方式,或者运用露天开采的方式将驻留矿体采出,以地下运输系统将矿石运出。如马钢南山矿业公司凹山采场北帮回采驻留矿体就是采用由地下采出、露天运出的露天和地下联合开采方法。

露天和地下联合开采综合了前两种开采方法的优点,既充分利用了现有露天工程,又发挥了地采的优点,避免了外扩境界露天开采的边坡稳定和开采安全问题,但因为它需要开拓地下巷道,实施起来较为复杂,初期基建时间长,投资大,经济效益较差,并且巷道开挖会引起应力的重新分布,安全问题须特别注意。

13.3.2 矿山实例

姑山铁矿为20世纪中叶国家投资建设的露天开采矿山,隶属马钢(集团)控股有限公司姑山矿业公司。生产规模为120万t/a,地表标高+12 m,露天边坡台阶高度12 m,最终境界到-166 m水平。经过多年的强化开采,露天采场即将闭坑。根据统计,矿山-130 m水平以上露天境界外驻留矿石储量为表内矿石1904.34万t,表外矿石144.5万t,合计2048.84万t,主要分布在露天采场东部、西南部和西北部边坡上。其中西部-130~-58 m之间富矿体矿石储量184.33万t。自露天采场台阶施工平硐开拓,采用两步回采的浅孔留矿嗣后充填采矿法,设计生产能力20万t/a。矿块垂直矿体走向布置,矿块长度为矿体厚度,一步采矿柱宽8 m,二步采矿房宽15 m,分层高度2 m,中段高度26 m。阶段运输平巷即为阶段平硐,两个阶段之间由采准斜坡道连通。在每个矿房中,靠近矿柱处布置一条穿脉,形成脉外平巷加穿脉的布置方式(见图12-7)。

(1)凿岩爆破

凿岩采用YT28型凿岩机钻凿水平炮孔,炮孔深度2 m,炮孔直径38 mm。每循环所有炮眼钻凿完毕后,采用卷装乳化炸药进行人工装药,导爆管起爆。

(2)通风

新鲜风流经平硐、下盘通风人行天井及天井联络道进入采场,冲洗工作面后,经上盘通风人行天井,排入上阶段平硐,最后污风由平硐及通风天井排出。

(3)出矿

崩落的矿石采用 WJD-1.5 电动铲运机经装矿进路、穿脉运至运输平巷,装车后经露天采场公路运出。

(4)充填

利用设在露天边坡台阶上的充填系统,泵送充填料浆至采空区进行充填。

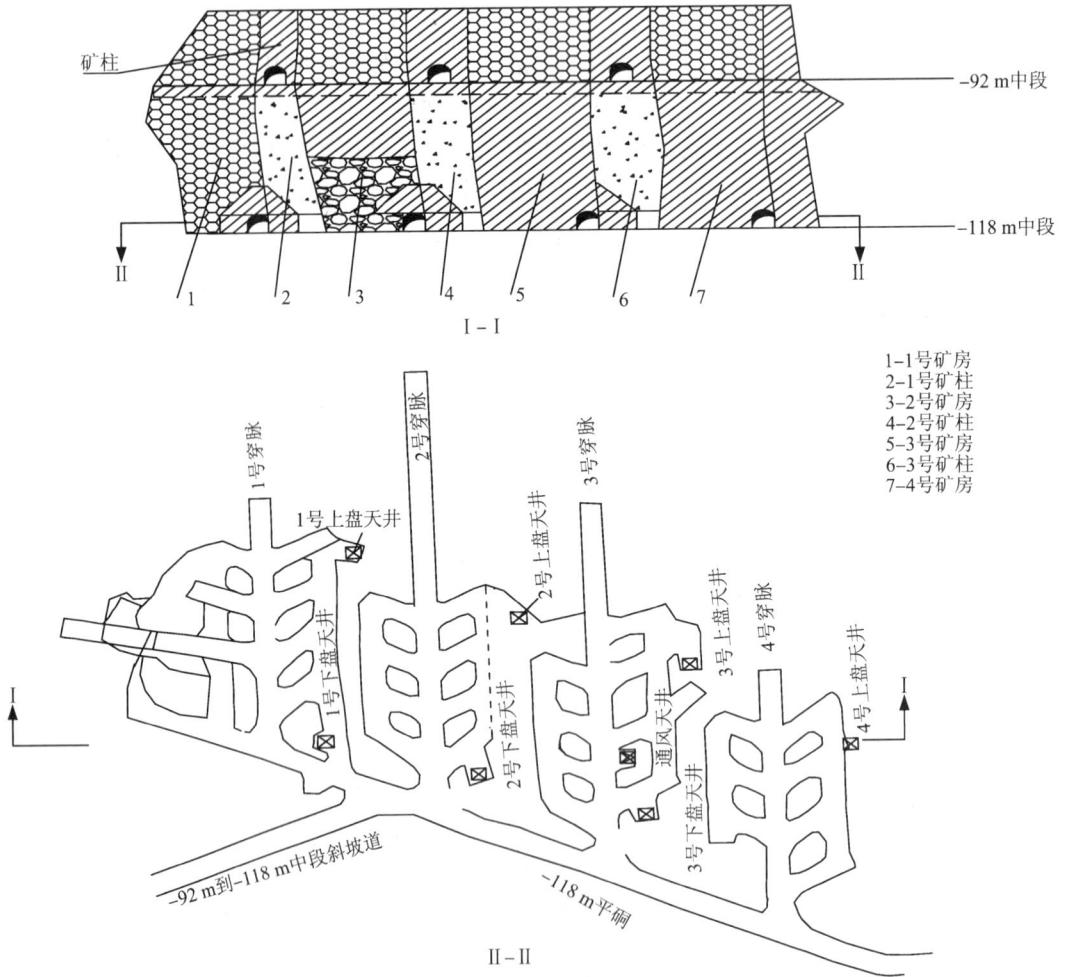

图 13-6 姑山铁矿露天采场境界外驻留矿体采矿方法

13.4 残矿开采

受过去采矿技术水平限制,许多矿山都残留了大量矿柱等残矿资源。随着矿山保有资源储量逐步枯竭,及时回收宝贵的残矿资源,对延长矿山服务年限,为矿山寻找接替资源或转产赢得时间具有重要意义。但由于残矿资源赋存条件极为恶劣,残矿资源开采必须通过专门的安全开采可行性研究,在充分考虑如下特殊开采条件的前提下,经过科学论证和周密设计,确保残矿资源回采安全:

(1)残矿资源周围多为老采空区,分布状况不明,残矿回收时必须充分考虑采空区稳定性和采空区积水的可能性;

(2)残采资源都是历史上采用空场法开采时作为矿柱遗留下来的,如果对其进行回收,势必引起上覆岩层和地表的沉降与移动,因此,残矿回收必须与空区处理同步进行,并做好地压监测与安全监控工作。

(3)残矿资源的突出特点是点多面广,且单个地点矿量有限,必须统筹考虑运输、提升、充填、通风等系统。

13.4.1 残矿资源类型

目前我国金属矿床残矿主要有4种类型:

(1)挂壁矿:采矿时未完全采下,主要附着在矿体上下盘围岩上的矿石;

(2)边角细脉矿:因矿体分支复合现象普遍,部分开拓、生产、采准巷道周围留有的细小矿脉;

(3)存窿矿:在掘进脉内坑道和回采过程中采下并回填到采空区中的低品位矿石,也包括自然垮塌落入采空区中的矿石;

(4)矿柱型和隔墙型矿:开采过程中由于受条件限制而留下的顶柱、底柱、间柱、隔墙等矿石。

13.4.2 残矿资源回收注意事项

(1)残矿回收工程的设计与实施应确保安全;

(2)残矿回收方案设计应尽量利用原有的通风、运输、充填系统,降低回采成本;

(3)在矿岩已发生移动或者破坏的范围内,由于巷道的掘进和维护比较困难,一般宜采用采准切割工程量较小、人不进空场及回采强度较高的采矿方法;

(4)位于主体矿边角的残留矿体,在开采前应充分研究地质资料,科学推断矿体的形态和走向,布置少量采掘工程,必要时,可采用中深孔探矿,基本控制矿体形态后,方可重新设计采准和回采工程;

(5)残矿中有相当部分属于原正规采矿残留,废弃时间较长,而且后期其邻近空区又被充填处理过,考虑到可能存在老窿水,因此在采掘过程中一定要注意探水和防水,保证安全;

(6)对周围采空区稳定性做出科学评价,有针对性地采取措施加以治理,为采空区周围残矿资源回采创造条件。

13.4.3 残矿资源回收方法

残矿资源常用采矿方法包括充填法、空场法(包括人工矿柱替代法)等。下面结合我国金属矿床残矿的主要4种类型,着重介绍几个典型的残矿成功回采实例。

1)挂壁矿

湘西金矿挂壁残矿几乎被尾砂包围或处于尾砂与干式充填料中。由于充填料强度低,稳固性差,加之矿壁规模较小(宽度一般为 3～5 m,厚度 1.5～3.5 m,斜长 50 m 左右),所以一般采用小断面向上掘拉底沿脉上山至上部回风平巷,然后从沿脉上山分段后退并采用控制爆破技术进行扩帮压顶回采矿石。随着压顶紧跟工作面安设长锚索和短锚杆加固顶板岩层。在扩帮过程中如果两侧的尾砂因爆破作用而塌落,则用人工分选,将选出的矿石用人工运出,尾砂就地堆积用于处理空区。同时对塌落部位用立柱与木板或水泥封堵,以防尾砂继续塌落。整个矿壁采完并清扫底板后,封闭漏斗,利用尾砂充填空区。如果矿壁中不易开凿上山,也可从矿壁与尾砂接触面向尾砂内部用插板法超前支护成假进路,再从假进路一侧自上而下剥皮式采出矿壁。

2) 边角细脉矿

湖南黄沙坪铅锌矿边角细脉矿体形态极不规则,部分开拓、生产、采准巷道周围留有细小矿脉。这类残矿的矿石和围岩稳固,品位高,采用全面空场留矿法进行回收。回采程序是:人工直接在矿房暴露下的矿堆上作业,自下而上分层回采,每次采下的矿石靠自重放出 1/3 左右,其余暂留在矿房中作继续上采的工作台,矿房全部回采完后,再大量出矿。

3) 存窿矿

广西高峰矿业有限责任公司 100 号矿体残矿与围岩接触界线明显,矿岩中等稳固,采用支架进路式存窿残矿回收方案。压力较小时,用木支架支护进路;压力大、顶板破碎时,则用金属单体液压支架支护进路。在进路中钻凿浅孔爆破落矿,电耙导向耙矿,溜井出矿。随回采工作面的推进,平移支架,沿脉后退式连续回采。采用回柱绞车依次回柱放顶。

4) 矿柱型和隔墙型矿

(1) 矿柱回采要求

①矿柱回采是矿块回采的一个组成部分,应与矿房一并考虑采准、切割工程,即矿房回采设计时就应考虑未来矿柱的回收问题;

②回收方案设计应尽量利用原有的通风、运输、充填系统,降低回采成本;

③在矿岩已发生移动或者破坏的范围内,由于巷道的掘进和维护比较困难,一般宜采用采准切割工程量较小,人不进空场及回采强度较高的采矿方法;

④如矿柱残留、废弃时间较长,而后期其邻近空区又被充填处理过,则应考虑到老窿存水的可能性,在采掘过程中一定要注意探水和防水,保证安全;

⑤矿柱回采安全性较差,尤其是矿柱崩落后的出矿作业安全隐患更大,如有条件,应尽量采用遥控设备,如遥控铲运机进行出矿作业;

⑥矿柱赋存条件比较复杂,应根据采空区分布状况及稳定性、矿柱本身稳固性,灵活确定回收方案和回收比例,应以安全为重,不宜过分强调矿柱回采率。

(2) 矿柱回收顺序

在本中段矿房回采基本结束,矿山主要生产中段已经转移至下一中段(下行式开采顺序)或上一中段(上行式开采顺序)时,应将矿柱作为残矿回收,及时回收本中段所留矿柱。

在未充填的已采矿房内,顶、底、间柱一般同时回采;在缓倾斜的矿房内,一般先采间柱,后采顶底柱。

顶底柱一般同时回采,即上阶段的底柱和本阶段对应的顶柱,同时回采。

(3) 顶底柱回收

将沿脉平巷向上下盘扩大成底柱回收的拉底层,然后用浅孔压顶或挑顶方式回收底柱,或采用中深孔后退式直接采透上部采场的拉底层。采下矿石通过装岩机或铲运机从平巷中运出。

底柱回采后，即可开始进行本阶段顶柱的回采。对于缓倾斜矿体（如房柱法、全面法），充满崩落矿石的急倾斜薄矿体（留矿法）和倾斜中厚、厚大矿体，可直接在空场内钻凿浅孔或中深孔崩矿。分段矿房法的斜顶柱在矿房回采结束后即在斜顶柱回采硐室内钻凿中深孔崩落（参见9.3节）。

（4）间柱回收

缓倾斜矿体采场间柱，一般利用切割上山，采用浅孔（倾角较缓地段）或中深孔（倾角相对较大部位）加以回收。根据矿岩稳固程度、已采矿房是否充填情况，确定间柱回采比例：如果已采矿房已经充填，则可采用充填法（参加第10章）或空场法全部回收；如矿房敞空，则可根据矿岩稳固程度，进行部分回收（将矿柱缩采成小断面或将连续矿柱采剥成间隔矿柱）。

急倾斜薄矿脉一般利用间柱中的天井和联络道，钻凿中深孔，待矿房中的崩落矿石放空后，与顶底柱一起爆破和放矿。

（5）采场内矿柱的回收

采场内所留的矿柱（点柱），主要用于支护顶板岩石。从安全角度出发，一般作为永久性损失不予回收。如点柱品位较高，也可采用人工矿柱替代法加以回收，即首先砌筑混凝土支柱，方可进行矿柱回采。

锡矿山锑矿普通房柱法和杆柱砂浆胶结充填法开采后残留了大量高品位点柱，设计采用人工混凝土矿柱替换法加以回收。首先重新打通原采场漏斗、通路和切割横巷，将矿柱两侧全尾砂充填料扒空，贯通上下矿房切割横巷，形成完整采矿通路，然后在采场中心线上砌筑人工混凝土矿柱，待人工砼柱硬化能够承受采场顶板压力时，采用浅孔落矿回采矿柱（见图13-7）。

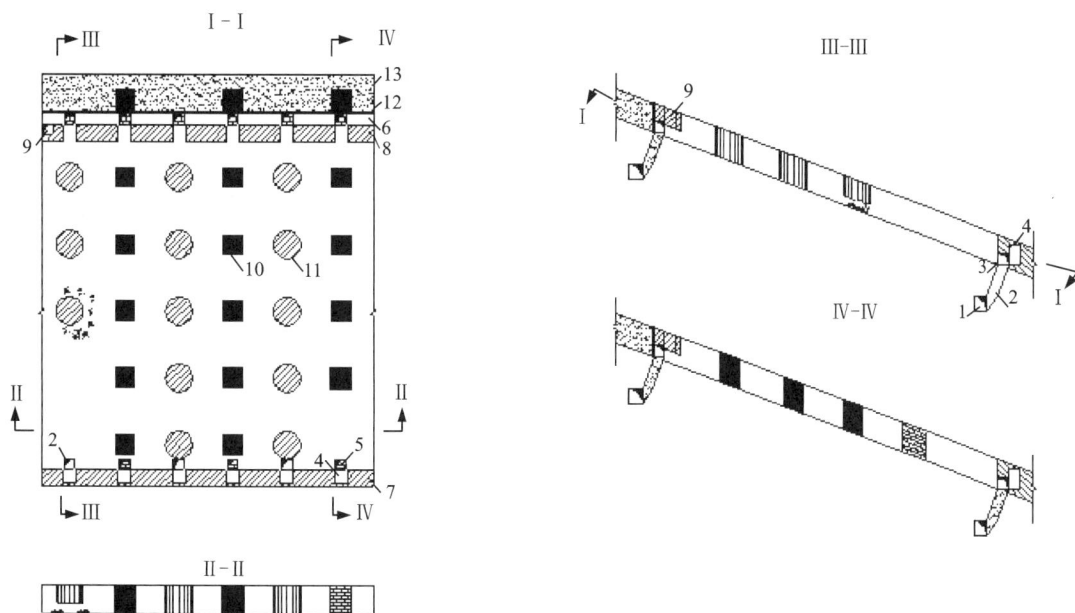

图13-7 锡矿山锑矿人工矿柱替代法回收房柱法采场内矿柱方案图

1—运输巷道；2—溜井；3—拉底巷道；4—电耙硐室；5—已封闭溜井；6—回风联络道；7—底柱；8—顶柱；
9—回风天井；10—人工混凝土柱；11—待回采矿柱；12—隔墙；13—已充填采场

附表：矿山主要采掘设备

　　矿产资源能否安全、经济、高效回采，除取决于所采用的开拓系统和采矿方法及回采工艺外，还与所选用的机械设备密切相关。我国矿产资源赋存条件的复杂性特点，迫使矿产资源开采领域研究人员和矿山企业因地制宜地采取各种工艺技术方案，虽然使我国采矿技术处于世界先进水平，但由于受制于制造水平等因素，我国采矿装备水平远远落后于世界采矿业发达国家，致使我国采矿业工效低、安全风险大。面对用工成本日益高涨、安全事故赔偿额度越来越大，以及越来越多的年轻人不愿意从事井下体力劳动的现实情况，未来矿产资源开采将彻底告别过去的人海战术，用机械设备替代人工将成为未来矿山企业发展的方向。与露天开采等地面工程建设项目相比，因作业空间有限、环境恶劣，地下开采不可能直接选用大型地表机械设备，必须研制适合地下使用环境的专用采掘设备。低矮化、尾气净化程度高、耐腐蚀、耐潮湿等成为对地下采掘设备的基本要求。由于地下采掘设备不像地面工程机械那样具有通用性，使用面窄、知名度低，增添了设备选择难度。为使采矿工程专业学生掌握采矿机械基本情况，本书特别查阅汇总了包括凿岩机械、装药机械、出矿机械、运输机械、支护机械、掘进机械等在内的常用采掘机械型号、主要技术参数和代表性厂家，希望能引导学生在未来的管理、设计和工作中，自觉地采用先进采掘机械，改变矿山企业"傻大粗"的落后面貌。

附表：矿山主要采掘设备表

序号	工序	设备类别	规格型号	主要技术参数	主要设备厂家	备注
1	凿岩	风动凿岩机	YT26	孔径40 mm,最大孔深3 m,可凿水平、倾斜、下向炮孔,适用于软～中硬岩石		Y—凿岩机 T—气腿式 S—向上式 P—高频 G—导轨式 Z—独立回转
			YT23（7655）	孔径45 mm,最大孔深5 m,可凿水平、倾斜炮孔,适用于中硬以上岩石	天水风动	
			YSP-45	孔径50 mm,最大孔深6 m,可凿60°～90°的上向炮孔,适用中硬以上岩石	南京风动	
			YT-24、YTP26	孔径34～42 mm,孔深2～5 m,可凿水平、倾斜炮孔,适用于中硬以上岩石	洛阳风动	
			YG80	孔径80 mm,孔深20 m,任意方向炮孔,适用坚硬以上岩石	宜春风动	
			YGZ90	同YG80		
			Simba 364	孔径90～165 mm,最大孔深51 m,行走高度3180 mm,宽度1950 mm,功率65 kW	Atlas COP	
			Simba M4	孔径51～178 mm,最大孔深63 m,驾驶室高度3100 mm,宽度2386 mm	Atlas COP	
			Simba M6	孔径51～178 mm,最大孔深63 m,驾驶室高度3100 mm,宽度2210 mm	Atlas COP	
		潜孔钻机	CUBEX Aries	孔径69～160 mm,最大孔深60 m,最小巷道宽度3.15 m,巷道高度3.15 m,最大爬坡35%	SANDVIK	轮胎式
			CUBEX 6200	孔径69～160 mm,孔深20 m～100,最小巷道宽度3.05 m,巷道高度3.05 m,最大爬坡35%	SANDVIK	履带式
			T-100	孔径75～127 mm,最大孔深60 m,外形尺寸:3350×1700×1800,环形钻机,气压1～1.7 MPa	铜陵金湘	自行式
			T-150	孔径120～254 mm,最大孔深100 m,外形尺寸:4350×1580×2360,环形钻机,气压0.5～2.1 MPa,爬坡能力25%,电机功率15 kW	铜陵金湘	自行式
			KQD100	孔径85～105 mm,最大孔深50 m,外形尺寸:1700×900×600,环形钻机,气压0.5～1.8 MPa	有色重机	
			QZJ-100B	孔径80～120 mm,最大孔深60 m,气压0.5～0.7 MPa,水压0.8～1.0 MPa	宣化采机	
			YQ100B	孔径80～130 mm,最大孔深60 m,外形尺寸:2380×400×390,环形钻机,气压0.5～0.7 MPa,水压0.8～1.0 MPa	宣化采机	
			QZJ-80	孔径76～80 mm,最大孔深35 m,适应矿岩f=8～16,适应巷道尺寸(3.8～4.2)m×(3.4～3.8)m,钻孔角度左右45°,气压1.0～2.46 MPa,功率11 kW	宣化采机	

续附表

序号	工序	设备类别	规格型号	主要技术参数	主要设备厂家	备注
			Boomer 281	孔径 48 mm 以上，最大孔深 4.6 m，55 kW，单臂，行驶通道尺寸：宽 3 m，高 2.8 m	Atlas COP	
			Boomer 282	孔径 48 mm 以上，最大孔深 4.6 m，2×55 kW，2 臂，行驶通道尺寸：宽 3 m，高 2.8 m	Atlas COP	
			Boomer M2C	孔径 48 mm 以上，最大孔深 5.3 m，2×75 kW，2 臂，行驶通道宽 2.2 m，高 3 m	Atlas COP	
			Simba M2C	孔径 51~89 mm，孔深 51 m，移动机宽 2.21 m，机高 2.875 m，118 kW，任意方向炮孔	Atlas COP	
			Simba M3C	孔径 51~89 mm，孔深 51 m，移动机宽 2.35 m，机高 2.875 m，118 kW，任意方向炮孔	Atlas COP	
			Simba M4C	孔径 51~89 mm，孔深 51 m，移动机宽 2.35 m，机高 2.875 m，118 kW，任意方向炮孔	Atlas COP	
			Simba H252	孔径 51~89 mm，孔深 33 m，移动状态机宽 1.925 m，机高 2.66 m，49 kW，任意方向炮孔	Atlas COP	250 系列与
			Simba H253	孔径 51~89 mm，孔深 33 m，移动状态机宽 2.38 m，机高 2.77 m，49 kW，任意方向炮孔	Atlas COP	1250 系列
			Simba 1257	孔径 48~76 mm，孔深 32 m，移动状态机宽 2.38 m，机高 2.81 m，49 kW，任意方向炮孔	Atlas COP	差别不大
			Simba H157	孔径 48~64 mm，孔深 32 m，移动状态机宽 1.22 m，机高 1.99 m，50 kW，任意方向炮孔	Atlas COP	
1	凿岩	凿岩台车	DL210	孔径 51~64 mm，最大孔深 20 m，最小巷道宽度 2.7 m，巷道高度 2.7 m，最大爬坡 35%	SANDVIK	采矿
			DL331	孔径 51~64 mm，最大孔深 23 m，最小巷道宽 3 m，最小巷道高度 3 m，最大爬坡 28%	SANDVIK	采矿
			DD2710	炮孔直径 43~64 mm，设备宽度 2.45 mm，顶棚高度 2.8 m，最大爬坡 15°	SANDVIK	巷道掘进
			DL2720	孔径 64~89 mm，最大孔深 38 m，最小巷道宽度 3.75 m，巷道高度 3.15 m，最大爬坡 15°	SANDVIK	掘进、采矿
			CGT5003	3 臂，26.4 kW，机宽 1.25 m，机高 1.74 m	沈阳风动	掘进、采矿
			CTJ700.2	2 臂，18.7 kW，机宽 1.5 m，机高 1.8 m，最大爬坡 5.6°	宣化风动	
			SDM90T	孔径 64~90 mm，最大孔深 20 m，18.5 kW，机宽 2 m，机高 2.4 m，下向，倾斜炮孔	华泰矿冶	
			CMJ27	孔径 27~42 mm，孔深 3 m，45 kW，2 臂，运行状态机宽 1.21 m，机高 1.8 m	江阴矿山器材厂	
			CMJ17HTC	孔径 33~43 mm，3.1 m，45 kW，2 臂，运行机宽 1.2 m，机高 1.8 m，爬坡能力 14°	华泰矿冶	
			CTC14B	孔径 50~80 mm，孔深 30 m，运行状态机宽 1.81 m，机高 2.3 m，任意方向炮孔，爬坡能力 18°	南京风动	配 YGZ90 机
			DZ10	孔径 27~42 mm，孔深 2.6 m，20 kW	地大海卓	

续附表

序号	工序	设备类别	规格型号	主要技术参数	主要设备厂家	备注
		风动装药器	PORTANOL	容量30~50 L,装药速度5~7 kg/min,装药密度0.95 kg/L,任意方向装药	Atlas COP	手提式
			ANOL150	容量150 L,装药速度30~75 kg/min,装药密度0.9 kg/L,向上30°	Atlas COP	
			JET ANOL100	容量100 L,装药速度15~20 kg/min,装药密度1.0 kg/L,任意方向装药	Atlas COP	
			JET ANOL500	容量500 L,装药速度20~30 kg/min,装药密度1.0 kg/L,任意方向装药	Atlas COP	
			BQF-100	装药量100 kg,药桶容积150 L,风压0.25~0.45 MPa,适应炮孔直径40~90 mm,输药能力600 kg/h	长冶矿机	带搅拌装置手抬式
2	装药		BQ-100	装药量100 kg,药桶容积130 L,风压0.25~0.45 MPa,适应炮孔直径40~90 mm,输药能力600 kg/h	长冶矿机	带搅拌装置手抬式
			BQ-200	装药量200 kg,药桶容积300 L,风压0.3~0.8 MPa,适应炮孔直径40~90 mm,输药能力800 kg/h	长冶矿机	无搅拌装置手推胶轮式
			AYZ-150	装药量115 kg,药桶容积150 L,风压0.25~0.45 MPa,输药能力500 kg/h	太原五一机器厂	无搅拌装置手推胶轮式
		装药台车	EG-33	粉状铵油炸药,孔径51~76 mm,最大孔深50m	Atlas COP	
			PT-50	提升高度2.6 m,配1台JET ANOL150装药器	Atlas COP	
			PT-50T	升高度2.6 m,配2台JET ANOL150装药器	Atlas COP	
			GTZY100		惊天智能	

续附表

序号	工序	设备类别	规格型号	主要技术参数	主要设备厂家	备注
3	出矿	电耙	2JP-7.5	卷筒直径205 mm,卷筒宽度80 mm,耙斗容积0.1 m³,功率7.5 kW,钢绳速度1.0 m/s		
			2JP-15	卷筒直径225 mm,卷筒宽度125 mm,耙斗容积0.25 m³,功率15 kW,钢绳速度1.1(工作)~1.5(空载) m/s		
			2JP-22	卷筒直径250 mm,卷筒宽度140 mm,耙斗容积0.3 m³,功率22 kW,钢绳速度1.2(工作)~1.6(空载) m/s		
			2JP-30	卷筒直径280 mm,卷筒宽度160 mm,耙斗容积0.4 m³,功率30 kW,钢绳速度1.2(工作)~1.6(空载) m/s		
			2JP-55	卷筒直径350 mm,卷筒宽度180 mm,耙斗容积0.6 m³,功率55 kW,钢绳速度1.2(工作)~1.8(空载) m/s		
			2JP-75	卷筒直径450 mm,卷筒宽度220 mm,耙斗容积1.0 m³,功率75 kW,钢绳速度1.32(工作)~1.8(空载) m/s		
			2JP-100	卷筒直径450 mm,卷筒宽度220 mm,耙斗容积1.4 m³,功率10 kW,钢绳速度1.32(工作)~1.8(空载) m/s		
		装岩机	Z-17	铲斗容积0.17 m³,装载宽度1.7 m,轨距600 mm,装载能力20~30 m³/h,功率10.5 kW	淄博矿机	电动、气动
			Z-20	铲斗容积0.2 m³,装载宽度2.0 m,轨距600 mm,装载能力30~40 m³/h,功率10.5 kW	淄博矿机	电动、气动
			Z-30A	铲斗容积0.3 m³,装载宽度2.2 m,轨距600 mm,装载能力60 m³/h,功率13 kW	淄博矿机	电动、气动
			Z-30AW	铲斗容积0.3 m³,装载宽度2.2 m,轨距600 mm,装载能力60 m³/h	淄博矿机	无钢丝绳电动
			华-1	铲斗容积0.17 m³,装载宽度1.7 m,轨距600 mm,装载能力20~30 m³/h,功率2×10.5 kW	太原机器	电动
			Z-25	铲斗容积0.25 m³,装载宽度2.2 m,轨距600 mm,762 mm,装载能力25~35 m³/h,功率2×13 kW	太原机器	电动
			ZQ-26	铲斗容积0.26 m³,装载宽度2.73 m,轨距600 mm,762 mm,装载能力50 m³/h,最小巷道断面2.5 m×1.8 m,使用气压0.45~0.7 MPa	太原机器	气动
			ZCQ-4	铲斗容积0.5 m³,装载宽度3.5 m,轨距762 mm,900 mm,装载能力70~90 m³/h,最小巷道断面3.6 m×3.2 m,使用气压0.35~0.6 MPa	太原机器	气动
		装运机	JoyTL-55	载重6t,自重11t,功率100 kW,外形尺寸8080 mm×2360 mm×2180 mm,最大车速37 km/h	Joy Global	柴油,底卸
			JoyYL-110	载重15t,铲斗容积1.72 m³,料仓容积8.36 m³,功率150 kW,外形尺寸8660 mm×3210 mm×2500 mm,最大车速32 km/h	Joy Global	柴油,倾翻
			JoyEC$_2$	载重15t,铲斗容积1~1.6 m³,车厢容积8.7 m³,功率150 kW,外形尺寸9890 mm×2920 mm×2520 mm,最大车速31 km/h	Joy Global	柴油,推卸
			C-30(ZYQ-14)	铲斗容积0.3 m³,车厢容积1.8 m³,工作气压0.5~0.7 MPa,装载能力60 m³/h,铲装最小尺寸2365 mm×2900mm	太原机器	气动
			CC-12(ZYQ-12C)	铲斗容积0.12 m³,车厢容积0.75 m³,工作气压0.5~0.8 MPa,装载能力30 m³/h,铲装最小尺寸1980mm×2220mm	太原机器	气动

续附表

序号	工序	设备类别	规格型号	主要技术参数	主要设备厂家	备注
3	出矿	铲运机	Scooptram ST2G	载重 4t,行走高度 2160 mm,宽度 1690 mm,功率 86 kW	Atlas COP	柴油
			Scooptram ST3.5	载重 6t,行走高度 2250 mm,宽度 2120 mm,功率 136 kW	Atlas COP	柴油
			Scooptram ST1030	载重 10t,行走高度 2355 mm,宽度 2490 mm,功率 186 kW	Atlas COP	柴油
			Scooptram ST1520 LP	载重 15t,行走高度 2301 mm,宽度 2920 mm,功率 291 kW	Atlas COP	柴油
			Scooptram ST18	载重 18t,行走高度 2840 mm,宽度 3067 mm	Atlas COP	柴油
			LH203	斗容 1.5 m³,不带铲斗宽度 1.42 m,顶棚高度 1.84 m,卸料高度 122 m,功率 71.5 kW	SANDVIK	柴油
			LH204	斗容 2 m³,最大宽度 1.6 m,顶棚高度 2.127 m,功率 93 kW,最大坡度 17%	SANDVIK	柴油
			LH410	斗容 4 m³,不带铲斗宽度 2.48 m,顶棚高度 2.4 m,卸料高度 1.9 m,功率 220 kW	SANDVIK	柴油
			LH203E	斗容 1.5 m³,不带铲斗宽度 1.42 m,顶棚高度 1.84 m,卸料高度 1.23 m,功率 55 kW	SANDVIK	电动
			LH409E	斗容 3.8 m³,不带铲斗宽度 2.5 m,顶棚高度 2.32 m,卸料高度 1.9 m,功率 110 kW	SANDVIK	电动
			WJD/WJ－0.75	斗容 0.75 m³,载重 1.5 t,外形尺寸 5900 mm×1260 mm×1900 mm,爬坡≥12°,转弯半径≤4.5 m,功率37 kW/42 kW	南昌通用	电动/内燃
			WJD/WJ－1.5	斗容 1.5 m³,载重 3 t,外形尺寸 7000 mm×1600 mm×2100 mm,爬坡≥12°,转弯半径≤5 m,功率 55 kW/63.2 kW	南昌通用	电动/内燃
			WJD/WJ－2	斗容 2.0 m³,载重 4 t,外形尺寸 7740 mm×1850 mm×2000 mm,爬坡≥12°,转弯半径≤6.5 m,功率 75 kW/86 kW	南昌通用	电动/内燃
			WJD/WJ－3	斗容 3.0 m³,载重 6 t,外形尺寸 8720 mm×2090 mm×2240 mm,爬坡≥12°,转弯半径≤6.5 m,功率 90 kW/102 kW	南昌通用	电动/内燃
			WJD－4	斗容 4.0 m³,载重 8 t,外形尺寸 9620 mm×2230 mm×2440 mm,爬坡≥12°,转弯半径≤7 m,功率 132 kW	南昌通用	电动
			CY－0.75	斗容 0.75 m³,载重 1.5 t,外形尺寸 5945 mm×1300 mm×2000 mm,转弯半径 3.99 m	衡阳力达	柴油
			CY－1.5,CY－1.5E	斗容 1.53 m³,载重 3.6 t,外形尺寸 6375 mm×1524 mm×2032 mm,转弯半径 4.58 m	衡阳力达	柴油
			CY－2	斗容 1.9 m³,载重 3.8 t,外形尺寸 6935 mm×1624 mm×2032 mm,转弯半径 4.58 m	衡阳力达	柴油
			CY－3	斗容 3.1 m³,载重 6 t,外形尺寸 8128 mm×1956 mm×2250 mm,转弯半径 5.36 m	衡阳力达	柴油
			CY－4	斗容 4 m³,载重 9.5 t,外形尺寸 9682 mm×2235 mm×2470 mm,转弯半径 6.045 m	衡阳力达	柴油
			CY－6	斗容 6 m³,载重 13.6 t,外形尺寸 10080 mm×2600 mm×2540 mm,转弯半径 6.65 m	衡阳力达	柴油

续附表

序号	工序类别	规格型号	主要技术参数	主要设备厂家	备注
	扒渣机	7HR/7HR-B	生产能力3.5 m³/min,适应巷道断面>8 m²	Atlas COP	Hägloader
		10HR/10HR-B	生产能力3.5 m³/min,适应巷道断面>14 m²	Atlas COP	Hägloader
		JHLTW60B	装载能力60 m³/h,转弯半径2.52 m,挖掘宽度4.8 m,外形尺寸5780 mm×1520 mm×1850 mm,爬坡能力15°,功率16.5 kW	嘉和重工	轮胎式
		ZWY-80/45L	装载能力80 m³/h,转弯半径4.58 m,挖掘宽度5.6 m,外形尺寸8450 mm×2250 mm,爬坡能力15°,功率45 kW	嘉和重工	履带式
		STB-60 L	装载能力60 m³/h,挖掘宽度3.2 m,外形尺寸4800 mm×1700 mm,爬坡能力15°,功率18.5/22 kW	山特重工	轮胎式
		STB-120 L	装载能力120 m³/h,挖掘宽度4.8/5.8 m,外形尺寸6750 mm×1900 mm×2225 mm,爬坡能力15°,功率45/55 kW	山特重工	履带式
3	出矿	DZF1.4×0.4-12°/0.75	最大矿岩块度200 mm,生产能力40~70 t/h,埋设深度0.4 m,台班倾角12°,台板宽度0.4 m,台板长度1.4 m,功率0.75 kW	万力振动	悬吊式
		DZF1.8×0.5-16°1.5	最大矿岩块度200 mm,生产能力100~180 t/h,埋设深度0.5 m,台班倾角16°,台板宽度0.5 m,台板长度1.8 m,功率1.5 kW	万力振动	悬吊式
		ZZF1.8×0.6-12°1.5	最大矿岩块度350 mm,生产能力140~160 t/h,埋设深度0.5 m,台班倾角12°,台板宽度0.6 m,台板长度1.8 m,功率1.5 kW	万力振动	座式
		DZF1.8×0.6-12°/1.5	大矿岩块度350 mm,生产能力160~240 t/h,埋设深度0.5 m,台班倾角12°,台板宽度0.6 m,台板长度1.8 m,功率1.5 kW	万力振动	悬吊式
		ZZF2×0.8-14°/2.2	最大矿岩块度350 mm,生产能力260~280 t/h,埋设深度0.6 m,台班倾角14°,台板宽度0.8 m,台板长度2 m,功率2.2 kW	万力振动	座式
		GZF2×0.8-14°/2.2	最大矿岩块度350 mm,生产能力240~450 t/h,埋设深度0.6 m,台班倾角14°,台板宽度0.8 m,台板长度2 m,功率2.2 kW	万力振动	悬吊式
		ZZF2.2×0.8-10°/2.2	最大矿岩块度500 mm,生产能力320~500 t/h,埋设深度0.6 m,台班倾角10°,台板宽度0.8 m,台板长度2.2 m,功率2.2 kW	万力振动	座式
		DZF2.2×0.8-10°/3	最大矿岩块度500 mm,生产能力243~330 t/h,埋设深度0.6 m,台班倾角10°,台板宽度0.8 m,台板长度2.2 m,功率3 kW	万力振动	悬吊式
		ZZF2.8×1.1-12°/4	最大矿岩块度650 mm,生产能力400~500 t/h,埋设深度0.8 m,台班倾角12°,台板宽度1.1 m,台板长度2.8 m,功率4 kW	万力振动	座式
		DZF2.8×1.1-12°/5.5	最大矿岩块度650 mm,生产能力400~600 t/h,埋设深度0.8 m,台班倾角12°,台板宽度1.1 m,台板长度2.8 m,功率5 kW	万力振动	悬吊式
		FZC-1.8/0.9-1.5	生产能力350~360 t/h,埋设深度0.6 m,台班倾角12°,台板宽度0.6 m,台板长度0.9 m,功率1.5 kW	横店冶金	
		FZC-2.3/1.2-3	生产能力630~760 t/h,埋设深度0.8 m,台班倾角14°,台板宽度0.8 m,台板长度1.2 m,功率3 kW	横店冶金	
		FZC-3.5/0.9-4	生产能力730~830 t/h,埋设深度0.9 m,台班倾角18°,台板宽度0.9 m,台板长度3.5 m,功率4 kW	横店冶金	
		FZC-3.1/1.2-5.5	生产能力910~1090 t/h,埋设深度1.1 m,台班倾角14°,台板宽度1.2 m,台板长度3.1 m,功率5.5 kW		
		FZC-3.1/1.4-7.5	生产能力1260~1500 t/h,埋设深度1.0 m,台班倾角14°,台板宽度1.4 m,台板长度3.1 m,功率7.5 kW		

续附表

序号	工序	设备类别	规格型号	主要技术参数	主要设备厂家	备注
4	运输	电机车	XK2.5-6/48-1	黏重2.5 t，轨距600 mm，牵引力2.55 t，受电器至顶棚高1550 mm，牵引速度4.54 km/h，直流电压48V，功率3.5 kW×1，宽度914 mm，最小曲线半径5 m	湘潭电机	蓄电池式
			XK2.5-7/48-1	黏重2.5 t，轨距762 mm，牵引力2.55 t，受电器至顶棚高1550 mm，牵引速度4.54 km/h，直流电压48V，功率3.5 kW×1，宽度1076 mm，最小曲线半径5 m	湘潭电机	蓄电池式
			XK5-6/90	黏重5 t，轨距600 mm，受电器至顶棚高1550 mm，牵引力7.06 km/h，受电器工作高7 km/h，直流电压91V，功率7.5 kW×2，宽度1000 mm，最小曲线半径5 m	湘潭电机	蓄电池式
			XK5-7/90	黏重5 t，轨距762 mm，受电器至顶棚高1550 mm，牵引力7.06 km/h，受电器工作高7 km/h，直流电压91V，功率7.5 kW×2，宽度1105 mm，最小曲线半径6 m	湘潭电机	蓄电池式
			XK8-6/110-1A	黏重8 t，轨距600 mm，受电器至顶棚高1550 mm，牵引力11.18 t，受电器工作高6.2 m，直流电压110V，功率11 kW×2，宽度1054 mm，最小曲线半径7 m	湘潭电机	蓄电池式
			XK8-7/132-1A	黏重8 t，轨距762 mm，受电器至顶棚高1550 mm，牵引力11.18 t，受电器工作高7.5 m，直流电压132V，功率11 kW×2，宽度1354 mm，最小曲线半径7 m	湘潭电机	蓄电池式
			XK12-7/256	黏重12 t，轨距762 mm，受电器至顶棚高1450 mm，牵引力18.93 t，速度9.6 km/h，受电器工作高2.0~2.4 m，直流电压256V，功率30 kW×2，最小曲线半径15 m	湘潭电机	蓄电池式
			ZK1.5-6/250	黏重1.5 t，轨距600 mm，受电器至顶棚高944 mm，牵引力3.24 t，速度6.6 km/h，受电器工作高1.8~2.2 m，直流电压250V，功率6.5 kW×1，宽度1070 mm，最小曲线半径5 m	湘潭电机	架线式
			ZK1.5-7/250	黏重1.5 t，轨距762 mm，受电器至顶棚高1550 mm，牵引力3.24 t，速度6.6 km/h，受电器工作高1.8~2.2 m，直流电压250V，功率6.5 kW×1，宽度944 mm，最小曲线半径5 m	湘潭电机	架线式
			ZK3-6/250-1	黏重3 t，轨距600 mm，受电器至顶棚高1550 mm，牵引力5.74 t，速度7.5 km/h，受电器工作高1.8~2.2 m，直流电压250V，功率6.5 kW×2，宽度1106 mm，最小曲线半径6 m	湘潭电机	架线式
			ZK3-7/250-1	黏重3 t，轨距762 mm，受电器至顶棚高1550 mm，牵引力5.74 t，速度7.5 km/h，受电器工作高1.8~2.2 m，直流电压250V，功率6.5 kW×2，宽度1050 mm，最小曲线半径6 m	湘潭电机	架线式
			ZK6-6/250	黏重6 t，轨距600 mm，受电器至顶棚高1660 mm，牵引力11.97 t，速度10 km/h，受电器工作高2.0~2.4 m，直流电压250V，功率18 kW×2，宽度1212 mm，最小曲线半径7 m	湘潭电机	架线式
			ZK6-7/250	黏重6 t，轨距762 mm，受电器至顶棚高1660 mm，牵引力11.97 t，速度10 km/h，受电器工作高2.0~2.4 m，直流电压250V，功率18 kW×2，宽度1054 mm，最小曲线半径7 m	湘潭电机	架线式
			ZK7-6/250	黏重7 t，轨距600 mm，受电器至顶棚高1500 mm，牵引力13.05 t，速度11 km/h，受电器工作高1.8~2.2 m，直流电压250V，功率20.6 kW×2，宽度1354 mm，最小曲线半径7 m	湘潭电机	架线式
			ZK7-7/250	黏重7 t，轨距762 mm，受电器至顶棚高1500 mm，牵引力13.05 t，速度11 km/h，受电器工作高1.8~2.2 m，直流电压250V，功率20.6 kW×2，宽度1354 mm，最小曲线半径7 m	湘潭电机	架线式

续附表

序号	工序	设备类别	规格型号	主要技术参数	主要设备厂家	备注
4	运输	电机车	ZK10-6/550	黏重 10 t，轨距 600 mm，牵引力 18.93 t，速度 10.5 km/h，直流电压 550V，功率 30 kW×2，宽度 1050 mm，轨面至顶棚高 1600 mm，受电器工作高 2.0~2.4 m，最小曲线半径 10 m	湘潭电机	架线式
			ZK10-7/550	黏重 10 t，轨距 762 mm，牵引力 18.93 t，速度 10.5 km/h，直流电压 550V，功率 30 kW×2，宽度 1212 mm，轨面至顶棚高 1600 mm，受电器工作高 2.0~2.4 m，最小曲线半径 10 m	湘潭电机	架线式
			ZK20-7/550	黏重 20 t，轨距 762 mm，牵引力 39.23 t，速度 15 km/h，直流电压 550V，功率 85 kW×2，宽度 2050 mm，轨面至顶棚高 1900 mm，受电器工作高 2.2~3.2 m，最小曲线半径 30 m	湘潭电机	架线式
			JKB10-6/250	黏重 10 t，轨距 600/762/900 mm，牵引力 13 kN，DC250/DC550V，功率 25 kW×2，牵引速度 11 km/h	大连机交	交流变频架线式
		矿车	YFC0.5-6	容积 0.5 m³，载重 1.25 t，轨距 600 mm，外形尺寸 1500 mm×850 mm×1050 mm		翻斗式
			YFC0.7-6(7)	容积 0.7 m³，载重 1.75 t，轨距 600(762) mm，外形尺寸 1650 mm×980 mm×1200 mm		翻斗式
			YGC0.5-6	容积 0.5 m³，载重 1.25 t，轨距 600 mm，外形尺寸 1200 mm×850 mm×1000 mm		固定式
			YGC0.7-6	容积 0.7 m³，载重 1.75 t，轨距 600 mm，外形尺寸 1500 mm×850 mm×1050 mm		固定式
			YGC1.2-6(7)	容积 1.2 m³，载重 3 t，轨距 600(762) mm，外形尺寸 1900 mm×1050 mm×1200 mm		固定式
			YGC2-6(7)	容积 2 m³，载重 5 t，轨距 600(762) mm，外形尺寸 3000 mm×1200 mm×1200 mm		固定式
			YGC4-7(9)	容积 4 m³，载重 5 t，轨距 762(900) mm，外形尺寸 3700 mm×1330 mm×1550 mm		固定式
			YGC10-7(9)	容积 10 m³，载重 25 t，轨距 762(900) mm，外形尺寸 7200 mm×1500 mm×1550 mm		固定式
			YCC0.7-6	容积 0.7 m³，载重 1.75 t，轨距 600 mm，外形尺寸 1650 mm×980 mm×1050 mm		侧卸式
			YCC1.2-6	容积 1.2 m³，载重 3 t，轨距 600 mm，外形尺寸 1900 mm×1050 mm×1200 mm		侧卸式
4	运输		YCC2-6(7)	容积 2 m³，载重 5 t，轨距 600(762) mm，外形尺寸 3000 mm×1250 mm×1300 mm		侧卸式
			YCC4-7(9)	容积 4 m³，载重 10 t，轨距 762(900) mm，外形尺寸 3900 mm×1400 mm×1650 mm		侧卸式
			YCC6-7	容积 6 m³，载重 15 t，轨距 762 mm，外形尺寸 5000 mm×1600 mm×1800 mm		侧卸式
			YDC4-7	容积 4 m³，载重 10 t，轨距 762 mm，外形尺寸 3900 mm×1600 mm×1600 mm		底卸式
			YDC6-7(9)	容积 6 m³，载重 15 t，轨距 762(900) mm，外形尺寸 5400 mm×1750 mm×1650 mm		底卸式
			YDCC2-7	容积 2 m³，载重 5 t，轨距 762 mm，外形尺寸 3070 mm×1420 mm×1280 mm		底侧卸式
			YDCC4-7	容积 4 m³，载重 10 t，轨距 762 mm，外形尺寸 3560 mm×1450 mm×1700 mm		底侧卸式
		平板车	YPC1-6	载重 1 t，轨距 600 mm，外形尺寸 1500 mm×850 mm×400 mm		
			YPC3-6(7)	载重 3 t，轨距 600(762) mm，外形尺寸 1900 mm×1050 mm×425 mm		
			YPC5-6(7,9)	载重 5 t，轨距 600(762,900) mm，外形尺寸 3000 mm×1200 mm×510 mm		
		材料车	YLC1-6(7)	载重 1 t，轨距 600(762) mm，外形尺寸 1900 mm×1050 mm×1200 mm		
			YLC3-6(7,9)	载重 3 t，轨距 600(762,900) mm，外形尺寸 3000 mm×1200 mm×1200 mm		

续附表

序号	工序	设备类别	规格型号	主要技术参数	主要设备厂家	备注
			MT2000	车厢容积5.7~11.7 m³,载重20 t,功率224 kW	Atlas COP	
			MT-432B	车厢容积16.8 m³,载重28.1 t,功率278 kW	Atlas COP	
			MT5010	车厢容积14.7~28.8 m³,载重50 t,功率485 kW	Atlas COP	
			TH315	车厢容积8.3 m³,载重15 t,设备宽度2.25 m,高度2.34 m,翻卸高度4.04 m,功率164 kW	SANDVIK	
			TH320	车厢容积10.2 m³,载重20 t,设备宽度2.2 m,高度2.44 m,翻卸高度4.55 m,功率240 kW	SANDVIK	
			TH430	车厢容积14.5 m³,载重30 t,设备宽度2.64 m,高度2.62 m,翻卸高度5.79 m,功率310 kW	SANDVIK	
			Toro40	车厢容积18~22 m³,载重40 t,功率354 kW	SANDVIK	
			Toro50	车厢容积19~22.8 m³,载重50 t,功率392 kW	SANDVIK	
			EJC417	车厢容积8.4 m³,载重15.4 t,功率114 kW	SANDVIK	
			EJC20	车厢容积10.7 m³,载重20 t,功率207 kW	SANDVIK	
			MK-A15.1	车厢容积7.5 m³,载重15 t,功率102 kW	德国GHH	
			MK-A20.1	车厢容积10 m³,载重20 t,功率136 kW	德国GHH	
			MK-A30.1	车厢容积20 m³,载重30 t,功率204 kW	德国GHH	
4	运输	地下卡车	DT-704	车厢容积3.6 m³,载重6.363 t,功率63 kW	加拿大MTI	
			DG-604	车厢容积6.8 m³,载重14.545 t,功率141 kW	加拿大MTI	
			JCCY-2	车厢容积2 m³,载重4 t,功率63 kW,外形尺寸7060 mm×1768 mm×1880 mm,转弯半径5.1 m	金川机械	
			JCCY-4	车厢容积4 m³,载重8 t,功率136 kW,外形尺寸9070 mm×2400 mm×2200 mm,转弯半径6.2 m	金川机械	
			JCCY-6	车厢容积6 m³,载重12 t,功率204 kW,外形尺寸11067 mm×2602 mm×2498 mm,转弯半径7.25 m	金川机械	
			JKQ-10	车厢容积5.5 m³,载重10 t,功率104 kW,外形尺寸7760 mm×1780 mm×2284 mm,转弯半径7.29 m	金川机械	
			JKQ-25	车厢容积15 m³,载重25 t,功率170 kW,外形尺寸9200 mm×2950 mm×2300 mm,转弯半径9.2 m	金川机械	
			DQ-18	载重18 t,功率155 kW,外形尺寸8922 mm×2440 mm×2602 mm,爬坡能力20%,转弯半径9.2 m	有色重机	
			UK-12	车厢容积6~6.6 m³,载重12 t,功率102 kW,爬坡能力25%,转弯半径7.9 m	太原机器	
			UK-25	车厢容积12.5~14 m³,载重25 t,功率204 kW,爬坡能力25%,转弯半径9.2 m	太原机器	
			CA-8	车厢容积4 m³,载重8 t,功率75 kW,外形尺寸7116 mm×1820 mm×2300 mm,转弯半径6.95 m	衡阳力达	
			CA-10	车厢容积5 m³,载重10 t,功率88 kW,外形尺寸7400 mm×1850 mm×2300 mm,转弯半径6.95 m	衡阳力达	
			CA-15	车厢容积7.5 m³,载重15 t,功率136 kW,外形尺寸7400 mm×2100 mm×2500 mm,转弯半径7.57 m	衡阳力达	
			CA-20	车厢容积10 m³,载重20 t,功率205 kW,外形尺寸9000 mm×2300 mm×2500 mm,转弯半径9.5 m	衡阳力达	

续附表

序号	工序	设备类别	规格型号	主要技术参数	主要设备厂家	备注
5	支护	锚杆台车	Boltec 235	锚杆长度1.5~2.4 m,标准高度2300 mm,无螺栓架时的宽度1930 mm,装机功率55 kW,最大摆动角±45°	Atlas COP	
			Boltec EC	锚杆长度1.5~6 m,标准高度3098 mm,无螺栓架时的宽度2501 mm,装机功率63 kW,最大摆动角±35°	Atlas COP	
			Boltec MC	锚杆长度1.5~3.5 m,标准高度3021 mm,无螺栓架时的宽度2245 mm,装机功率63 kW,最大摆动角±45°	Atlas COP	
			DS311	锚杆长度1.5~3.0 m,工作高度2.93~7.42 m,适合巷道规格3 m×3 m,爬坡能力28%	SANDVIK	
			DS411	锚杆长度1.5~4.0 m,工作高度3.1~8.4 m,适合巷道规格4 m×4 m,爬坡能力28%	SANDVIK	
			DS510	锚杆长度1.5~6.0 m,工作高度3.1~12.56 m,适合巷道规格5 m×5 m,爬坡能力28%	SANDVIK	
			HT-93	锚杆长度2475 mm,钻孔直径33~40 mm,钻孔深度2.1 m,适合巷道规格6 m×3.5 m	华泰矿冶	
6	其他	天井钻机	Robbins 91RH C	天井直径2.4~5.0 m	Atlas COP	
			Robbins 73RVF C	天井直径1.5~3.1 m	Atlas COP	
			Robbins 53RH C	天井直径1.2~2.4 m	Atlas COP	
			Robbins 44RH C	天井直径1.0~1.8 m	Atlas COP	
			Robbins 34RH C	天井直径0.6~1.5 m	Atlas COP	
			RHINO400	导向孔径229~279 mm,天井直径1.0~2.4 m,功率115~137 kW,天井角度0°~90°,设备尺寸及天井深度可调	SANDVIK	
			RHINO1000	导向孔径279~311 mm,天井直径2.1~3.5 m,功率315~375 kW,天井角度0°~90°,设备尺寸及天井深度可调	SANDVIK	
			CY-R120(AT3000)	天井直径3.0~3.5 m	创远矿机	
			AT2000	天井直径2.0 m	铜冠机械	
			AT1200	天井直径1.2 m	有色重机	
			AT1500	天井直径1.5 m	有色重机	
			AT2000	天井直径2.0 m	有色重机	

续附表

序号	工序	设备类别	规格型号	主要技术参数	主要设备厂家	备注
6	其他	液压破碎锤	Scaletec	功率 11 kW，爬坡能力 25%	Atlas COP	可用于撬毛
			DB120	孔深 0.8~1.2 m，孔径 48 mm，劈裂力 6500 kN，宽度 2.28 m，高度 2.94 m	SANDVIK	
			SYG-70	锤头质量 250 kg	岳阳机床厂	
			SYG-90	锤头质量 500 kg	岳阳机床厂	
			SYD-400	锤头质量 500 kg	嘉兴冶金机械厂	
		连续采矿机	MN220	截割高度 1.1 m，宽度 4.327 m，运行中设备宽度 4.3 m，坡度 15%，功率 350 kW	SANDVIK	
			MH620	截割高度 5.8 m，宽度 8.8 m，不带铲板运输宽度 3.4 m，不带铲板高度 3.0 m，坡度 20%，功率 522 kW	SANDVIK	

备注：厂家全称

(1)长冶矿机,山西长冶矿山机械厂；(2)创远矿机,湖南创远矿山机械有限责任公司；(3)大连轨交,大连现代轨道交通有限责任公司；(4)地大海卓,武汉地大海卓流体控制有限责任公司；(5)横店冶金,湖北横店冶金机修厂；(6)衡阳力达,衡阳力达矿山机械制造有限责任公司；(7)华泰矿冶,张家口华泰矿冶机械有限公司；(8)嘉和重工,嘉和重工、安嘉和重工机械有限公司；(9)金川机械,金川机械制造有限公司；(10)惊天智能,惊天智能装备股份有限公司（原洛阳风动,洛阳风动工具厂）；(11)洛阳风动,洛阳风动工具有限公司；(12)南昌通用,南昌通用机械有限责任公司；(13)南京风动,南京风动凿岩机械制造有限公司（原南京工程机械厂）；(14)山特重工,山东山特重工机械有限公司；(15)沈阳风动,沈阳风动工具厂有限公司；(16)太原机器,太原矿山机器集团有限公司（原太原矿山机器厂）；(17)天水风动,天水风动工具有限公司（原天水风动工具厂）；(18)铜冠机械,铜陵有色金属集团铜冠机械股份有限公司；(19)铜陵金凸,铜陵金凸重型机械有限公司（原江苏省海安县万力振动机械厂）；(20)万力振动,海安县万力振动机械有限责任公司；(21)湘潭电机,湘潭电机股份有限公司；(22)宣化采机,宣化采掘机械集团有限公司（原宣化采掘机械集团公司）；(23)宜春风动,宜春风动工具厂；(24)宜化风动,宜化风动工具公司；(25)有色重型,湖南有色重型矿机器有限责任公司（原长沙矿山研究院机械厂）；(26)淄博矿机,淄博大力矿山机械有限公司（原淄博矿山机械厂）。

参考文献

［1］解世俊. 金属矿床地下开采［M］. 北京：冶金工业出版社，2008

［2］王运敏. 中国采矿设备手册［M］. 北京：科学出版社，2007

［3］中华人民共和国国家标准. 爆破安全规程（GB 6722—2011）. 国家质量技术监督局发布

［4］中华人民共和国国家标准. 金属非金属矿山安全规程（GB l6423—2006）. 国家质量技术监督局发布

［5］余健，吴爱祥，彭炳根，胡中华. 快速让压水压支柱系统支护性能研究［J］. 黄金，1998，7：17－20

［6］《采矿手册》编辑委员会. 采矿手册［M］. 北京：冶金工业出版社，1988

［7］戴俊. 爆破工程［M］. 北京：机械工业出版社，2005

［8］《采矿设计手册》编辑委员会. 采矿设计手册［M］. 北京：中国建筑工业出版社，1988

［9］王新民，肖卫国，张钦礼. 深井矿山充填理论与技术［M］. 长沙：中南大学出版社，2005

［10］王新民，古德生，张钦礼. 深井矿山充填理论与管道输送技术［M］. 长沙：中南大学出版社，2010

［11］古德生，李夕兵，等. 现代金属矿床开采科学技术［M］. 北京：冶金工业出版社. 2006

［12］王昌汉，等. 矿业微生物与铀铜金等细菌浸出［M］. 长沙：中南大学出版社，2003

［13］王海锋. 原地浸出采铀技术与实践［M］. 北京：原子能出版社，1998

［14］王海锋，等. 原地浸出采铀井场工艺［M］. 北京：冶金工业出版社，2002

［15］杨士教. 原地破碎浸铀理论与实践［M］. 长沙：中南大学出版社，2003

［16］杨显万，等. 微生物湿法冶金［M］. 北京：冶金工业出版社，2003

［17］张钦礼，王新民，刘保卫. 矿产资源评估学［M］. 长沙：中南大学出版社. 2007

［18］张钦礼，朱永刚. 循环经济模式下的矿产资源开发［J］. 矿业快报，2006，25（5）：2－6

［19］袁世伦，吴胡颂. 冬瓜山铜矿深井开采技术问题的探讨［J］. 金属矿山，2010，增刊：157－160

［20］王青，任凤玉. 采矿学［M］. 北京：冶金工业出版社，2013

［21］Johnslon J. C.，Einstein M. H. A Survey of mining associated seismicity. Rock－bursts and Seismicity in Mines. Firhurst（ed.）1990 Balkema，Rotterdam：121－127.

［22］Li X B. Dynamic characteristics of granite subjected to intermediate loading rate，Rock Mech. & Rock Engin.，2005（1）：21－39

［23］郭然，潘长良，于润沧. 有岩爆倾向硬岩矿床采矿理论与技术［M］. 北京：冶金工业出版社，2003

［24］唐礼忠. 硬岩矿床岩爆监测方法选择与系统设计［J］. 中国矿业，2003，12（4）：26－28

［25］陆家佑. 岩爆预测的理论与实践［J］. 煤矿开采，1998，32（3）：26～29.

［30］Bath A R. Deep sea mining technology［J］：Recent developments and future projects. 1989：33－340

［31］keiji Handa et al. Field model tests on behavioral observation of a sea～bottom towing vehicle—Studies on behavior of a sea－bottom towing vehicle（1）. 1991：125－128

［32］岑衍强，侯祺棕. 矿内热环境工程［M］，武汉：武汉工业大学出版社，1989

［33］余恒昌，邓孝，陈碧婉. 矿山地热与热害治理［M］，北京：煤炭工业出版社，1991

［34］Hartman H L，Mutmansky J M，Ramani R V，et al. Mine Ventilation and Air Conditioning，Third Edition［M］，John Wiley and Sons，1997

［34］吴超. 矿井通风与空气调节［M］，长沙：中南大学出版社，2010

［35］李夕兵. 凿岩爆破工程［M］，长沙：中南大学出版社，2011

[36]李炳文，万丽荣，柴光远.矿山机械[M]，徐州：中国矿业大学出版社，2010

[37]李启月.工程机械[M]，长沙：中南大学出版社，2009

[38]东兆星.井巷工程[M]，徐州：中国矿业大学出版社，2005

[39]刘念苏.井巷工程[M]，北京：冶金工业出版社，2011

图书在版编目（CIP）数据

金属矿床地下开采技术/张钦礼,王新民主编.
—长沙:中南大学出版社,2016.3
ISBN 978 - 7 - 5487 - 2197 - 0

Ⅰ.金… Ⅱ.①张…②王… Ⅲ.金属矿床 - 地下开采 - 高等学校 -
教材 Ⅳ.TD853

中国版本图书馆 CIP 数据核字(2016)第 064301 号

金属矿床地下开采技术

张钦礼 王新民 主编

□责任编辑	刘石年 胡业民
□责任印制	易建国
□出版发行	中南大学出版社
	社址:长沙市麓山南路 邮编:410083
	发行科电话:0731-88876770 传真:0731-88710482
□印　装	湖南地图制印有限责任公司

□开　本	787×1092 1/16	□印张 21	□字数 519 千字
□版　次	2016 年 3 月第 1 版	□印次	2016 年 3 月第 1 次印刷
□书　号	ISBN 978 - 7 - 5487 - 2197 - 0		
□定　价	47.00 元		